住房和城乡建设部"十四五"规划教材

高等学校土木工程专业创新型人才培养系列教材

地下工程施工技术

岳丰田　主　编

张　勇　石荣剑　陆　路　孙　猛　副主编

中国建筑工业出版社

图书在版编目（CIP）数据

地下工程施工技术/岳丰田主编；张勇等副主编
. —北京：中国建筑工业出版社，2021.9（2025.2重印）
住房和城乡建设部"十四五"规划教材　高等学校土
木工程专业创新型人才培养系列教材
ISBN 978-7-112-26611-1

Ⅰ.①地…　Ⅱ.①岳…　②张…　Ⅲ.①地下工程-工
程施工-高等学校-教材　Ⅳ.①TU94

中国版本图书馆 CIP 数据核字（2021）第 198385 号

本书结合当前我国地下工程迅速发展的现状，参照了最新的规范、标准和国内外学者的研究成果，全面地介绍了不同地下工程的施工技术，内容完整详细、层次分明、结构合理。本书主要内容包括基坑工程、矿山法、盾构法、沉井法、顶管法、沉管法、TBM 法等施工技术和施工组织设计等。

本书既可用作矿山、铁路、公路、水利水电、城市地下空间等方向开设地下工程课程的土木工程专业本科生和研究生教材或教学参考书，也可供有关技术人员参考使用。

为了更好地支持教学，我社向采用本书作为教材的教师提供课件，有需要者可与出版社联系，索取方式如下：建工书院 http://edu.cabplink.com，邮箱 jckj@cabp.com.cn，电话（010）58337285。

* * *

责任编辑：仕　帅　吉万旺　王　跃
责任校对：芦欣甜

住房和城乡建设部"十四五"规划教材
高等学校土木工程专业创新型人才培养系列教材
地下工程施工技术
岳丰田　主　编
张　勇　石荣剑　陆　路　孙　猛　副主编
*
中国建筑工业出版社出版、发行（北京海淀三里河路9号）
各地新华书店、建筑书店经销
霸州市顺浩图文科技发展有限公司制版
建工社（河北）印刷有限公司印刷
*
开本：787毫米×1092毫米　1/16　印张：21¾　字数：541千字
2021年9月第一版　2025年2月第二次印刷
定价：58.00元（赠教师课件）
ISBN 978-7-112-26611-1
（37739）

前　　言

地下工程是一个较为广阔的范畴。它泛指修建在地面以下岩层或土层中的各种工程空间与设施，是地层中所建工程的总称，通常包括矿山井巷工程、城市地铁隧道工程、水工隧洞工程、交通山岭隧道工程、水电地下硐室工程、地下空间工程、军事国防工程、建筑基坑工程等。

随着地下空间开发和利用的发展，各种类型的地下工程越来越多，国家用于地下工程、深基础工程的投资也越来越大。

地下工程的快速发展带动了施工技术的进步和发展，同时，施工技术的发展也反过来推进了地下工程的发展，许多以前无法施工的工程现在成为可能。半个多世纪以来，我国在地下工程施工的技术和理论上取得了重大进步，许多方面开始或已经步入世界先进行列。

地下工程施工技术可分为基础技术和应用技术两大类。基础技术一般不能单独地用于修建地下设施，而是作为应用技术的一部分。基础技术可分为地层改良技术、锚固技术、支挡技术、衬砌技术、爆破技术与测量技术等。

地下工程施工技术是结合土木工程基础技术与地下工程的特点而形成的。目前在我国城市地下工程中，盾构法、新奥法和浅埋暗挖法等应用较为广泛，其中盾构法是地铁和市政隧道采用的主要方法，已取得较好的效果，并具备自主创新的能力，处于国际先进水平。此外还有一些其他方法，如顶管法、沉管法、沉箱法、TBM法、非开挖技术法、盖挖法和明挖法等。从地下工程相对于地面工程的特点出发，可将其施工方法和技术总结为"一个中心，两个基本点"，一个中心就是岩土体和工程结构的稳定与和谐，两个基本点是指开挖和支护，这三者之间联系密切、息息相关。因此，无论是何种特定的施工方法，除了必须包括最基本的开挖技术和支护技术外，还必须具有相应的辅助技术。

与地面建筑相比，地下工程处于岩土介质之中，其最大的特点就是地质环境复杂，影响因素众多，基础信息匮乏，是涉及岩土力学、结构力学、基础工程、原位测试和施工技术等多学科的复杂系统工程。这使得地下工程在变形特性、结构特征、初始应力场分布、温度和地下水作用效应等方面都表现出明显的非均质性、非连续性、离散性和非线性等特点，使地下工程在施工、运营阶段表现出相当独特和复杂的力学特征，其变形规律和受力特点无论是理论分析、数值模拟或室内外试验，均难以对其准确把握。

随着我国地下空间开发与利用高潮的到来，地下工程施工技术发展十分迅速，主要表现在以下方面：

（1）TBM隧道掘进机和混合型盾构掘进机的研制和应用。通过研发，使其更好地适应复杂的地质条件，使掘进机向着机械、电气、液压和自动控制一体化、智能化方向发展。

（2）对异形断面盾构掘进机的研究，如双圆盾构、自由断面盾构、局部扩大盾构等，推广应用 ECL（挤压成型混凝土衬砌）施工技术。

（3）大力发展浅埋暗挖技术、沉管技术、沉井技术、非开挖技术，促进中小口径顶管掘进机的标准化、系列化和推广应用。

（4）开发多媒体监控和仿真系统、三维仿真计算机管理系统，实现管理信息化和智能化。

（5）深入研究并充分利用信息技术，重视地下工程动态设计与动态施工，提高施工技术水平。充分利用先进的监测技术和方法特别是 3S 技术（遥感技术 RS、地理信息系统技术 GIS、全球定位系统 GPS）来建立地表、地层变形与位移数据库，并开发相关的自动评判分析系统。

（6）努力实现城市地下工程施工新技术（新材料、新机械、新工艺）与规划勘察技术、设计计算技术、安全防灾与管理技术等的配套化、系列化、规范化和国际化。

地下工程仍具有投入高、劳动强度大、施工环境恶劣甚至是有危险、技术难度大而整体技术水平相对较低的特点。目前它正向着长、大、高（高水平的设计与施工技术）、深、难和现代化的方向发展。对每一个地下工程工作者，学习和掌握现代的地下工程施工技术，对提高施工速度和质量，保证施工安全，提高经济效益都是十分重要的。地下工程施工技术是土木工程专业地下工程方向的必修的专业课程和主干课程之一。

本书由中国矿业大学岳丰田教授任主编，张勇、石荣剑、陆路、孙猛任副主编。本书主要包括基坑工程、矿山法、盾构法、沉井法、顶管法、沉管法、TBM 法等施工技术和施工组织设计等，本书取材面广，内容丰富，尽量反映当前地下工程施工的主要工艺与技术，先进性、实用性较强，不仅适用于矿山、铁路、公路、水利水电、城市地下空间等方向开设地下工程课程的高等学校使用，也可供这些行业的工程技术人员学习、参考。

本书编写中参考了许多书籍及资料，主要参考文献列于书末，书中不再一一注明，特此说明并向作者表示诚挚的谢意。

本书得到了中国建筑工业出版社的大力支持和帮助，在此一并表示感谢！

由于编者水平有限，加之时间仓促，书中纰漏之处在所难免，敬请读者提出宝贵意见。

编　者

2021 年 2 月

目　　录

第1章　基坑工程施工

1.1　概述

1.1.1　基坑

基坑是指为进行建筑物（包括构筑物）基础与地下室的施工所开挖的地面以下基础空间。基坑围护就是为保证基坑施工、主体地下结构的安全和周围环境不受损害而采取的支护结构、降水和土方开挖与回填的工程总称。基坑围护结构主要承受基坑开挖卸荷所产生的水压力和土压力，并将此压力传递到支撑，是稳定基坑的一种施工临时挡墙结构。

基坑工程是一个古老而又有时代特点的岩土工程课题。在 20 世纪 30 年代，Terzaghi 等人已开始研究基坑工程中的岩土工程问题。在以后的时间里，世界各国的许多学者都投身到这个领域，并不断取得丰硕的成果。我国对基坑工程进行较广泛的研究始于 20 世纪 80 年代初，那时我国的改革开放方兴未艾，基本建设如火如荼，高层建筑不断涌现，开挖深度不断增加，特别是自 20 世纪 90 年代以来，随着大多数城市进行的大规模的旧城市改造和地下工程的迅猛发展，尤其是地铁建设的大规模建设，在繁华的市区内进行深基坑开挖，给这一古老课题提出了新的要求，并促进了基坑开挖技术的研究与发展。

由于周围建筑物及地下管道等因素的制约，对支护结构的安全性有了更高的要求，不仅要能保证基坑的稳定性及坑内作业的安全、方便，而且要使坑底和坑外的土体位移控制在一定范围内，确保邻近建筑物及设施正常使用。因而，需要形成一个土体、支护结构相互共同作用的有机体，这个有机体就是基坑围护体系。

1.1.2　深基坑

1. 深基坑的定义

一般深基坑是指开挖深度超过 5m（含 5m）或地下室三层以上（含三层），或深度虽未超过 5m 但地质条件和周围环境及地下管线特别复杂的工程。

2. 深基坑工程特点

1）风险性

由于支护体系通常属于临时结构，安全储备较小，具有较大的风险性，因而施工过程中需要进行监测，并有应急措施。在施工过程中一旦出现险情，需要及时抢救。在开挖深基坑时注意加强排水防灌措施，风险较大应该提前做好应急预案。

2）区域性

基坑工程具有很强的区域性，如软黏土地基、黄土地基等工程地质和水文地质条件不同的地基中基坑工程差异性很大。同一城市不同区域也有差异。基坑工程的支护体系设计与施工和土方开挖都要因地制宜，根据本地情况进行，外地的经验可以借鉴，但不能简单搬用。

3）单件性

基坑工程的支护体系设计与施工和土方开挖不仅与工程地质、水文地质条件有关，还与基坑相邻建（构）筑物和地下管线的位置、抵御变形的能力、重要性以及周围场地条件等有关。有时保护相邻建（构）筑物和市政设施的安全是基坑工程设计与施工的关键，这就决定了基坑工程具有很强的单件性。因此，对基坑工程进行分类、对支护结构允许变形规定统一标准都是比较困难的。

4）综合性

基坑工程不仅需要岩土工程知识，也需要结构工程知识，需要土力学理论、测试技术、计算技术、施工机械、施工技术的综合。

5）时效性

基坑的深度和平面形状对基坑支护体系的稳定性和变形有较大影响，在基坑支护体系设计中要注意基坑工程的空间效应。土体，特别是软黏土，具有较强的蠕变性，作用在支护结构上的土压力随时间变化。蠕变将使土体强度降低，土坡稳定性变小，所以对基坑工程的时间效应也必须给予充分的重视。

6）系统性

基坑工程主要包括支护体系设计和土方开挖两部分。土方开挖的施工组织是否合理将对支护体系是否成功具有重要作用。不合理的土方开挖、步骤和速度可能导致主体结构桩基变位、支护结构过大的变形，甚至引起支护体系失稳而导致破坏。同时在施工过程中，应加强监测，力求实行信息化施工，同时考虑对周边环境的影响。因此，基坑工程也是系统工程。

1.1.3　常见基坑变形现象

基坑开挖的过程是基坑开挖面上卸荷的过程，由于卸荷而引起坑底土体产生以向上为主的位移，同时也引起围护墙在两侧压力差的作用下而产生水平位移和墙外侧土体的位移。可以认为，基坑开挖引起周围地层移动的主要原因是坑底的土体隆起和围护墙的位移。

1. 墙体的变形

1）墙体水平变形

当基坑开挖较浅，还未设支撑时，不论对刚性墙体（如水泥土搅拌桩墙、旋喷桩桩墙等）还是柔性墙体（如钢板桩、地下连续墙等），均表现为墙顶位移最大，向基坑方向水平位移，呈三角形分布。随着基坑开挖深度的增加，刚性墙体继续表现为向基坑内的三角形水平位移或平行刚体位移，而一般柔性墙如果设支撑，则表现为墙顶位移不变或逐渐向基坑外移动，墙体腹部向基坑内突出。

2）墙体竖向变位

在实际工程中，墙体竖向变位量测往往被忽视，事实上由于基坑开挖土体自重应力的释放，致使墙体有所上升，有工程报道，某围护墙上升达 10cm 之多。墙体的上升移动给基坑的稳定、地表沉降以及墙体自身的稳定性均带来极大的危害，特别是对于饱和的极为软弱的地层中的基坑工程，更是如此。当围护墙底下因清孔不净有沉渣时，围护墙在开挖中会下沉，地面也下沉。

2. 基坑底部的隆起

基坑开挖时会产生隆起，隆起分正常隆起和非正常隆起。一般由于基坑开挖卸载，会造成基坑底隆起，该隆起既有弹性部分，也有塑性部分，属于正常隆起。而如果坑底存在承压水层，并且上覆隔水层重量不能抵抗承压水水头压力时，会出现坑底过大隆起；如果围护结构插入深度不足，也会造成坑底隆起，这两种隆起是基坑失稳的前兆，是施工中应该避免的。

3. 地表沉降

根据工程实践经验，在地层软弱而且墙体的入土深度又不大时，墙底处显示较大的水平位移，墙体旁出现较大的地表沉降。在有较大的入土深度或墙底入土在刚性较大的地层内，墙体的变位类同于梁的变位，此时墙后地表沉降的最大值不是在墙旁，而是位于距离墙一定距离的位置上。

1.2　钢板桩

钢板桩是一种带锁口或钳口的热轧（或冷弯）型钢，靠锁口或钳口相互连接咬合，形成连续的钢板桩墙，用来挡土和挡水，具有高强、轻型、施工快捷、环保、美观、可循环利用等优点，如图 1-1 所示。钢板桩支护结构属板式支护结构之一，适用于地下工程因受场地等条件的限制，基坑或基槽不能采用放坡开挖而必须进行垂直土方开挖及地下工程施工时的情况。钢板桩断面形式很多，英、法、德、美、日本、卢森堡、印度等国的钢铁集团都制定有各自的规格标准。常用的钢板桩截面有 U 型、Z 型、直线型及组合型等。近年来钢板桩朝着宽、深、薄的方向发展，使得钢板桩的效率（截面模量与重量之比）不断提高，此外还可采用高强度钢材代替传统的低碳钢，或采用大截面模量的组合型钢板桩，这些都极大地拓展了钢板桩的应用领域。

钢板桩支护结构由打入土层中的钢板桩和必要的支撑或拉锚体系组成，以抵抗水、土压力，并保持周围地层的稳定，确保地下工程施工的安全。钢板桩支护结构从使用的角度可分为永久性结构和临时性结构两大类。永久性结构主要应用于码头、船坞坞壁、河道护岸、道路护坡等工程中；临时性结构则多用于高层建筑、桥梁、水利等工程的基础施工中，施工完成后钢板桩可拔除。根据基坑开挖深度、水文地质条件、施工方法以及邻近建筑和管线分布等情况，钢板桩支护结构形式主要分为悬臂板桩、单撑（单锚）板桩和多撑（多锚）板桩等，此外常见的围护结构还有桩板式结构、双排或格型钢板桩围堰等。

图 1-1   钢板桩

1.2.1   钢板桩沉桩设备及其选择

钢板桩沉桩机械设备种类繁多且应用较为广泛，沉桩机械及工艺的确定受钢板桩特性、地质条件、场地条件、桩锤能量、锤击数、锤击应力、是否需要拔桩等因素影响，在施工中需要综合考虑上述因素，以选择既经济又安全的沉桩机械，同时又能确保施工的效率。常用的沉桩机械，主要有冲击式打桩机械、振动打桩机械、压桩机械等。表 1-1 给出了各种沉桩机械的适用情况。

各类打桩机的特点   表 1-1

机械类别		冲击式打桩机械			振动锤	压桩机
		柴油锤	蒸汽锤	落锤		
钢板桩	形式	除小型板桩外所有板桩	除小型板桩外所有板桩	所有形式板桩	所有形式板桩	除小型板桩外所有板桩
	长度	任意长度	任意长度	适宜短桩	很长不适合	任意长度
地层条件	软弱粉土	不适	不适	合适	合适	可以
	粉土、黏土	合适	合适	合适	合适	合适
	砂层	合适	合适	不适	可以	可以
	硬土层	可以	可以	不可以	不可以	不适
施工条件	辅助设备	规模大	规模大	简单	简单	规模大
	发声	高	较高	高	小	几乎没有
	振动	大	大	小	大	无
	贯入能量	大	一般	小	一般	一般
	施工速度	快	快	慢	一般	一般

续表

机械类别		冲击式打桩机械			振动锤	压桩机
		柴油锤	蒸汽锤	落锤		
施工条件	费用	高	便宜	一般	一般	高
	工程规模	大工程	简易工程	大工程	大工程	大工程
其他	优点	燃料费用低，操作简单	打击时可调整	故障少，改变落距可调整锤击力	打拔都可以	打拔都可以
	缺点	软土启动难、油雾飞溅	烟雾较多	容易偏心锤击	瞬时电流较大或需专门液压装置	主要适用于直线段

由于在具体施工时可增加各种辅助沉桩措施，可在正式施工前采用初选的机械进行试沉桩试验，证明合适后再最终选定为沉桩设备。

1. 冲击式打桩机械

冲击式打桩机械沉桩打桩力大，具有机动、可调节特性，施工快捷，但应选择适合的打桩锤以防止钢板桩桩头受损。冲击式打桩机械沉桩一般易产生噪声和振动，在居民区等区域使用受到限制。

2. 振动打桩机械

振动打桩机械的原理是将机器产生的垂直振动传给桩体，导致桩周围的土体结构因振动而降低强度。对砂质土层，颗粒间的结合被破坏，产生微小液化；对黏土质土层，破坏了原来的构造，使土层密度改变、黏聚力降低、灵敏度增加，板桩周围的阻力便会减少。其中对砂土还会使桩尖下的阻力减少，利于桩的贯入，但对结构紧密的细砂层，这种减阻效果不明显，当细砂层本身较松散时，还会因振动而加密，更难于沉桩。

3. 压桩机械

由于板桩打桩带来的振动和噪声，使得开发新的"无污染"的施工工艺成为迫切需要，压桩机械也就应运而生。压桩机械特别适用于黏性土壤，在硬土地区可采用辅助措施沉桩。

4. 其他

除了上述通常的打桩设备外，也有许多特定的打桩设备，如有打桩锤设置特殊的缓冲设备来缓冲传递给桩的锤击力，有同时可以振动和静压的设备，有液压驱动、可以快速打桩的脉冲型冲击锤，有同时可以振动和冲击的打桩设备等。

1.2.2 钢板桩的沉桩方法

1. 沉桩方法

钢板桩沉桩方法分为陆上沉桩和水上沉桩两种。沉桩方法的选择，应综合考虑场地地质条件、是否能达到需要的平整度和垂直度以及沉桩设备的可靠性、造价等因素。

2. 沉桩的布置方式

钢板桩沉桩时第一根桩的施工较为重要，应该保证其在水平向和竖直向平面内的垂直度，同时需注意后沉的钢板桩应与先沉入桩的锁口可靠连接。沉桩的布置方式一般有三种，即插打式、屏风式及错列式。

（1）插打式，即将钢板桩一根根地打入土中，这种施工方法速度快，桩架高度相对可低一些，一般适用于松软土质和短桩。由于锁口易松动，板桩容易倾斜，因而可在一根桩打入后把它与前一根根焊牢，既可防止倾斜，又可避免被后打的桩带入土中。

（2）屏风式，是将多根板桩插入土中一定深度，使桩机来回锤击，并使两端 1～2 根桩先打到要求深度，再将中间部分的板桩顺次打入。这种屏风施工法可防止板桩的倾斜与转动，对要求闭合的围护结构，常采用此法，此外还能更好地控制沉桩长度。其缺点是施工速度比单桩施工法慢且桩架较高。

（3）错列式，是每隔一根桩进行打入，然后再打入中间的桩。这样可以改善桩列的线形，避免了倾斜问题。

3. 辅助沉桩措施

在用以上方法沉桩困难时，可能需要采取一定的辅助沉桩措施，如水冲法、预钻孔法、爆破法等。

（1）水冲法，包括空气压力法、低压水冲法、高压水冲法等。原理均是通过在板桩底部设置喷射口，并通过管道连接至压力源，通过水的喷射松散土体以利于沉桩。但其中大量的水可能引起副作用，如带来沉降问题等。高压水冲用水量比低压水冲要小，因此更为有利，而且低压水冲可能会影响土体性质，应慎用。

（2）预钻孔法，是通过预钻孔降低土体的抵抗力，以利于沉桩，但若钻孔太大需回填土体。钻孔的一般直径为 150～250mm。该方法甚至可用于硬岩层的钢板桩沉桩，在没有土壤覆盖底岩的海洋环境中特别有效。

（3）爆破法，主要有常规爆破和振动爆破。常规爆破是先将炸药放进钻孔内，然后覆上土点燃，这样在沉桩中心线可以形成 V 形沟槽；振动爆破则是用低能炸药将坚硬岩石炸成细颗粒材料，这种方法对岩石的影响较小，爆破后板桩应尽快打入，以获得最佳沉桩时机。

1.2.3 钢板桩的拔除

钢板桩应用较早，拔桩方法也较成熟，不论何种方法，都是从克服板桩的阻力着眼。根据所用机械的不同，拔桩方法分为静力拔桩、振动拔桩、冲击拔桩、液压拔桩等。

（1）静力拔桩，所用的设备较简单，主要为卷扬机或液压千斤顶，受设备能力所限，这种方法往往效率较低，有时不能将桩顺利拔出，但其成本较低。

（2）振动拔桩，是利用机械的振动激起钢板桩的振动，以克服板桩的阻力将桩拔出。这种方法的效率较高，由于大功率振动拔桩机的出现，使多根板桩一起拔出有了可能。

（3）冲击拔桩，是以蒸汽、高压空气为动力，利用打桩机的原理，给予板桩向上的冲击力，同时利用卷扬机将板桩拔出。这类机械国内不多，工程中不常运用。

（4）液压拔桩，采用与液压静力沉桩相反的步骤，从相邻板桩获得反力。液压拔桩操作简单，环境影响较小，但施工速度稍慢。

静力拔桩对操作人员的技能要求较高，必须配备有足够经验与操作技术的施工人员。

振动拔桩效率高，操作简便，是施工人员优先考虑的一种方法。振动拔桩产生的振动为纵向振动，这种振动传至土层后，对砂性土层，其颗粒间的排列被破坏，使土层强度降低；对黏性土层，由于振动使土的天然结构破坏，密度发生变化，黏着力减小，土的强度降低，最终大幅度减少桩与土间的阻力，板桩可被轻易拔出。

在软土地层中，拔桩引起地层损失和扰动，会使基坑内已施工的结构或管道发生沉陷，并引起地面沉陷而严重影响附近建筑和设施的安全，对此必须采取有效措施，对拔桩造成的地层空隙及时填实。往往灌砂填充法效果较差，因此在控制地层位移有较高要求时，必须采取在拔桩时跟踪注浆等新的填充法。

1.3　钻孔灌注桩

钻孔灌注桩作为围护结构承受水土压力，是深基坑开挖常用的一种围护形式，根据不同的地质条件和开挖深度可做成悬臂式挡墙、单撑式挡墙、多层支撑式挡墙等。它的排列形式有一字形相接排列、间隔排列、交错相接排列、搭接排列、混合排列。常见的排列方式是一字板间隔排列，并在桩后采用水泥土搅拌桩、旋喷桩、树根桩等阻水。这样的结构形式较为经济，阻水效果较好。大部分开挖深度在7～12m之间的深基坑，采用钻孔灌注桩挡土，水泥土搅拌桩阻水，普遍获得成功。

1.3.1　钻孔灌注桩干作业成孔施工

钻孔灌注桩干作业成孔的主要方法，有螺旋钻孔机成孔、机动洛阳挖孔机成孔、旋挖钻机成孔和全套管施工等方法。螺旋钻孔机主要利用螺旋钻头切削土壤，被切的土块随钻头旋转，并沿螺旋叶片上升而被推出孔外。这类钻机结构简单，使用可靠，成孔作业效率高、质量好，无振动、无噪声、耗用钢材少，最宜用于地下水位以上的匀质黏土、砂性土及人工填土，并能较快穿透砂层。

旋挖钻机是近年来引进的先进成孔机械，利用功率较大的电动机驱动，采用可旋转取土的钻斗，将钻头强力旋转压入土中，通过钻斗把旋转切削下来的钻屑提出地面。该方法在土质较好的条件下可实现干作业成孔，不必采用泥浆护壁。

全套管施工法是利用液压全套管钻机施工的灌注桩，在国外习惯上名为贝诺特（Benote）桩，原始的贝诺特钻机于20世纪50年代初期出现于法国，日本于20世纪50年代中期引进了这项技术，并于20世纪60年代初由日本三菱重工业公司开始进行技术改造。到20世纪80年代才形成了目前通用的MT系列贝诺特钻机。这种工法无噪声，无振动；不使用泥浆，避免了泥浆的加工和储运，作业面干净；挖掘时可以很直观地判别土壤及岩性特征，对于端承桩，便于现场确定桩长；挖掘速度快，对于一般土质，可达14m/h左右；挖掘深度大，根据土质情况，最深可达70m左右；成孔垂直度易于掌握，可以得到3‰～5‰的垂直度；由于是全套管钻机，所以孔壁不会产生坍落现象，成孔质量高；钢筋周围不会像泥浆护壁法施工那样附黏一层泥浆，有利于提高混凝土对钢筋的握裹力；由于不使用泥浆，避免了泥浆进入混凝土中的可能性，成桩质量高；成孔直径标准，充盈系数很小，与其他成孔方法相比，可节约13%的混凝土；清孔彻底，速度快，孔底钻齐可清至2.5cm左右；MT系列钻机是自行式，便于现场移动。

1.3.2　钻孔灌注桩湿作业成孔施工

该施工法的过程是：平整场地→泥浆制备→埋设护筒→铺设工作平台→安装钻机并定位→

钻进成孔→清孔并检查成孔质量→下放钢筋笼→灌注水下混凝土→拔出护筒→检查质量。

1. 成孔方法

钻孔灌注桩湿作业成孔的主要方法，有冲击成孔、潜水电钻机成孔、工程地质回转钻机成孔及旋挖钻机成孔等。潜水电钻机的特点是将电动机、变速机构加以密封，并同底部钻头连接在一起，组成一个专用钻具，可潜入孔内作业，多以正循环方式排泥。潜水电钻体积小、重量轻，机器结构轻便简单、机动灵活、成孔速度较快，适用于地下水位高的淤泥质土、黏性土以及砂质土等，其常用钻头为笼式钻头。

工程水文地质回转钻机由机械动力传动，配以笼式钻头，可多挡调速或液压无级调速，以泵吸或气举的反循环方式进行钻进，有移动装置，设备性能可靠，噪声和振动小，钻进效率高，钻孔质量好。

用作挡墙的灌注桩施工前必须试成孔，数量不得少于 2 个，以便核对地质资料，检验所选的设备、机具、施工工艺以及技术要求是否适宜。如孔径、垂直度、孔壁稳定和沉淤等检测指标不能满足设计要求时，应拟定补救技术措施，或重新选择施工工艺。成孔须一次完成，中间不要间断。成孔完毕至灌注混凝土的间隔时间不宜大于 24h。为保证孔壁的稳定，应根据地质情况和成孔工艺配制不同的泥浆。成孔到设计深度后，应进行孔深、孔径、垂直度、沉浆浓度、沉渣深度等测试检查，确认符合要求后方可进行下一道工序的施工。根据出渣方式的不同，成孔作业分成正循环成孔和反循环成孔两种。

1）正循环成孔

正循环钻进是泥浆自供应池由泥浆泵泵出，输入软管送往水龙头上部进口，再注入旋转空心钻杆头部，通过空心钻机一直流到钻头底部排出，旋转中的钻头将泥浆润滑，并将泥浆扩散到整个孔底，携同钻渣浮向钻孔顶部，从孔顶溢排到地面上泥浆槽（图 1-2）。

正循环排渣法系用泥浆泵将泥浆水或清水压向钻机中心送水管或钻机侧壁的分支管射向钻头，然后徐徐下放钻杆，破土钻进，泥浆带着碎渣从钻孔中反出地面，钻至设计标高后，停止钻头转动，泥浆泵继续运转排渣，直至泥浆比值降低至 1.10～1.15 左右，方可停泵提升钻头。

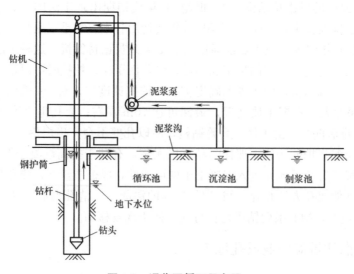

图 1-2   泥浆正循环示意图

2）反循环成孔

反循环钻进与正循环钻进的差异在钻进时泥浆不经水龙头直接注入钻孔四周，泥浆下达孔底，经钻头拌合使孔内部浆液均匀达到扩壁，润滑钻头，浮起钻渣，此时压缩空气不断送入水龙头，通过固定管道直到钻头顶部，按空气吸泥原理，将钻渣从空心钻杆排入水龙头软管溢出。

反循环排渣法可分为压缩空气反循环法、泵举反循环法和泵吸反循环法，以前两种方法使用较多。反循环法具有钻进速度较快、成孔效率高、成桩质量好等特点，现场使用较多。

2. 清孔

完成成孔后，在灌注混凝土之前应进行清孔。通常清孔应分两次进行，第一次清孔在成孔完毕后立即进行，第二次清孔在下放钢筋笼和灌注混凝土导管安装完毕后进行。

常用的清孔方式有正循环清孔、泵吸反循环清孔和空气升液反循环清孔，通常随成孔时采用的循环方式而定。清孔时先是钻头稍作提升，然后通过不同的循环方式排除孔底沉淤，与此同时不断注入洁净的泥浆水，用以降低桩孔泥浆水中的泥渣含量。清孔过程中应测定沉浆指标。清孔后的泥浆相对密度应小于 1.15。清孔结束时应测定孔底沉淤，孔底沉淤厚度一般应小于 30cm。第二次清孔结束后孔内应保持水头高度，并应在 30min 内灌注混凝土。若超过 30min，灌注混凝土时应重新测定孔底沉淤厚度。

3. 钢筋笼施工

钢筋笼宜分段制作，分段长度应按钢筋笼的整体刚度、来料钢的长度及起重设备的有效高度等因素确定。钢筋笼在起吊、运输和安装中应采取措施防止变形。

4. 水下混凝土施工

配制混凝土必须保证能满足设计强度及施工工艺要求。混凝土是确保成桩质量的关键工序，灌注前应做好一切准备工作，保证混凝土灌注连续紧凑地进行。钻孔灌注桩柱列式排桩采用湿作业法成孔时，要特别注意孔壁护壁问题。当桩距较小时，由于通常采用跳孔法施工，当桩孔出现坍塌或扩径较大时，会导致在两根已经施工的桩之间插入施工桩时发生成孔困难，必须把该根桩向排桩轴线外移才能成孔。一般而言，柱列式排桩的净距不宜少于 200mm。

1.4 深层搅拌桩

深层搅拌桩是利用水泥、石灰等作固化剂，通过深层搅拌，就地将软土与水泥强制拌合，利用固化剂与软土之间发生的一系列物理、化学反应，使软土与水泥硬结成具有一定强度的水泥加固土体，即深层搅拌桩。作为挡土结构的搅拌桩一般布置成格栅形，深层搅拌桩也可连续搭接布置形成止水帷幕。

深层搅拌法是日本在 20 世纪 70 年代中期首创和开始采用，简称 CMC 工法。我国于 1977 年末才进行深层搅拌机研制和室内外试验，并在工程中正式开始使用。深层搅拌法由于将固化剂和原地基软土就地搅拌混合，因而最大限度地利用了原土；搅拌时不会使地基土侧向挤出，所以对周围建筑物的影响很小；施工时无震动、无噪声、无污染，可在市区内和密集建筑群中进行施工；土体加固后重度基本不变，对软弱下卧层不致产生附加沉降；按照不同地基土的性质及工程设计要求，合理选择固化剂及其配方，设计比较灵活。

水泥加固土的强度取决于加固土的性质和所使用的水泥品种、强度等级、掺入量及外加剂等。加固土的抗压强度随着水泥掺入量的增加而增大，工程常用的水泥掺入比为7%～15%，其强度标准值宜取试块 90d 龄期的无侧限抗压强度，一般可达500～3000kPa。

1.4.1　加固机理

由于水泥加固土中水泥用量很少，水泥的水化反应是在土的围绕下产生的，因此凝结速度比混凝土缓慢。

水泥与软黏土拌合后，水泥矿物和土中的水分发生强烈的水解和水化反应，同时从溶液中分解出的氢氧化钙生成硅酸三钙（$3CaO \cdot SiO_2$）、硅酸二钙（$2CaO \cdot SiO_2$）、铝酸三钙（$3CaO \cdot Al_2O_3$）、铁铝酸四钙（$4CaO \cdot Al_2O_3 \cdot Fa_2O_3$）、硫酸钙（$CaSO_4$）等水化物，有的自身继续硬化形成水泥石骨架，有的则因有活性的土进行离子交换而发生硬凝反应和碳酸化作用等，使土颗粒固结、结团，颗粒间形成坚固的联结，并具有一定强度。

1.4.2　适用范围

（1）加固地基：加固较深、较厚的淤泥，淤泥质土、粉土和含水量较高且地基承载力不大于120kPa的黏性土地基，对超软土效果更为显著，多用于墙下条形基础、大面积堆料厂房地基；

（2）挡土墙：深基坑开挖时防止坑壁及边坡塌滑；

（3）坑底加固：防止坑底隆起；

（4）做地下防渗墙或隔水帷幕；

（5）当地下水具有侵蚀性时，宜通过试验确定其适用性，冬期施工时应注意负温对处理效果的影响。

1.4.3　分类

水泥搅拌桩按材料喷射状态可分为湿法和干法两种。湿法以水泥浆为主，搅拌均匀，易于复搅，水泥土硬化时间较长；干法以水泥干粉为主，水泥土硬化时间较短，能提高桩间的强度。但搅拌均匀性欠佳，很难全程复搅。

目前，水泥搅拌桩按主要使用的施作方法分为单轴、双轴和三轴搅拌桩。地铁施工作为围护结构时多用三轴搅拌桩。

1.4.4　施工工艺

1. 施工机械

国内目前的搅拌机有中心管喷浆方式和叶片喷浆方式，前者是水泥浆从搅拌轴间的另一中心管输出，不易堵塞，可适用多种固化剂。后者是使水泥浆从叶片上若干小孔喷出，但因喷浆孔小，易堵塞，只能使用纯水泥浆。

2. 施工顺序

1）施工准备

（1）施工场地事先平整，清除桩位处地上、地下一切障碍。

（2）采用合格等级强度普通硅酸盐水泥，准确计量。

（3）施工机械要求配备有电脑记录仪及打印设备，以便了解和控制水泥浆用量及喷浆均匀程度，且性能稳定良好。

2）施工流程

桩位放样→钻机就位→检验、调整钻机→正循环钻进至设计深度→打开高压注浆泵→反循环提钻并喷水泥浆→至工作基准面以下0.3m→重复搅拌下钻并喷水泥浆至设计深度→反循环提钻至地表→成桩结束→施工下一根桩。

3）主要工艺

（1）桩位放样：根据桩位设计平面图进行测量放线，定出每一个桩位。

（2）钻机定位：依据放样点使钻机定位，钻头正对桩位中心。用经纬仪确定层向轨与搅拌轴垂直，调平底盘，保证桩机主轴倾斜度不大于1％。

（3）施工时，先将深层搅拌机用钢丝绳吊挂在起重机上，用输浆胶管将贮料罐砂浆泵与深层搅拌机接通，开动电动机，搅拌机叶片相向而转，借设备自重，以0.38～0.75m/min的速度沉至要求加固深度；再以0.3～0.5m/min的均匀速度提起搅拌机，与此同时开动砂浆泵将砂浆从深层搅拌中心管不断压入土中，由搅拌叶片将水泥浆与深层处的软土搅拌，边搅拌边喷浆直到提至地面（近地面开挖部位可不喷浆，便于挖土），即完成一次搅拌过程。用同法再一次重复搅拌下沉和重复搅拌喷浆上升，即完成一根柱状加固体，外形呈现"8"字形，一根接一根搭接，即成壁状加固体，几个壁状加固体连成一片，即成块状。

（4）施工中固化剂应严格按预定的配合比拌制，并应有防离析措施。起吊应保证起吊设备的平整度和导向架的垂直度。成桩要控制搅拌机的提升速度和次数，使连续均匀，以控制注浆量，保证搅拌均匀，同时泵送必须连续。

（5）砂浆水灰比设计无要求时采用0.43～0.50，水泥掺入量一般为水泥重量的12％～17％。

（6）搅拌机预搅下沉时，不宜冲水；当遇到较硬土层下沉太慢时，方可适量冲水，但应考虑冲水成桩对桩身强度的影响。

（7）每天加固完毕，应用水清洗贮料罐、砂浆泵、深层搅拌机及相应管道，以备再用。

4）质量检查

（1）轻便触探法：成桩7d可采用轻便触探法检验桩体质量。用轻便触探器所带勺钻，在桩体中心钻孔取样，观察颜色是否一致，检查小型土搅拌均匀程度，根据轻便触探击数与水泥土强度的关系，检查桩体强度能否达到设计要求，轻便触探法的深度一般不大于4m。检验桩的数量应不少于已完成桩数的2％。

（2）钻芯取样法：成桩完成后，对竖向承载的水泥土在90d后、横向承载的水泥土在28d后，用钻芯取样的方法检查桩体完整性、搅拌均匀程度、桩体强度、桩体垂直度。钻芯取样频率为1％～1.5％。

1.5 SMW工法桩

SMW工法（Soil Mixed Wall）连续墙于1976年在日本问世，是以多轴型钻掘搅拌机在现场向一定深度进行钻掘，同时在钻头处喷出水泥等强化剂而与地基土反复混合搅拌，在各施工单元之间则采取重叠搭接施工，然后在水泥土混合体未结硬前插入 H 型钢或钢板作为其应力补强材，至水泥结硬，便形成一道具有一定强度和刚度、连续完整、无接缝的地下墙体，如图 1-3 所示。

图 1-3　型钢水泥土挡墙

型钢水泥土墙是基于深层搅拌桩施工工艺发展起来的，这种结构充分发挥了水泥土混合体和型钢的力学特性，具有经济、工期短、截水性高、对周围环境影响小等特点。型钢水泥土墙作为临时支护，施工完成后，可以将 H 型钢从水泥土搅拌桩中拔出，达到回收和再利用的目的。因此该工法与常规的围护形式相比，不仅工期短，施工过程无污染，场地整洁干净，噪声小，而且可以节约社会资源，避免围护体永久遗留于地下，成为地下障碍物。

目前工程上广为采用的水泥土搅拌桩主要分为双轴和三轴两种，考虑到型钢水泥土搅拌墙中的搅拌桩不仅起到基坑的截水帷幕作用，更重要的是还承担着对型钢的包裹嵌固作用，因此规定型钢水泥土搅拌墙中的搅拌桩应采用三轴水泥土搅拌桩，以确保施工质量及使围护结构有较好的截水封闭性。SMW 工法最常用的是三轴型钻掘搅拌机，其中钻杆有用于黏性土及用于砂砾土和基岩之分，此外还有其他一些机型，用于城市高架桥下、空间受限制的场合、海底筑墙、软弱地基加固等施工。

1.5.1　型钢水泥土搅拌墙施工顺序

三轴水泥土搅拌桩应采用套接一孔法施工，为保证搅拌桩质量，对土性较差或周边环境较复杂的工程，搅拌桩底部应采用复搅施工。

型钢水泥土搅拌墙的施工工艺，是由三轴钻孔搅拌机将一定深度范围内的地基土、由钻头处喷出的水泥浆液、压缩空气进行原位均匀搅拌，在各施工单元间采取套接一孔法施工，然后在水泥土未结硬之前插入 H 型钢，形成一道有一定强度和刚度、连续完整的地下连续墙复合挡土截水结构。该方法的施工主要步骤有：准备、开挖导向沟，桩机就位，制搅拌桩，H 型钢制作，H 型钢插入，型钢运输到位，除锈涂刷减摩剂，如图 1-4 所示。

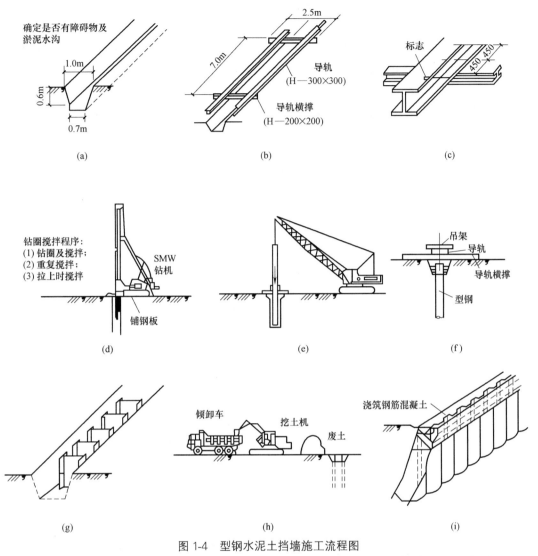

图 1-4 型钢水泥土挡墙施工流程图

（a）导沟开挖；（b）置换导轨；（c）标定施工标志；（d）SMW钻机搅拌；（e）置放型钢；（f）固定型钢；
（g）施工完成SMW；（h）废土运输；（i）型钢顶端连续梁施工

　　采用三轴搅拌机设备施工时，应保证型钢水泥土搅拌墙的连续性和接头的施工质量，桩体搭接长度满足设计要求，以达到截水作用。在无特殊情况下，搅拌桩施工必须连续不间断地进行，如因特殊原因造成搅拌桩不能连续施工，间隔时间超过24h的，必须在其接头处外侧采取补做搅拌桩或旋喷桩的技术措施，以保证截水效果。对浅部不良地质现象应做事先处理，以免中途停工延误工期及影响质量。施工中如遇地下障碍物、暗浜或其他勘察报告未述及的不良地质现象，应及时采取相应的处理措施。

1.5.2　型钢插入和拔除施工

1. 型钢的表面处理

　　型钢表面应进行除锈处理，并均匀涂刷减摩剂。浇筑压顶圈梁时，埋设在圈梁中的型钢部分必须用油毡等材料将其与混凝土隔离，以便起拔回收。

2. 型钢插入

当搅拌桩每完成一组后，必须马上插入 H 型钢，施工时必须与围护深层搅拌桩紧密配合，交叉施工。型钢的插入宜在搅拌桩施工结束后 30min 内进行。为保证 H 型钢能够在工程结束前顺利拔出，H 型钢插入后，H 型钢顶标高应高于设计围护结构圈梁顶标高 50cm。按定位尺寸安装好导向控制架，才能插入型钢。型钢插入前，必须将型钢的定位与设计桩位相符合，并校正水平。起吊型钢前，必须重新检查型钢上减摩涂料是否完整，若有漏涂或剥落须重新补上。起吊前在距 H 型钢顶端 30cm 处开一个中心圆孔，孔径约 10cm，装好吊具和固定钩，然后用 50t 吊机起吊 H 型钢，用线锤校核垂直度，确保 H 型钢插下时垂直。型钢插入时要确保其垂直度，尽可能做到依靠其自重插入，而避免冲击打入。同时要控制基坑变形，以免引起型钢发生变形。

3. 型钢拔除

H 型钢采用 SMW 工法制成的地下墙体由于作为基坑围护结构应用，当基坑开挖后，一般不再具有任何作用。为此可以根据设计的要求确定是否回收 H 型钢，若回收 H 型钢，需用 6%～10% 的水泥浆填充 H 型钢拔除后的空隙。型钢拔除回收时，根据环境保护要求，可采用跳拔、限制每天拔除型钢数量等措施。

1.5.3　桩位施工顺序

SMW 桩按图 1-5、图 1-6 所示连续式顺序进行施工。其中两圆相交的公共部分为重复套钻，以保证墙体的连续性和接头的施工质量；图上数字表示钻掘顺序，连续式施工顺序一般适用于 N 值小于 50 的地基土，包括图 1-5 跳槽式双孔全套复搅式连接、图 1-6 单侧挤压式连接方式。桩与桩的搭接时间不宜大于 12h，若因故超时，搭接施工中必须放慢搅拌速度保证搭接质量。

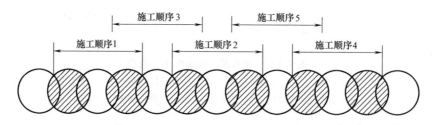

图 1-5　跳槽式双孔全套复搅式连接方式图

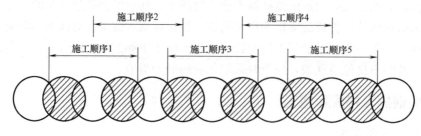

图 1-6　单侧挤压式连接方式图

1.6　地下连续墙

1.6.1　地下连续墙

地下连续墙主要有预制钢筋混凝土连续墙和现浇钢筋混凝土连续墙两类，通常指后者。地下连续墙施工时振动小，噪声低，墙体刚度大，对周边地层扰动小；可适用于多种土层，除夹有孤石、大颗粒卵砾石等局部障碍物时影响成槽效率外，对黏性土、无黏性土、卵砾石层等各种地层均能高效成槽。

地下连续墙施工采用专用的挖槽设备，沿着基坑的周边，按照事先划分好的幅段，开挖狭长的沟槽。挖槽方式可分为抓斗式、冲击式和回转式等类型。在开挖过程中，为保证槽壁的稳定，采用特制的泥浆护壁。泥浆应根据地质和地面沉降控制要求经试配确定，并在泥浆配制和挖槽施工中对泥浆的相对密度、黏度、含砂率和 pH 等主要技术性能指标进行检验和控制。每个幅段的沟槽开挖结束后，在槽段内放置钢筋笼，并浇筑水下混凝土。然后将若干个幅段连成一个整体，形成一个连续的地下墙体，即现浇钢筋混凝土壁式连续墙。

1.6.2　施工工艺

1. 工艺流程

具体工艺流程如图 1-7 所示。

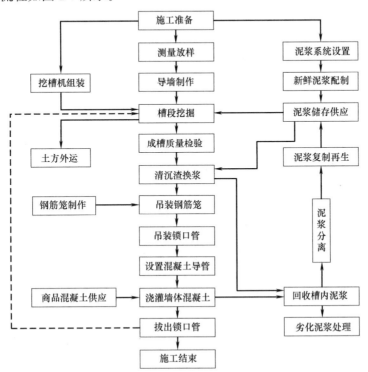

图 1-7　地下连续墙施工流程图

2. 导墙施工

导墙可以由以下几种材料做成：

（1）木材：厚5cm的木板和10cm×10cm方木，深度1.7～2.0m。

（2）砖：M7.5砂浆砌M10砖，常与混凝土做成混合结构。

（3）钢筋混凝土和混凝土，深度1.0～1.5m。

（4）钢板。

（5）型钢。

（6）预制钢筋混凝土结构。

（7）水泥土。

导墙的位置、尺寸准确与否直接决定地下连续墙的平面位置和墙体尺寸能否满足设计要求。导墙间距应为设计墙厚加余量（4～6cm），导墙深度为0.8～2.0m，底部应落在原土上，高于场地5～10cm，并高于地下水位1.5m，以防塌方。导墙施工应注意：导墙基底与土面应紧密接触，墙背应用黏土夯实，以防槽内泥浆外渗；导墙与连续墙中心必须一致，墙面与纵轴线允许偏差为±5mm；导墙上表面应水平，全长高差应小于±10mm，局部高差应小于5mm。导墙的顶部应平整，以便架设钻机机架轨道，并作为钢筋笼、混凝土导管、结构管等的支撑面。常见的导墙结构形式如图1-8所示。

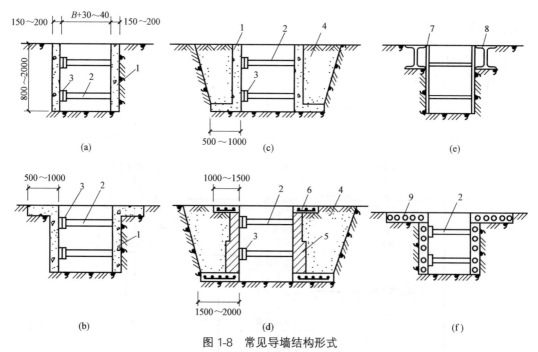

图1-8　常见导墙结构形式

（a）板墙形；（b）倒L形；（c）L形；（d）砖混导墙；（e）型钢钢板组合导墙；（f）预制板组合式导墙
1—混凝土或钢筋混凝土导墙；2—木支撑 φ1.0～1.5m；3—木楔；4—回填土夯实；
5—370mm厚砖墙；6—钢筋混凝土板；7—钢板；8—H型钢；9—路面板或多孔板

3. 成槽施工

1）槽段划分

地下连续墙施工通常需要分隔成很多不同长度的施工段，用1台或是多台挖槽机，按不同的施工顺序，分段建成。地下连续墙的一个槽段（又称一个单元）是地下连续墙在沿长度方向的一次混凝土灌注单元。即使是同一个槽段，也需要用 1 台挖槽机分几次开挖，每次完成的工作量叫作一个单元，它的长度就叫单元长度。槽段的单元长度确定，从理论上讲，除去小于钻挖机具长度的尺寸外，各种长度均可施工，而且越长越好。加大槽孔长度，能减少地下连续墙的接头数量（因为接头是地下连续墙的薄弱处），提高地下连续墙墙体的整体防渗性和连续性，提高工作效率，但泥浆和混凝土用量及钢筋笼重量也随着增加，不可能完成相关施工，并且槽段长度越长，槽壁坍塌危险性就越大，所以需要合理确定槽孔长度。槽段的实际长度是综合以下因素决定的：

（1）影响槽段划分的因素

① 设计因素：主要有墙体的使用目的、构造（同柱子及主体结构的关系）、形状（拐角、端头和圆弧等）、厚度和深度等。一般来说，墙厚和深度增大时，槽孔稳定性变差。

② 施工因素：如对相邻建筑物或管线的影响；槽宽不应小于挖槽机的最小挖槽长度；钢筋笼和预埋件的总重量和尺寸；混凝土的供应能力和浇筑强度（上升速度应大于 2m/h）；泥浆池的容量应能满足清孔泥浆和回收泥浆的要求（通常泥浆池容量不小于槽孔体积的 2 倍）；在相邻建筑物作用下，有附加荷载或动荷载时，槽长应短些；时间限制等。

③ 地质条件：挖槽的最关键问题是槽壁的稳定性，而这种稳定性取决于地质和地形等条件。遇到极软的地层、极易液化的砂土层、预计会有泥浆急速漏失的地层、极易发生塌槽的地层时，槽长应采用较小数量值。此时，最小槽孔长度可小些，可只有一个抓斗单元长度（2～3m）。

实际上，槽段最大长度主要受 3 个因素制约：钢筋笼（含预埋件）的加工、运输和吊装能力，混凝土的生产、运输和浇筑能力，泥浆的生产和供应能力。一般槽长为 5～8m，也有更长或更短的，目前大多数标准都在 6m 左右。

（2）槽段划分原则

① 应使槽段分缝位置远离墙体受力（弯矩和剪力）最大的部位。

② 在结构复杂的部位，分缝位置应便于开挖和浇筑施工。

③ 在某些情况下，可采用长短槽段交错配置的布置方式，以避开一些复杂结构节点（墙与柱、墙与内隔墙等）。把短槽作为二期槽段，便于处理接缝。

④ 墙体内有预留孔洞和重要埋件，不得在此处分缝。

⑤ 槽段分缝应与导墙（特别时预制导墙）的施工分缝错开。

⑥ 在可能的条件下，一个槽段的单元应为奇数，如为偶数，挖槽时可能造成斜坡。

（3）单元槽段划分

单元槽段的划分方法，是在综合考虑以上因素和原则后，以连续墙形状或施工机具来决定单元槽段的长度的：

① 以挖槽机的最小挖掘长度作为一个单元槽段的长度，适用于减少对相邻结构物的影响，或必须在较短的作业时间内完成一个单元槽段，或必须特别注意槽壁的稳定性等情况。

② 较长单元槽段，一个单元槽段的挖掘分几次完成。在该槽内不得产生弯曲现象。为此，通常是先挖该单元槽段的两端，或进行跳跃式挖掘。

③ 多边形、圆形或曲线形状的地下连续墙。若用冲击钻法挖槽，可按曲线形状施工；

若用其他方法挖槽，可使短的直线边连接成多边形；如图 1-9 所示。

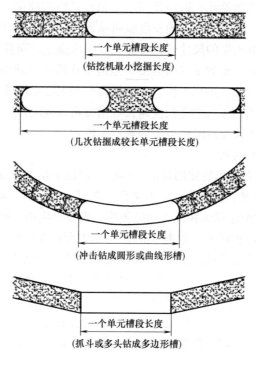

（钻挖机最小挖掘长度）

（几次钻掘成较长单元槽段长度）

（冲击钻成圆形或曲线形槽）

（抓斗或多头钻成多边形槽）

图 1-9　单元槽段的划分

在确定单元槽段的考虑因素中，最主要的是槽壁的稳定性。当施工条件受限时，单元槽段的长度就要受到限制。一般来说，单元槽段的长度采用挖槽机的最小挖掘长度（一个挖掘单元的长度）或接近这个尺寸的长度。当施工不受条件限制且作业场地宽阔、混凝土供应及挖槽土渣处理方便时，可增大单元槽段的长度。一般以 5～8m 为多，也有取 10m 或更大一些的情况（图 1-10）。图 1-10 中 Ⅰ、Ⅱ、Ⅲ、Ⅳ 为挖槽顺序。

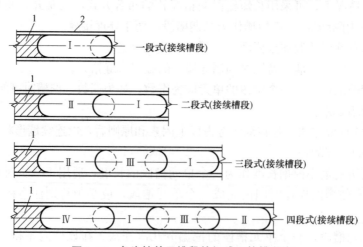

图 1-10　多头钻单元槽段的组成及挖槽顺序

1—已完墙段；2—导墙

槽段分段连接位置应尽量避免在转角部位和内隔墙连接部位，以保证良好的整体性和强度。连续墙的几种常用接头形式如图 1-11 所示。由于半圆形接头具有连接整体性、抗渗性好和施工较简便等优点，使用最为广泛。

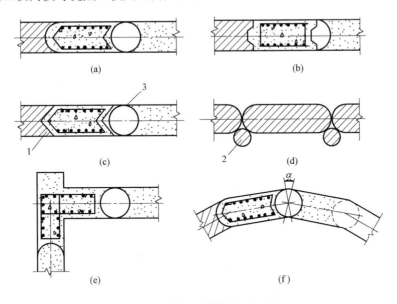

图 1-11 地下连续墙接头形式

（a）半圆形接头；（b）凸榫接头；（c）V 形隔板接头；

（d）对接接头，旁加侧榫；（e）墙转角接头；（f）圆形构筑物接头

1—V 形隔板；2—二次钻孔灌注混凝土；3—接头管

2）挖槽方法

挖槽方法大致可归纳为以下三种：

（1）先钻导孔再用抓斗挖掘成槽形：先以一定间隔挖掘导孔，再用抓斗将导孔间的地段挖掉整修成槽形，如图 1-12 所示。

（2）先钻导孔再重复钻圆孔成槽形：先在施工槽段两端钻导孔到设计深度，两导孔间各圆孔只钻 0.5～0.8m，即在钻孔到 0.5～0.8m 时，把钻头提到原来位置，把钻机横向移动，一遍一遍重复钻挖直到设计深度，完成第一个槽段开挖，如图 1-13 所示。用同样的方法钻挖下一槽段。此法的缺点是钻挖工作重复，效率较低。

（3）一次钻挖成槽形：从一开始就将沟槽挖到设计深度，并挖成槽形，把钻头提到地面，横向移动钻机，连续钻挖，完成第一个槽段开挖，如图 1-14 所示。用同样的方法钻挖下一槽段。此法是一次钻挖成槽形。从地下连续墙施工来说，这种方法是最理想的形式。

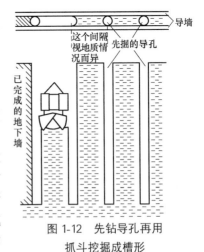

图 1-12 先钻导孔再用抓斗挖掘成槽形

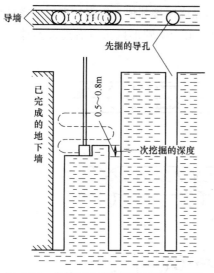

图 1-13　先钻导孔再重复钻圆孔成槽形

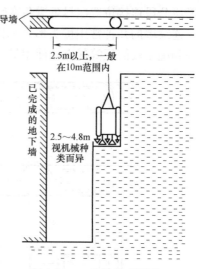

图 1-14　一次钻挖成槽形

3）刷壁、清孔

当开挖槽段达到设计深度和宽度后，先用成槽机抓斗侧面特制的钢齿在工字钢内侧由

图 1-15　刷壁器

上到下刮除接头内部的异物，然后采用特制的刷壁器（图 1-15）在工字钢接头内进行刷壁清理，将接头内的浮浆和其他异物清理干净，即完成刷壁作业。

刷壁完成后即进行清孔作业，清孔时把特制潜水泵通过吊车下至槽段底部，从槽段底部将成槽过程中的指标超标的泥浆抽至回浆池中，同时在槽段顶部补充新浆，通过正循环排浆用新浆将整个槽段中的泥浆置换到回浆池中，直至槽段中的泥浆指标

符合要求后，完成清孔作业，清孔结束后即进行钢筋笼吊装作业。

4．钢筋笼的制作和吊放

连续墙钢筋笼一般应在平台上放样成型，主筋接头应对焊。在现场平卧组装，要求平整度误差不大于 50mm。为了防止钢筋笼吊放时变形，除结构受力筋外，一般还应加设纵向钢筋桁架和水平斜向拉筋，与闭合箍筋点焊成骨架（图 1-16a）。对较宽尺寸的钢筋笼，应增设由直径 25mm 的水平钢筋和拉条组成的横向水平桁架。立筋保护层厚度一般为 7～8cm，在主筋上焊 50～60cm 高的钢筋耳环定位块（图 1-16b），在垂直方向每隔 2～5m 设1 排，每排每个面不少于 2 块，以保证钢筋笼的位置正确。对长度小于 15m 的钢筋笼，一般采取整体制作，用起重 15t 的吊车一次整体吊放到槽内。钢筋笼长度超过 15m 时，常分两段制作和吊放，先吊放下节，用槽钢架在导墙上，然后再吊上节，在槽段上口采用帮条焊焊接。由于钢筋笼的宽度相当于一个单元槽段的尺寸，宽度较大，应采用 2 副铁扁担（图 1-17），或 1 副铁扁担、2 副吊钩的起吊方法，以避免钢筋弯曲变形。待钢筋笼吊至槽段上口，改用上部 1 副铁扁担起吊，将钢筋笼吊直并对准槽口，然后缓慢垂直落入槽内。放到设计深度后，用横担借吊钩或四角主筋上设弯钩，穿入槽钢，搁置在导墙上进行混凝

土浇筑。为防止槽壁塌落，应在清槽后 3～4h 内下完钢筋笼，并开始浇筑混凝土。

当地下连续墙深度很大、钢筋笼很长而现场起吊能力又有限时，钢筋笼往往分成 2 段或 3 段，第一段钢筋笼先吊入槽段内，使钢筋笼端部露出导墙 1m，并架立在导墙上，然后吊起第二段钢筋笼，经对中调正垂直度后即可焊接。焊接接头一种是上下钢筋笼的钢筋逐根对准焊接，另一种是用钢板接头。第一种方法很难做到逐根钢筋对准，焊接质量没有保证而且焊接时间很长。后一种方法是在上下钢筋笼端部所有钢筋焊接在通长的钢板上，上下钢筋笼对准后，用螺栓固定，以防止焊接变形，并用同主筋直径的附加钢筋每 300mm 一根与主筋电焊以加强焊缝和补强，最后将上线钢板对焊，即完成钢筋笼分段连接。

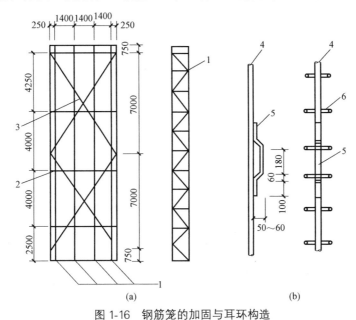

图 1-16 钢筋笼的加固与耳环构造

（a）钢筋笼加固；（b）钢筋耳环垫块

1—纵向加固筋；2—水平加固筋；3—剪力加固筋；4—主筋；5—20mm 耳环或垫块；6—箍筋

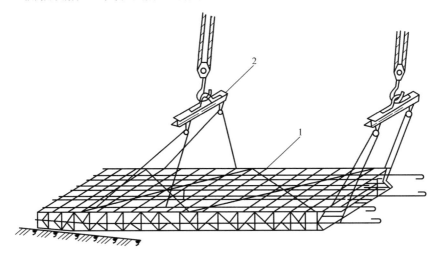

图 1-17 钢筋笼的起吊

1—钢筋笼；2—铁扁担

5. 混凝土的浇筑

连续墙混凝土的浇筑,如同一般现场灌注桩施工时用导管法浇筑水下混凝土,当单元槽段长度小于4m时,采用单根导管;当单元槽段长度大于4m时,采用2～3根导管,导管间距一般在3m以下,最大不得超过4m,同时距槽段端部不得超过1.5m。浇筑地下连续墙的混凝土强度等级应提高一级,水灰比小于0.6,水泥用量不小于$400kg/m^3$,坍落度为18～20cm,混凝土应连续浇筑,且不小于每小时上升3m。混凝土浇筑高度应保证凿除浮浆后,墙顶标高符合设计要求,其他要求与一般施工方法相同。地下连续墙常用混凝土浇筑工艺如图1-18所示。

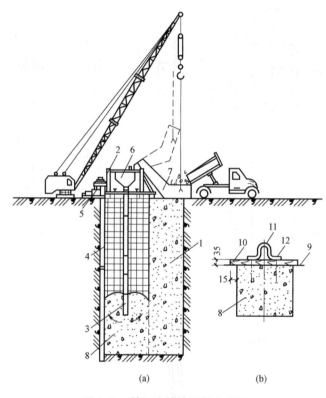

图 1-18　地下连续墙混凝土浇筑

(a) 混凝土浇筑机具设备及过程；(b) 混凝土隔水塞

1—已浇筑的连续墙；2—浇筑架；3—混凝土导管；4—接头钢管；5—接头管顶升架；6—下料斗；
7—卸料翻斗；8—混凝土；9—3mm厚橡胶；10—木板；11—吊钩；12—预埋螺栓

6. 槽段接头施工

槽段采用半圆形接头时,挖槽施工程序见图1-19。吊放钢筋笼前,在未开挖槽段一端紧靠土壁放接头管,以阻止混凝土与未开挖槽段土体结合,并可起到侧模的作用。混凝土浇筑后,拔出接头管,在浇筑段端部形成半圆形的混凝土接缝。接头管用10mm厚的钢板卷成,外径等于槽宽,由多段组成,每段长5～6m,另配2～3节1～2m长的短管。接头管采用承插式内插销连接,要求制作有较高的精度,以保证能顺利拔出。要求表面平整和光滑,直径偏差在±3mm以内,全长垂直偏差在0.1%以内。

接头管用履带吊或汽车吊吊入槽内,并紧靠端壁。混凝土浇筑后,接头管上拔的方法有吊车吊拔和液压千斤顶顶拔两种，前者适合于深 18m 以内、直径 600mm 以下的接头管的提拔；后者适合于 600mm 以上、埋置较深的接头管顶拔，这也是国内使用较普遍的方法。顶拔装置由底座、上下托盘、承力横梁和 2 台行程 1.2～1.5m 的 75～100t 柱塞式千斤顶及配套的高压油泵等组成，可在混凝土浇筑前就位。在混凝土开始浇筑 2～3h 的时候拔动，每隔 30min 拔出 0.5～1.0m，如此反复进行，在混凝土浇筑结束后 4～8h 内将接头管全部拔出，然后按以上程序进行下一槽段施工，直至施工完全部地下连续墙。

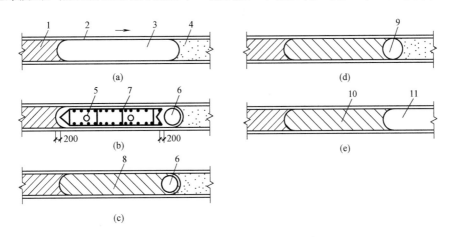

图 1-19　圆形接头管连接施工程序

(a) 挖出单元槽段；(b) 先吊放接头管，再吊放钢筋笼；(c) 浇筑槽段混凝土；

(d) 拔出接头管；(e) 形成半圆接头，继续开挖下一槽段

1—已完槽段；2—导墙；3—已挖好槽段并充满泥浆；4—未开挖槽段；5—混凝土导管；6—接头管；

7—钢筋笼；8—混凝土；9—拔管后形成的圆孔；10—已完槽段；11—继续开挖槽段

本章小结

（1）基坑是指为进行建筑物（包括构筑物）基础与地下室的施工所开挖的地面以下基础空间。基坑工程的特点包括：风险性、区域性、单件性、综合性、时效性和系统性。

（2）介绍了围护结构的选型方案；详细介绍了常见围护结构的施工技术，包括定义、施工工艺、设备及注意事项等。

思考与练习题

1-1　深基坑围护结构的类型有哪些？各有何特点？

1-2　深基坑围护结构如何进行选型？

1-3　锚杆在空间上的排列布置一般情况下应该满足什么要求？

1-4　排桩支护与地下连续墙支护相比有什么特点？

1-5　型钢水泥土搅拌墙施工顺序如何？

1-6　钢板桩施工中有哪些辅助沉桩措施？

1-7　什么是地下连续墙？地下连续墙具有哪些优点与缺点？

1-8　地下连续墙的施工分为哪些步骤?

1-9　导墙具有哪些作用?

1-10　泥浆护壁中的泥浆具有哪些作用?

1-11　如何确定地下连续墙槽段的长度与宽度?

1-12　地下连续墙的混凝土浇筑有哪些具体要求?

1-13　地下连续墙槽段的施工接头有哪些具体形式?

1-14　地下连续墙结构接头有哪些具体形式?

第 2 章 沉 井 法

本章要点及学习目标

本章要点：
(1) 沉井的分类与构造；
(2) 沉井的制作、下沉、封底、施工质量标准及施工中的问题与处理对策；
(3) 沉井的施工机具。
学习目标：
(1) 了解沉井的特点、适用场合、分类、构造及其施工方法；
(2) 掌握沉井的施工工序、工艺流程，并能正确选择其施工设备。

2.1 概述

沉井是地下工程和深埋基础施工的一种方法。其特点是：将位于地下一定深度的建（构）筑物或建（构）筑物基础，先在地面以上制作，形成一个井状结构。然后在井内不断挖土，借助井体自重而逐步下沉，下沉到预定设计标高后，进行封底，构筑井内底板、梁、楼板、内隔墙、顶板等构件，最终形成一个地下建（构）筑物或建（构）筑物基础。

通常沉井是由刃脚、井壁、内隔墙、井内纵横梁等组成的圆筒形或矩形钢筋混凝土结构。沉井的施工顺序如图 2-1 所示。

沉井广泛应用于地下工业厂房、大型设备基础、地下仓（油）库、人防掩蔽所、盾构拼装井、船坞坞首、桥梁墩台基础、取水构筑物、污水泵站、矿用竖井、地下车道与车站、地下建（构）筑物的围壁和大型深埋基础等。

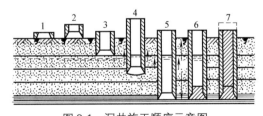

图 2-1 沉井施工顺序示意图
1—开始浇筑；2—接高；3—开始下沉；4—边下沉边接高；
5—下沉至设计标高；6—封底；7—施工内部

沉井在施工中具有独特优点：占地面积小，不需要板桩围护，与大开挖相比较，挖土量少，对邻近建筑物的影响比较小，操作简便，无须特殊的专业设备。

早在 19 世纪初，西欧首先采用普通沉井法，在浅薄的不稳定含水层中建成井筒。1944~1946 年，日本首次试验井壁外喷射高压空气（空气幕法）降低井壁与土层的摩阻力获得成功，使沉井下沉深度达到 85.5m。接着用此法相继下沉了 7 个深度超过百米的沉井，平均下沉深度达到 159.8m。到 1966 年一个铁矿竖井下沉深度达到 200.13m，仅偏斜

1%。空气幕法构造复杂，高压空气消耗量大。20 世纪 50 年代初，匈牙利在建造布达佩斯地铁中，首次试验成功在井壁后压注触变泥浆减阻下沉工艺。沉井施工技术的这一重大改进，既增加了沉井下沉深度，又使沉井壁厚度可控制在适当范围内，带来了可观的经济效益，从而迅速在世界各地广泛推广应用至今。

中华人民共和国成立后，沉井施工技术也有飞速发展。许多大型桥梁墩台基础、大型设备基础、地下油库、岸边取、排水泵站、矿山竖井、盾构与顶管工作井等，各种类型深基础和地下构筑物的围壁都采用过沉井法施工。已施工的圆形沉井直径达 68m，方形沉井平面尺寸达 69m×51m，深度为 58m。1981 年山东某煤矿，采用沉井法施工一个内径 6m 的井筒，下沉深度达到 192m，偏斜率只有 1.5%。

近年来，沉井的施工技术和施工机械都有很大改进。为了降低沉井施工中井壁侧面的摩阻力，出现了触变泥浆润滑套法、壁后压气法等施工方法。在密集的建筑群中施工时，为了确保地下管线和建筑物的安全，创造了"钻吸排土沉井施工技术"和"中心岛式下沉"施工工艺。这些施工新技术的出现可使地表产生很小的沉降和位移。上海隧道工程股份有限公司首创"钻吸法沉井"和"地面微沉降沉井"施工新工艺，在密集的建筑群中施工时，地表仅产生微量沉降，确保了邻近地下管线和建筑的安全。

2.2　沉井的分类与构造

2.2.1　沉井的分类

沉井的类型很多，以制作材料分类，有混凝土、钢筋混凝土、钢、砖、石等多种类型，应用最多的则为钢筋混凝土沉井。

沉井一般可按以下两方面分类。

1. 沉井按平面形状分类

沉井的平面形状有圆形、方形、矩形、椭圆形、端圆形、多边形及多孔井字形等，如图 2-2 所示。

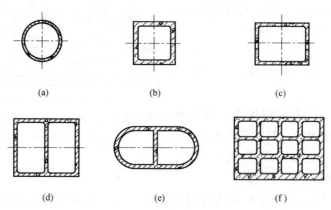

图 2-2　沉井平面图

（a）圆形单孔沉井；（b）方形单孔沉井；（c）矩形单孔沉井；
（d）矩形双孔沉井；（e）椭圆形双孔沉井；（f）矩形多孔沉井

1）圆形沉井

圆形沉井可分为单孔圆形沉井、双壁圆形沉井和多孔圆形沉井。圆形沉井制造简单，易于控制下沉位置，受力（土压、水压）性能较好。从理论计算上说，圆形井墙仅发生压应力，在实际工程中，还需要考虑沉井发生倾斜所引起的土压力的不均匀性。如果面积相同时，圆形沉井周边长度小于矩形沉井的周边长度，因而井壁与侧面摩阻力也将小些。同时，由于土拱的作用，圆形沉井对四周土体的扰动也较矩形沉井小。但是，圆形沉井的建筑面积，由于要满足使用和工艺要求，而不能充分利用，所以，在应用上受到了一定的限制。

2）方形、矩形沉井

方形及矩形沉井在制作与使用上比圆形沉井方便。但方形及矩形沉井受水平压力作用时，其断面内会产生较大弯矩。从生产工艺和使用要求来看，一般方形、矩形沉井，其建筑面积较圆形沉井更能得到合理的利用，但方形、矩形沉井井壁的受力情况远较圆形沉井不利。同时，由于沉井四周土方的坍塌情况不同，土压力与摩擦力也就不均匀，当其长与宽的比值越大，情况就越严重。因此，容易造成沉井倾斜，而纠正沉井的倾斜也较圆形沉井不利。

3）两孔、多孔沉井

两孔、多孔井字形沉井的孔间有隔墙或横梁，因此，可以改善井壁、底板、顶板的受力状况，提高沉井的整体刚度，在施工中易于均匀下沉。如发现沉井偏斜，可以通过在适当的孔内挖土校正。多孔沉井承载力高，尤其适用于平面尺寸大的重型建筑物基础。

4）椭圆形、端圆形沉井

椭圆形、端圆形沉井因其对水流的阻力较小，多用于桥梁墩台基础、江心泵站和取水泵站等构筑物。

2. 沉井按竖向剖面形状分类

沉井竖向剖面形式有圆柱形、阶梯形及锥形等，如图 2-3 所示。为了减少下沉摩阻力，刃脚外缘常设 20～30cm 间隙，井壁表面做成 1/100 坡度。

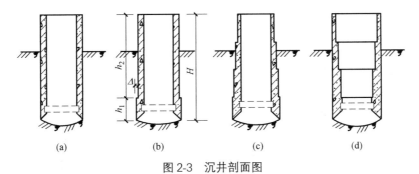

图 2-3 沉井剖面图

（a）圆柱形；（b）外壁单阶形；（c）外壁多阶梯形；（d）内壁多阶梯形

1）圆柱形沉井

圆柱形沉井井壁按横截面形状做成各种柱形且平面尺寸不随深度变化，如图 2-3（a）所示。圆柱形沉井受周围土体的约束较均衡，只沿竖向切沉，不易发生倾斜，且下沉过程中对周围土体的扰动较小。其缺点是沉井外壁面上土的侧摩阻力较大，尤其当沉井平面尺寸较小，下沉深度又较大而土又较密实时，其上部可能被土体夹住，使其下部悬空，容易造成井壁拉裂。因此，圆柱形沉井一般在入土不深或土质较松散的情况下使用。

　　2) 阶梯形沉井

　　阶梯形沉井井壁平面尺寸随深度呈台阶形加大，如图 2-3 (b)、(c)、(d) 所示。由于沉井下部受到的土压力及水压力较上部大，故阶梯形结构可使沉井下部刚度相应提高。阶梯可设在井壁内侧或外侧。当土比较密实时，设外侧阶梯可减少沉井侧面土的摩阻力以便顺利下沉。刃脚处的台阶高度一般为 1.1~2.2m，阶梯宽度一般为 10~20cm。有时考虑到井壁受力要求并避免沉井下沉使四周土体破坏的范围过大而影响邻近的建筑物，可将阶梯设在沉井内侧，而外侧保持直立。

　　(1) 外壁阶梯形沉井：阶梯形沉井分为单阶梯和多阶梯两类。

　　外壁单阶梯沉井的优点是可以减少井壁与土体之间的摩阻力，并可向台阶以上形成的空间内压送触变泥浆。其缺点是，如果不压送触变泥浆，则在沉井下沉时，对四周土体的扰动要比圆柱形沉井大。

　　外壁多阶梯沉井与外壁单阶梯沉井的作用基本相似。因为越接近地面，作用在井壁上的水、土压力越小。为了节约建筑材料，将井壁逐段减薄，故形成多阶梯形。

　　(2) 内壁阶梯形沉井：在沉井附近有永久性建筑物时，为了减少沉井四周土体的扰动和坍塌，或在沉井自重大，而土质又软弱的情况下，为了保证井壁与土之间的摩阻力，避免沉井下沉速度过快，可采用内壁阶梯形沉井。同时，阶梯设于井壁内侧，达到了节约建筑材料的目的。

　　3) 锥形沉井

　　锥形沉井的外壁面带有斜坡，坡度比一般为 1/50~1/20，锥形沉井也可以减少沉井下沉时土的侧摩阻力，但这种沉井在下沉时不稳定，而且制作较困难，故较少采用。

　　另外，沉井按其排列方式，又可分为单个沉井与连续沉井两类。连续沉井是若干个沉井的并排组成。通常用在构筑物呈带状、施工场地较窄的地带。上海黄浦江下的打浦路越江隧道、延安东路越江隧道的引道段均采用多节连续沉井施工而成。同时，在隧道两端的盾构拼装井也采用大型沉井施工而成。

2.2.2　沉井的构造

　　沉井一般由井壁（侧壁）、刃脚、内隔墙、横梁、框架、封底和顶盖板等组成，如图 2-4 所示。

　　1. 井壁

　　井壁是沉井的主要部分，应有足够的厚度与强度，为了承受在下沉过程中各种最不利荷载组合（水土压力）所产生的内力，在钢筋混凝土井壁中一般应配置内外两层竖向钢筋及水平钢筋，以承受弯曲应力。同时要有足够的重量，使沉井能在自重作用下顺利下沉到设计标高。因此，井壁厚度主要取决于沉井大小、下沉深度、土层的物理力学性质以及沉井能在足够的自重下顺利下沉的条件来确定。

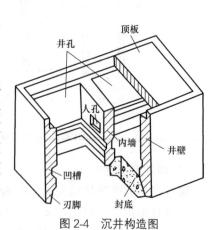

图 2-4　沉井构造图

　　设计时通常先假定井壁厚度，再进行强度验算。井壁厚度一般为 0.4～1.2m。井壁的竖向断面形状有上下等厚度的直墙形井壁，如图 2-3（a）所示，阶梯形井壁如图 2-3（b）、（c）、（d）所示。

　　当土质松软、摩擦力不大、下沉深度不深时，可采用直墙形。其优点是周围土层能较好地约束井壁，易于控制垂直下沉。接长井壁亦简单，模板能多次使用。此外，沉井下沉时，周围土的扰动影响范围小，可以减少对四周建筑物的影响，故特别适用于市区较密集的建筑群中间。

　　当土质松软，下沉深度较深时，考虑到水土压力随着深度的不断增大，使井壁在不同高程受力的差异较大．故往往将井壁外侧做成直线形，内侧做成阶梯形，如图 2-3（d）所示，以减小沉井的截面尺寸、节省材料。

　　当土层密实，且下沉深度很大时，为了减少井壁间的摩擦力而不使沉井过分加大自重，常在外壁做成一个（或几个）台阶的阶梯形井壁。台阶设在每节沉井接缝处，宽度一般为 10～20cm。最下面一级阶梯宜设于 $h_1 = (1/4 \sim 1/3)H$ 高度处，见图 2-3（b），或 $h_1 = 1.2 \sim 2.2$m 处。h_1 过小不能起导向作用，容易使沉井发生倾斜。施工时一般在阶梯面所形成的槽孔中灌填黄沙或护壁泥浆以减少摩擦力并防止土体破坏过大。

　　对于薄壁沉井，应采用触变泥浆润滑套、壁外喷射高压空气等措施，以降低沉井下沉时的摩阻力，达到减薄井壁厚度的目的。但对于这种薄壁沉井的抗浮问题，应谨慎核算，并采取适当、有效的措施。

　　2. 刃脚

　　井壁最下端一般都做成刀刃状的"刃脚"，主要功用是减少下沉阻力。刃脚还应具有一定的强度，以免在下沉过程中损坏。刃脚底的水平面称为踏面，如图 2-5 所示。刃脚的式样应根据沉井下沉时所穿越土层的软硬程度和刃脚单位长度上的反力大小决定。踏面宽度一般为 10～30cm。斜面高度视井壁厚度而定，并考虑在沉井施工中便于挖土和抽除刃脚下的垫木。刃脚内侧的倾角一般为 40°～60°，如图 2-6（a）所示。当沉井湿封底（水下灌筑混凝土）时，刃脚的高度取 1.5m 左右，干封底时，取 0.6m 左右。沉井重、土质软时，踏面要宽些。相反，沉井轻又要穿过硬土层时，踏面要窄些，有时甚至要用角钢加固的钢刃脚，如图 2-6（b）所示。

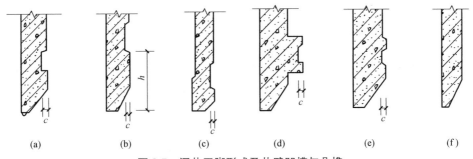

图 2-5　沉井刃脚形式及井壁凹槽与凸榫

　　当沉井在坚硬土层中下沉时，刃脚踏面可减少至 10～15cm，为了防止障碍物损坏刃脚，还可用钢刃脚，如图 2-6（b）所示。当采用爆破法清除刃脚下障碍物时，刃脚还应用钢板包裹，如图 2-6（c）所示。当沉井在松软土层中下沉时，刃脚踏面应加宽至

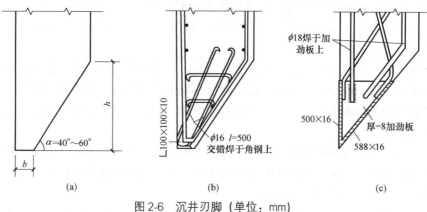

图 2-6　沉井刃脚（单位：mm）

40～60cm。

刃脚的长度也是很重要的，当土质坚硬时，刃脚长度可以小些。当土质松软时，沉井越重，刃脚插入土中越深，有时可达 2～3m，如果刃脚高度不足，就会给沉井的封底工作带来很大困难。

3. 内隔墙

根据使用和结构上的需要，在沉井井筒内设置内隔墙。内隔墙的主要作用是增加沉井在下沉过程中的刚度，减小井壁受力计算跨度。同时，又把整个沉井分隔成多个施工井孔（取土井），使挖土和下沉可以较均衡地进行，也便于沉井偏斜时的纠偏。内隔墙因不承受水土压力，所以，其厚度较沉井外壁要薄一些。

内隔墙的底面一般应比井壁刃脚踏面高出 0.5～1.0m，以免土体顶住内墙妨碍沉井下沉。但当穿越软土层时，为了防止沉井"突沉"，也可与井壁刃脚踏面齐平。

内隔墙的厚度一般为 0.5m 左右。沉井在硬土层及砂类土层中下沉时，为了防止隔墙底面受土体的阻碍，阻止沉井纠偏或出现局部土反力过大，造成沉井断裂，故隔墙底面高出刃脚踏面的高度，可增加到 1.0～1.5m。隔墙下部应设过人孔，供施工人员在各取土井间往来之用。人孔的尺寸一般在 0.8m×1.2m～1.1m×1.2m 左右。

取土井井孔尺寸除应满足使用要求之外，还应保证挖土机可在井孔中自由升降，不受阻碍。如用挖泥斗取土时，井孔的最小边长应大于挖泥斗张开尺寸再加 0.5～1.0m，一般不小于 2.5m。井孔的布置应力求简单、对称。

4. 上、下横梁及框架

当在沉井内设置过多隔墙时，对沉井的使用和下沉都会带来较大的影响，因此，常用上、下横梁与井壁组成框架来代替隔墙。框架有下列作用：

(1) 可以减少井壁底、顶板之间的计算跨度，增加沉井的整体刚度，使井壁变形减小。

(2) 便于井内操作人员往来，减轻工人劳动强度。在下沉过程中，通过调整各井孔的挖土量来纠正井身的倾斜，并能有效地控制和减少沉井的突沉现象。

(3) 有利于分格进行封底，特别是当采用水下混凝土封底时，分格能减少混凝土在单位时间内的供应量，并改善封底混凝土的质量。

在比较大型的沉井中，如果由于使用要求，不能设置内隔墙，可在沉井底部增设底梁，以便于构成框架增加沉井在施工下沉阶段和使用阶段的整体刚度。有的沉井因高度较大，常于井壁不同高度处设置若干道由纵横大梁组成的水平框架，以减少井壁顶、底板之间的跨度，使整个沉井结构的布置更加合理、经济。

5. 井孔

沉井内设置了纵横隔墙或纵横框架形成的格子，称作井孔。井孔在施工时作为取土孔，井孔尺寸应满足工艺要求。因为在沉井施工中，常用容量为 $0.75m^3$ 或 $1.0m^3$ 的抓斗，抓斗的张开尺寸分别为 $2.38m \times 1.06m$ 和 $2.65m \times 1.27m$。所以井孔宽度一般不宜小于 3m。从施工角度看，采用水力机械和空气吸泥机等机械进行施工时，井孔尺寸也宜适当放大。

6. 封底

当沉井下沉到设计标高，经过技术检验并对井底清理整平后，即可封底，以防止地下水渗入井内。封底可分为湿封底（水下灌筑混凝土）和干封底两种。采用干封底时，可先铺垫层，然后浇筑钢筋混凝土底板，必要时在井底设置集水井排水；采用湿封底时，待水下混凝土达到强度，抽干井水后再浇筑钢筋混凝土底板。

为了使封底混凝土和底板与井壁间有更好的联结，以传递基底反力，使沉井成为空间结构受力体系，常于刃脚上方井壁内侧预留凹槽，以便在该处浇筑钢筋混凝土底板和楼板及井内结构。

凹槽的高度应根据底板厚度决定，主要为传递底板反力而采取的构造措施。凹槽底面一般距刃脚踏面 2.5m 左右。槽高约 1.0m，接近于封底混凝土的厚度，以保证封底工作顺利进行。凹槽深度 c 约为 150～250mm，如图 2-5 所示。

2.3 沉井施工

2.3.1 沉井施工的基本程序

沉井施工的内容包括沉井制作和沉井下沉两个主要部分。根据不同的情况和条件，可采用分节制作一次下沉、一次制作一次下沉或制作与下沉交替进行。

沉井的施工程序可根据沉井的形状、平面尺寸、下沉深度、工程地质和水文地质情况、环境条件、设计要求、施工设备及施工单位的经验和习惯而定。一般情况下单个沉井的施工程序分为：施工前的准备工作、沉井下沉、接高井壁、沉井封底四个阶段。

1. 施工前的准备工作

熟悉掌握沉井处的工程地质与水文地质资料，调查了解邻近建筑物和地下管线状况。平整场地，测量放样定出井位。

开挖基坑，为避免在制作沉井时产生过大的沉降和不均匀沉降，先在基坑中铺设一定厚度（不小于 50cm）的砂垫层，并在其上沿刃脚踏面下铺设承垫木或混凝土垫层，然后制作第一节沉井。当需要降低地下水位时，应按降水深度打设井点。

2. 沉井下沉

当第一节沉井混凝土达到一定强度后（按设计要求），方可开始抽拆承垫木或凿除刃脚踏面下素混凝土垫层。接着在沉井内按合理的开挖顺序进行挖土下沉。

3. 接高井壁

当第一节沉井下沉到预定的深度后（一般下沉到露出地面 0.5～1.0m），即可停止挖土下沉。对刃脚踏面承载力和入土部分外周摩擦力进行稳定分析验算，即可以平衡接高沉井井壁后所增加的荷载，或采取措施后，才可接高井壁。接高井壁混凝土达到设计要求强度后，继续进行挖土下沉。

4. 沉井封底

当沉井下沉到设计标高（包括抛高）后，即停止挖土，进行沉井封底工作。

2.3.2　沉井施工

1. 沉井制作

1）开挖基坑

为了制作沉井和减少下沉深度，先要开挖一个基坑，其深度视工程与水文地质条件、施工机具设备情况和施工习惯而定，一般情况下的基坑开挖深度即为砂垫层厚度，约 1～2m。有时为减少沉井下沉深度，或要将坑底置于较好的土层上，也可将基坑加深。若无降低地下水位的措施，则坑底应高出地下水位 0.5m 以上，并应坐落在较好的土层上，且基坑底的平面尺寸应大于沉井外包平面尺寸。若刃脚下铺承垫木，沉井四周各加宽一根垫木长度以上，以确保承垫木能向外抽出而确定坑底平面尺寸。若刃脚下铺设混凝土垫层，则应考虑支模、搭设脚手及排水等需要来确定坑底平面尺寸，一般刃脚外侧至基坑坡脚距离取 1～2m，基坑顶平面尺寸，按基坑的边坡确定。

2）铺设砂垫层

（1）砂垫层的作用

沉井的重量很大，而刃脚的支承面积又小，当基坑底地基承载力不能满足要求时，常沿井壁、周边和隔墙底梁的刃脚下铺混凝土垫层（或铺承垫木），以增大支承面积，再在混凝土垫层下铺设砂垫层，将沉井重量扩散到更大的面积上，使坑底地基承载强度足以支承第一节沉井的重量，并避免在制作沉井时产生过大的沉降和不均匀沉降，确保沉井混凝土制作质量。

（2）砂垫层铺筑方法

砂垫层的砂应采用级配良好的中、粗砂。基坑底四角设集水井，其深度比砂垫层底深 30～50cm，井内设泵及时将积水排至坑外。清除坑底浮土后，即可进行铺砂工作，应分层洒水压实，每层厚度一般不超过 30cm。铺筑好的砂垫层，可采用贯入法测定其密实度，即取一根直径为 16mm、长为 1.96m 的钢筋，离砂面 50cm 高处竖直自由下落，插入砂层内深度不超过 7cm 时，密实度为合格。

3）浇筑刃脚下素混凝土垫层

素混凝土垫层的厚度应满足抗冲切强度要求，一般取 12cm，宽度比刃脚踏面两侧各宽 7～10cm，一般采用 C20 混凝土。

4）沉井制作

（1）分节制作高度

沉井分节制作高度的确定，除应考虑施工方便及设备条件等因素外，还应结合沉井结构状况，确保分节制作具有足够刚度。刃脚的结构较为复杂，一般作单独一节制作。其后每节沉井的制作高度可取 8～10m。沉井总高在 20m 以内，可采用分节制作，一次下沉。沉井总高超过 20m，均采用分节制作，分次下沉，即制作与下沉交替进行。

（2）搭设脚手、立模、扎筋

制作沉井搭设的内、外脚手，应同模板及钢筋无任何牵连，以避免沉井在制作过程中可能发生沉降而造成脚手倒塌事故的发生。

架立模板和绑扎钢筋应同时进行，其顺序是先立内模，随即绑扎钢筋，最后立外模。内、外模板之间采用拉条螺栓联结，使其具有足够的强度、刚度，且整体稳定并具密封性。

（3）沉井混凝土浇筑

沉井混凝土的浇筑与工业及民用建筑的混凝土施工方法基本相同，但沉井处于地下水位以下，故对井壁混凝土有较高的抗渗防水要求。

混凝土浇筑方法，应对称、均匀、水平连续地分层进行。为避免出现冷缝，上层新混凝土应掌握在该层混凝土初凝之前浇筑完毕。混凝土初凝时间与气温和强度等级有关，在不掺缓凝剂时，一般混凝土初凝时间为 2.5～3.5 小时，可根据每小时的混凝土供应量，以确定分层一次浇筑的高度，或反之确定一次浇筑高度同时还要考虑模板强度，能否承受新浇混凝土的侧向压力，还应考虑分层厚度是否在插入式振捣器的有效作用范围之内。分层一次浇筑高度一般取 30～50cm。出现冷缝时，应按施工缝处继续浇筑混凝土的规定来处理。

（4）沉井混凝土养护

沉井混凝土浇筑完毕后，周围的空气过分干燥，混凝土内的水分会不断蒸发散失，使混凝土因干燥收缩而产生裂缝，并降低混凝土的强度。因此，在常温施工时，为了保证混凝土硬化所需的温度和湿度，必须进行养护。如室外昼夜平均温度降到 −4℃ 以下时，混凝土还应加以防护，以免冻坏。简便的养护措施为：在拆去模板后的混凝土面，立即覆盖麻袋、草包或帆布等，并经常向其洒水以保持湿润。

（5）施工缝的处理

由于沉井采取分节浇筑，故上下节相接处的施工缝必须妥善进行处理，避免日后渗漏。常用的施工缝有以下三种：

① 平缝：井壁厚度较薄、防水要求不高时可采用。

② 凸式或凹式施工缝：井壁厚度较大时适用，如图 2-7 所示。凸式施工缝易于凿毛

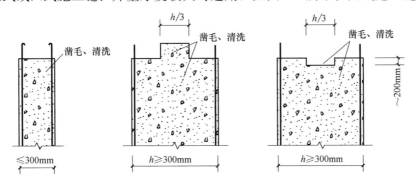

图 2-7 凸式和凹式施工缝

和清洗，防水效果好，故多采用；而凹式施工缝因不易清洗干净，较少采用。

③ 钢板止水片：在施工缝处设置镀锌钢板止水片，其厚度 2～3mm，宽度 400mm 左右。这种施工缝适用于防水要求高，井壁厚度较薄且钢筋较密，设置凸式施工缝有困难时，缺点是耗用钢材较多。

以上三种施工缝，不论采用哪种形式，在浇筑上层混凝土前，表面均应凿毛、清除浮粒，并清洗干净。在浇筑混凝土时，先用水湿润后，在表面上再铺一层 10～15cm 厚的水泥砂浆一层（可用原混凝土配合比、去掉石子），然后再继续浇筑混凝土。

（6）拉杆螺栓止水处理

沉井制作时的内、外模板，大多采用对拉螺栓固定，这样在螺栓通过井壁处，造成许多易渗漏水的薄弱点。一般止水处理方法是在螺栓中间加焊一块钢板止水片，即可防止水沿螺栓渗漏。井壁模板拆除后，在每根拉杆位置处的井壁混凝土凿成一凹坑，割去拉杆外露部分，清洗干净，用环氧砂浆封堵洞穴，防止螺栓的锈蚀和地下水渗入，效果较好。

2. 沉井下沉施工

1）制作与下沉的顺序

沉井按其制作与下沉的顺序而言，有三种形式：一次制作，一次下沉；分节制作，多次下沉；分节制作，一次下沉。

（1）一次制作，一次下沉

一般中小型沉井，高度不大，地基很好或者经过人工加固后获得较大的地基承载力时，最好采用一次制作，一次下沉方式。一般来说，以该方式施工的沉井在 10m 以内为宜。

（2）分节制作，多次下沉

将井墙沿高度分成几段，每段为一节，制作一节，下沉一节，循环进行。该方案的优点是沉井分段高度小，对地基要求不高。缺点是工序多，工期长，而且在接高井壁时易产生倾斜和突沉，需要进行稳定验算。

（3）分节制作，一次下沉

这种方式的优点是脚手架和模板可连续使用，下沉设备一次安装，有利于滑模。缺点是对地基条件要求高，高空作业困难。我国目前采用该方式制作的沉井，全高已达 30m 以上。

沉井下沉应具有一定的强度，第一节混凝土或砌体砂浆应达到设计强度的 100%，其上各节达到 70% 以后，方可开始下沉。

2）承垫木的拆除

大型沉井混凝土应达到设计强度的 100%，小型沉井达到 70% 以上，便可拆除承垫木。抽除刃脚下的垫木应分区、分组、依次、对称、同步进行。抽除次序：圆形沉井先抽一般承垫木，后抽除定位垫木；矩形沉井先抽内隔墙下的垫木，然后分组对称地抽除外墙两短边下的定位垫木，再后抽除长边下一般垫木，最后同时抽除定位垫木，如图 2-8 所示。抽除方法是将垫木底部的土挖去，利用人工或机具将相应垫木抽出。每抽出一根垫木后，应立即用砂、卵石或砾石将空隙填实，同时在刃脚内外侧应填筑成小土堤，并分层夯实，如图 2-9 所示。抽除垫木时要加强观测，注意下沉是否均匀。

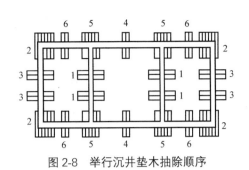

图 2-8　举行沉井垫木抽除顺序

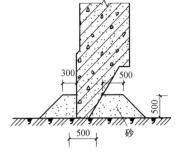

图 2-9　刃脚回填砂或砂卵石（单位：mm）

3）下沉方法选择

沉井下沉有排水下沉和不排水下沉两种方法，前者适用于渗水量不大（每平方米不大于 $1m^3/min$）、稳定的黏性土（如黏土、粉质黏土以及各种岩质土），或在砂砾层中渗水量虽很大，但排水并不困难时使用。后法适于在流砂严重的地层中和渗水量大的砂砾地层中以及地下水无法排除或大量排水会影响附近建筑物的安全的情况下使用。

排水下沉常用的排水方法有以下 2 种：

（1）明沟集水井排水

在沉井周围距离其刃脚 2～3m 处挖一圈排水明沟，设置 3～4 个集水井，深度比地下水深 1～1.5m，沟和井底深度随沉井挖土而不断加深，在井内或井壁上设水泵，将水抽出井外排走。为了不影响井内挖土操作和避免经常搬动水泵，一般采取在井壁上预埋铁件，焊接钢结构操作平台安设水泵，或设木吊架安设水泵，用草垫或橡皮承垫，避免振动，如图 2-10 所示，水泵抽吸高度控制在不大于 5m。如果井内渗水量很少，则可直接在井内设高扬程小潜水泵将地下水抽出井外井点排水。

在沉井周围设置轻型井点、电渗井点或喷射井点以降低地下水位，如图 2-11 所示，使井内保持干挖土。

（2）井点与明沟排水相结合的方法

在沉井上部周围设置井点降水，下部挖明沟集水井设泵排水，如图 2-12 所示。

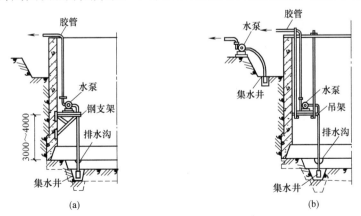

图 2-10　明沟直接排水方法（单位：mm）

（a）钢支架上设水泵排水；（b）吊架上设水泵排水

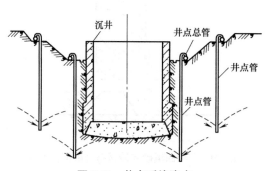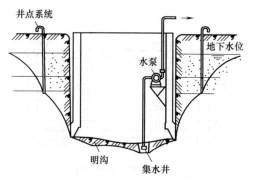

图 2-11　井点系统降水　　　　图 2-12　井点与明沟排水相结合的方法

不排水下沉方法有：

（1）用抓斗在水中取土下沉。

（2）用水力冲射器冲刷土，用空气吸泥机吸泥，或水力吸泥机抽吸水中泥土。

（3）用钻吸排土沉井工法下沉施工。其特点为，通过特制的钻吸机组，在水中对土体进行切削破碎，并同时完成排泥工作，使沉井下沉到达设计标高。钻吸排土沉井工法具有水中破土排泥效率高、劳动强度低、安全可靠等优点。

4）下沉挖土方法

（1）排水下沉挖土方法

常用人工或风动工具，或在井内用小型反铲挖土机，在地面用抓斗挖土机分层开挖。挖土必须对称、均匀进行，使沉井均匀下沉。挖土方法随土质情况而定。

① 普通土层。从沉井中间开始逐渐挖向四周，每层挖土厚 0.4～0.5m，在刃脚处留 1～1.5m 台阶，然后沿沉井壁每 2～3m 一段，向刃脚方向逐层全面、对称、均匀地开挖土层，每次挖去 5～10cm，当土层经不住刃脚的挤压而破裂，沉井便在自重作用下均匀破土下沉，如图 2-13（a）所示。当沉井下沉很少或不下沉时，可再从中间向下挖 0.4～0.5m，并继续按图 2-13（a）向四周均匀掏挖，使沉井平稳下沉。当在数个井孔内挖土时，为使其下沉均匀，孔格内挖土高差不得超过 1.0m。刃脚下部土方应边挖边清理。

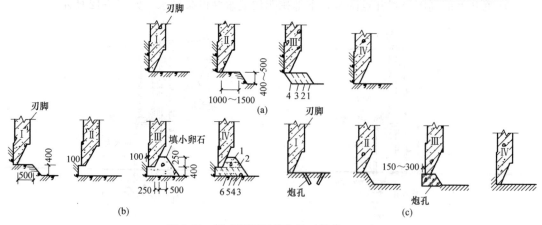

图 2-13　排水下沉开挖方法（单位：mm）

（a）普通土层开挖；（b）砂夹卵石层或硬土层开挖；（c）岩石放炮开挖

图中，1、2、3、4、5、6 为刷坡次序

② 砂夹卵石或硬土层。其可按图 2-13 (b) 所示方法挖土,当土垅挖至刃脚,沉井仍不下沉或下沉不平稳,则须按平面布置分段的次序逐段对称地将刃脚下挖空,并挖出刃脚外壁约 10cm,每段挖完用小卵石填塞夯实,待全部挖空回填后,再分层去掉回填的小卵石,可使沉井均匀减少承压面而平衡下沉。

③ 岩层。风化或软质岩层可用风镐或风铲等按图 2-13 (c) 的次序开挖。较硬的岩层可按图 2-13 (c) 所示顺序进行,在刃口打炮孔,进行松动爆破,炮孔深 1.3m,以 1m×1m 梅花形交错排列,使炮孔伸出刃脚口外 15～30cm,以便开挖宽度可超出刃口 5～10cm,下沉时顺刃脚分段顺序,每次挖 1m 宽即进行回填,如此逐段进行,至全部回填后再去除土堆,使沉井平稳下沉。

在开始 5m 以内下沉时,要特别注意保持平面位置与垂直度正确,以免继续下沉时不易调整。在距离设计标高 20cm 左右应停止取土,依靠沉井自重下沉到设计标高。在沉井开始下沉和将要下沉至设计标高时,周边开挖深度应小于 30cm 或更小一些,避免发生倾斜。

(2) 不排水下沉挖土方法

通常采用抓斗、水力吸泥机或水力冲射空气吸泥机等在水下挖土。

① 抓斗挖土。用吊车吊住抓斗挖掘井底中央部分的土,使沉井底形成锅底。在砂或砾石类土中,一般当锅底比刃脚低 1～1.5m 时,沉井即可靠自重下沉,而将刃脚下的土挤向中央锅底,再从井孔中继续抓土,沉井即可继续下沉。在黏质土或紧密土中,刃脚下的土不易向中央坍落,则应配以射水管松土,如图 2-14 所示。沉井由多个井孔组成时,每个井孔宜配备一台抓斗。如用一台抓斗抓土时,应对称、逐孔、轮流进行,使其均匀下沉,各井孔内土面高差应不大于 0.5m。

② 水力机械冲土。使用高压水泵将高压水流通过进水管分别送进沉井内的高压水枪和水力吸泥机,利用高压水枪射出的高压水流冲刷土层,使其形成一定稠度的泥浆汇流至集泥坑,然后用水力吸泥机(或空气吸泥机)将泥浆吸出,从排泥管排出井外,如图 2-15 所示。冲黏性土时,宜使喷嘴接近 90°角冲刷立面,将立面底部冲成缺口使之塌落。取土顺序为先中央后四周,并沿刃脚留出土台,最后对称分层冲挖,不得冲空刃脚踏面下的土层。施工时,应使高压水枪冲入井底的泥浆量和渗入的水量与水力吸泥机吸出的泥浆量保持平衡。

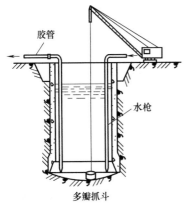

图 2-14 水枪冲土,抓斗在水中抓土

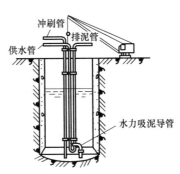

图 2-15 用水力吸泥器水中冲土

　　水力机械冲土的主要设备包括吸泥器（水力吸泥机或空气吸泥机）、吸泥管、扬泥管和高压水管、离心式高压清水泵、空气压缩机（采用空气吸泥时用）等。吸泥器内部高压水喷嘴处的有效水压与扬泥所需要的水压的比值平均约为 7.5。应使各种土成为适宜稠度的泥浆的重度：砂类土为 $10.8\sim11.8kN/m^3$；黏性土为 $10.9\sim12.0kN/m^3$。吸入泥浆所需的高压水流量，约与泥浆量相等，吸入的泥浆和高压水混合以后的稀释泥浆，在管路内的适当流速应不超过 $2\sim3m/s$。喷嘴处的高压水流速一般约为 $30\sim40m/s$，实际应用的吸泥机，其射水管截面与高压水喷嘴截面的比值约为 $4\sim10$，而吸泥管截面与喷嘴截面的比值约为 $15\sim20$。水力吸泥机的有效作用约为高压水泵效率的 $0.1\sim0.2$ 倍，如每小时压入水量为 $100m^3$，可吸出泥浆含土量约为 $5\sim10m^3$，高度 $35\sim40m$，喷射速度约 $3\sim4m/s$。吸泥器配备数量视沉井大小及土质而定，一般为 $2\sim6$ 套水力吸泥机冲土，适于在粉质黏土、黏质粉土、粉细砂土中使用；使用不受水深限制，但其出土率则随水压、水量的增加而提高，必要时应向沉井内注水，以加高井内水位。在淤泥或浮土中使用水力吸泥时，应保持沉井内水位高出井外水位 $1\sim2m$。

　　（3）沉井的辅助下沉方法

　　① 射水下沉法。一般作为以上两种方法的辅助方法，它是用预先安设在沉井外壁的水枪，借助高压水冲刷土层，使沉井下沉。射水所需水压：在砂土中，冲刷深度在 8m 以下时，要 $0.4\sim0.6MPa$；在砂砾石层中，冲刷深度在 $10\sim12m$ 以下时，需要 $0.6\sim1.2MPa$；在砂卵石层中，冲刷深度在 $10\sim12m$ 时，则需要 $8\sim20MPa$。冲刷管的出水口口径为 $10\sim12mm$，每管的喷水量不得小于 $0.2m^3/s$，如图 2-16 所示。但本法不适用于在黏土中下沉。

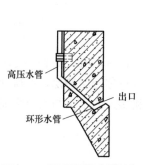

图 2-16　沉井预埋冲刷管组

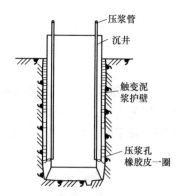

图 2-17　触变泥浆护壁下沉方法

　　② 触变泥浆护壁下沉法。沉井外壁制成宽度为 $10\sim20cm$ 的台阶作为泥浆槽。泥浆是用泥浆泵、砂浆泵或气压罐通过预埋在井壁体内或设在井内的垂直压浆管压入，如图 2-17 所示，使外井壁泥浆槽内充满触变泥浆，其液面接近于自然地面。为了防止漏浆，在刃脚台阶上宜钉一层 2mm 厚的橡胶皮，同时在挖土时注意不使刃脚底部脱空。在泥浆泵房内要储备定数量的泥浆，以便下沉时不断补浆。在沉井下沉到设计标高后，泥浆套应按设计要求进行处理，一般采用水泥浆、水泥砂浆或其他材料来置换触变泥浆，即将水泥浆、水泥砂浆或其他材料从泥浆套底部压入，使压进的水泥浆、水泥砂浆等凝固材料挤出泥浆，待其凝固后，沉井即可稳定。

触变泥浆的物理力学性能指标应符合表 2-1 的规定。

触变泥浆的物理力学性能指标表			表 2-1
名称	单位	指标	试验方法
相对密度	—	1.10～1.25	泥浆比重秤
黏度	s	30～40	500cc/700cc/漏斗法
含沙量	%	<4	—
胶体率	%	100	量杯法
失水量	ml/30min	<14	失水量仪
泥皮厚度	mm	≤3	失水量仪
静切力	mg/cm^2	>30	静切力计(10min)
pH 值	—	≥8	pH 试纸

注：泥浆的质量配合比为黏土：水＝35％～40％：65％～60％。

③ 抽水下沉法。不排水下沉的沉井，抽水降低井内水位，减少浮力，可使沉井下沉，如有翻砂涌泥时，不宜采用此法。

④ 井外挖土下沉法。若上层土中有砂砾或卵石层，井外挖土下沉就很有效。

⑤ 压重下沉法。可利用铁块，或用草袋装沙土，以及接高混凝土筒壁等加压配重，使沉井下沉，但特别要注意均匀对称加重。

⑥ 炮震下沉法。当沉井内土已经挖出掏空而沉井不下沉时，可在沉井中央的泥土面上放炸药起爆振动下沉。同一沉井，同一地层不宜多于 4 次。

（4）沉井下沉测量与纠偏

沉井平面位置与标高的控制是通过在沉井四周的地面上设置纵横十字中心控制线和水准基点进行的。沉井的垂直度是在井筒内按 4 或 8 等分标出垂直轴线，以吊线锤对准下部标板进行控制，如图 2-18 所示。在挖土时，随时观测垂直度，当线锤距离墨线达 50mm 或四面标高不一致时，应及时纠正。沉井下沉的控制，通常在井外壁上的两侧用白油漆或红油漆画出标尺，可采用水平尺或水准仪来观测沉降。在沉井下沉中，应加强平面位置、垂直度和标高（沉降值）的观测，每班至少测量两次，可在班中及每次下沉后检查一次，并做好记录，如有倾斜、位移和扭转，应及时通知值班负责人，指挥操作人员纠偏，使偏差控制在允许范围以内。

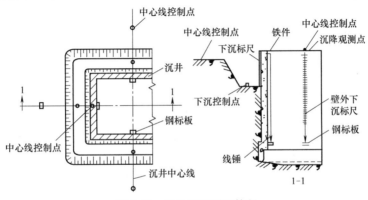

图 2-18　沉井下沉测量控制

沉井下沉施工时，由于土质不均，挖土不当或其他种种因素的影响，沉井在下沉过程中会产生一定量的偏斜和位移。

初沉阶段要形成良好导向，严防突沉。纠偏应在沉井下沉运动过程中进行，即"动中纠偏"。纠偏方法主要是采用除土纠偏，有时也采用外围射水或喷射压缩空气等辅助手段配合纠偏。

3. 沉井封底施工

沉井下沉至设计标高，经过观测在 8h 内累计下沉量不大于 10mm 或沉降率在允许范围内沉井下沉已经稳定时，即可进行沉井封底。

1）排水封底

在沉井底面平整的情况下，刃脚四周经过处理后无渗漏水现象，然后将新老混凝土接触面冲刷干净或打毛，对井底进行修整，使之成锅底形。如有少量渗水现象时，可采用排水沟或排水盲沟，把水集中到井底中央集水坑内抽除。一般将排水沟或排水盲沟挖成由刃脚向中心的放射形，沟内填以卵石做成滤水暗沟，在中部设 2～3 个集水井，深 1～2m，井间用盲沟相互连通，插入 $\phi600\sim800$ 四周带孔眼的钢管或混凝土管，管周填以卵石，使井底的水流汇集在井中，用泵排出，如图 2-19 所示，并保持地下水位低于井内基底面 0.3m。

（1）清理基底要求：将基底土层做成锅底坑，要便于封底，各处清底深度均应满足设计要求，如图 2-20 所示。

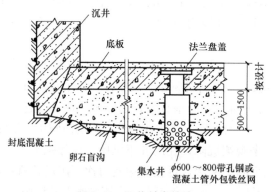

图 2-19　沉井封底构造

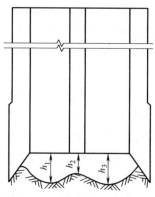

图 2-20　清底高度示意圈

（2）清理基底土层的方法：在不扰动刃脚下面土层的前提下，可人工清理，射水清理，吸泥或抓泥清理。

（3）清理基底风化岩方法：可用高压射水、风动凿岩工具，以及小型爆破等办法，配合吸泥机清除。

封底一般先浇一层 0.5～1.5m 的素混凝土垫层，达到 50% 设计强度后，绑扎钢筋，两端伸入刃脚或凹槽内，浇筑上层底板混凝土。浇筑应在整个沉井面积上分层，同时不间断地进行，由四周向中央推进，每层厚 300～500mm，并用振捣器捣实。当井内有隔墙时，应前后左右对称地逐孔浇筑。混凝土采用自然养护，养护期间应继续抽水。待底板混凝土强度达到 70% 后，对集水井逐个停止抽水，逐个封堵。封堵方法是，将滤水井中的水抽干，在套筒内迅速用干硬性的高强度等级混凝土进行堵塞并捣实，然后，上法兰盘盖，用螺栓拧紧或焊牢，上部用混凝土填实捣平。

2）不排水封底

不排水封底即在水下进行封底。要求将井底浮泥清除干净，新老混凝土接触面用水冲刷干净，并铺碎石垫层。封底混凝土用导管法灌注。待水下封底混凝土达到所需要的强度后，即一般养护为 7～10d，方可从沉井中抽水，按排水封底法施工上部钢筋混凝土底板。

3）导管法灌注沉井水下封底混凝土

（1）导管的作用半径为 2.5～4m，混凝土流动坡度不宜陡于 1∶5，一根导管灌注范围见表 2-2。

（2）导管位置高低的要求，见表 2-3。

（3）一根导管灌注混凝土时，每小时需要量见表 2-4。

一根导管灌注范围　　　　　　　　　　表 2-2

导管的作用半径(m)	长∶宽=1∶1		长∶宽=2∶1		长∶宽=3∶1	
	长×宽(m)	面积(m²)	长×宽(m)	面积(m²)	长×宽(m)	面积(m²)
3.0	4.2×4.2	17.6	5.4×2.7	14.6	5.7×1.9	10.8
3.5	5.0×5.0	25.0	6.2×3.1	19.2	6.6×2.2	14.5
4.0	5.6×5.6	31.4	7.0×3.5	24.5	7.5×2.5	18.8
4.5	6.3×6.3	39.7	8.0×4.0	32.0	8.4×2.4	20.2

一根导管灌注范围　　　　　　　　　　表 2-3

导管的作用半径(m)	管底混凝土柱的最小超压力 p (kPa)	管顶高出水面的最小高度 h_1 (m)	管底埋入灌注混凝土的深度(m)
3.0	100	$4\sim0.6h_2$	0.9～1.2
3.5	150	$6\sim0.6h_2$	1.2～1.5
4.0	250	$10\sim0.6h_2$	1.5～1.8

注：h_2——导管周围混凝土面距离水面的深度（m）；$p=0.25h_1+0.15h_2$；$h_1=4p-0.6h_2$。

一根导管灌注混凝土时，每小时的需要量　　　　　　　　　　表 2-4

导管的作用半径(m)	一根导管所能照应的面积(m²)	混凝土波动时间 t 内的 q 值/(m³/h)	
		$t=3h$	$t=4h$
3.0	20	8	6
	10	4	3
3.5	25	13	10
	15	8	6
4.0	30	20	15
	20	13	10

注：表中 t 值应由试验得出，为估算可用实际水灰比的水泥浆初凝时间。

本章小结

（1）沉井施工对于软土地区埋深大的地下工程、基础工程具有其独特的优越性，是常用的一种施工方法。沉井按平面形状可分为圆形、方形、矩形、椭圆形、端圆形、多边形及多孔井字形等，按竖向剖面形式看分为圆柱形、阶梯形及锥形等。

（2）沉井一般由井壁（侧壁）、刃脚、内隔墙、横梁、框架、封底和顶盖板等组成。

（3）一般情况下单个沉井的施工程序分为：沉井制作、沉井下沉、接高井壁、沉井封底四个阶段。

思考与练习题

2-1　沉井法有何优、缺点？包括哪些主要施工工序？

2-2　常用沉井平面形状有哪些？各有什么特点？

2-3　沉井由哪几部分构成？各部分起什么作用？

2-4　沉井施工前应做哪些准备工作？

2-5　试述沉井施工的工序流程。

2-6　制作沉井常用什么方法？施工顺序如何？制作沉井应注意什么问题？

2-7　沉井下沉通常采用哪几种施工方法？

2-8　沉井常用哪几种封底方法？详述各封底方法的工序流程及其特点。

第3章 盾构施工技术

本章要点及学习目标

主要内容：
(1) 盾构施工的基本概念；
(2) 盾构机基本构造及选型；
(3) 盾构施工的工艺过程；
(4) 隧道管片的制作与拼装；
(5) 盾构施工中的土工问题。

学习目标：
(1) 了解盾构法隧道施工的基本原理及盾构施工的优缺点；
(2) 了解盾构法隧道施工的发展历史及进展；
(3) 通过学习盾构机构造及尺寸计算基础知识，熟悉盾构机选型过程；
(4) 掌握盾构施工过程的技术要求，学会编制盾构法隧道施工组织设计。

3.1 概述

3.1.1 盾构施工技术的概念

盾构施工就是在软土地层中用盾构修建隧道的施工技术，即使用盾构机在地下掘进，在防止软弱开挖面土砂崩塌和保持开挖面稳定的同时，在盾构机内安全地进行隧道开挖作业和衬砌作业，从而一次性构筑成隧道。按照这个定义，盾构施工是由稳定开挖面、盾构挖掘，排土、管片衬砌，壁后注浆三大要素组成，而开挖面的稳定方法是盾构工作原理的主要方面，也是盾构区别于岩石掘进机的主要方面，岩石掘进机一般不具备承受泥水压力、土压等维护开挖面稳定的功能。

盾构（Shield Machine）是隧道掘进的专用工程机械，具有金属外壳，壳内装有整机和辅助设备，在外壳的掩护下进行土体开挖、渣土排运和管片的安装作业，现代盾构集机、电、液、传感、信息技术于一体，目前广泛应用在浅埋软土中修建地铁隧道、水下公路隧道、水工隧道及市政隧道等工程中。盾构中的"盾"是"保护"的意思，指盾构的外壳，而"构"是"构筑"的意思，指的是管片拼装。盾构的工作原理就是一个钢结构组件沿隧道轴线边向前推进边对土层进行掘进，这个钢结构组件的壳体称为"盾壳"，盾壳对挖掘出的还未衬砌的隧道段起着临时支护的作用，承受周围土层的土压、地下水的水压，并将地下水阻挡在盾壳外面。

3.1.2　盾构施工的工艺过程

　　盾构施工是先在隧道某段的一端建造竖井或基坑,将盾构安装就位。盾构从竖井或基坑的墙壁预留孔处出发,在地层中沿着设计轴线,向另一端竖井或基坑的设计预留孔洞推进。盾构推进中所受到的地层阻力通过盾构的千斤顶传至盾构尾部已拼装的隧道衬砌结构(如预制管片)上,再传到竖井或基坑的后靠壁上。盾构机大多为圆形,外壳由钢筒组成,钢筒直径稍大于隧道衬砌的外径。在钢筒的前面设置各种类型的支撑和开挖土体的装置,在钢筒中段内沿周边安装顶进所需的千斤顶,钢筒尾部是具有一定空间的壳体,在盾尾内可以安置数环拼装成的隧道衬砌环。在盾构推进的过程中不断从开挖面排出适量的土方。盾构每推进一环距离,就在盾尾支护下拼装一环衬砌,并及时向盾尾后面的衬砌环外周的空隙中压注浆体,以防止隧道及地面下沉。盾构施工如图 3-1 所示,盾构施工的工艺流程如图 3-2 所示。

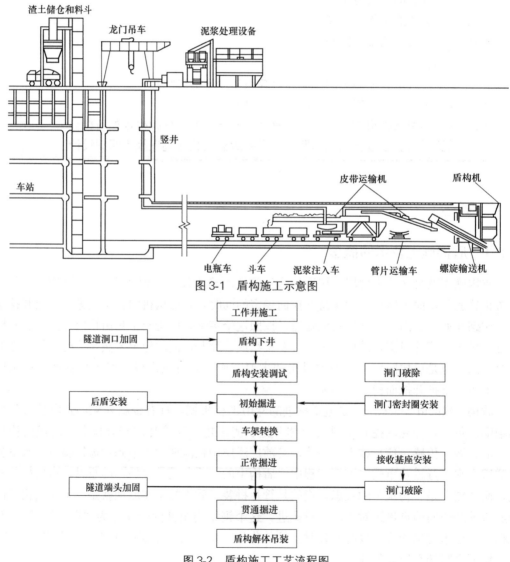

图3-1　盾构施工示意图

图3-2　盾构施工工艺流程图

（1）在盾构法施工隧道的起始端和终端各建一个工作竖井，分别称为始发井（或称拼装室）和到达井（或称拆卸室），对于特别长的隧道，还应设置中间检修工作井（室）。

（2）把盾构主机和配件分批吊入始发井中，并组装成整机，随后调试其性能使之达到设计要求。

（3）洞口地层加固。

（4）依靠盾构千斤顶推力（作用在已拼装好的衬砌环和始发井后壁上）将盾构从始发井的墙壁开孔处推出（此工序称为盾构出洞，即盾构始发）。

（5）盾构在地层中沿着设计轴线推进，在推进的同时不断出土和安装衬砌管片。

（6）及时向衬砌背后的空隙注浆，防止地层移动和固定衬砌环位置。

（7）盾构进入到达井后被拆除（此工序为盾构进洞，即盾构到达）。如施工需要，可穿越到达井或盾构过站再向前推进。

盾构掘进由始发工作井始发，到隧道贯通、盾构机进入到达工作井，一般经过始发、初始掘进、转换（台车转换）、正常掘进、到达掘进5个阶段。盾构自基座上开始推进到盾构掘进通过洞口土体加固段止，可作为始发施工阶段；盾构始发后进入初始掘进阶段；台车转换后进入正常掘进阶段（正常掘进是基于初始掘进得到的数据，采取适合的掘进控制技术，高效掘进的阶段）；当盾构正常掘进至离接收工作井一定距离（通常为50～100m）时，盾构进入到达掘进阶段。到达掘进是正常掘进的延续，是保证盾构准确贯通、安全到达的必要阶段。

盾构的始发分为两种情况：一种是直接始发，即车站有足够的长度能把后续台车放到站台层内，整台盾构设备正常连成一体始发；另一种是转换始发，此时仅提供车站工作井安放盾构，而台车只能安放在地面，通过临时管线将盾构和台车连接起来，等盾构掘进至能将全部台车放入隧道的长度以后，再将台车放入隧道内与盾构连成一体，该过程即为盾构台车转换。

在施工过程中，保证开挖面稳定的措施、盾构沿设计路线的高精度推进（盾构的方向、姿态控制）、衬砌作业的顺利进行这三项工作最为关键，称为盾构工法的三大要素。为了加强掘进质量控制，常把开挖控制、一次衬砌、线形控制和壁后注浆称为盾构掘进控制的"四要素"。

3.1.3　盾构施工技术的主要优缺点

盾构工法问世以前，构筑隧道的主要施工方法是明挖法，但对城市隧道的施工而言，由于明挖法受地形、地貌、环境条件的限制，易造成周围地层的沉降，进而威胁周围建（构）筑物的安全；长时间中断交通，会给周围居民出行带来麻烦，特别是商业街停业会造成巨大的经济损失；长时间切断供水通道、通信电缆、电力电缆、下水道、煤气管道等地下管线，会给周围居民生活带来诸多不变；施工中的出土、回填土等土方作业会严重影响空气质量；施工中存在噪声和振动等环境污染；另外施工易受天气影响。盾构工法由于是地下施工，属于暗挖法，所以明挖法的诸多缺点均不存在，因此得以迅速发展。

归纳起来，盾构工法具有以下优点：

（1）除竖井外，施工作业均在地下进行，噪声和振动小，既不影响地面交通，又可控制地面沉陷，对施工区域的环境影响小。

（2）施工安全。在盾构设备掩护下，可在不稳定地层中安全地进行掘砌作业。施工不受地形、地貌、江河水域等地表环境的限制。

（3）地表占地面积小，征地费用少。

（4）隧道的施工费用受埋深的影响不大，适宜于建造覆土较深的隧道。在土质差、水位高的地方建设较大的隧道，盾构法有较高的技术经济优越性。

（5）暗挖方式。施工时与地面建筑物及交通互不影响，不受风雨等气候条件的影响。

（6）修筑的隧道抗震性能极好。

（7）对地层的适应性宽，软土、砂卵石、软岩直至岩层均可。

（8）盾构推进、出土和拼装衬砌等主要工序循环进行，易于管理，施工人员较少。

（9）采用盾构法进行水下隧道施工，不影响航道通航。

目前盾构法已在城市隧道施工技术中确立了稳固的统治地位，所以有人将其称为城市隧道工法。目前它正朝着全部机械化、自动化、智能化、地下大深度、特殊断面、特殊形态的方向发展。虽然盾构工法具有许多优点，但也存在以下不足：

（1）施工设备费用较高。

（2）在陆地建造隧道时，如隧道覆土太浅，开挖面稳定甚为困难，甚至不能施工；当在水下时，如覆土太浅则盾构施工不够安全，要确保一定厚度的覆土。

（3）盾构法隧道上方一定范围内的地表沉陷一般很难完全防止，特别是在饱和含水软土层中，必须采取严格的技术措施才能把沉陷限制在很小的限度内。

（4）当隧道曲线半径过小时，施工较为困难。

（5）竖井施工时有噪声和振动。

（6）盾构施工中采用全气压方法疏干和稳定地层时，对劳动保护要求较高，施工条件差。

（7）在饱和含水地层中，盾构施工所用的拼装衬砌，对达到整体结构防水性的技术要求较高。

3.1.4　盾构施工技术的适应范围

1. 对地质条件及环境条件的适用性

21世纪是地下空间的世纪，盾构是地下工程的重要施工设备，在地下空间开发中起着举足轻重的作用，特别是在人口密集、交通繁忙的大城市中，盾构法是一种必不可少的施工方法。随着地下建筑物、地下管线、地下铁道的不断发展，在城市中建造地铁及其他地下结构物过程中，盾构的应用将逐步深化。

盾构施工的费用一般不受深度因素和覆土深浅的影响，该法适宜于建造覆土较深的隧道。在同等深度的条件下，盾构法与明挖法施工相比，较为经济、合理。近年来，盾构有了较大的突破性改进，已由初期的气压手掘式盾构，发展到最近的以泥水盾构和土压平衡盾构为主的大直径、大推力、大扭矩、高智能化、多样化盾构。

盾构是国家基础建设、资源开发和国防建设的重大技术装备之一，应用前景广泛。盾构施工适用于各类软土地层和软岩地层的地下隧道掘进，尤其适用于城市地铁、水底隧道、排水污水隧道、引水隧道、公用管线隧道。

隧道的施工方法有很多种，隧道勘测、规划与设计阶段进行施工方法选择时，必须对各种施工方法的地质条件及环境条件的适用性、经济性、安全、质量、工期等进行充分的论证和比较分析。

盾构法对地质条件及环境条件的适用性见表 3-1。

盾构法对地质条件及环境条件的适用性   表 3-1

工法概要	盾构在地层中推进,通过盾构外壳和管片支承四周围岩,防止土砂崩塌,进行隧道施工。闭胸式盾构是用泥土加压或泥水加压来抵抗开挖面的土压力和水压力,以维持开挖面的稳定性;敞开式盾构是以开挖面自立为前提,否则需要采用辅助措施
适用地质	一般适用于从岩层到土层的所有地层。但对于复杂的地质条件,或特殊地质条件,应进行认真的论证并选型。选择合适的盾构形式。对于盾构穿越下述地层,应结合盾构性能进行细致分析和论证:整体性较好的硬岩地层、岩溶高应力挤压破损、膨胀岩、含坚硬大块石的土层、卵砾石层、高黏性土层,或可能存在不明地下障碍物的地层等
地下水措施	闭胸式盾构一般不需要辅助措施,敞开式盾构需要辅助措施
隧道埋深	最小覆盖深度一般大于隧道直径,压气施工、泥水加压施工要注意地表的喷涌;最大覆盖深度多取决于地下水压值
断面形状	以圆形为标准,使用特殊盾构可以进行半圆形、复圆形、椭圆形等断面形状作业。施工中,一般难以变化断面形状
断面大小	在施工实例中,最大直径达到 15.44m,一般难以在施工中变化断面形状
急转弯施工	曲率半径/盾构外径＝3 的急转弯隧道的施工实例
对周围影响	接近既有建筑物(或结构物)施工时,有时也需要辅助措施,除竖井部外,极少影响交通,噪声、振动只发生在竖井口,可用防声墙加以处理

2. 大直径盾构的适用范围

直径 10m 以上的大直径盾构多用于修建水底公路隧道和铁路隧道。如日本于 1998 年建成通车的东京湾公路工程,采用了 8 台直径 14.14m 的泥水盾构施工;德国汉堡易北河第四公路隧道采用了德国海瑞克公司制造的直径 14.2m 泥水盾构施工;穿越荷兰绿心区的高速铁路隧道"绿心隧道"采用了法国 NFM 公司制造 14.87m 泥水盾构;上海崇明越江公路隧道使用德国海瑞克公司制造的直径 15.4m 泥水盾构施工;武汉长江公路隧道采用了 2 台直径 11.38m 的泥水盾构施工;广深港客运专线狮子洋隧道采用了 4 台直径 11.8m 的泥水盾构施工;北京铁路地下线路采用了直径 11.97m 的泥水盾构施工。

大直径盾构还可以用于建造暗埋地铁车站。在莫斯科用 9~10m 直径的盾构建成 3 条平行的车站隧道,在中间隧道与两侧隧道间修建通道形成 3 拱塔柱式车站;也可用盾构修建 3 拱立柱式车站。在日本,用盾构建成的 2 条平行车站隧道,在 2 隧道之间修建通道,形成眼镜形地下车站。

在饱和含水松软地层中用盾构法修建地铁车站比用地下连续墙法费用高,因此只有在地面不能开挖的条件下,才采用盾构法修建地铁车站。而在如莫斯科寒武纪黏土等良好地质条件下,以盾构法修建较深地铁车站,则具有优越性。

3. 中直径盾构的适用范围

直径 6.3m 左右的中型盾构,适用于修建地下铁道的区间隧道。

4. 小直径盾构的适用范围

直径 3m 左右的小型盾构,较多用于引水、排水、电缆、通信及其市政公用设施综合管道的建设,如西气东输城陵矶长江穿越隧道采用了 1 台直径 3.24m 的泥水盾构施工。

3.1.5　盾构施工技术的发展历史

1. 国外盾构施工技术的发展

盾构起源于英国，在日本、德国、美国等国家得到了快速发展，盾构的发展历史大致可以分为以下四个阶段。

1）第一代盾构（19世纪初～19世纪80年代末）

1818年，Brunel从蛀虫腐蚀船底成洞获得启发，首创盾构工法并获得专利。Brunel的盾构专利图可见图3-3，它是敞开式手掘盾构的原型。1823年，Brunel将他的设想变成了现实——研制出世界上第一台方形铸铁框盾构，应用在穿越泰晤士河隧道的施工。该隧道长458m，断面尺寸为11.4m×6.8m，工程于1825年开工。施工过程中遇到了塌方和水淹，被迫停工，尔后Brunel等人对盾构进行了7年的改进，于1834年再次动工，又经历了7年的精心施工，最终于1841年贯通隧道，完成了世界上第一条盾构隧道，并于1843年投入使用。因此，Brunel不仅发明了盾构，而且开创了隧道施工的盾构工法，从而受到广泛认可。Brunel设计的应用在穿越泰晤士河隧道施工的盾构如图3-4所示，是一种外形为方形的手掘式盾构。自从Brunel发明了方形盾构，隧道施工的盾构技术就一直在不断改进。1869年，首次采用圆形断面，应用在穿越泰晤士河的第二条隧道的施工。该工程由Burlow和Great负责建造，Great采用新开发的圆形盾构，扇形铸铁管片，工程进展顺利。1887年，Great在南伦敦铁路隧道施工中使用了盾构和压气组合工法并获得成功，为现在的盾构工法奠定了基础。这一时期的盾构以Brunel盾构为代表，被普遍认为是盾构技术发展的第一阶段或盾构产品的第一代。

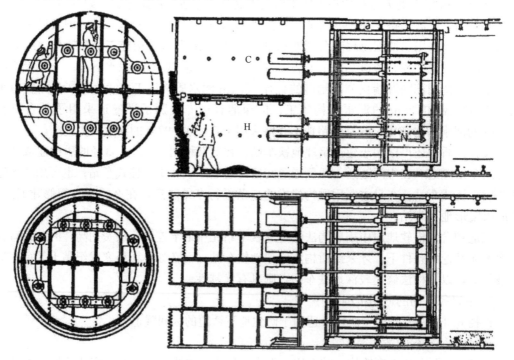

图3-3　Brunel的盾构专利图

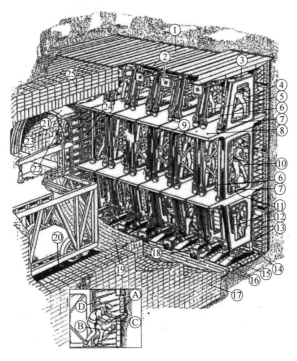

图 3-4　Brunel 为泰晤士河的水底隧道设计的盾构

1—盾构顶挡板；2—顶部连接螺钉；3—盾构首部；4—架顶框；5—机尾起重器；6—锻铁构件；7—铁边架构件；
8—框架上部；9—吊索；10—框架中部；11—支柱；12—框架底部；13—支撑板；14—起重器下地板；
15—制动器；16—砖巷地板；17—分隔壁砖；18—底部连接螺钉；19—砖巷；20—移动式脚手架；
21—顶部校准；22—顶部校准起重器；23—西壁；24—盾构侧挡板；25—顶部砌砖
A—支撑板前移；B—拆除支撑板前挖；C—支撑板待拆除；D—支撑螺杆

2）第二代盾构（19 世纪 90 年代～20 世纪 50 年代）

此期间盾构工法相继传入美国、法国、德国、日本、苏联及我国，并得到不同程度的发展。美国于 1892 年最先开发了封闭式盾构，同年法国使用混凝土管片建造了下水道隧道；德国于 1896～1899 年使用钢管片建造了柏林隧道，于 1913 年建造了易北河隧道；日本在 1917 年用盾构工法建造了国铁羽越线，后因地质条件而停止使用；苏联在 1931 年使用英制盾构建造了莫斯科地铁隧道，施工中使用了化学注浆和冻结工法；日本在 1939 年采用手掘圆形盾构建造了直径 7m 的关门隧道；苏联在 1948 年建造了列宁格勒地铁隧道；美国在 1952 年生产出第一台用于硬岩隧道掘进的掘进机；日本在 1957 年采用封闭式盾构建造东京地铁隧道。在这 60 多年间，盾构工法虽然取得了一定的进步，但这一时期的特点主要表现为盾构在世界各国得到普及和推广。该时期的盾构特征是机械式、气压式和网格式，被普遍认为是盾构技术发展的第二阶段或盾构产品的第二代。

3）第三代盾构（20 世纪 60 年代～80 年代末）

此期间，盾构掘进工法继续发展。英国伦敦在 1960 年开始使用滚筒式挖掘机；同年美国纽约最先使用油压千斤顶盾构；日本在 1964 年最先将泥水盾构应用于隧道施工；1969 年起，在英、日和西欧各国开始发展一种微型盾构工法，盾构直径最小的只有 1m 左右，适用于城市给水排水管道、煤气管道、电力和通信电缆等管道的施工。日本于

1969年在东京首次使用泥水加压盾构施工，并且随后取得一系列突破，在1972年成功开发土压盾构，在1975年推出泥土加压盾构，在1978年成功开发高浓度泥水盾构，在1981年成功开发气泡盾构，在1982年成功开发ECL（Extruded Concrete Lining 的缩写，意思是"加压灌注混凝土衬砌"）工法，在1988年成功开发泥水式双圆塔接盾构工法，在1989年成功开发HV工法、注浆盾构工法等。这一时期的特点是完善圆形断面的各种平衡式工法，如气压盾构、挤压盾构、土压盾构、泥土加压盾构、泥水盾构等，还出现了闭胸式盾构。这一时期以泥水盾构和土压盾构工法为主，被认为是盾构技术发展的第三阶段或盾构产品的第三代。

4）第四代盾构（20世纪80年代末至今）

该时期的盾构发展速度极快，向着大断面、大深度、长距离、高速化、自动化、多样化发展。日本在1992年研制出第一台三圆泥水加压盾构；1994年，球体盾构在日本神奈河掘进成功，并且矩形盾构在东京问世；1996年，直角分岔盾构工法在日本问世；1997年，日本成功开发出洞径扩挖盾构，同年10月，德国使用直径达14.2m的盾构在易北河开挖第四条隧道；2000年12月，法国巴黎A86双层隧道盾构始发推进，使用双模式直径11.6m的盾构；2001年11月，由法荷联营体中标的当时全球最大的隧道"绿心隧道"开始掘进；2003年，日本完成了双模式盾构的开发及实用化。2012年，日本日立造船公司制造了直径17.5m、长110m、总重量7000t、速度3.6m/h、世界上型号最大、挖掘速度最快的土压平衡盾构掘进机——Bertha（贝莎），外观如图3-5所示；并历时4年，于2017年4月完成了美国西雅图高速公路下SR99大型立体隧道的施工。德国海瑞克生产制造的直径17.6m泥水加压平衡盾构是目前世界上最大的盾构设备，如图3-6所示，2015年用于我国香港屯门至赤蜡角海底双向4车道公路隧道工程。

图3-5 世界上最大土压平衡盾构Bertha　　　　图3-6 世界最大泥水加压平衡盾构

2. 国内盾构施工技术的发展

由于历史原因，国内盾构研制起步晚，发展速度慢。改革开放后，国内工程所用盾构大都是从欧洲或日本引进。经过引进、消化、吸收、创新等发展阶段，目前，我国盾构技术正在努力追赶盾构强国，国内盾构的发展历史大致可分为如下三个阶段。

1）黎明期（1953年～2001年）

20世纪50年代初至21世纪初，是中国盾构技术发展的黎明期。中国盾构经历了从无到有的发展过程并致力于"造中国人自己的盾构"。1953 年，辽宁阜新煤矿用直径 2.6m 的手掘式盾构及小混凝土预制块修建疏水巷道，这是我国首次用盾构掘进机施工的隧道。1957 年，北京市下水道工程分别采用了直径 2.0m 和 2.6m 的盾构进行施工；20 世纪 60 年代，北京地铁进行了盾构掘进实验。

1962 年，普通敞胸式盾构在上海塘桥地区开始施工试验，该盾构直径 4.16m。工程应用表明了上海塘桥地区的饱和含水软土地层使用盾构工法、钢筋混凝土管片建造隧道的可行性。1966 年，上海打浦路隧道应用了网格式盾构，这是国内闭胸式盾构首次成功实践，为我国软土盾构发展奠定了实际工程基础。1980 年，上海隧道工程股份有限公司研制出一台直径 6.41m 的刀盘式盾构掘进机用于地铁 1 号线试验段施工，后改为网格式挤压型盾构掘进机，在淤泥质黏土地层中掘进隧道 1230m。1985 年，上海延安东路越江隧道长 1476m，其主隧道为圆形，隧道施工采用上海隧道股份设计、江南造船厂制造的直径为 11.3m 的网格式水力机械出土盾构掘进机。1987 年，上海隧道工程股份有限公司成功研制出我国第一台直径为 4.35m 的加泥式土压平衡盾构掘进机，用于上海市南站过江（黄浦江）电缆隧道工程，施工地质地层为粉砂，掘进长度 583m，技术成果达到 20 世纪 80 年代国际先进水平，并获得 1990 年度国家科技进步一等奖。为了上海地铁 1 号线的施工建设，由法国 FBC 公司、上海隧道工程股份有限公司、上海市隧道工程设计院以及上海沪东造船厂等组成的联合体于 1991 年制造了 7 台直径为 6.34m 的土压平衡盾构。1993 年，从日本川崎重工和住友重工分别引进 2 台和 1 台盾构，进行广州地铁 1 号线复合地层施工，这是我国首次在复合地层中使用引进盾构施工，为以后同类或相似地质地层工程施工的盾构工法提供了参考，也开创了我国首次在复合地层使用盾构的先河。1994 年，上海延安东路隧道施工从日本三菱重工引进了一台直径为 11.22m 的大型泥水平衡盾构，该工程是泥水平衡盾构工法在国内的首次应用，并且开创了我国超大直径、超长距离越江公路隧道建设的先河。1999 年 5 月，上海隧道工程股份有限公司成功研制国内第一台 3.8m×3.8m 矩形组合刀盘式土压平衡顶管机，在浦东陆家嘴地铁车站掘进 120m，建成 2 条人行过街地下通道。2001 年以来，广州地铁 2 号线、南京地铁 2 号线、深圳地铁 1 号线、北京地铁 5 号线、天津地铁 1 号线先后从德国、日本引进 14 台直径范围在 6.14～6.34m 之间的土压平衡盾构和复合式土压平衡盾构，掘进地铁隧道 50km，盾构工法已经成为我国城市地铁隧道建设的主要施工方法。

2) 创新期（2002 年～2008 年）

2002 年～2008 年为中国盾构技术发展的创新期，国家科技部将盾构技术研究列入国家高技术研究发展计划（"863" 计划），致力于"造中国最好的盾构"，实现了中国盾构从有到优的发展。2003 年，上海轨道交通 8 号线首次运用双圆盾构，其外观如图 3-7 所示，这使我国成为世界上继日本之后的第二个掌握此项技术的国家；2004 年，上海隧道工程股份有限公司成功研制土压平衡盾构"先行号"；2007 年，中铁隧道集团成功研制复合盾构"中铁 1 号"；2008 年，上海隧道工程股份有限公

图 3-7 双圆盾构外观

司成功研制泥水平衡盾构"进越号"。

　　3）跨越发展期（2009 年至今）

　　2009 年至今为中国盾构技术发展的跨越期，中国致力于"造世界最好的盾构"，实现中国盾构技术从优秀到卓越的发展，并走向国际；2011 年，长沙地铁湘江隧道使用了铁建重工（中国铁建重工集团有限公司）的复合式土压平衡盾构；2013 年 12 月，郑州中州大道下穿工程使用了中国中铁装备公司的土压平衡矩形顶管机，为当时世界上最大矩形断面顶管机，断面尺寸为 10.12m×7.47m；2014 年，深圳北环线电缆隧道工程使用了中铁制造的复合地层小直径盾构，开挖直径 4.88m，标志着我国用于复合地层的小直径盾构技术取得突破；2015 年 4 月，重庆轨道交通环线工程采用了中铁制造的双模式盾构，这是中国首台应用于城市地铁施工的双模式盾构。

图 3-8 马蹄形盾构

　　2015 年 12 月，天津地铁 11 号线地下过街通道工程采用了中铁制造的土压平衡矩形顶管机，断面尺寸为 10.42m×7.55m，这是继郑州中州大道超大矩形顶管机之后新的世界纪录；2016 年 7 月，蒙华铁路白城隧道工程采用了中铁制造的马蹄形盾构，从而推动了铁路隧道建设的新变革，该马蹄形盾构外观如图 3-8 所示；2016 年 10 月，太原铁路枢纽西南环线工程采用了中国自主设计制造的最大直径土压平衡盾构，直径为 12.14m。

3.1.6 盾构施工技术的发展方向

　　1. 盾构的发展趋势

　　国际上盾构技术日趋完善，盾构施工技术的核心是盾构设备的进步，盾构的发展趋势是微型和超大巨型化、形式多样化、高度自动化和高适应性。

　　1）微型和超大巨型化

　　从发展趋势来讲，趋于两极化。为适应隧道及地下工程建设的发展需要，盾构的断面尺寸具有向超大、微小 2 个方向发展的趋势。

　　1998 年建成运营的日本东京湾道路隧道采用了 8 台 ϕ14.14m 泥水盾构施工；2003 年建成的德国易北河第四隧道采用了 1 台 ϕ14.2m 泥水盾构施工；上海沪崇隧道工程采用德国海瑞克公司 ϕ15.43m 泥水盾构施工；最大直径土压平衡盾构由日立造船公司制造，直径 17.45m（最大开挖直径 17.48m），用于美国西雅图 SR99 项目，因施工过程中发生主轴承损坏事故，目前已拆除。

　　目前，德国海瑞克公司引领了全球超大直径盾构的发展方向，其设计制造的超大直径土压平衡盾构用于香港屯门-赤蜡角长 4.2km 海底公路隧道工程。

　　直径 200mm 的微型盾构已在工程中得到应用。为降低成本，日本大成建设公司开发了适用于立体交叉工程的小型盾构，这种小型盾构特别适用于隧道的断面挖掘工程。其挖掘特点是将隧道断面切分成若干个小断面，然后采用这种小型盾构将各断面分别挖掘成仅剩薄壁的小隧道，最后把各薄壁打通。与传统的隧道断面挖掘相比，采用这种小型盾构分断面挖掘方法可以降低成本 30％以上。通常，盾构的价格昂贵，如果挖掘的隧道长度较短，那么经济上就不划算，而采用大成建设公司的这种小型盾构，将隧道断面分成若干个小隧道断面进行挖掘，实际上等于进行长距离的隧道挖掘，所以比较经济。

2) 形式多样化

为适应不同的地质，既要设计能适合复杂地质条件使用的多模式复合盾构，又要制造用于地质条件简单的功能单一软土盾构。为适应不同工程的需要，盾构的形式越来越多，目前，已生产断面为圆形、矩形、双圆、三圆、球形盾构，以及子母盾构等。

3) 高度自动化

未来的盾构发展方向之一是高度自动化。盾构的设计制造在一定程度上反映了一个国家的综合科学技术和工业水平，体现了计算机、新材料、自动化、信息传输和多媒体等的技术综合和密集水平。目前，国际先进盾构已普遍采用了类似机器人技术、计算机控制技术、网络远程通信遥控技术、现代传感检测技术、激光导向技术、超前地质探测技术等。随着计算机技术的快速发展，盾构的自动化程度越来越高，其具有施工数据采集功能、盾构姿态管理功能、施工数据管理功能、设备管理功能、施工数据实时远传功能。其可自动检测盾构的位置和姿态，并利用模糊理论自动进行调整，可自动实现平衡压力的控制，可自动实现管片的拼装等。目前，已实现在办公室控制盾构，在办公室可以直接从计算机屏幕上获取远地施工的盾构施工图像和参数，并可以发出指令进行控制。

4) 高适用性

随着盾构技术的发展，硬岩掘进机技术与软土盾构技术相互渗透、相互融合，使盾构的地质适应能力大大增强。

2. 盾构施工新技术

为了满足在城市繁华地区及一些特殊工程的施工，大量的盾构法施工新技术应运而生。这些新型盾构技术不仅解决了一些常规技术难以解决的施工问题，而且使盾构技术的效率、精度和安全性都大大提高。这些新技术主要反映在以下 3 个方面：

(1) 施工断面的多元化，从常规的单圆形向双圆形、三圆形、方形、矩形及复合断面发展。

(2) 施工新技术，包括进出洞技术、地中对接技术、长距离施工、急曲线施工、扩径盾构施工法、球体盾构施工法等。

(3) 隧道衬砌新技术，包括压注混凝土衬砌、管片自动化组装、管片接头等技术。

1) 扩径盾构工法

扩径盾构工法是对原有盾构隧道上的部分区间进行直径扩展。施工时，先依次撤除原有部分衬砌和挖去部分围岩，修建能够设置扩径盾构的空间作为其始发基地。随着衬砌的撤除，原有隧道的结构、作用荷载和应力将发生变化，所以必须在原有隧道开孔部及附近采取加固措施。扩径盾构在撤除衬砌后的空间内组装完成后，便可进行掘进。为使推力均匀作用于围岩，需要设置合适的反力支承装置。当盾体尾部围岩抗力不足时，需要采用增加围岩强度的措施，也可设置将推力转移到原有管片上的装置。

2) 球体盾构工法

球体盾构亦称直角盾构，其刀盘部分设计为球体，可以进行转向。

球体盾构施工法，又称直角方向连续掘进施工法，主要是在难以保证盾构竖井的用地，或需要进行直角转弯时使用。球体盾构的施工方法分为"纵-横"和"横-横"施工两种。

　　"纵-横"方向连续掘进施工，是从地面开始连续沿竖直方向向下开挖竖井，到达预定位置后，球体进行转向，然后实施横向隧道施工的方法。

　　纵-横式球体盾构见图3-9，其施工工艺见图3-10。

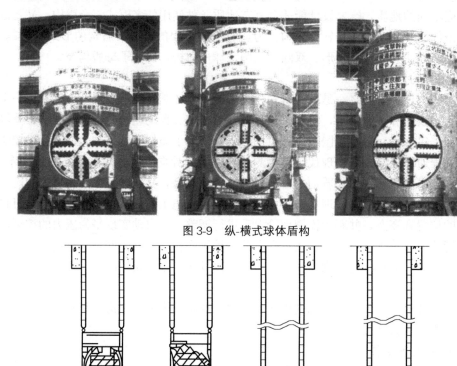

图3-9　纵-横式球体盾构

　　　(a)　　　　　　　　(b)　　　　　　　　(c)　　　　　　　　(d)

图3-10　纵-横式球体盾构连续施工工艺

(a) 主盾构竖向掘进；(b) 次盾构内藏球体回转；(c) 球体回转完毕；(d) 次盾构水平掘进

　　"横-横"方向连续掘进是环体盾构先沿一个方向完成横向隧道施工后，水平旋转球体进行另一个横向隧道的施工，可以满足盾构90°转弯的要求。横-横式连续掘进球体盾构见图3-11。

图3-11　横-横式连续掘进球体盾构

3）多圆盾构工法

多圆盾构工法又称 MF 盾构工法，MF 是英文"Multi-circular Face"的缩写。MF 盾构工法是使用多圆盾构修建多圆形断面的隧道施工法。通过将圆形作各种各样的组合，可以构筑成多种多样断面的隧道。图 3-12 为多圆盾构的典型应用示意。多圆盾构适合于地铁车站、地铁车道、地下停车场、共同沟的施工。MF 盾构可以采用泥水式、土压平衡式两种类型。

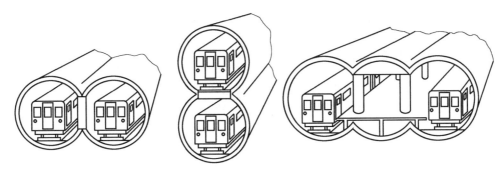

图 3-12 多圆盾构的典型应用

4）H&V 盾构工法

H&V 盾构见图 3-13，由具有直字铰接构造的多个圆形盾构组成，通过使复数个前盾各自向相反的方向铰接，给盾构施加旋转力，螺旋形掘进，可从一个横向平行的盾构连续地变换到纵向平行盾构。

图 3-13 H&V 盾构

H&V 是英文"Horizontal Varition&Vertical Varition"的缩写，H&V 盾构工法即水平和垂直变化的盾构施工法，可从水平双孔转变为垂直双孔，或者由垂直双孔转变为水平双孔，可以随时根据设计条件，不断改变断面形状，开挖成螺旋形曲线双断面，见图 3-14。两条隧道的衬砌各自独立。由于两条隧道作为一个整体来施工，可解决两条隧道邻近施工的干扰和影响问题。

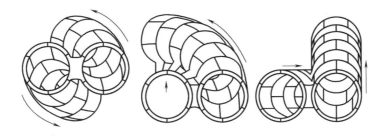

图 3-14 H&V 盾构法原理示意图

5）变形断面盾构法

变形断面盾构通过主刀和超挖刀相结合，其中主刀用于掘进圆形断面的中央部分，超

图 3-15   变形断面盾构 (日本三菱)

挖刀用于掘进周围部分。根据主刀的每个旋转相位,通过自动控制系统来调节液压千斤顶的伸缩行程,进行超挖,通过调节超挖刀的振幅,可施工任意断面形状的截面。

图 3-15 为用于日本共同沟施工的 7950mm (长)×5420mm (宽) 的土压平衡式变形断面盾构。

6) 偏心多轴盾构法

偏心多轴盾构采用多根主轴,垂直于主轴方向固定一组曲柄轴,在曲柄轴上再安装刀架。运转主轴刀架将在同一平面内作圆弧运动,被开挖的断面接近于刀架的形状。可根据隧道断面形状要求设计刀架为矩形、圆形、椭圆形或马蹄形。

图 3-16 为日本 IHI 公司制造的 3 种偏心多轴式盾构。

图 3-16   偏心多轴式盾构

目前,偏心多轴式盾构已在日本的下水道工程、地铁工程和其他管线等许多地下工程中得到广泛应用。

7) 机械式盾构对接技术(MSD 法)

当使用两台盾构从隧道两端相向掘进到隧道汇合处时,盾构对接的主要问题是高地下水的渗入或工作面的坍塌问题。解决这些问题的方法通常是冷冻接合处周围的土体,然而会产生冷冻土体的膨胀及冻土融化后的沉降等一系列问题。

采用机械式盾构对接技术,通过在两台盾构的前缘设置对接装置,有效解决了地中对接的难题。机械式盾构对接(Mechanical Shield Docking)技术也称"MSD"法,是指采用机械式盾构对接的一种地下接合的盾构施工法。

MSD 法施工时,一台为发射盾构(图 3-17),另一台为接收盾构(图 3-18)。发射盾构一侧安装可前后移动的圆形钢套,而在接收盾构的一侧的插槽内设置抗压橡胶密封止水条。

施工工艺如图 3-19 所示。其工艺流程如下:

(1)两台盾构分别从两侧各自推进到预定位置后,停止开挖。在维持土压或泥水压力的状态下,任一侧的刀盘回缩至盾壳内,两台盾构尽可能向前推进。

(2)发射盾构推出收藏在盾构内的圆形钢套,插入接收盾构的插槽内,使两台盾构在地下接合。

图 3-17　发射盾构

图 3-18　接收盾构

（3）完成对接后，在圆形钢套的内周焊接连接钢板，使两台盾构的盾壳形成一体，拆去除盾壳外的其余结构后，浇筑混凝土。

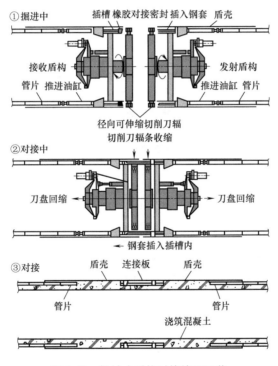

图 3-19　机械式盾构对接施工工艺

8）盾构水下施工土木对接技术

在跨越大江、大河施工领域，过去是桥梁建设具有传统优势，但随着盾构技术在我国城市地铁建设中的逐步成熟，我国隧道施工已开始进入穿越大江、大河和海洋的时代。盾构长距离的水底施工和地中对接施工已成为跨江越海必须掌握的盾构施工新技术。除机械对接外，最常用的是土木对接技术，其方法是在对接区域进行地层加固处理，当加固后的地层达到止水及强度要求后，即可拆卸盾构外壳内的结构和部件，并在盾壳内进行衬砌作业。

地层加固的方法通常采用化学注浆法或冻结法。化学注浆施工法的施工性能优越，造价低；冻结法改良地层的效果可靠，但造价高，工期长。通常两种方法都可行，但采用哪种方法更优，需要根据具体的施工条件选定。从盾构内进行辅助加固施工的方式有两种，一种是从两侧盾构内设置的超前加固设施同时对地层进行加固处理；另一种是仅从某一侧盾构内设置的加固设施进行超前地层加固处理，另一侧盾构到达后直接进入加固地层中。由两侧盾构内进行加固的方法用于2台盾构几乎同时到达的场合，采用这种方法进行的加固处理，其加固范围基本对称，特别是当采用化学注浆法进行作业时，加固的效果更好。仅从一侧盾构内加固的方法是从先行的盾构内进行加固，采用这种方法加固的范围较大，且改良范围的形状不规则，效果不易控制，见图3-20。

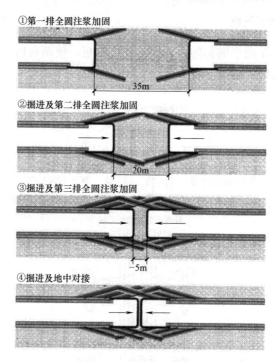

①第一排全圆注浆加固

35m

②掘进及第二排全圆注浆加固

20m

③掘进及第三排全圆注浆加固

~5m

④掘进及地中对接

图 3-20　地中对接盾构内地层加固工艺

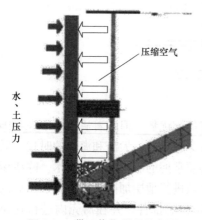

图 3-21　带压作业原理示意图

水、土压力

压缩空气

9）带压进仓技术

盾构长距离施工中，不可避免地要进行中途检查和更换刀具或进仓进行维修作业。因此，安全可靠地在非常压下快速进入土仓进行刀具的检查、更换及其他部件的维修或地下障碍物的排除，已形成一项新型技术。带压进仓原理为经过对刀盘前方地层进行处理后，在保证刀盘前方周围地层和土仓满足气密性要求的条件下，通过在土仓建立合理的气压来平衡刀盘前方的水、土压力，达到稳定掌子面和防止地下水渗入的目的，为作业人员在土仓内进行安全作业提供条件，如图3-21所示。

3.2　盾构的基本构造与选型

3.2.1　盾构机的类型

盾构的分类方法很多，可按盾构切削断面的形状、盾构自身构造、挖掘土体的方式、掘削面的挡土形式、稳定掘削面的加压方式、施工方法和适用土质的状况等方式进行分类。按稳定掘削面的加压方式，可分为压气式、泥水加压式、削土加压式、加水式、泥浆式和加泥式；按切削断面的形状，可分为圆形和非圆形盾构；按盾构前方的构造，可分为敞开式、半散开式和封闭式；按盾构正面土体开挖与支护的方法，可分为手掘式盾构、挤压式盾构、半机械式盾构、机械式盾构四大类。下面介绍几种典型的盾构。

1. 手掘式盾构

手掘式盾构（图 3-22）结构最简单，配套设备少，造价最低，制造工期短。根据开挖、支护的方式不同，手掘式有敞开式、正面支撑式和棚式等几种，适用于地质条件良好的工程。其开挖面由地质条件来决定，全部敞开式或用正面支撑开挖，一面开挖一面支撑。在松散的砂土地层可以按照土的内摩擦角大小将开挖面分为几层，这种盾构称为棚式盾构。

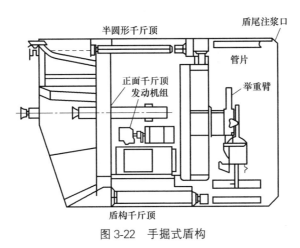

图 3-22　手掘式盾构

手掘式盾构的主要优点是：正面是敞开的，施工人员随时可以观测地层变化情况，及时采取应付措施；当在地层中遇到桩、大石块等地下障碍物时，比较容易处理；可向需要方向超挖，容易进行盾构纠偏，也便于曲线施工；造价低，结构设备简单，易制造，加工周期短。

手掘式盾构主要缺点是：在含水地层中，往往须辅以降水、气压等措施加固地层；工作面若发生塌方易引起危及人身及工程安全事故；劳动强度大、效率低、进度慢，在大直径盾构中尤为突出。

2. 挤压式盾构

挤压式盾构的开挖面用胸板封起来，把土体挡在胸板外，对施工人员安全、可靠，没有塌方的危险，如图 3-23 所示。当盾构推进时，让土体从胸板局部开口处入盾构内，然后装车外运，不必用人工挖土，劳动强度小，效率也成倍提高。在特定条件下，也可将胸板全部封闭起来推进，成为全挤压盾构。

挤压式盾构仅适用于松软可塑的黏性土层，适用范围较狭窄。在挤压推时对地层土体扰动较大，地面产生较大的隆起变形，所以在地面有建筑物的地区不能使用，只能用在空旷的地区或江河底下、海滩处等区域。

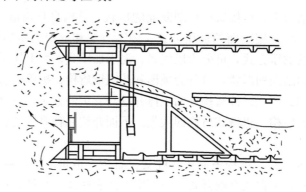

图 3-23　挤压式盾构

3. 网格式盾构

网格式盾构是一种介于半挤压和手掘之间的一种半敞开式盾构，如图 3-24 所示。这种盾构在开挖面装有钢制的开口格栅，称为网格。当盾构向前掘进时，土体被网格切成条状，进入盾构后被运走；当盾构停止推进时，网格起到支护土体的作用，从而有效地防止了开挖面的坍塌，同时，引起地面的变形也较小。

网格盾构仅适用于松软可塑的黏土层，当土层含水量大时，尚须辅以降水、气压等措施。

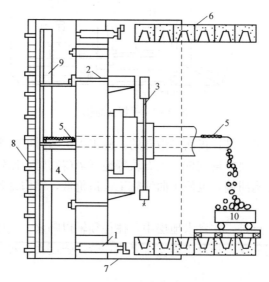

图 3-24　网格式盾构结构示意图

1—盾构千斤顶；2—开挖面千斤顶；3—举重臂；4—堆土平台；5—刮板运输机；
6—装配式衬砌；7—盾构钢壳；8—开挖面钢网格；9—转盘；10—装土车

4. 半机械式盾构

半机械式盾构也是一种敞开式盾构，如图 3-25 所示。它是在手掘式盾构正面装上机械来代替人工开挖。根据地层条件，可以安装正反铲挖土机或螺旋切削机；土体较硬时，可安装软岩掘进机的凿岩钻。半机械式盾构的适用范围基本上和手掘式一样，其优点除可减轻工人劳动强度外，其余均与手掘式相似。

图 3-25　半机械式盾构

5. 土压平衡式盾构

土压平衡式盾构属封闭式机械盾构，如图 3-26 所示。它的前端有一个全断面切削刀盘，切削刀盘的后面有一个贮留切削土体的密封仓，在密封仓中心线下部装置长筒形螺旋输送机，输送机一头设有出入口。所谓土压平衡就是密封仓中切削下来的土体和泥水充满密封仓，并可具有适当压力与开挖面土压平衡，以减少对土体的扰动，控制地表沉降。这种盾构主要适用于黏性土或有一定黏性的粉砂土，是当前最为先进的盾构掘进机之一。

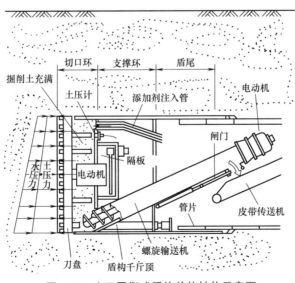

图 3-26　土压平衡式盾构总体结构示意图

土压平衡式盾构的基本原理是：由刀盘切削土层，切削后的泥土进入土腔（工作室），土腔内的泥与开挖面压力取得平衡的同时由土腔内的螺旋运输机出土，装于排土口的排土装置在出土量与推进量取得平衡的状态下，进行连续出土。土压平衡式盾构又分为削土加压式、加水式、高浓度泥浆式和加泥式四类。

土压平衡式盾构的开挖面稳定机构，按地质条件可以分为两种形式，一种是适用于内摩擦角小且易流动的淤泥、黏土等黏质土层；另一种是适用于土的内摩擦角大、不易流动、透水性大的砂、砂砾等砂质土层。

砂质土层中开挖面的稳定机构：在砂、砂砾的砂质土地层中，要用水、膨润土、黏土、高浓度泥水、泥浆材料等混合料向开挖面加压灌注，并不断地进行搅拌，改变挖掘土的成分比例，以此保证土的流动性和止水性，使开挖面稳定。

黏性土层中的开挖面稳定机构：在粉质黏土、粉砂、粉细砂等的黏性土层中，开挖面稳定机构的排土方式是由刀盘切削后的泥土先进入土腔内，在土腔内的土压与开挖面的土压（在黏性土中，开挖面土压与水压的混合、压力作用）达到平衡的同时，由螺旋输送机把开挖的泥土送往后部，再从出土闸门口出土。但是，当地层的含砂量超过某一限度时，由刀盘切削的土流动性变差，而且当土腔内泥土过于充满并固结时，泥土就会压密，难以挖掘和排土，迫使推进停止。此时，一般采取如下处理方法：向土腔内添加膨润土、黏土等进行搅拌，或者喷入水和空气，用以增加土腔内土的流动性。

开挖面的稳定机构可分为：

（1）切削土加压搅拌方式：在土腔内喷入水、空气或者添加混合材料，来保证土腔内的土砂流动性。在螺旋输送机的排土口装有可止水的旋转式送料器（转动阀或旋转式漏斗），送料器的隔离作用能使开挖面稳定。

（2）加水方式：向开挖面加入压力水，保证挖掘土的流动性，同时让压力水与地下水压相平衡。开挖面的土压由土腔内的混合土体的压力与其平衡。为了能保压力水的作用，在螺旋输送机的后部装有排土调整槽，控制调整的开度使开挖面稳定。

（3）高浓度泥水加压方式：向开挖面加入高浓度泥水，通过泥水和挖掘土的搅拌，以保证挖土体的流动性，开挖面土压和水压由高浓度泥水的压力来平衡。在螺旋输送机的排土口装有旋转式送料器、送料器的隔离作用使开挖面稳定。

（4）加泥式：向开挖面注入黏土类材料和泥浆，由辐条形的刀盘和搅拌机混合搅拌挖掘的土，使挖掘的土具有止水性和流动性。由这种改性土的压与开挖面的土压、水压达到平衡，使开挖工作面得到稳定。

土压平衡盾构较适应于在软弱的冲积土层中推进，但在砾石层中或砂土推进时，加进适当的泥土后，也能发挥土压平衡盾构的特点。

6. 泥水平衡式盾构

泥水平衡式盾构机（图3-27）是一种封闭式机械盾构。泥水平衡盾构主要由盾构掘进机、掘进管理、泥水处理和同步（壁后）注浆等系统组成。与土压平衡盾构相比，泥水平衡盾构需增加泥水处理系统，如图3-28所示。它是在敞开式机械盾构大刀盘的后方设置一道封隔板，隔板与大刀盘之间作为泥水仓。在开挖面和泥水仓中充满加压的泥水，通过加压作用和压力保持机构，保证开挖面土体的稳定。刀盘掘削下来的土砂进入泥水仓，经搅排装置搅拌后，含削土砂的高浓度泥水经泥浆泵泵送到地面的泥水分离系统，待土、水分离后，再把滤除掘削土砂的泥水重新压送回泥水仓。如此不断的循环，完成掘削、排土、推进。因靠泥水压力使掘削面稳定，故称为泥水加压平衡盾构，简称泥水盾构。

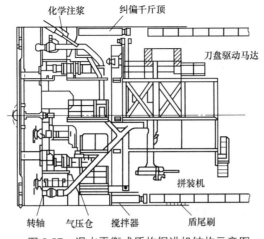

图 3-27 泥水平衡式盾构掘进机结构示意图

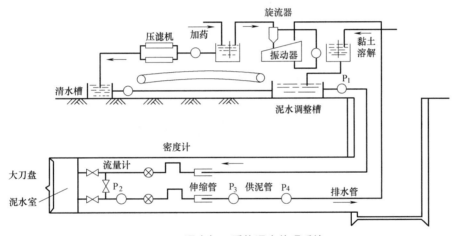

图 3-28 泥水加压盾构泥水处理系统

泥水的配置材料，包括水、颗粒材料、添加剂。颗粒材料多以黏土、膨润土、陶土、石粉、细砂为主，添加剂多以化学试剂为主。泥水同时具有 4 个作用：

（1）泥水的压力和开挖面水土压力平衡。

（2）泥水作用到地层上后，形成一层不透水的泥膜，使泥水产生有效的压力。

（3）加压泥水可渗透到地层的某一区域，使得该区域内的开挖面稳定。泥水与掘削面的表面形成隔水泥膜。泥膜生成后，泥水仓内的泥水便不能进入掘削地层，杜绝了泥水损失，保证了外加推力有效地作用在掘削面上，与此同时掘削地层中的地下水也不能涌入泥水仓，可以防止喷泥。泥水这种双向隔离作用保证了掘削面的稳定，可防止掘削面的变形、坍塌及地层沉降。就泥水的特性而言，浓度和密度越高，开挖面的稳定性越好，而浓度和密度越低泥水输送时效率越高。

（4）运送排放掘削土砂。泥水与掘削下来的土砂在泥水仓内混合、搅拌，但掘削土砂在泥水中始终处于悬浮状态，且不失流动性，故可通过泥浆泵经通道将其排至地表，经泥水分离处理后，重新注入泥水仓循环再用。

　　泥水要想很好地发挥上述作用，必须满足物理稳定性好、化学稳定性好，泥水的粒度级配、相对密度、黏度适当以及流动性好、成膜性好等要求。

　　泥水加压盾构适用于软弱的淤泥质土层、松动的砂土层、砂砾层、卵石砂砾层等地层。但是在松动的卵石层和坚硬土层中采用泥水加压盾构施工会产生溢水现象，因此在泥水中应加入一些胶合剂来堵塞漏缝。

3.2.2　盾构的基本构造

　　盾构机由通用机械（外壳、掘削机构、挡土机构、推进机构、管片拼装机构、附属机构等部件）和专用机构组成，如图 3-29 所示。专用机构因机种的不同而异，譬如对土压盾构而言，专用机构即为排土机构、搅拌机构、添加材料注入装置；而对泥水盾构而言，专用机构是指送、排土机构与搅拌机构。

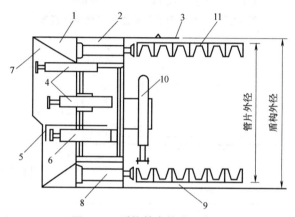

图 3-29　盾构基本构造示意图

1—切口环；2—支承环；3—后尾；4—支撑千斤顶；5—活动平台；6—平台千斤顶；7—切口
8—盾构千斤顶；9—盾尾空隙；10—管片拼装机；11—管片

　　盾构的外形主要有圆形、双圆塔接形、三圆塔接形、矩形、马蹄形和半圆形或与隧道断面相似的特殊形状等，但绝大多数为传统的圆形断面，如图 3-30 所示。

图 3-30　盾构外形图

　　盾构在地下穿越，要承受各种压力，推进时，要克服正面阻力，故要求盾构具有足够的强度和刚度。盾构主要用钢板（单层厚板或多层薄板）制成，钢板一般采用 A3 钢。大型盾构考虑到水平运输和垂直吊装的困难，可制成分体式，到现场进行就位拼装，部件的连接一般采用定位销定位，高强度螺栓连接，最后焊接成型。

盾构的基本构造主要由壳体、切削系统、推进系统、出土系统、拼装系统等组成。

1. 盾构壳体

整个盾构的外壳是采用钢板制作的，并用环形梁加固支承，以便保护掘削、排土、推进、施工衬砌等所有作业设备和装置的安全。盾构壳体从工作面开始可分为切口环、支承环和盾尾三部分，如图 3-31 所示。

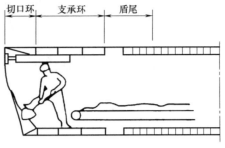

图 3-31 盾构壳体的结构示意图

1) 切口环

切口环位于盾构的最前端，装有掘削机械和挡土设备，起开挖和挡土作用，施工时最先切入地层并掩护开挖作业，全敞开和部分全敞开式盾构切口环前端还设有切口以减少切入时对地层的扰动，通常切口的形状有垂直形、倾斜形和阶梯形三种，如图 3-32 所示。切口的上半部分较下半部突出，呈帽檐状。

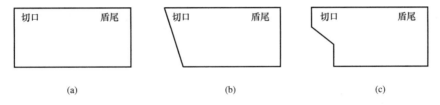

图 3-32 盾构切口环的结构示意图

(a) 垂直形；(b) 倾斜形；(c) 阶梯形

切口环保持工作面的稳定，并由此把开挖下来的土砂向后方运输。因此，采用机械化土压式和泥水加压式盾构开挖时，应根据开挖下来的土砂状态，确定切口环的形状和尺寸。切口环的长度主要取决于盾构正面支承和开挖的方法。对于机械化盾构，切口环长度应由各类盾构所需安装的设备确定。泥水盾构，在切口环内安置由切削刀盘、搅拌泥和吸泥口；土压平衡盾构，安置有切削刀盘、搅拌器和螺旋传输机；网格式盾构，安置有网格、提土转盘和运土机械的进口；棚式盾构，安置有多层活络平台、储土箕斗；水力机械盾构，安置有水枪、吸口和搅拌器。在局部气压、泥水加压、土压平衡盾构中，因切口内压力高于隧道内，所以在切口环处还需布设密封隔板及人行仓的进出闸门等，如图 3-33 所示。

2) 支承环

支承环紧接于切口环，是一个刚性很好的圆形结构，是盾构的主体构造部。在支承环外沿布置有盾构千斤顶，中间布置拼装机及部分液压设备、动力设备、操纵控制台。因要承受作用于盾构上的全部荷载，所以该部分的前方和后方均设有环状梁和支柱。支承环的长度应不小于固定盾构千斤顶所需的长度，对于有刀盘的盾构还要考虑安装切削刀盘的轴承装置、驱动装置和排土装置的空间，支承环结构如图 3-34 所示。

（a）　　　　　　　　　　　　　　（b）

图 3-33　土压平衡盾构切口环的结构图

（a）切口环前端；（b）切口环后端

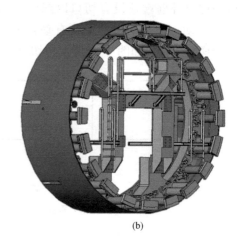

（a）　　　　　　　　　　　　　　（b）

图 3-34　盾构支承环的结构图

（a）支承环前端；（b）支承环后端

3）盾尾

盾尾主要用于掩护管片的安装工作。盾尾末端设有密封装置。盾尾的长度必须根据管片宽度及盾尾的道数来确定，对于机械化土压式和泥水加压式盾构，还要根据盾尾密封的结构来确定，必须保证管片拼装工作的进行、修正盾尾千斤顶和在曲线段进行施工等，故必须有一定的富余量，盾尾结构如图 3-35 所示。

盾尾密封装置要能适应盾尾与衬砌间的空隙，由于施工中纠偏的频率很高，因此要求密封材料要富有弹性、耐磨、防撕裂等，以防止水、土及压注材料从盾尾与衬砌间隙进入盾构内。盾尾长度要满足上述各项工作的要求。盾尾厚度应尽量薄，可以减小地层与衬砌间形成的建筑空隙，从而减少压浆工作量，对地层扰动的范围小，有利于施工，但盾尾也需承担土压力，在遇到纠偏及隧道曲线施工时，还有一些难以估计的荷载出现，所以其厚度应综合上述因素来确定。目前，常用的止水形式是多道、可更换的盾尾密封装置，密封材料有橡胶和钢丝两种，如图 3-36 所示。盾尾的密封道数根据隧道埋深、水位高低来定，一般取 2 道或 3 道。

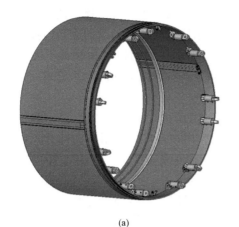 

(a) (b)

图 3-35 盾尾结构图

(a) 盾尾前端；(b) 盾尾后端

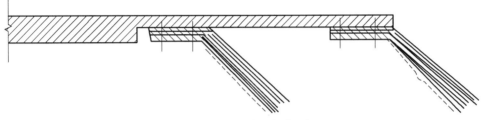

图 3-36 钢丝束盾尾密封示意图

进行盾构外壳的构造设计时，必须考虑土压、地下水压、自重、变向荷载、盾构千斤顶的反力、挡土千斤顶的反力等条件。覆盖土体较厚时，对较好的地层（砂质土、硬黏土）而言，可把松弛土压作为竖直土压进行设计。地下水压较大的场合下，虽然作用弯矩小，但会给安全设计带来一定的难度，故需慎重地选择辅助工法（降低地下水位法、压气工法、注浆工法）。在做曲线推进或做方向修正推进时，切口部、支承部应都能承受地层的被动土压力。盾尾部无腹板，采用加固肋加固，故刚性小，所以设计时可以把尾部前端看成是轴向固定，后端可按自由三维圆筒设计。选定尾板时还必须考虑变向荷载因素。通常切口部和盾尾部的壳板厚度要稍厚一些，这是由于这两个部位没有采用环梁和支承柱加固的原因所致。一般把圆形断面盾构的外壳板的厚度定在 50～100mm。

2. 掘削机构

封闭式（土压式、泥水式）盾构的掘削机构即切削刀盘；半机械式盾构的掘削机构即铲斗、掘削头；人工掘削式盾构的掘削机构即鹤嘴锄、风镐、铁锹等。

1）刀盘的构成及功能

切削刀盘即作转动或摇动的盘状掘削器，由切削地层的刀具、稳定掘削面的面板、出土槽口、转动或摇动的驱动机构、轴承机构等构成。刀盘主要具有三大功能：

（1）开挖功能：刀盘旋转时，刀具切削隧道掌子面的土体，对掌子面的地层进行开挖，开挖后的渣土通过刀盘的开口进入土仓。

（2）稳定功能：支撑掌子面，具有稳定掌子面的功能。

（3）搅拌功能：对于土压平衡盾构，刀盘对土仓内的渣土进行搅拌，使渣土具有一定的塑性，然后通过螺旋输送机将渣土排出；对于泥水盾构，通过刀盘的旋转搅拌作用，将切削下来的渣土与膨润土泥浆充分混合，优化了对泥水压力的控制和改善了泥浆的均匀性，然后通过排泥管道，将开挖渣土以流体的形式泵送到设在地面的泥水分离站。

2）刀盘与切环口的位置关系

刀盘与切环口的位置关系有三种形式，如图3-37所示。图3-37（a）是刀盘位于切口环内，适用于软弱地层；图3-37（b）是刀盘外沿突出切环口，适用于大部分土质，使用范围最广；图3-37（c）是刀盘与切环口对齐，位于同一条直线上，适用范围居中。

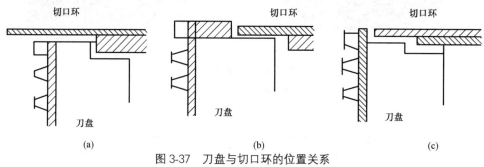

图3-37　刀盘与切口环的位置关系

(a) 刀盘位于切口环内；(b) 刀盘外沿突出切口环；(c) 刀盘与切口环对齐

3）刀盘的形状

刀盘的纵断面形状有垂直平面形、突芯形、穹顶形、倾斜形和缩小形五种，如图3-38所示。垂直平面形刀盘以平面状态掘削、稳定掘削面；突芯形刀盘的中心装有突出的刀具，掘削的方向性好，且利于添加剂与掘削土体的拌合；穹顶形刀盘设计中引用了岩石掘进机的设计原理，主要用于巨砾层和岩层的掘削；倾斜形刀盘的倾角接近于土层的内摩擦角，利于掘削的稳定，主要用于砂砾层的掘削；缩小形刀盘主要用于挤压式盾构。

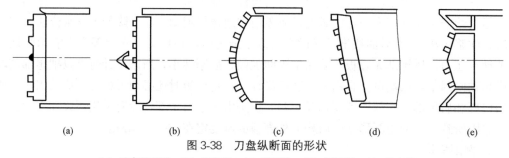

图3-38　刀盘纵断面的形状

(a) 垂直平面形；(b) 突芯形；(c) 穹顶形；(d) 倾斜形；(e) 缩小形

刀盘的正面形状有轮辐形和面板形两种，如图3-39所示。轮辐形刀盘由辐条及布设在辐条上的刀具构成，属敞开式，其特点是刀盘的掘削扭矩小、排土容易、土仓内土压可有效地作用到掘削面上，多用于机械式盾构及土压盾构。面板式刀盘由辐条、刀具槽口及面板组成，属封闭式。面板式刀盘的特点是面板直接支承掘削面，利于掘削面的稳定。另外，多数情况下面板上都装有槽口开度控制装置，当停止掘进时可使槽口关闭，防止掘削面坍塌。控制槽口的开度还可以调节土砂排出量，控制掘进速度。面板式刀盘对泥水式和土压式盾构均适用。

(a) (b)

图 3-39 刀盘结构图

(a) 轮辐形；(b) 面板形

4) 刀盘的支承形式

掘削刀盘的支承方式可分为周边支承式、中心支承式和中间支承式三种（图 3-40），以中心支承式和中间支承式居多。支承方式与盾构直径、土质、螺旋输送机和土体黏附状况等多种因素有关，确定支承方式时必须综合考虑这些因素的影响。不同支承方式的性能对比见表 3-2。

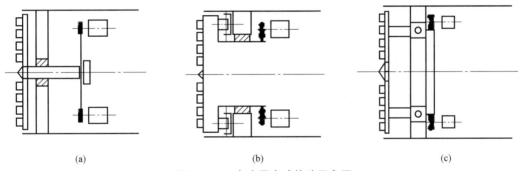
(a) (b) (c)

图 3-40 刀盘支承方式构造示意图

(a) 中心支承式；(b) 周边支承式；(c) 中间支承式

刀盘不同支承方式的性能对比表　　　　　　　　　　　　　　　表 3-2

性能	中心支承式	中间支承式	周边支承式
螺旋输送机与驱动扭矩	螺旋输送机安装在土仓下部，叶轮小，转矩小	位于两者中间	螺旋输送机安装在土仓中间，叶轮大，转矩大
螺旋输送机直径	小	大	大
机械转矩损耗	损耗小、效率高	损耗小、效率高	损耗大、效率低
土体黏附状态	小	居中	大
掘削硬土能力	一般	好	好
适用盾构直径	中、小	中、大	大
土砂密封效果	密封材长度短、耐久性好	居中	密封材长度大、耐久性差
仓内作业空间	小	中	大
长距离掘进能力	强	居中	差
制作难度	小	小	大
盾构推进时的摆动	大	中	小

3. 排土系统

盾构施工的排土系统因机器类型的不同而异。

机械式盾构的排土系统由铲斗、滑动导槽、漏斗、皮带传送机或螺旋传送机、排泥管构成。铲斗设置在掘削刀盘背面，可把掘削下来的土砂铲起倒入滑动导槽，经漏斗送给皮带传输机、螺旋传输机、排泥管。

手掘式盾构的出土系统如图 3-41 所示。其掘出的土经胶带输送机装入斗车，由电机车牵引到洞口或工作井底部，再垂直提升到地面。

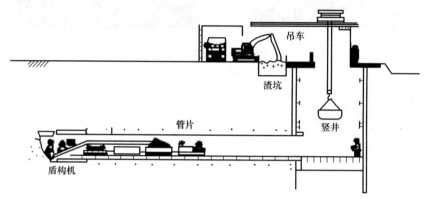

图 3-41　手掘式盾构排土系统示意图

土压平衡盾构的排土系统由螺旋输送机、排土控制器及盾构机以外的泥土运出设备构成，出土系统如图 3-42 所示。盾构机后方的运输方式与手掘式类似或相同。

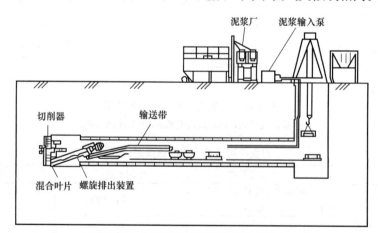

图 3-42　土压平衡盾构排土系统示意图

泥水盾构的排土系统为送排泥水系统，泥水送入系统由泥水制作设备、泥水压送泵、测量装置及泥水仓壁上的注入口组成。泥水排放系统由排泥泵、测量装置、中继排泥泵、泥水输送管及地表泥水储存池构成，如图 3-43 所示。

4. 管片拼装机

管片拼装机设置在盾构的尾部，由举重臂和真圆保持器构成。

1）举重臂

举重臂是在盾尾内把管片按照设计所需要的位置安全、迅速地拼装成管环的装置。拼

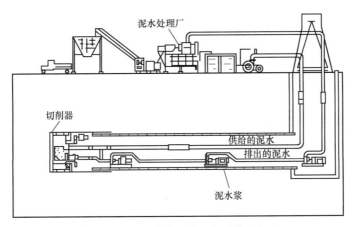

图 3-43 泥水盾构送排泥水系统示意图

装机在捏往管片后，还必须具备沿径向伸缩、前后平移和 360°（左右叠加）旋转等功能。

举重臂为油压动方式，有环式、空心轴式、齿轮齿条式等，一般常用环式拼装机，如图 3-44 和图 3-45 所示。

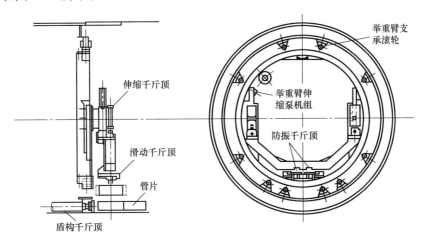

图 3-44 环式拼装机示意图

(a)

(b)

图 3-45 拼装机结构图

（a）拼装机全貌；（b）拼装机放大图

2）真圆保持器

当盾构向前推进时，管片拼装环（管环）就从盾尾部脱出，管片受到自重和土压的作用会产生横向变形，使横断面成为椭圆形，已成环管片与拼装环在拼装时就会产生高低不平，给安装纵向螺栓带来困难。因此，就需要使用真圆保持器，使拼装后的管环保持正确（真圆）位置。

真圆保持器（图3-46）支柱上装有可上、下伸缩的千斤顶和圆弧形的支架，它在动力车架的伸出梁上是可以滑动的。当一环管片拼装成环后，就将真圆保持器移到该管片环内，当支柱的千斤顶使支架圆弧面密贴管片后，盾构就可推进。

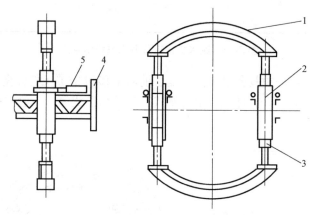

图 3-46　真圆保持器

1—扇形顶块；2—支撑臂；3—伸缩千斤顶；4—支架；5—纵向滑动千斤顶

5. 挡土机构

挡土机构是为了防止掘削时掘削面坍塌和变形，确保掘削面稳定而设置的机构。

挡土机构因盾构种类的不同而异。全敞开式盾构机的挡土机构是挡土千斤顶；半全敞开式网格盾构的挡土机构是刀盘面板；机械盾构的挡土机构是网格式封闭挡土板；泥水盾构的挡土机构是泥水仓内的加压泥水和刀盘面板；土压盾构的挡土机是土仓内的掘削加压土和刀盘面板。此外，采用气压法施工时由压缩空气提供的压力也可起挡土作用，保持开挖面稳定。

3.2.3　盾构选型

1. 盾构选型的原则

盾构选型是盾构法隧道施工安全、环保、优质、经济、快速建成的关键工作之一。盾构选型应从安全适应性（也称可靠性）、技术先进性、经济性等方面综合考虑，所选择的盾构形式要能尽量减少辅助施工法，并确保开挖面稳定和适应围岩条件，同时还要综合考虑以下因素：

（1）可以合理使用的辅助施工法，如降水法、气压法、冻结法和注浆法等。

（2）满足工程隧道施工长度和线形的要求。

（3）后配套设备、始发设施等能与盾构的开挖能力配套。

（4）盾构的工作环境。

不同形式的盾构所适应的地质范围不同，盾构选型总的原则是安全适应性第一位，以确保盾构法施工的安全可靠；在安全可靠的情况下再考虑技术的先进性，即技术先进性第二位；然后再考虑盾构的价格，即经济性第三位。盾构施工时，施工沿线的地质条件可能变化较大，在选型时一般选择适合于施工区大多数围岩的机型。

盾构选型时主要遵循下列原则：

（1）应对工程地质、水文地质有较强的适应性，首先要满足施工安全的要求。

（2）安全适应性、技术先进性、经济性相统一，在安全可靠的情况下，考虑技术先进性和经济合理性。

（3）满足隧道外径、长度、埋深、施工场地、周围环境等条件。

（4）满足安全、质量、工期、造价及环保要求。

（5）后配套设备的能力与主机配套，满足生产能力与主机掘进速度相匹配，同时具有施工安全、结构简单、布置合理和易于维护保养的特点。

（6）盾构制造商的知名度、业绩、信誉和技术服务。

根据以上原则，对盾构的形式及主要技术参数进行研究分析，以确保盾构法施工的安全、可靠，选择最佳的盾构施工方法和最适宜的盾构。盾构选型是盾构法施工的关键环节，直接影响盾构隧道的施工安全、施工质量、施工工艺及施工成本。为保证工程的顺利完成，对盾构的选型工作应非常慎重。

2. 盾构选型的依据

盾构选型应以工程地质、水文地质为主要依据，综合考虑周围环境条件、隧道断面尺寸、施工长度、埋深、线路的曲率半径、沿线地形、地面及地下构筑物等环境条件，以及周围环境对地面变形的控制要求的工期、环保等因素。同时，参考国内外已有盾构工程实例及相关的盾构技术规范、施工规范及相关标准，对盾构类型、驱动方式、功能要求、主要技术参数、辅助设备的配置等进行研究。选型时的主要依据如下：

（1）工程地质、水文地质条件。颗粒分析及粒度分布，单轴抗压强度，含水率，砾石直径，液限及塑限，N值，黏聚力C：内摩擦角φ，土粒密度，孔隙率及孔隙比，地层反力系数，压密特性，弹性波速度，孔隙水压，渗透系数，地下水位（最高值、最低值、平均值），地下水的流速、流向，河床变迁情况等。

（2）隧道长度，隧道平纵断面及横断面形状、尺寸等设计参数。

（3）周围环境条件。地上及地下建构筑物分布，地下管线埋深及分布，沿线河流、湖泊、海洋的分布，沿线交通情况、施工场地条件，气候条件，水电供应情况等。

（4）隧道施工工程筹划及节点工期要求。

（5）宜用的辅助工法。

（6）技术经济比较。

3. 盾构选型的主要步骤

（1）在对工程地质、水文地质条件、周围环境、工期要求、经济性等充分研究的基础上，选定盾构的类型；对敞开式、闭胸式盾构进行比选。

（2）在确定选用闭胸式盾构后，根据地层的渗透系数、颗粒级配、地下水压、环保、辅助施工方法、施工环境、安全等因素，对土压平衡盾构和泥水盾构进行比选。

（3）根据详细的地质勘探资料，对盾构各主要功能部件进行选择和设计（如刀盘驱动形式，刀盘结构形式、开口率，刀具种类与配置，螺旋输送机的形式与尺寸，沉浸墙的结构设计与泥浆门的形式，破碎机的布置与形式，送泥管的直径等），并根据地质条件等，确定盾构的主要技术参数。在选型时应进行盾构的主要技术参数详细计算，主要包括刀盘直径，刀盘开口率，刀盘转速，刀盘扭矩，刀盘驱动功率，推力，掘进速度，螺旋输送机功率、直径、长度，送排泥管直径，送排泥泵功率、扬程等。

（4）根据地质条件，选择与盾构掘进速度相匹配的盾构后配套施工设备。

4. 盾构选型的主要方法

1）根据地层的渗透系数进行选型

地层渗透系数对于盾构的选型是一个很重要的因素。通常，当地层的渗透系数小于 10^{-7} m/s 时，可以选用土压平衡盾构；当地层的渗透系数在 10^{-7} m/s～10^{-4} m/s 之间时，既可以选用土压平衡盾构，也可以选用泥水式盾构；当地层的透水系数大于 10^{-4} m/s 时，宜选用泥水盾构。根据地层渗透系数与盾构类型的关系，若地层以各种级配富水的砂层、砂砾层为主时，宜选用泥水盾构；其他地层宜选用土压平衡盾构。

2）根据地层的颗粒级配进行选型

见图 3-47。

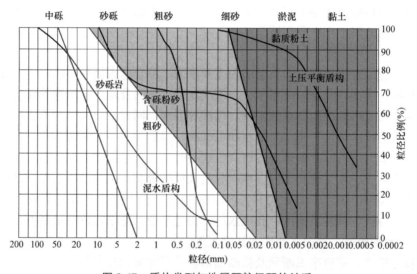

图 3-47　盾构类型与地层颗粒级配的关系

3）根据地下水压进行选型

当水压大于 0.3MPa 时，适宜采用泥水盾构。如果采用土压平衡盾构，螺旋输送机难以形成有效的土塞效应，在螺旋输送机排土闸门处易发生渣土喷涌现象，引起土仓中土压力下降，导致开挖面坍塌。

当水压大于 0.3MPa 时，如因地质原因需采用土压平衡盾构，则需增大螺旋输送机的长度，或采用二级螺旋输送机，或采用保压泵。

4）盾构选型时必须考虑的特殊因素

盾构选型时，在实际实施时，还需解决理论的合理性与实际的可能性之间的矛盾，必须考虑环保、地质和安全因素。

（1）环保因素

对泥水盾构而言，虽然经过过筛、旋流、沉淀等程序，可以将弃土浆液中的一些粗颗粒分离出来，并通过汽车、船等工具运输弃渣，但泥浆中的悬浮或半悬浮状态的细土颗粒仍不能完全分离出来，而这些物质又不能随意处理，这就出现了使用泥水盾构的一大难题。降低污染、保护环境是选择泥水盾构面临的十分重要的课题，需要解决的是，如何防止将这些泥浆弃置在江河湖海等水体中，避免造成范围更大、更严重的污染。

要将弃土泥浆彻底处理到可以作为固体物料运输的程度也是可以做到的，国内外都有许多成功的实例，但完全做到这点并不容易，因为：①处理设备贵，增加了工程投资；②用来安装这些处理设备需要的场地较大；③处理时间较长。

（2）工程地质因素

盾构施工段工程地质的复杂性主要反映在基础地质（主要是围岩岩性）和工程地质特性的多变方面。在一个盾构施工段或一个盾构合同标段中，某些部分的施工环境适合选用土压平衡盾构，但某些部分又适合选用泥水盾构。盾构选型时应综合考虑，并对不同选择进行风险分析后择其优者。

（3）安全因素

从保持工作面的稳定、控制地面沉降的角度来看，当隧道断面较大时，使用泥水盾构要比使用土压平衡盾构的效果好一些，特别是在河湖等水体下，在密集的建筑物或构筑物下及上软下硬的地层中施工时，在这些特殊的施工环境中，施工过程的安全性将是盾构选型时的一项极其重要的参考标准。

5. 盾构形式的选择

在选择盾构形式时，最重要的是要以保持开挖面稳定为基础进行选择。为了选择合适的盾构形式，除需对土质条件、地下水进行调查以外，还要对用地环境、竖井周围环境、安全性、经济性进行充分考虑。

近几年以来，由竖井或渣土处理而影响盾构形式选择的实例不断增加。另外，在一些实例中，施工经验也会成为盾构选型的重要影响因素。因此，在选型时，有必要邀请具有制造同类盾构经验的国内外知名盾构制造商进行技术交流；可邀请国内盾构隧洞设计、科研、施工方面的专家进行选型论证和研究，并应参照类似工程的盾构选型及施工情况。

各种盾构所对应的土质及与辅助工法的关系如表 3-3 所示。

盾构与土质及辅助工法的关系　　　　表 3-3

分类	土质	N值	含水率	手掘式盾构机 辅助工法			半机械式盾构 辅助工法			机械式盾构 辅助工法			挤压式盾构 辅助工法			泥水式盾构 辅助工法			土压式 辅助工法			加泥式 辅助工法		
				无	有	种类	无	有	种类	无	有	种类	无	有	种类	无	有	种类	无	有	种类	无	有	种类
冲积黏土	腐殖土	0	>300	×	×		×	×		×	×		×	△	A	×	△	A	×	△	A	×	△	A
	淤泥黏土	0~2	100~300	×	△	A	×	×		×	×		O	—		O	—		O	—		O	—	
	砂质粉土	0~5	>80	×	△	A	×	×		×	×		O	—		O	—		O	—		O	—	
	砂质黏土	5~10	>50	△	O	A	×	△	A	△	O	A	—			O	—		O	—		O	—	

续表

分类	土质	N值	含水率	手掘式盾构机 无	有	种类	半机械式盾构 无	有	种类	机械式盾构 无	有	种类	挤压式盾构 无	有	种类	泥水式盾构 无	有	种类	土压式 无	有	种类	加泥式 无	有	种类
洪积黏土	壤土、黏土	10~20	>50	O	—		O	—		△	—		×	×		O	—		△	—		O	—	
	粉质黏土	15~25	>50	O	—		O	—		O	—		×	×		O	—		△	—		O	—	
	砂质黏土	>20	20	△	—		O	—		O	—		×	×		O	—		△	—		O	—	
软岩	风化页岩、泥岩	>50	<20	×	×		O	—		O	—		×	×		—			—			—		
砂质土	含粉砂黏砂的砂	10~15	<20	△	O	A	△	O	A	△	O	A	×	×		O	—		O	—		O	—	
	松散砂	10~30	<20	×	△	A B	×	×		×	△	A B	×	×		△	O	A	△	△	A	O	—	
	压实砂	>30	<20	△	O	A B	△	O	A B	△	O		×	×		O	—		△		A	△	△	A B
砂砾砾石	松散砂砾	10~40		×	△	A B	△	△	A B	×	△	A B	×	×		△	O	A	△	△	A	O	—	
	固结砂砾	10~40		△	O	A B	△	O	A B	△	O		×	×		O	—		△	△	A	O	—	
	含砾石砂砾	>40		×	△	A B	△	O	A B	×	×		×	×		△	△	A	△	△	A	O	—	
	砾石层			×	△	A B	×	△	A B	×	×		×	×		△	△	A	△	△	A	O	—	

注：1. 手掘式盾构、半机械式盾构、机械式盾构，原则上采用气压施工方法。

2. "无"表示不采用辅助施工法；"有"表示采用辅助施工法。

3. "O"表示原则上符合条件；"△"表示应用时须进行研究；"×"表示原则上不符合条件；"—"表示特别不宜使用。

4. "A"表示注浆法；"B"表示降水法。

1）土压平衡盾构

土压盾构主要适用于粉土、粉质黏土、淤泥质粉土、粉砂层等黏稠土层的施工，在黏性土层中掘进时，由刀盘切削下来的土体进入土仓后由螺旋输送机输出，在螺旋输送机内形成压力梯降，保持土仓压力稳定，使开挖面土层处于稳定。盾构向前推进的同时，螺旋输送机排土，使排土量等于开挖量，即可使开挖面的地层始终保持稳定。排土量通过调节螺旋输送机的转速和出土闸门的开度予以控制。

当含砂量超过某一限度时，泥土的塑流性明显变差，土仓内土体因固结作用而被压密，导致渣土难以排送，需向土仓内注水、泡沫、泥浆等添加材料，以改善土体塑流性。在砂性土层施工时，由于砂性土流动性差、砂土摩擦力大、渗透系数高、地下水丰富等原因，土仓内压力不易稳定，须进行渣土改良。

根据以上介绍，土压平衡盾构主要分为两种：一种是适用于含水量和粒度组成比较适中，开挖面土砂可直接流入土仓及螺旋输送机内，从而维持开挖面稳定的土压式盾构；另一种是对应于砂粒含量较多而不具有流动性的土质，需通过水、泡沫、泥浆等添加材料，使泥土压力可以很好地传递到开挖面的加泥式土压平衡盾构。

土压平衡盾构根据土压力的状况进行开挖和推进，通过检查土仓压力，不但可以控制开挖面的稳定性，还可以减少对周围地基的影响。土压平衡盾构一般不需要实施辅助工法。

加泥式土压平衡盾构可以适用于冲积砂砾、砂、粉土、黏土等固结度比较低的软弱地层、洪积地层以及软硬不均地层，在土质方面的适用性最为广泛。但在高水压下（大于0.3MPa），仅用螺旋输送机排土难以保持开挖面的稳定性，还需安装保压泵或进行切削土的改良（图3-48）。

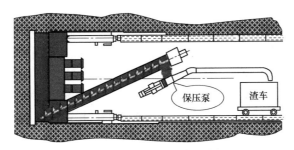

图 3-48 在高压水地层防喷涌的保压泵

2）泥水盾构

泥水盾构通过施加略高于开挖面水土压力的泥浆压力来维持开挖的稳定。除泥浆压力外，合理选择泥浆的状态也可增加开挖面的稳定性。泥水盾构比较适合于河底、江底、海底等高水压条件下的隧道施工。

泥水盾构使用送排泥泵通过管道从地面直接向开挖面进行送排泥，开挖面完全封闭，具有高安全性和良好的施工环境。既不对围岩产生过大的压力，也不会受到围岩压力的反压，对周围地基影响较小。一般不需辅助施工。特别是在开挖断面较大时，控制地表沉降方面优于土压平衡盾构。

泥水盾构适用于冲积形成的砂砾、砂、粉砂、黏土层、弱固结的互层，以及含水率高开挖面不稳定的地层；洪积形成的砂砾、砂、粉砂、黏土层，以及含水率很高、固结松散、易于发生涌水破坏的地层。但对于难以维持开挖面稳定性的高透水地层、砾石地层，有时也要考虑采用辅助工法。

根据控制开挖面泥浆压力方式的不同，泥水盾构有两种：一种是日本体系的直接控制型，另一种是德国体系的间接控制型（即气压复合控制型）。直接控制型的泥水仓为单仓结构形式；间接控制型的泥水仓为双仓结构，前仓称为开挖仓，后仓称为气垫调压仓。开挖仓内完全充满受压的泥浆后，平衡外部水土压力，开挖仓内的受压泥浆通过沉浸墙的下面与气垫仓相连。

隧道开挖过程中，直接控制型泥水盾构开挖仓内的泥水压力波动较大，一般在

0.05～0.1MPa 之间变化，见图 3-49。

间接控制型泥水盾构的气垫调压仓通过压缩空气系统精确进行控制和调节压力，开挖仓内的压力波动较小，一般为 0.01～0.02MPa，泥浆管路内的浮动变化将被准确、迅速平衡，减少了外界压力的变化对开挖面稳定造成的影响，见图 3-50。

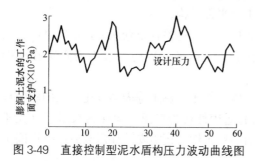

图 3-49　直接控制型泥水盾构压力波动曲线图　　图 3-50　间接控制型泥水盾构压力波动曲线图

3）手掘式盾构

手掘式盾构由于头部敞开，因此，比较适用于软硬不均的开挖面，以及砾石、卵石等地层。手掘式盾构是以开挖而能够长时间自稳为基本条件，在开挖面不够稳定时，需通过注浆进行地基加固；在地下水位较高会有涌水而影响开挖面稳定性时，需采取降水等辅助措施。

一般来说，洪积形成的砂砾、砂、固结粉砂、黏土层易于自稳，最适于使用手掘式盾构。冲积形成的松散砂、粉砂、黏土层，开挖面不能自稳，需采用辅助措施。

手掘式盾构直到 20 世纪 70 年代末期一直得到较广泛应用，由于目前不依靠辅助施工的闭胸式盾构的使用优势，现在手掘式盾构已基本被淘汰。

4）半机械式盾构

半机械式盾构适用于开挖面可以自稳的围岩条件，适合的土质主要是洪积形成的砂砾、砂、固结粉土及黏土，对于软弱的冲积层是不适用的。在使用辅助工法方面同手掘式盾构。目前已基本淘汰。

5）机械式盾构

机械式盾构的刀盘有面板式和辐条式两种。面板式刀盘的机械式盾构是通过面板来维持开挖面稳定，并通过开口率解决块石、卵石的排出问题；辐条式刀盘的机械式盾构一般用于开挖面易于稳定的小断面盾构，针对块石、卵石使用。机械式盾构与手掘式、半机械式盾构相同，主要用于开挖面以自稳的洪积地层中。对开挖不易自稳的冲积地层应结合压气施工、地下降水、注浆加固等辅助工法使用。由于需使用辅助工法，目前已基本被淘汰。

6）挤压式盾构

挤压式盾构适用于非常软弱的地层，最适合冲积形成的粉质砂土层。由于是从开口部排出土砂，所以不能用于硬质地层。另外，砂粒含量如果太大，会出现土砂压缩而造成堵塞。相反，如果地层的液性指数太高，则很难控制土砂的流入，会出现过量取土的现象，由于适用地层有限，近年已不采用。

3.2.4　盾构的主要技术参数

盾构选型过程中，刀盘驱动扭矩、推进系统的推力等主要技术参数的计算非常重要，以便设计出与地质条件相适应的盾构。盾构工作过程的力学参数计算是一个非常复杂的问题，由于受地质因素、土层改良方法、掘进参数等一系列因素的影响，在盾构参数计算的方法上存在很多的不确定因素。

1. 盾构机的外径

盾构外径取决于管片外径、保证管片安装的富余量、盾构结构形式、盾尾壳体厚度及修正蛇行时的最小余量等。

盾构机外径（d）可由下式确定：

$$d=d_0+2(x+t) \tag{3-1}$$

式中　d_0——管片外径（mm）；

　　　x——盾尾间隙（mm）；

　　　t——盾尾外壳的厚度（mm）。

盾尾间隙 x 主要考虑保证管片安装和修正蛇行时的最小富余量。盾尾间隙 x 在施工时既可以满足管片安装，又可以满足修正蛇行的需要，同时应考虑盾构施工中一些不可预见的因素。盾尾间隙一般为 $25\sim40$mm。

2. 刀盘开挖直径

刀盘开挖直径应考虑刀盘外圆防磨板磨损后仍能保证正确的开挖直径。在软土地层施工时，刀盘开挖直径一般大于前盾外径 $0\sim10$mm；在砂卵石地层或硬岩地层施工时，刀盘的磨损较严重，刀盘开挖直径一般应大于前盾外径 30mm。

3. 盾构机的长度

盾构长度（L）由切口环（前盾）、支承环（中盾）、盾尾三部分组成。盾构长度主要取决于隧道的平面形状、开挖方式、地质条件、出土方式及衬砌形式等多种因素。

$$L=L_C+L_G+L_T \tag{3-2}$$

式中　L_C——切口处的长度（m）；全（半）敞开式盾构应根据切口贯入掘削地层的深度、挡土千斤顶的最大伸缩量和掘削作业空间的长度等因素确定；封闭式盾构应根据刀盘厚度、刀盘后搅拌装置的纵向长度和土仓的容量或长度等条件确定；

　　　L_G——支承环的长度（m）；取决于盾构千斤顶、排土装置和举重臂支承机构等设备的规格大小，不应小于千斤顶最大拉伸状态的长度；

　　　L_T——盾尾的长度（m），可按式（3-3）确定。

$$L_T=L_S+B+C_F+C_R \tag{3-3}$$

式中　L_S——盾构千斤顶撑挡长度（m）；

　　　B——管片宽度（m）；

　　　C_F——组装管片的富余量（m）；通常取 $C_F=(0.25\sim0.33)B$，见图 3-51；

　　　C_R——包括安装尾封材在内的后部富余量（m）。

一般把盾构总长 L 与盾构外径之比 ξ 称为盾构的灵敏度。ξ 越小，操作越方便，一般在盾构直径确定后，灵敏度值有一些经验数据可参考：大直径盾构（$d>6$m），$\xi=0.7\sim0.8$（多取 0.75）；中直径盾构（$3.5\mathrm{m}\leqslant d\leqslant6\mathrm{m}$），$\xi=0.8\sim1.2$（多取 0.8）；小直径盾构（$d<3.5$m），$\xi=1.2\sim1.5$（多取 1.5）。

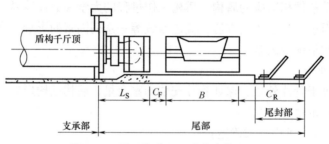

图 3-51　盾尾构成及尺寸分布状况图

4. 盾构机的质量

盾构机的质量是盾构机的躯体，各种千斤顶、举重臂、掘削机械和动力单元等质量的总和。盾构机的重心位置极为重要，因为它直接影响盾构机的运转特性。盾构机的解体、运输、运入竖井等作业也应予以重视。有文献对盾构机的自重 W 与直径 D_e 的关系做了统计调查，得出的大致规律如下。

对人工掘削盾构或半机械盾构有：

$$W \geqslant (25 \sim 40) \text{kN/m}^2 \times D_e^2 \tag{3-4}$$

对机械掘削盾构有：

$$W \geqslant (45 \sim 50) \text{kN/m}^2 \times D_e^2 \tag{3-5}$$

对泥水盾构有：

$$W \geqslant (45 \sim 65) \text{kN/m}^2 \times D_e^2 \tag{3-6}$$

对土压盾构有：

$$W \geqslant (55 \sim 70) \text{kN/m}^2 \times D_e^2 \tag{3-7}$$

5. 推进系统

推进系统包括设置在盾构外壳内侧环形中梁上的推进千斤顶群及控制设备。其中，千斤顶是使盾构机在土层中向前推进的关键性构件，施工中要进行推力的计算。

1）推力的确定

（1）设计推力

根据地层和盾构机的形状尺寸参数，按下式计算出的推力称为设计推力：

$$F_d = F_1 + F_2 + F_3 + F_4 + F_5 + F_6 \tag{3-8}$$

式中　F_d——设计推力（kN）；

　　　　F_1——盾构推进时的周边反力（kN）；

　　　　F_2——刀盘面板的推进阻力（kN）；

　　　　F_3——管片与盾尾间的摩阻力（kN）；

　　　　F_4——切口环贯入地层的贯入阻力（kN）；

　　　　F_5——转向阻力，即曲线施工、纠偏等因素的阻力（kN）；

　　　　F_6——牵引后配套拖车的牵引阻力（kN）。

以上 6 种阻力的计算方法随盾构机型号、贯入地层性质的不同而异。一般情况下，无论是砂层还是黏土层，前两项之和占总推力的 95%～99%，即可用 $F_d = F_1 + F_2$ 设计推力，而 $F_5 \sim F_6$ 对设计推力的贡献极小。

（2）装备推力

盾构机的推进是靠安装在支承环内侧的盾构千斤顶的推力作用在管片上，进而通过管片产生的反推力使盾构前进。各盾构千斤顶顶力之和就是盾构的总推力，推进时的实际总推力可由推进千斤顶的油压读数求出。盾构的装备推力必须大于各种推进阻力的总和（设计推力），否则盾构无法前进。

① 由设计推力确定装备推力

盾构机的装备推力可在考虑设计推力和安全系数的基础上，按下式确定：

$$F_e = kF_d \tag{3-9}$$

式中　F_e——装备推力（kN）；

　　　k——安全系数，通常取 2。

② 经验估算法

根据盾构机外径和经验推力的估算公式为：

$$F_e = 0.25\pi d^2 P_J \tag{3-10}$$

式中　d——盾构的外径（m）；

　　　P_J——开挖面单位截面积的经验推力（kN/m²）；人工开挖、半机械化、机械化开挖盾构时，$P_J = 700 \sim 1100\text{kN/m}^2$；封闭式盾构、土压平衡式盾构、泥水加压式盾构时，$P_J = 1000 \sim 1300\text{kN/m}^2$。

（3）盾构推进时的周边反力

对砂质土而言：

$$F_1 = 0.25\pi DL(2P_e + 2KP_e + K\gamma D)\mu_1 + W\mu_1 \tag{3-11}$$

式中　F_1——盾构推进时的周边反力，即盾壳与周围地层的摩擦阻力（kN）；

　　　D——盾构外径（m）；

　　　L——盾壳总长度（m）；

　　　P_e——作用在盾构上顶部的竖直土压强度（kPa）；

　　　K——开挖面上土体的静止土压力系数；

　　　γ——开挖面上土体的浮重度（kN/m³）；

　　　μ_1——地层与盾壳的摩擦系数，通常取 $\mu_1 = 1/2\tan\varphi$，φ 为土体的内摩擦角；

　　　W——盾构主机的重量（kN）。

也可用以下公式简便计算：

$$F_1 = \mu_1(\pi DLP_m + W) \tag{3-12}$$

式中　F_1——盾构推进时的周边反力（kN）；

　　　μ_1——地层与盾壳的摩擦系数；

　　　D——盾构外径（m）；

　　　L——盾壳总长度（m）；

　　　P_m——作用在盾构上的平均土压力（kPa）；

　　　W——盾构主机的重量（kN）。

对黏性土而言：

$$F_1 = \pi DLC \tag{3-13}$$

式中　D——盾构外径（m）；

L——盾壳总长度（m）；

C——开挖面上土体的黏聚力（kPa）。

（4）刀盘面板的推进阻力

手掘式、半机械式盾构上，为开挖面支护反力；机械式盾构上，为作用于刀盘上的推进阻力；闭胸式盾构上，为土仓内压力。

$$F_2 = 0.25\pi D^2 P_f \tag{3-14}$$

式中 F_2——刀盘面板的推进阻力（kN）；

D——盾构外径（m）；

P_f——开挖面前方的压力；泥水盾构为土仓内的设计泥水压力，土压平衡盾构为土仓内的设计土压力（kPa）。

（5）管片与盾尾间的摩擦阻力

$$F_3 = n_1 W_s \mu_2 + \pi D_s b P_T n_2 \mu_2 \tag{3-15}$$

式中 F_3——管片与盾尾之间的摩擦阻力（kN）；

n_1——盾尾内管片的环数；

W_s——一环管片的重量（kN）；

μ_2——盾尾刷与管片的摩擦系数，通常为 $0.3\sim0.5$；

D_s——管片外径（m）；

b——每道盾尾刷与管片的接触长度（m）；

P_T——盾尾刷内的油脂压力（kPa）；

n_2——盾尾刷的层数。

（6）切口环贯入地层的贯入阻力

对砂质土而言：

$$F_4 = \pi(D^2 - D_i^2)P_3 + \pi Dt K_P P_m \tag{3-16}$$

式中 F_4——切口环贯入地层的阻力（kN）；

D——前盾外径（m）；

D_i——前盾内径（m）；

P_3——切口环插入处地层的平均土压（kPa）；

t——切口环插入地层的深度（m）；

K_P——被动土压系数；

P_m——作用在盾构上的平均土压力（kPa）。

对黏性土而言：

$$F_4 = \pi(D^2 - D_i^2)P_3 + \pi DtC \tag{3-17}$$

式中 C——开挖面上土体的黏聚力（kPa）；

（7）转向阻力

$$F_5 = RS \tag{3-18}$$

式中 F_5——转向阻力，也称变向阻力（kN）；

R——抗力土压（被动土压力）（kPa）；

S——抗力板在掘进方向上的投影面积（m²）。

转向阻力仅在曲线施工中或者盾构推进中出现蛇行时存在，由于抗力板在掘进方向上的投影面积的计算比较复杂，因此，一般不计算转向阻力，在确定总推力时考虑盾构施工中的上坡、曲线施工、蛇行及纠偏等因素，留出必要的富余量。

（8）牵引后配套拖车的牵引阻力

$$F_6 = W_b \mu_3 \tag{3-19}$$

式中　F_6——牵引后配套拖车的牵引阻力（kN）；

　　　　μ_3——后配套拖车与运行轨道间的摩擦系数；

　　　　W_b——后配套拖车及拖车上设备的总重量（kN）。

2）千斤顶的选择与布设方式

（1）盾构千斤顶的选择和配置

盾构千斤顶的选择和配置应根据盾构的灵活性、管片的构造、拼装管片的作业条件等来决定。选择盾构千斤顶必须注意以下事项：

① 千斤顶要尽可能轻，直径宜小不宜大，且经久耐用，易于维修保养和更换方便。

② 采用高液压系统，使千斤顶机构紧凑。

③ 一般情况下，盾构千斤顶应等间距地设置在支承环的内侧，紧靠盾构外壳。在一些特殊情况下，也可考虑非等间距设置。

④ 千斤顶的伸缩方向应与盾构隧道轴线平行。

（2）千斤顶的推力及数量

选用的每只千斤顶的推力范围是：中小口径盾构每只千斤顶的推力为 600～1500kN，大口径盾构中每只千斤顶的推力为 2000～4000kN。

盾构千斤顶的数量根据盾构直径 d、要求的总推力、管片的结构、隧道轴线的情况综合考虑，数量 n 可按下式确定：

$$n = d/0.3 + 3 \tag{3-20}$$

（3）千斤顶的最大伸缩量

盾构千斤顶的最大伸缩量应考虑到盾尾管片拼装及曲线施工等因素，通常取管片宽度加上 10～20cm 富余量。

另外，成环管片有一块封顶块，若采用纵向全插入封顶时，在相应的封顶块位置应布置双节千斤顶，其行程约为其他千斤顶的两倍，以满足拼装成环需要。

（4）千斤顶的推进速度

盾构千斤顶的推进速度必须根据地质条件和盾构形式来定，一般取 5～10cm/min，且可无级调速，提高工作效率，千斤顶的回缩速度要求越快越好。

（5）撑挡的设置

在千斤顶伸缩杆的顶端与管片的交界处设置一个可使千斤顶推力均匀地作用在管环上的自由旋转的接头构件（撑挡）。盾构千斤顶伸缩杆的中心与撑挡中心的偏离允许值宜为 3～5cm。

6. 驱动机构

驱动机构是指向刀盘提供必要旋转扭矩的机构。该机构是由带减速机的油压马达或电动机，通过副齿轮驱动装在掘削刀盘后面的齿轮或销锁机构。有时为了得到更大的旋转力，也有利用油缸驱动刀盘旋转的。油压式对启动削砾石层较为有利；电动机式噪声小、维护管理容易，也可相应减少后方台车的数量。驱动液压系统由高压油泵、油马达、油箱、液压阀及管路等组成。

掘削扭矩与地层条件，盾构机的种类、构造及直径等有关，设计扭矩 T_d 可由下式确定：

$$T_d = T_1 + T_2 + T_3 + T_4 + T_5 + T_6 + T_7 + T_8 \tag{3-21}$$

1）刀盘切削扭矩

$$T_1 = n q_u h_{max} D^2 n^2 \tag{3-22}$$

式中　T_1——刀盘切削扭矩（kN·m）；

　　　n——刀盘转速（r/min）；

　　　q_u——切削土的抗压强度（kPa）；

　　　h_{max}——贯入度，即刀盘每转的切入深度；

　　　D——刀盘直径（m）。

2）刀盘自重形成的轴承旋转反力矩

$$T_2 = W_c R_1 \mu_g \tag{3-23}$$

式中　W_c——刀盘重量（kN）；

　　　R_1——主轴承滚动半径（m）；

　　　μ_g——轴承滚动摩擦系数。

3）刀盘轴向推力荷载形成的旋转阻力矩

$$T_3 = P_t R_1 \mu_g \tag{3-24}$$

$$P_t = \alpha \pi \left(\frac{D}{2}\right)^2 P_d \tag{3-25}$$

式中　P_t——刀盘推力荷载；

　　　α——刀盘不开口率，$\alpha = 1 - A_s$，其中 A_s 为刀盘开口率；

　　　D——刀盘直径（m）；

　　　P_d——盾构前面的主动土压（kPa）。

4）主轴承密封装置摩擦力矩

$$T_4 = 2\pi \mu_m F_m (n_1 R_{m1}^2 + n_2 R_{m2}^2) \tag{3-26}$$

式中　μ_m——主轴承密封与钢的摩擦系数，一般取 $\mu_m = 0.2$；

　　　F_m——密封的推力（kPa）；

　　　n_1——内密封数量；

　　　n_2——外密封数量；

　　　R_{m1}——内密封安装半径（m）；

　　　R_{m2}——外密封安装半径（m）。

5）刀盘前表面摩擦扭矩

$$T_5 = \frac{2\alpha \pi \mu_1 R_c^3 P_d}{3} \tag{3-27}$$

式中　α——刀盘不开口率；

　　　μ_1——土与刀盘之间的摩擦系数；

　　　R_c——刀盘半径（m）；

　　　P_d——盾构前面的主动土压（kPa）。

6）刀盘圆周面的摩擦反力矩

$$T_6 = 2\pi R_c B P_z \mu_1 \tag{3-28}$$

式中　R_c——刀盘半径（m）；

B——刀盘周边的厚度（m）；

P_z——刀盘圆周的平均土压力（kPa）；

μ_1——土与刀盘之间的摩擦系数。

7）刀盘背面摩擦力矩

刀盘背面的摩擦力矩由土仓内的土压力而产生。

$$T_7 = \frac{2\alpha\pi\mu_1 R_c^3 P_w}{3} \tag{3-29}$$

式中　α——刀盘不开口率；

μ_1——土与刀盘之间的摩擦系数；

R_c——刀盘半径（m）；

P_w——土仓设定的土压力（kPa）。

8）刀盘开口槽的剪力扭矩

$$T_8 = \frac{2\pi\tau R_c^3 A_s}{3} \tag{3-30}$$

式中　τ——刀盘切削剪力，$\tau = c + P_w\tan\varphi$；

R_c——刀盘半径（m）；

A_s——刀盘开口率；

c——开挖面上土体的黏聚力（kPa）；

φ——土仓内土体的内摩擦角，如果是泥水盾构，则是渣土和泥水的混合物，一般取内摩擦角 $\varphi = 5°$；

P_w——土仓设定的土压力，泥水盾构为泥水压力（kPa）。

7. 主驱动功率

$$W_0 = \frac{A_w T_\omega}{\eta} \tag{3-31}$$

式中　W_0——主驱动系统功率（kW）；

A_w——功率储备系数，一般为 1.2～1.5；

T——刀盘额定扭矩（kN·m）；

ω——刀盘角速度，$\omega = 2\pi n/60$；

n——刀盘转速（r/min）；

η——主驱动功率的效率。

8. 推进系统功率

$$W_f = \frac{A_w F v}{\eta_w} \tag{3-32}$$

式中　W_f——推进系统功率（kW）；

A_w——功率储备系数，一般为 1.2～1.5；

F——最大推力（kN）；

v——最大推进速度（m/h）；

η_w——推进系统的效率，$\eta_w = \eta_{pm}\eta_{pv}\eta_c$；

η_{pm}——推进泵的机械效率；

η_{pv}——推进泵的容积效率；

η_c——连轴器的效率。

9. 同步注浆系统能力

1）每环管片的理论注浆量

$$Q = 0.25\pi(D^2 - D_s^2)L \tag{3-33}$$

式中　Q——每环管片的建筑空隙，即每环管片的理论注浆量（m³）；

D——刀盘开挖直径（m）；

D_s——管片外径（m）；

L——管片宽度（m）。

2）每推进一环的最短时间

$$t = \frac{L}{v} \tag{3-34}$$

式中　L——管片宽度（m）；

v——最大推进速度（m/h）。

3）理论注浆能力

$$q = Q/t = 0.25\pi v(D^2 - D_s^2) \tag{3-35}$$

式中　q——同步注浆系统理论注浆能力（m³/h）；

D——刀盘开挖直径（m）；

D_s——管片外径（m）；

v——最大推进速度（m/h）。

4）额定注浆能力

同步注浆泵需要的额定注浆能力 q_p 主要考虑地层注入率 λ 和注浆泵的效率 η 两个因素，即：

$$q_p = \lambda q/\eta = 0.25\pi\lambda v(D^2 - D_s^2)/\eta \tag{3-36}$$

式中　λ——地层的注入系数，根据地层一般为 1.5～1.8；

D——刀盘开挖直径（m）；

D_s——管片外径（m）；

v——最大推进速度（m/h）；

η——注浆泵效率。

10. 泥水输送系统

1）送排泥流量的计算

（1）开挖土体流量

$$Q_E = 0.25\pi D^2 v \tag{3-37}$$

式中　D——刀盘开挖直径（m）；

v——最大推进速度（m/h）；

Q_E——开挖土体流量（m³/h）。

（2）排泥流量

$$Q_2 = Q_E(\rho_E - \rho_1)/(\rho_2 - \rho_1) \tag{3-38}$$

式中　Q_E——开挖土体流量（m^3/h）；

　　　　ρ_E——开挖土体密度（t/m^3）；

　　　　ρ_1——送泥密度（t/m^3）；

　　　　ρ_2——排泥密度（t/m^3）；

　　　　Q_2——排泥流量（m^3/h）。

（3）送泥流量

$$Q_1 = Q_2 - Q_E \tag{3-39}$$

式中　Q_1——送泥流量（m^3/h）；

　　　　Q_2——排泥流量（m^3/h）；

　　　　Q_E——开挖土体流量（m^3/h）。

2）送排泥流速的计算

（1）送泥管内流速

$$v_1 = 4Q_1/(\pi D_1^2) \tag{3-40}$$

式中　v_1——送泥管内流速（m/h）；

　　　　Q_1——送泥流量（m^3/h）；

　　　　D_1——送泥管内径（m）。

（2）排泥管内流速

$$v_2 = 4Q_2/(\pi D_2^2) \tag{3-41}$$

式中　v_2——排泥管内流速（m/h）；

　　　　Q_2——排泥流量（m^3/h）；

　　　　D_2——排泥管内径（m）。

3.3　盾构施工的辅助工作

3.3.1　盾构施工的准备

施工准备最重要的任务是为盾构施工的正式开展和顺利进行创造必要条件。盾构的各项施工准备工作应围绕施工的实施和顺利进行而组织、设计并展开。本节着重说明施工准备过程中的关键技术和难点、不良地段施工支护、配套资源供给和施工总平面图布置等关键环节；施工组织设计、安全、合同等文件的逐层交底。通过科学合理的统筹布置，确保盾构施工的顺利进行。

1. 前期勘察

由于盾构施工属暗挖施工，其施工上方一般覆盖着具有一定厚度的土层，因此前期的勘察工作非常重要。盾构施工需要对施工线路的地质条件、地上建筑物以及埋地管线等状况进行认真、详细地勘察。

1）地质勘察

地质勘察决定盾构的选型和设计。如果勘察资料不够详实、涵盖内容不全面，将会直接导致对工程施工及施工规划的误判，也会给盾构选型、盾构设计及其施工埋下隐患。某些工程正是由此导致盾构始发时或是掘进过程中必须做相应的调整，这直接导致了工程进度延缓，成本增加。

地质勘察阶段，应适当扩大地勘范围，根据相关标准合理选择探孔间距，切实做到地勘资料全面、完整、准确。

2）建筑物和管线勘察

盾构法施工对地下管线和周围建筑物影响较大，在城市中利用盾构法施工不可避免地要穿越已有的管线，这些管线分布比较复杂并且关系重大。施工期间应进行详细地勘察，并与当地燃气、石化、水务、电力及通信等部门多沟通协调，详细了解管线埋设情况，并对盾构法施工可能影响到的管线采取相应措施，做出详尽的施工方案和应急预案。盾构施工作为地下暗挖工法，对环境影响相对较小，但对隧道上方地面沉降及对地下管线的影响必须给以足够重视，充分保证地面建筑和地下管线的安全。

2. 施工资源准备

施工资源是指施工过程中所需要的人力、物力等的统称，如施工作业人员（包括施工人员、技术人员和管理人员等）、机械设备、施工所需材料等。

1）施工作业人员

技术力量的配置与施工作业人员培训是资源准备阶段的重要工作之一，技术方案也是施工前的准备工作，且一定要尽可能完善，比如开挖、加固及应急预案等相应技术的提前准备及相应实施方案等。

对参加施工作业的人员进行培训是最主要的基础工作。培训应包括技术培训和安全培训。技术培训的目的是确保作业人员适合其岗位对技能的要求，并确保施工相关人员取得相应技术职称或执业资格，尤其是特种作业人员必须持证上岗且证件必须在有效期内；对管理人员、技术人员及施工人员进行施工方案的详细交底；要求作业人员应具备相关经验，熟悉设备结构原理、掌握设备性能、能正确操作设备；保证相关作业人员间能高效沟通和协作；落实岗位责任制，明确岗位责任，严格执行施工和管理的各项规章制度。安全培训的目的是提高并增强职工队伍的安全意识；提高广大职工对安全生产重要性的认识，增强安全生产的责任感；提高广大职工遵守规章制度和劳动纪律的自觉性，增强安全生产的法制观念；提高广大职工的安全技术知识水平，熟练掌握安全操作设备和预防、处理事故的能力，以便将盾构施工的效率和效益优势高效发挥出来。

2）材料的准备

材料包括工程材料和施工材料，同时又有原材料、半成品、成品、配件和周转材料等多种形式。各类材料是工程施工的基本物质条件，直接影响施工质量和工程进度。盾构施工中应首先保证注浆材料及管片等材料的供应。材料分类存放，建立台账、限额领料、定额发料，保证材料处于受控状态。

3）机械设备及辅助系统的准备

盾构施工过程中，不仅要对人员用心组织、全面规划，还要对所需配套设备及辅助系统准备充分、合理计划。盾构施工作为流水线式作业，配套设备准备不充分，或者某个环节出现问题，都将会对整个工程造成重大影响。

始发井应设置与工程相适应的起重吊装设备，以完成盾构就位和施工材料吊运。保证盾构的顺利掘进是盾构施工的关键。因此，应加强对盾构的日常维护和保养工作，一旦发生故障应能及时抢修。为确保隧道内工程材料及渣土的可靠运输，运输轨道一般采用38kg以上钢轨。为保障盾构正常施工，盾构冷却系统、供电系统、照明系统、通风系统、排水系统、注浆系统、充电系统、通信系统及控制系统等都应规划到位、运行可靠。

4）盾构选型和刀具

依据勘察设计提供的材料，综合工程地质、水文地质、地貌、地面建筑物及地下管线和构筑物等因素，合理选择盾构及刀具。对于黏土地质，应选择足够的开口率以保证黏土地质条件下的出土要求。复杂地质条件下，刀盘结构的强度、刚性要好，既能适应掘进过程中的大扭矩工况，又能适应坚硬岩石地层和受力不均复合地层的大推力工况。

总之，盾构选型和刀具的选择是盾构施工过程中至关重要的环节，要根据工程招标文件、岩土工程勘察报告、隧道直径、始发井长度、工程施工程序、劳动力情况、工程施工环境、施工引起对环境的影响程度等多方面因素综合考虑，多方面、多层次论证，选择适合工程地质状况、经济可靠的机型和相应刀具。

3. 施工现场的准备工作

施工现场准备工作主要有盾构始发井和吊出井的修建、盾构基础的安装、盾构进出洞的设置、后盾管片的拼接及拆除等环节。作为地下暗挖工程，在盾构隧道初始位置和终点位置应分别设置盾构的始发井和吊出井。如果起重机额定起吊重量大于小型盾构重量，盾构的拼装拆卸可在地面完成，若盾构隧道较长，可以在合适位置设置盾构检修工作井。盾构始发井和吊出井的尺寸可根据盾构安装、拆卸及施工要求确定。始发井和吊出井的宽度应比盾构直径宽1.6～2.0m，以满足盾构安装和拆卸工作的空间要求；在盾构下部保证留有1m左右的高度。始发井的长度应能满足盾构前面可以拆除洞门封板，盾构后面可以布置后座，洞门封板和后座之间应能设置一定数量的后盾管片以及井内垂直运输所需要的工作空间。此外，还要考虑洞门与衬砌间空隙的充填、封板工作及临时后座衬砌环与轨道的填实工作等。当然，盾构始发井要综合使用时，其尺寸还应满足建筑上及运营上的要求，如车站等。在始发井的底都需设置盾构基座，盾构基座一般可以采用钢筋混凝土或钢结构，与盾构接触面应与盾构外壳相适应。盾构基座按设计轴线准确放样，安装时按照测量放样的基线吊入井下就位，两根轨道的中心线与基座上的盾构必须对准洞门中心且与隧道设计轴线反向延长线基本一致，并在基座四周加设支撑保证整体稳定，以便拼装、搁置盾构。同时，通过基座上的导轨使盾构获得正确的初始导向。基座除承受盾构自重外，还要考虑始发时承受横纵两向的推力、约束盾构旋转的扭矩和纠偏时产生的荷载。当盾构拼装就位，所有掘进准备工作就绪后即可开始掘进（始发）。常见的方法是在始发井壁上预留洞及设置临时封门；故只要拆除临时封门，逐步推进盾构进入地层，最终使盾构脱离基座。

4. 施工场地的布置

盾构施工场地的布置应符合相关施工工序流程要求，使各工序之间的干预尽量达到最小化。盾构法施工所必需的临时设施主要包括龙门吊、渣土池（弃土坑）、搅拌站、管片及材料堆放场地、临电临水系统、排水和沉淀系统（泥水盾构工法）、场内运输道路（满足车辆行驶要求，运输方便通畅）、加工及维修车间、临时仓库和施工人员用房（满足施工要求，且不影响其他施工场地布置）以及各种管路、通信通电线路、监控信号线路的布设等。其中有六项设施的布设，即龙门吊、渣土池（弃土坑）、搅拌站、管片及材料堆放场地、场内运输道路和各种管线路系统，对其功能和作用有特殊要求，在施工场地布置时应优先考虑。如图 3-52 所示为某工程施工场地布置图。

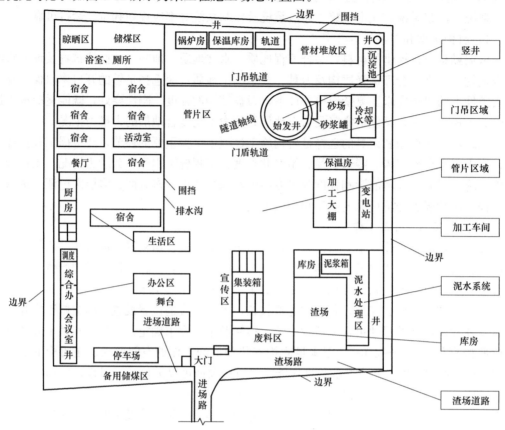

图 3-52　某工程施工场地布置

1）龙门吊布置

在盾构施工中除盾构机外，龙门吊是使用频率最高的设备，在盾构配套设备中起着不可替代的作用。龙门吊的布置是施工场地布置的核心，施工中所有的垂直运输均由龙门吊完成，其工作区域不仅覆盖施工现场大部分范围，而且影响和决定现场内其他设施的布置。因此正确布置龙门吊是盾构施工场地合理布置的关键。在少行走、多起吊的原则下，应最大限度地发挥龙门吊的作用，减少龙门吊机械磨损度并降低其故障率，施工范围必须覆盖竖井、渣土池和管片堆放场，覆盖尽量大的面积来争取充足的堆放空间和更灵活的垂直运输。

2）渣土池布置

渣土池是用来临时堆放盾构掘进过程中产生的渣土，装满渣土的渣土车被龙门吊起吊至地面，并倾倒至渣土池。盾构施工进度、渣土外运快慢以及场地大小决定了渣土池面积的大小。渣土池的合理布置有利于龙门吊弃土，减少弃土时龙门吊行程，缩短弃土时间，减少盾构施工等待时间，从而加快施工进度。因此，渣土池布置是盾构施工场地布置的重要环节，直接影响盾构施工进度和现场文明施工程度。

渣土池布置原则：①根据龙门吊布置情况确定，须在龙门吊作业范围内；②靠近盾构竖井或出土口，减少龙门吊弃土行程，方便弃土；③渣土池周围要有一定的场地空间，便于装渣和渣土外运；④避免渣土外运车辆和管片运输车辆在施工场地内互相干扰；⑤渣土池周围冲洗方便，排水系统通畅，便于保持其周围环境卫生。

3) 搅拌站布置

搅拌站由主机、螺旋输送机、配料机、筒仓和旋转给料器及水泥输送泵等设备组成，主要用来提供盾构施工时进行同步注浆所需的浆液（由水泥、砂、粉煤灰和膨润土及水按一定配合比混合），浆液要及时填充管片与土体之间的空隙，以防地面产生塌陷。搅拌站的合理布置有利于节省施工场地，避免和其他施工设备发生干扰，同时减少浆液输送距离，以便快速及时输送浆液。

搅拌站布置原则：①砂石料和水泥运输进场方便畅通；②靠近盾构竖井，减少浆液输送距离；③远离工人生活区，降低搅拌站工作噪声和粉尘污染对工人生活区的干扰；④保证连接道路畅通，不影响现场其他机械设备正常作业。

4) 管片及材料堆放场地布置

管片及材料堆放场地是用于临时存放管片及材料的地方，场地的大小由盾构的进度和管片运输能力来决定，足够大的管片场地能够为盾构施工进度提供充分支持。管片及材料堆放场地的布置原则：①龙门吊能够覆盖场地的全部面积；②必须与场地运输道路相连，便于管片运输；③防水材料和管片螺栓等在顶板上设专门库房存放，周转材料按龙门吊的位置布置，以方便龙门吊的吊运；④应急物资和材料存放于车站端头井处，方便应急救援时物资和设备能尽快提供至作业面。

5) 场内运输道路布置

场内运输道路是为施工隧道服务的主动脉，为盾构隧道施工输送各种原材料和盾构配件。由于盾构工程对原材的使用量大，盾构配件体积大、重量大，所以盾构工程的场内运输道路规格比普通工程要高一些。运输道路的布置基本原则：①必须能够串联渣土池、管片及材料堆放场地、搅拌站等主要功能区；②道路要有足够承载能力；③道路的转弯半径要能够满足半挂车（管片运输车）、散装水泥半挂罐车、土方散料运输车的运行。

6) 各种管线路系统的布设

盾构施工中需要的各种管路主要包括注浆浆液输送管、泥浆输送管（泥水盾构）、泡沫输送管、水管、废水管和各个环节相互联系的通信通电线路，以及用于地面电脑监控的信号线路，在盾构施工过程中必须保障其方便通畅和安全可靠，所以布设时在地面上应采用砖砌沟槽加盖板的形式，以便于维护，竖井内钢套管的形式。

3.3.2 盾构现场组装与调试

1. 盾构组装顺序

1) 后配套拖车下井

各节拖车的下井顺序为从后到前。拖车下井后，组装拖车内的设备及其相应管线，由电瓶机车牵引至指定区域，托车间由连接杆连接在一起。

2) 设备桥下井

设备桥（也称连接桥）长度较长，下井时须由汽车吊与履带吊配合着倾斜下井。下井后其一端与1号拖车由销子连接，另一端支撑在现场施焊的钢结构上，然后将上端的吊机缓缓放下后移走吊具。用电机车将1号拖车与设备桥向后拖动，将设备桥移出盾构组装竖井。

3）螺旋输送机下井

螺旋输送机长度较长，下井时须由汽车吊与履带吊配合倾斜下井。2号吊机通过起、落臂杆和旋转臂杆使螺旋输送机就位。螺旋输送机下井后，摆放在矿车底盘上，用手动葫芦拖至指定区域。

4）中盾下井

中盾在下井前将两根软绳系在其两侧，向下吊运时，由人工缓慢拖动，防止中盾扭动，吊机缓慢下钩，使中盾自然下垂，由平放翻转至立放状态送到始发基座上。

5）前盾下井

前盾翻转及下井同中盾，送到始发基座上后进行与中盾的对位，安装与中盾的连接螺栓。

6）安装刀盘

刀盘翻转及下井同中盾，送到始发基座上后安装密封圈及连接螺栓。

7）主机前移

主机前移，使刀盘顶到掌子面。在始发基座两侧的盾构外壳上焊接顶推支座，前移一般由两个液压千斤顶完成。

8）安装管片安装机

管片安装机翻转及下井与中盾相同，下井安装后再进行两个端梁的安装。

9）盾尾下井

盾尾焊接完成后，在汽车吊与履带吊配合下，倾斜着将盾尾穿入管片安装机梁，并与中盾对接。

10）安装螺旋输送机

延伸铺设轨道至盾尾内部，将螺旋输送机与矿车底盘一起推进盾壳内。将螺旋输送机用捯链拉起，使螺旋输送机前端通过管片安装机中空插到中盾内部。螺旋输送机与前盾连接处密封紧固，中体与螺旋输送机固定好。

11）反力架及负环钢管片的安装

在盾构主机与后配套连接之前，开始进行反力架的安装。反力架端面应与始发基座水平轴垂直，以便盾构轴线与隧道设计轴线保持平行。反力架与车站结构连接部位的间隙要垫实，保证反力架的安全稳定，如图3-53所示。

盾构反力架的作用是在盾构始发掘进时，提供盾构向前推进所需的反作用力。盾构始发掘进前应首先确定钢反力架的形式，并根据盾构推进时所需的最大推力进行校核，然后根据设计加工盾构钢反力架，待钢反力架安装完毕后，方可进行始发掘进。

进行盾构反力架形式的设计时，应以盾构的最大推力及盾构工作井轴线与隧道设计轴线的关系为设计依据。钢反力架预制成形后，由吊车吊入竖井，由测量给出轴线位置及高程，进行加固。反力架要和端墙紧贴，形成一体，保证有足够的接触面积。如出现反力架和端墙出现缝隙，在反力架和端墙之间补填钢板，钢板要分别与反力架、洞口圆环焊牢。安装完毕后要对反力架的垂直度进行测量，保证钢反力架与盾构推进轴线垂直。

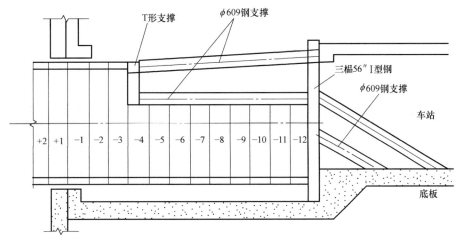

图 3-53　反力架及负环管片

盾构反力架安装质量直接影响初始掘进时管道的质量，其中钢反力架的竖向垂直及与设计轴线相垂直是主要因素。钢反力架安装必须注意以下事项：

(1) 钢反力架中心放样

钢反力架中心的安装采用水准仪配合经纬仪进行。其中，经纬仪架设于盾构始发端的圈梁轴线点上，后视另一轴线点，将轴线点投向反力架中心标志处，指挥反力架左右平移，直至与轴线重合。然后，用水准仪测量中心标志的绝对高程，指挥钢反力架上下移动，达到设计的高程值。由于反力架的中心不是影响始发掘进的主要因素，安装时，反力架的中心误差控制在 15mm 以内。

(2) 钢反力架与轴线及自身垂直放样

钢反力架中心放样完成后，须使反力架面在竖直方向上垂直，且此面与盾构设计轴线垂直。放样时，首先，使用水平尺使钢反力架在竖直方向上基本垂直。然后，使用经纬仪将轴线引入始发井底部，在靠近反力架处的设计轴线上设站，后视另一轴线点，将经纬仪置于 0°，旋转 90°，在始发井侧墙一侧放样两点，然后用倒镜在始发井另一侧墙处同样放样两点。

放样后，须再旋转经纬仪 180°，检查是否与起初放样的点位于同一平面内。分别在侧墙上方及下方的两点间拉线，用直尺准确量出钢反力架不同部位与线之间的距离，以任一点为基准，调节钢反力架，使反力架表面与线组成的线面平行（线面任意一部位到反力架表面的距离相等），使反力架处竖向垂直，且反力架面与设计轴线垂直。

12) 管线连接

连接电器和液压管路，从后向前连接后配套与主机各部位的液压及电气管路。

2. 盾构组装要点

(1) 组装前必须熟知所组装部件的结构、连接方式及技术要求。

(2) 组装工作必须本着由"后向前，先下后上，先机械后液压、电气"的原则。

(3) 对每一拖车或部件进行拆包时必须做好标记，注意供应商工厂组装标记，如 VRT 表示隧道掘进方向，NL2 表示 2 号拖车，L 表示左侧，R 表示右侧。

(4) 液压管线的连接必须保证清洁，禁止使用棉纱等易脱落线头的物品擦拭。

（5）组装过程中严禁踩踏、扳动传感器、仪表、电磁阀等易损部件。

（6）组装场内的氧气、乙炔瓶必须定点存放、专人负责。

（7）组装工具必须由专人负责，专用工具必须严格按照操作规程使用。

（8）对盾构所有部件的起吊，必须保证安全、平稳、可靠。

3. 盾构的调试

盾构的调试按阶段可划分为工厂调试和现场调试，现场调试又分为井底空载调试、试掘进重载调试。工厂调试阶段的工作是对设计、制造质量及主要功能进行调试；井底空载调试阶段的工作是在盾构吊到井底后，按照井底调试大纲，对其总装质量及各种功能进行检查和调试；试掘进重载调试，是通过试掘进期间进行重载调试，经调试并验收合格后，即可正式交付使用。

1）空载调试

盾构组装完毕后，即可进行空载调试。空载调试的目的主要是检查盾构各系统和设备是否能正常运转，并与工厂组装时的空载调试记录进行比较，从而检查各系统是否按要求运转，速度是否满足要求。对不满足要求的，要查找原因。主要调试内容为：配电系统、液压系统、润滑系统、冷却系统、控制系统、注浆系统的调试，以及各种仪表的校正。

2）负载调试

通过空载调试证明盾构具有工作能力后，即可进行盾构的负载调试。负载调试的主要目的是检查各种管线及密封设备的负载能力，对空载调试不能完成的调试工作进一步完善，以使盾构的各个工作系统及其辅助系统达到满足正常施工要求的工作状态。通常试掘进时间即为对设备负载调试时间。

3.3.3　盾构始发和接收技术

在盾构施工中，盾构机从始发工作井开始向隧道内推进称为出洞，到达接收井称为进洞。盾构机出洞、进洞是盾构施工的重要环节，涉及工作井洞门的形式、洞门的加固、洞内设备布置等技术方案。

1. 工作井

为了方便盾构安装和拆卸，一般需在盾构施工段的始端和终端建造竖井或基坑，称为工作井。盾构拼装应先于盾构掘进之前在设计位置施工完毕。工作井的设置间距可根据使用要求和工程配套要求而定，以地铁隧道和公路隧道为例，通常的工作井间距为 500～1000m。盾构拼装的设置目的是在井内拼装及调试盾构，然后通过拼装井的预留孔口，让盾构按设计要求进入土层。盾构前进的推力由盾构千斤顶提供，而盾构千斤顶的反作用力由拼装井井壁（后靠墙）外侧的土体抗力和一部分井壁摩阻力与其平衡。当后靠墙外侧的土体不能提供足够的土体抗力时，宜考虑在后墙体外侧做土体改良，以提高土体的强度指标。设置盾构接收井的目的是接收在土层中已完成的某一阶段推进长度的盾构。盾构进入接收井后，或实施解体，或进行维修保养以为继续推进做准备，或做折返施工。盾构推进线路特别长时，还应设置检修工作井。工作井应尽量结合隧道规划线路上的通风井、设备井、地铁车站、排水泵房、立体交叉、平面交叉、施工方法转换处等设置。作为拼装和拆卸用的竖井，其建筑尺寸应依据盾构拼装、拆卸等确定，满足盾构装、拆的施工工艺要求。一般地，井宽应大于盾构直径 1.6～2.0m，长度应考虑盾构设备安装余地，以及盾构出洞施工所需最小尺寸。盾构拆卸井要满足起吊、拆卸工作的方便，井底表面比排装井稍低，但应考虑留有进行洞门与隧道外径间空隙充填工作的余地。

工作井的结构形式较多采用沉井和地下连续墙，工作面的平面尺寸较小，平面形状为可封闭形。当附近的地表沉降控制要求不是很高、井深较浅时，由于沉降的结构造价较低，工作井应尽量采用沉井方案。在实施井点降水及其他辅助施工条件后，宜采用沉井方案的工作井，开挖深度可控制在 15m 左右，采用不排水下沉的井宜控制在 25m 左右。当盾构工作井大于 25m 时，采用地下连续墙方案更容易实施，它可作为工作井的挡土结构，又可作为工作井永久结构的一部分。采用地下连续墙结构是解决大型隧道工作井和地铁车站深基坑最常用的方法之一，目前采用地下连续墙施工的盾构工作井的最大深度已经达到 140m。

2. 基座与后座

盾构基座置于工作井的底板上，用作安装及稳妥地搁置盾构，并通过设在基座上的导轨使盾构在工前获得正确的导向。导轨需要根据隧道设线及施工要求定出平面、高程和坡度，进行测量定位。基座可以采用钢筋混凝土（现浇或预制）或钢结构。导轨夹角一般为 60°～90°，图 3-54 所示为常用的钢结构基座。盾构基座除承受盾构自重外，还应考虑盾构切入土层后，进行纠偏时产生的集中荷载。始发基座的水平位置按设计轴线准确进行放样。将基座与工作井底板预埋钢板焊接牢固防止基座在盾构向前推进时产生位移。

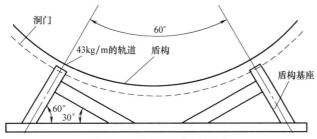

图 3-54 盾构基座示意图

盾构基座安装时，应使盾构就位后的高程比隧道设计轴线高程高约 30mm，以利于调整盾构初始掘进的姿态。盾构在吊入始发井组装前，须对盾构始发井基座安装进行准确测量，确保盾构始发时的正确姿态。

1）始发基座轴线安装测量

始发基座的轴线在吊入始发井时必须进行标记，当基座吊入始发井后，先对照始发井底部测量准确的轴线及始发井两端端墙上的中心标记，采用投点仪辅以钢丝的投点的方法，对基座进行初步安放，然后在始发井圈梁上的轴线点同时架设经纬仪，将轴线点投入始发井底部，调节基座，使基座的轴线标记点与设计轴线点位于同一竖平面内。安装完成后，须用盘左及盘右进行检测，确保盾构始发基座轴线标志点的误差均在 3mm 以内，以达到相应规范的要求。

2）始发基座高程安装测量

根据始发基座的结构尺寸，须计算基座上表面的设计高程值。在始发基座轴线位置安装完成后，进行基座的高程测量。用水准仪将所需的高度放样于始发井两侧侧墙上，并作出明显的标志。所放样的高程点要有足够的密度，盾构工作井共需标设 6 个高程标志点，6个高程标志均匀分布在始发井侧墙的两侧。高程标志完成后，对所在标志进行复核，任意两个标志间的高程互差不超过2mm，且与绝对高程的差值不超过1mm，为始发基座的精确安装提供保障。始发基座安装时，在相对应的高程标志间拉小线，进行基座的初步安装，完成后，用水准仪进行精测，对基座的高程进行微调，达到设计高程的精度要求（允许偏差为0～＋3mm）。考虑到在进行轴线及高程微调时两者之间互相影响，在完成整个基座的安装后，须进行全面细致的复核，以确保盾构始发基座的准确安装。

盾构后座是指盾构刚开始向前推进（出洞）时在盾构与后井壁之间的传力设施，以承担其推力，通常由隧道衬砌管片或专用顶块与顶撑作后座。专用工作井后座由后盾环（负环）和细石混凝土组成，盾构掘进的轴向力由其传递至井壁上。可以利用地铁车站作为工作井时构筑的后座，由后盾环（负环）、工字钢柱和钢管支撑组成，盾构掘进的轴向力由其传递至站台的顶板、底板上。

后座不仅用于传递推进顶力，而且也是垂直水平运输的转折点。所以，后座不能是整环，应有开口，以作垂直运输通口，而开口尺寸需由盾构施工的进出设备材料尺寸决定，在第一环（闭口环）上要加有后盾支撑，以确保盾构顶力传至后井壁。当盾构向前掘进达到一定距离，盾构顶力可由隧道衬砌与地层间摩阻力来承担时，后座即可拆除。

3. 盾构的始发、接收方式及工法

盾构的始发和接收方式有工作井法、逐步掘进法和临时基坑法。目前，工作井出洞和进洞法应用较多，逐步掘进法的关键问题是盾构在逐渐变化深度中施工的轴线控制，临时基坑法一般只适用于埋置较浅的盾构始发端。

1）工作井法

在垂直工作井上预留洞口及临时封门，盾构在井内安装就位，所有准备工作结束后，即可拆除临时封门，使盾构进入地层。

2）逐步掘进法

采用盾构法进行纵坡较大的、与地面有直接连通的斜隧道（如越江隧道）施工时，其后座可依靠已建敞开式引道来承担，盾构由浅入深进行掘进，直至盾构全断面进入土层。

3）临时基坑法

在采用板柱或大开挖施工建成的基坑内，先进行盾构安装、后座施工及垂直运输出入通道的构筑，然后把基坑全部回填，将盾构埋置在回填土中，仅留出垂直运输出入通道口，然后拔除原基坑施工的板桩，盾构就在土中推进施工。

盾构始发施工根据拆除临时挡土墙方法和防止掘削地层坍塌方法的不同，可以分为以下几种类型：掘削面自稳法、拔桩法、直接掘削井壁法、大深度进发保护法、到达部位保护法。

掘削面自稳法，是采取加固措施使掘削地层自稳，随后将盾构机贯入加固过的自稳地层中掘进，加固方法多采用注浆加固法、高压喷射法、冻结法。

拔桩法包括双重钢板桩法、开挖回填法与SMW拔芯法。双重钢板桩法，是把进发竖井的钢板桩挡土墙做成两层，拔除内层钢板桩后盾构机掘进，由于外层钢板桩的挡土作用，可以确保外侧土体不会坍塌；当盾构推进到外层钢板桩前面时，停机拔除外侧钢板桩，由于内、外钢板桩间加固土体的自稳作用，完全可以维持到外侧钢板桩拔除后盾构机的继续推进。开挖回填法，是把进发竖井做成长方形（长度大于 2 倍盾构机的长度），井中间设置隔墙（或者构筑两个并列竖井），一半作盾构机组装进发用，当盾构机推进到另一半井内时回填；由于回填土的隔离支承作用，可以确保拔除终边井壁钢板桩时地层不坍塌，为盾构安全贯入地层提供了可靠的保障。SMW 拔芯法，是用 SMW 法挡土墙作竖井进发墙体，盾构机进发前拔除芯材工字钢，随后盾构进发掘削没有芯材的井壁。

直接掘削井壁法包括 NOMST 工法和 EW 工法。NOMST 工法的进发口墙体材料特殊，可用刀具直接掘削，但不损破刀具，该工法进发作业简单，无须辅助工法，安全可靠性较好；EW 工法的原理是盾构进发前，通过电蚀手段，把挡土墙中的芯材工字钢腐蚀掉，给盾构直接进发掘削带来方便，优点与 NOMST 工法相同。

近年来随着盾构隧道的大深度化、大口径化，若再采用注浆法加固或高压喷射法加固，因加固深度大，加固的可靠性差；若采用冻结法，冻结的冻胀作用将使得竖井井壁产生变形。从安全性、成本、施工性等多方面考虑，上述工法均不理想，故开发了适于大深度、大口径的始发保护工法，即所谓的砂浆始发保护工法。砂浆始发保护工法是利用地下连续墙工法中使用的挖掘机，从地表直接挖出进发保护部位的土体，随后浇筑低强度（月龄期抗压强度大于 10MPa）的水中不分离砂浆，待砂浆全部形成强度后，再将砂浆上方（直到地面）的护壁泥浆进行固化。因砂浆的固结强度大于该部位的侧向水、土压力，即进发部位的固砂体可以自立，在盾构推进时掘削面完全可以自稳。

4. 盾构始发施工

盾构始发施工洞是指利用反力架和负环管片，将始发基座上的盾构，由始发竖井推入地层，开始设计线路掘进的一系列作业。盾构工程中的始发施工，在施工中占有相当重要的位置，是盾构施工的关键环节之一。

1）盾构始发施工的准备工作

其包括井内盾构机的组装、洞口密封垫圈的安装、反力座的设置、后续设备的设置、盾构机试运转等。若采用拆除临时挡土墙随后盾构掘进的进发方式，则需对地层加固。通常把出口、背后注浆等设备的设置与进发准备作业及地层加固集中在同一时期内进行，作业内容将视具体情况而定。

2）拆除临时挡土墙

因为进发口的开口作业易造成地层坍塌、地下水涌入，故拆除临时挡土墙前要确认地层自稳、止水等状况，本着对土体扰动小的原则，把挡土墙分成多个小块，从上往下逐块拆除，拆除时应注意在盾构机前面进行及时支护，拆除作业要迅速、连续。

3）掘进

挡土墙进发口拆除后，立即推进盾构机。盾构机贯入地层后，对掘削面加压，监测洞口密封垫圈状况的同时缓慢提高压力，直至达到预定压力值。盾构机尾部通过洞口密封垫圈时，因密封垫圈易成反转状态，所以应密切监测。盾构应低速推进，盾构机通过洞口后即进行壁后注浆，稳定洞口。

4）盾构始发

盾构始发位置加固土体达到一定强度，后盾负环拼装、盾构调试完成后，拆除钢筋混凝土网片；盾构靠上加固土体；调整洞口止水装置。

5）始发掘进要点

（1）盾构始发掘进时的总推力应控制在反力架承受能力以下，同时确保在此推力下刀具切入地层所产生的扭矩小于始发基座提供的反扭矩。

（2）在盾构推进、建立土压过程中，应认真观察洞门密封、始发基座、反力架及反力架支撑的变形、渣土状态等情况，发现异常应适当降低土压力（或泥水压）、减小推力、控制推进速度。

（3）由于始发基座轨道与管片有一定的空隙，为了避免负环管片全部推出盾尾后下沉，可在始发基座导轨上焊接外径与理论间隙相当的圆钢，利用圆钢将负环混凝土管片托起。

（4）在盾构内拼装好整环后，利用盾构推进油缸将负环管片缓慢推出盾尾，直至与钢负环接触，并用管片螺栓连接固定。负环管片的最终位置要以推进油缸的行程进行控制，在第一环负环管片与负钢环之间的空隙用早强砂浆或钢板填满，确保推进油缸的推力能较好地传递至反力架上。第二环负环及以后管片将按照正常的安装方式进行安装。

（5）随着负环管片拼装的进行，应不断用准备好的木楔填塞负环管片与始发基座轨道及三角支撑之间的间隙，待洞门维护结构完全拆除后，盾构应快速地通过洞门进行始发掘进施工。

（6）当始发掘进至第50～60环时，可拆除反力架及负环管片。盾构施工中，始发掘进长度应尽可能短，但不短于以下两个长度中较长的一个：①管片外表面与土体之间的摩擦力应大于盾构的推力根据管片环的自重及管片与土体间的摩擦系数，计算出此长度；②始发长度应能容纳后配套设备。

（7）始发前盾尾钢丝刷必须用油脂进行涂抹，且必须达到涂抹质量（饱满、均匀），每根钢丝上均粘有油脂。

（8）严禁盾构在始发基座上滑行期间进行盾构纠偏作业。

（9）盾构始发过程中，严格进行渣土管理，防止由于渣土管理控制不当，造成地表沉降或隆起；开始掘进后，必须加强地表沉降监测，及时调整盾构掘进参数。

（10）当盾尾完全进入洞门密封后，调整洞门密封，及时通过同步注浆系统对洞门进行注浆，封堵洞圈，防止洞门密封处出现漏泥水和所注泥浆外漏现象的发生。

（11）在始发阶段由于盾构设备处于磨合阶段，要注意对推力、扭矩的控制，同时也要注意各部位油脂的有效使用。

5. 盾构的到达接收

1）盾构到达施工程序

盾构到达是指盾构沿设计线路，在区间道贯通前100m至车站的整个施工过程。

盾构到达一般按以下顺序进行：洞门凿除、接收基座的安装与固定、洞门密封安装、到达段掘进、盾构接收。

到达设施包括盾构接收基座（接收架）、洞门密封装置，接收架一般采用盾构始发时使用的始发架。

2）盾构到达施工的主要内容

盾构到达施工的主要内容包括：到达端头地层加固；在盾构贯通之前100m、50m处分两次对盾构姿态进行人工复核测量；到达洞门位置及轮廓复核测量；根据前两项复测结果确定盾构姿态控制方案并进行盾构姿态调整；到达洞门凿除；盾构接收架准备；靠近洞门最后 10～15 环管片拉紧；贯通后刀盘前部渣土清理；盾构接收架就位、加固；洞门防水装置安装及盾构推出隧道；洞门注浆堵水处理；制作连接桥支撑小车、分离盾构主机和后配套机械结构连接件。

3）盾构到达的准备工作

（1）制订盾构接收方案，包括到达掘进、管片拼装、壁后注浆、洞门外土体加固、洞门围护拆除、洞门钢圈密封等工作的安排。

（2）对盾构接收井进行验收并做好接收盾构的准备工作。

（3）盾构到达前 100m、50m 时，必须对盾构轴线进行测量、调整。

（4）盾构切口离到达接收井距离约 10m 时，必须控制盾构推进速度、开挖面压力、排土量，以减小洞门地表变形。

（5）盾构接收时应按预定的拆除方法与步骤拆除洞门，当盾构全部进入接收井内基座上后，应及时做好管片与洞门间隙的密封，做好洞门堵水工作。

4）盾构到达施工要点

（1）盾构到达前应检查端头土体加固效果，确保加固质量满足要求。

（2）做好贯通测量，并在盾构贯通之前 100m、50m 两次对盾构姿态进行人工复核测量，确保盾构顺利贯通。

（3）及时对到达洞门位置及轮廓进行复核测量，不满足要求时及时对洞门轮廓进行必要的修整。

（4）根据各项复测结果确定盾构姿态控制方案并提前进行盾构姿态调整。

（5）合理安排到达洞门凿除施工计划，确保洞门凿除后不暴露过久，并针对洞门凿除施工制定专项施工方案。

（6）盾构接收基座定位要精确，定位后应固定牢靠。

（7）增加地表沉降监测的频次，并及时反馈监测结果指导施工。盾构到站前要加强对车站结构的观察，并加强与施工现场的联系。

（8）为保证近洞管片稳定，盾构贯通时需对近洞口 10～15 环管片作纵向拉紧。

（9）帘布橡胶板内侧涂抹油脂，避免刀盘刮破影响密封效果。

（10）在盾构贯通后安装的几环管片，一定要保证注浆及时、饱满。盾构贯通后必要时对洞门进行注浆堵水处理。

（11）盾构到达时各工序衔接要紧密，以避免土体长时间暴露。

6. 临时封门

盾构施工需先施工工作井或工作基坑，并在施工工作井或基坑的同时将隧道口预留出来，设置洞门并临时封闭，以确保洞口暴露后正面土体的稳定和盾构能够准确进洞、出洞。洞门的封闭形式与工作井构筑时的围护结构及洞口加固方法有关，还要考虑盾构进洞、出洞是否方便、安全和可靠。常用的临时封门按设置位置分有内封门和外封门；按结构形式分有钢结构形式和砌体形式。内封门一般用于进洞洞口，用于出洞洞口时洞圈内须用黏土夯实，形成一个土塞，以平衡井外土体的侧压力；外封门常用于出洞洞口，如图 3-55 所示。

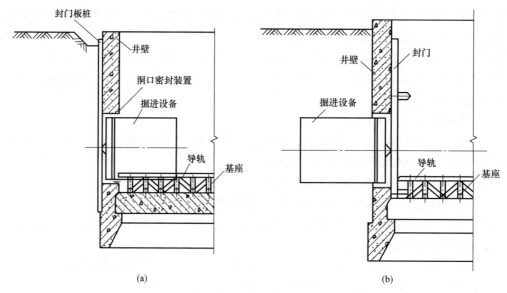

图 3-55　封门进洞示意图

（a）外封门；（b）内封门

7. 洞门土体加固

在出洞和进洞时，随着竖井挡土墙的拆除，端头土体的结构、作用荷载和应力将发生变化，对出洞和进洞的竖井端头地层需进行土体加固。地层加固的目的如下：防止拆除临时墙时的振动影响；在盾构贯入开挖面前，能使围岩自稳及防止地下水流失；防止开挖面坍塌；防止地表沉降。洞门土体加固是盾构始发、到达技术的一个重要组成部分，洞门土体加固的成功与否直接关系盾构能否安全始发、到达。

1）土体加固方法

盾构出洞、进洞门的施工中，土体的加固常用的有深层搅拌桩法、注浆法、降水法和冻结法等，如图 3-56 所示。搅拌桩法适用于软土加固；注浆法适用于含水丰富的砂土层加固；降水法较适用于含水丰富的流沙质土体加固。在软土盾构施工中，一般可采用垂直冻结法加固盾构进出洞洞口，即在盾构进出洞口上部的土体内布置一定数量的冻结孔，经冻结后在洞门处形成板墙状冻土帷幕来抵御盾构进出洞破壁时的水土压力，防止土层塌落和泥水涌入工作井内。

2）土体加固范围

一般地，土体加固范围应为盾构推进过程中，周围土体受到扰动、易出现塑性松动变形的范围。径向加固厚度需根据土层情况和加固方法确定。纵向长度须根据水土压力进行设计计算，并且考虑一定的安全系数。一般来说，用冻结法加固时纵向长度为 1～3m，注浆加固则更长些，其他方法可根据经验取盾构长度再加长 1m 左右。

土体在深度上的加固范围有全深加固和局部加固两种。全深加固是隧道口上部一直到地面的土层全部加固，局部加固是只对盾构周围须穿透的土层进行加固。加固深度与加固方法和隧道的埋深有关。注浆法一般为局部加固，降水法和深层搅拌桩法一般为全深加固，而冻结法既可全深加固也可局部加固，隧道埋深大时可采用局部加固，埋深较浅的隧道可采用全深加固。

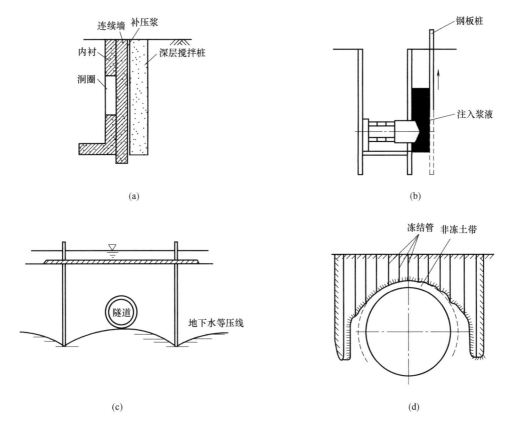

图 3-56 洞门土体加固方法
（a）搅拌桩法；（b）注浆法；（c）降水法；（d）冻结法

3.3.4 盾构调头技术

地铁隧道上下行线施工时，有时只投入一台盾构，施工完一条线后需反向掘进另一条线，盾构从区间隧道掘进到工作井时，将盾构平移调转到另一条隧道线上，再做反向掘进的过程称为盾构调头。盾构调头与工作井的地面场地无关，盾构在竖井内调头时，盾构也无须解体，也不存在因再次拆卸而影响盾构的质量和使用寿命问题，盾构调头作业具有降低工程费用和缩短工期的优点。盾构调头采用的设施一般有盾构接收架、盘式轴承、顶升油缸或浮式千斤顶、滑轮、捯链、卷扬机等。

1. 盾构调头作业要点

（1）盾构调头前，应做好施工现场调查及现场准备工作。

（2）盾构设备重量大、体积大，因此起吊、移动调头工作时间长，必须预先编制调头作业方案，做到可靠、安全，调头设备必须满足盾构安全调头要求。

（3）盾构调头时必须有专人指挥，专人观察设备转向状态，避免方向偏离或设备碰撞。

（4）调头前应做好设备各种管线的标识工作，调头后按照标识做好盾构管线的连接工作，连接后严格按照规则调试运行。

2. 采用延长管线进行盾构调头的程序

（1）接收准备工作包括：调头场地钢板的铺设；设备桥支撑门架的下井、安装；在调头场地内铺设临时轨道（采用自制钢凳架设临时轨线），将设备桥支撑门架下井并移至站台后部备用；反力架的下井、安装；接收架（始发架）的拆除、钢板焊接、运输、下井定位；调头材料机具的运输、下井。

（2）调头及定位。

（3）设备桥调头及延长管线连接。

（4）检修及保养。

（5）调试并始发。盾构整机调试按盾构调试报告进行，总的原则是先单机调试，再整机联动。

（6）掘进。

（7）后配套调头及恢复正常掘进。

3. 不采用延长管线进行盾构调头的程序

（1）接收准备工作包括：调头场地钢板的铺设；设备桥支撑门架的下井、安装；在调头场地内铺设临时轨道（采用自制钢凳架设临时轨线），将设备桥支撑门架下井并移至站台后部备用；反力架的下井、安装；接收架（始发架）的拆除、钢板焊接、运输、下井定位；调头材料机具的运输、下井。

（2）主机平移。

（3）后配套调头。

（4）主机调头，设备桥后配套一般采用吊机等设备进行逐一调头。

4. 盾构的拆解施工

施工结束后可将盾构拆卸出洞。首先将盾构停机，利用高压水清洁。所有需要拆卸的部位清洁干净后，人员才可以快速地拆除各连接螺栓。焊接吊装吊耳后，多数盾构的拆卸工作比较简单。拆卸任务要落实相关人员，正式拆卸前做好交底动员工作。

1）拆卸步骤流程

一般按照组装时的逆顺序依次拆除部件，利用吊车吊出井外即可。拆卸流程如图 3-57 所示。

2）拆卸前准备

（1）进站前的准备

盾构到站前的位置测量定位，掌握场地和盾构空间尺寸，制定出切实可行的拆卸方案，然后按照方案准备拆卸盾构所用的设备和工具，还要做好接收基座的安装工作。

（2）进站后的准备

首先，切断主机电源停机，但在停机前要确定管片拼装机、推进液压缸等位置，便于后期拆除及吊装，防止停机的位置不当，造成一些零部件的损坏。其次，拆除进线电缆与主机的连接，拆除过程中应合理选择拆卸线路的固定端，以防止管线压坏及安装困难。最后，拆除主机与设备桥的连接并固定设备桥，将设备桥固定在一平板拖车上并保持其与配套拖车头的相对位置不变，以便后期配套拖车的后移与前进。当一切准备工作通过安全检查合格后，开始主机拆卸和吊运工作。

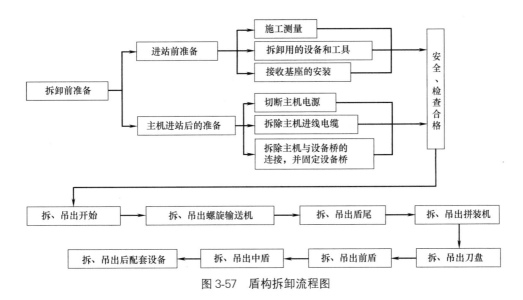

图 3-57 盾构拆卸流程图

3）拆卸主机

（1）螺旋输送机

当拆卸螺旋输送机时，先在盾体上找到固定的起吊点，再利用手动葫芦与起重机相配合的方式吊出螺旋输送机，之后将螺旋输送机放在平板拖车上并固定，将其移到设备桥下。实际操作中，可将螺旋输送机的中心后移，用起重机直接吊出。

（2）盾尾

先拆除中盾与盾尾铰接连接的液压缸销子，在中盾和盾尾壳体上各焊接 2 块钢板，在盾尾焊接 4 个吊耳，利用液压千斤顶将中盾和盾尾分离，液压顶进分离过程中，要时刻观察销子和液压缸撑靴与盾尾的相对位置情况，防止因干涉造成相关部件的损坏。中盾与盾尾完全分离后，再用起重机将盾尾吊出接收竖井。

（3）管片拼装机

在拆除拼装机与中盾的连接螺栓之前，要用起重机先吊住管片拼装机并保持拼装机的受力平衡，以免连接螺栓受到应力作用难以拆除。螺栓拆除完毕后利用起重机将其移离中盾并保持一定的安全距离，再吊出接收竖井。

（4）刀盘

拆卸前，和管片拼装机一样利用起重机先吊住刀盘，还应采取临时措施将刀盘与前盾用钢筋焊接在一起，然后再拆除所有与前盾的连接螺栓，并将临时焊接的钢筋用相应工具割断，最后使用相应设备工具将刀盘与前盾进行分离，吊出刀盘。拆卸及放置时，注意用方木保护刀盘。

（5）中盾和前盾

在中、前盾上各焊接 4 个吊耳，再用拆除工具将连接螺栓拆除，用液压千斤顶分离中盾和前盾，最后使用起重机分别将前盾和中盾吊出井外。

4）拆卸注意事项

（1）各种管线拆卸前一定要用标识牌标记，电缆标记看不清楚的要重新标记，以便下次安装。

（2）各种管路拆卸后要做好封堵工作以免杂物进入管路内，特别是液压管路要用清洁干净的专用堵头进行封堵。

（3）断电前要做好控制系统 PLC 的数据保存工作。

（4）拆卸各种螺栓、垫片、法兰等要清洗干净，并做好防锈处理，统一标记存放。

（5）主机吊耳的焊接一定要规范，并做好焊缝的探伤工作。

（6）任何零部件在储存之前都要检查标识。

（7）零件入库存放前要检查零部件的性能状态，并对短缺、损坏的零部件列出配件清单补全，以备下次工程施工。

3.4　盾构的掘进施工

3.4.1　盾构推进作业

盾构进洞后，将开始正常的推进作业。推进作业包括工作面掘削、盾构掘进管理、盾构姿态控制等工作。

1. 推进开挖方法

软土地层盾构推进的最基本过程是盾构在地层中推进，靠千斤顶顶力使盾构切入地层，然后在切口内进行土体开挖和外运。

1）机械切削式开挖

机械切削式开挖方式是利用刀盘的旋转来切削土体。过去曾有由多个刀盘组成的行星式刀盘及由千斤顶操纵的摆动式刀盘，目前常用的是以液压或电动机为动力的、可以双向转动的切削刀盘。

2）敞开式挖土

手掘式与半机械式盾构都属于敞开开挖形式。这类方法主要用于地质条件较好、开挖面在切口保护下能维持稳定的自立状态或在采取辅助措施后能稳定自立的地层，其开挖方式是从上到下逐层掘进。若土层地质较差，还可借助支撑进行开挖，每环要分数次开挖推进。支撑所用千斤顶应为差压式，即在支撑力的作用下可自行缩回，以确保支撑的效果，又不破坏正面土体的结构。敞开掘进对正面障碍处理方便，并便于超挖，配合盾构操作，可提高盾构的纠偏效果。

3）网格开挖

网格式开挖是针对网格盾构而言，开挖面由网格梁与隔板组成许多格子，对开挖面体既起支撑作用又起切土作用。盾构推进时，土体从格子里挤进来，所以在不同土质的地层中施工应采用不同尺寸的网格，否则会丧失支撑作用，造成过量的土层扰动。在网格后配有提土转盘，把土提升到盾构中心筒体端头的斗内，然后由筒体内运输机将土送到平板车上的土箱中运至地面。

4）挤压式开挖

挤压式开挖根据盾构机的形式，有全挤压和局部挤压两种。由于靠挤压掘进，所以挤压式开挖可不出土或少出土。在挤压施工时，盾构在一定范围内将周围土体挤压密实，使正面土体向四周运动。由于上部自由度大，大部分土体被挤向地表，造成盾构推进轴线上方地面土体拱起，也有部分土体挤向盾尾及下部，故在隧道轴线设计时，必须避开地面建筑物。挤压开挖时，由于正面土体受到盾构推力作用，部分土体被挤向后面填充盾尾与衬砌的建筑空隙，故可以不压浆。

2. 掘进管理

严格来说，掘进管理是指从盾构离开进发竖井至到达竖井为止的整段盾构隧道构筑过程中所有的施工工序及环境保护等环节的全面质量管理。由于目前封闭式盾构已成为盾构的主流，所以施工管理由可直接目视管理（敞开式盾构）转向了靠传感器的测量数据和计算机做控制处理的间接可视管理。

封闭式掘进管理包括质量管理、进度管理、安全生产管理及环境保护管理等内容，见表 3-4。

掘进施工管理内容　　　　　　　　　　　　　　　　表 3-4

项　　目			内　　容
质量管理	掘削管理	掘削面稳定 泥水盾构	掘削面上泥水压力、泥水性能、质量
		掘削面稳定 土压盾构	掘削面上泥水压力、泥水性能、质量
		掘削土、排土	掘削土量、排除泥土的性能
		盾构机	总推力、推进速度、掘削扭矩、搅拌扭矩、千斤顶推力
	线型管理	盾构机位置、姿态	纵摆动、横摆动、竖摆动、中折角、超挖量
	衬砌管理	一次衬砌管理	组装——紧固扭矩、真圆度；防水——漏水、缺损、裂缝；位置——摆动度、竖直角
		二次衬砌管理	混凝土强度、耐久性、抗渗性
	背后注浆管理	注浆材料	浆液黏度、相对密度、凝胶时间、固结强度、析水率、pH、配比
		注入状态	注入量、注入压力
进度管理			随时掌握施工实际进展状况，与计划进度对比，制订相应措施，使全部工程顺利进行
安全生产管理			施工操作中必须遵照有关安全法规严格管理；防止火灾、爆炸、缺氧等灾祸的管理，急救措施的管理
环境保护管理			噪声、振动管理，水质污染防治管理，影响地下水的管理，渣土处置管理，对周围地层变位控制的管理

合理控制掘进速度是掘进管理的关键。封闭式盾构速度控制的核心是排土量与工作面压力的平衡关系，控制的要点是排土量和排土速度。

1）土压平衡盾构的掘进管理

土压平衡盾构的掘进管理是通过排土机构的机械控制方式进行的。排土机构可以调整排土量，使之与挖土量保持平衡，以避免地面沉降或对邻近建（构）筑物的影响。为了确保掘削面的稳定，必须保持仓内压力适当。一般来说，压力不足易使掘削面坍塌，而压力过大易出现地层隆起和发生地下水喷射的现象。

管理方法主要有两种：第一种方法是先设定盾构的推进速度，然后根据容积计算来控制螺旋输送机的转速，这种方法在松软黏土中使用得比较多。第二种方法是先设定盾构的推进速度，再根据切削密封仓内所设的土压计的数值和切削扭矩的数值来调整螺旋输送机的转速和螺旋式排土机的转速，这种方法是将切削密封仓内的设定土压 P 和设定切削扭

矩 T 作为基准值，同盾构推进时发生的土压 P' 和切削扭矩 T' 的数值作比较，如果 $P>P'$、$T>T'$，便降低螺旋输送机和螺旋式排土机的转速，减少排土量，如果 $P>P'$、$T<T'$，则提高螺旋输送机和螺旋式排土机的转速，增加排土量。

掘削土压靠设置在隔板下部土压计的测定结果间接估算仓内土压力，土压力要根据掘削面的掘削状况调节，掘削面的状况需根据排土量的多少和实际探查掘削面周围地层的状况来判定。

2）泥水加压平衡盾构的掘进速度管理

泥水平衡盾构掘进中，速度控制的好坏直接影响开挖面水压稳定、掘削量管理和选泥泵控制，也影响着同步注浆状态的好坏。正常情况下，掘进速度应设定为 $2\sim3cm/min$。如遇到障碍物，掘进速度应低于 $1cm/min$。

盾构启动时，必须检查千斤顶是否靠足，开始推进和结束推进之前速度不宜过快。每环掘进开始时，应逐步提高掘进速度，防止启动速度过大，掘进中千斤顶推进的推力应控制在装备推力的 50% 以下。控制推力增大的措施，有降低掘进速度、使用修边刮刀、在盾构机外壳板外侧注入滑材减摩等方法。因为壁后注浆不足可致使向地层传递推力的效果差，也可以产生推力上升现象，所以做好壁后注浆也可以防止推力增加。

一环掘进过程中，掘进速度值应尽量保持恒定，减少波动，以保证切口水压稳定和送排泥管的通畅。如发现排泥不畅，应及时转换至"旁路"，进入逆洗状态，逆洗中应提高排泥流量，但不能降低切口水压。

推进速度的快慢必须满足每环掘进注浆量的要求，保证同步注浆系统始终处于良好的工作状态。注浆的最低需要量为空隙量的 150%，一般为 $150\%\sim200\%$。

正常掘进时的扭矩应不超出装备扭矩的 $50\%\sim60\%$，若出现扭矩大增时，应降低掘进速度或使刀盘逆转。调整掘进速度的过程中，应保持开挖面稳定。出现扭矩增大时，应降低推进速度或使刀盘逆转。另外，在掘削刀具存在一定磨耗或刀具黏附黏土结块等情形下，扭矩也会上升。此时应使用喷射管射水冲洗掘削面，确认刀具的磨耗状况及面板的状况。

要保证开挖面的稳定，控制好掘进速度，必须对开挖面泥水压力、密封仓内的土压力以及出土量等进行必要的检测和管理。开挖面泥水压力的管理是通过设定泥水压力和控制推进时开挖面的泥水压力等环节实施的。设定的泥水压力为保证开挖面的稳定所必需的泥水压力，包括开挖面水压力、开挖面静止土压力和变动压力。变动压力为施工因素的附加压力，在一般的泥水加压平衡盾构中，作用于开挖面的变动压力换算成泥水压力，大多设定为 20kPa 左右。

3. 姿态的控制

盾构的姿态包括推进的方向和自身的扭转。目前，在泥水平衡和土压平衡等先进的盾构机中均采用电脑显示各种信息，可随时监控盾构的姿态。

1）盾构偏向的判定

盾构偏向是指盾构掘削过程中，其平面、高程偏离设计轴线的数值超过允许范围。在盾构施工中的每一环推进前，可通过对盾构机现状位置的测量后制作盾构现状报表来反映盾构真实状态。该报表中包括如下信息：盾构切口、举重臂、盾尾三个中心的平面与高程的偏离设计轴线值；盾构的自转角；当前隧道的里程、环数；盾构的纵坡。目前，在泥水平衡和土压平衡等先进的盾构机中均采用电脑显示各种信息，可随时监控盾构的姿态。

盾构偏向的原因：盾构脱离基座导轨，进入地层后，主要依靠千斤顶编组及借助辅助措施来控制盾构的运动轨迹。盾构在地层中推进时，导致偏向的因素很多，主要包括地质条件的原因、机械设备的原因与施工操作的原因。由于地层土质不均匀，以及地层有卵石或其他障碍物，造成正面及四周的阻力不一致，从而导致盾构在推进中偏向；由于千斤顶工作不同步或由于加工精度误差，造成伸出阻力不一致、盾构外壳形状误差、设备在盾构内安置偏重于某一侧或千斤顶安装后轴线不平行等，也会造成盾构偏向；在施工操作方面，如部分千斤顶使用频率过高，导致衬砌环缝的防水材料压密量不一致，累积后使推进后座面不正，挤压式盾构推进时有明显上浮，盾构下部土体有过量流失而引起盾构下沉，管片拼装质量不佳、环面不平整等，也将造成偏向。

目前，对盾构现状测量大多还是依靠于每环推进中或结束后，由人工进行测量。常规测量手段有以下几种：

（1）用激光经纬仪直接读出激光打在盾构前、后靶上的读数，可算出盾构的切口、举重臂和盾尾的三个中心的平面与高程偏离设计轴线值。

（2）测量两腰千斤顶活塞杆伸出长度，估计平面纠偏效果。

（3）用水准仪测得盾构轴线两点，可算出盾构纵坡及高程偏差。

（4）坡度板法。这是一种施工人员可直接读出盾构纵坡、转角的值，以便能随时纠正的量具。

当今最为先进的测量手段是利用陀螺仪等高精尖技术，可克服不能使施工人员随时了解盾构现状的缺陷。

2）盾构方向控制方法

（1）调整不同千斤顶的编组

调整不同千斤顶的编组使其千斤顶合力位置与外力合力位置组成一个有利于纠偏的力偶，可调整盾构的纵坡，从而调整其高程位置及平面位置。

（2）调整千斤顶区域油压

可以通过调整千斤顶上、下、左、右四个区域的油压，起到调整千斤顶合力位置的作用，使其合力与作用于盾构上阻力的合力形成一个有利于控制盾构轴线的力偶。

（3）控制盾构的纵坡

稳坡法，盾构每推一环均用一个纵坡，以符合纠坡要求；变坡法，在每一环推进施工中，用不同的盾构推进坡度进行施工，最终达到预先指定的纵坡。

（4）调整开挖面阻力

当利用盾构千斤顶编组或区域油压调整无法达到纠偏目的时，可采用调整开挖面阻力的合力位置，从而得到一个理想的纠偏力偶，来达到控制盾构轴线的目的。散开式挖土盾构可采用超挖，挤压式盾构可调整其进土孔位置和扩大进土孔的方法。

3）盾构自转的纠正

土质不均匀，盾构两侧的土体有明显差别，则土体对盾构的侧向阻力不一，从而引起旋转；在施工中为了纠正轴线，对某一处超挖过量，造成盾构两侧阻力不一而使盾构旋转。同样，安装在盾构上大的旋转设备顺着一个方向使用过多，也会引起盾构自转；由于盾构制作误差、千斤顶位置与轴线不平行、盾壳不圆、盾壳的重心不在轴线上等，使盾构在施工中产生旋转。

在盾构有少量自转时，可由盾构内的举重臂、转盘、大刀盘等大型旋转设备的使用方向来纠正；当自转量较大时，则采用压重的方法，使其形成一个纠旋转力偶。

3.4.2　土压平衡盾构掘进技术

1. 土压平衡盾构施工流程

土压平衡盾构施工工艺流程见图 3-58。

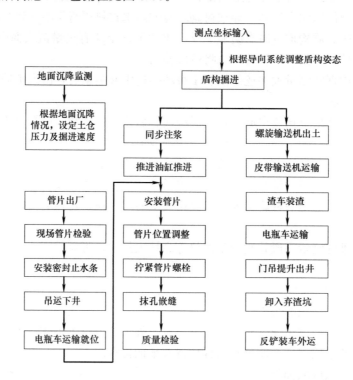

图 3-58　土压平衡盾构法施工工艺流程

2. 掘进管理原则

正式掘进施工阶段采用始发试掘进阶段所掌握的最佳施工技术参数，结合具体的地质情况，通过加强施工监测，不断完善施工工艺，控制地面沉降。掘进前由工程部土木工程师下达掘进指令与管片拼装指令，主司机应严格按照掘进指令上的各种参数进行掘进，拼装管片应按照管片指令上所注明的管片布置形式进行安装。掘进过程中，应根据导向系统给出的坐标值严格控制好盾构姿态，当盾构的水平位置或高程偏离设计轴线 20mm 时，便要进行盾构姿态纠偏。在纠偏过程中，每一循环盾构的纠偏值水平方向不超过 9mm，竖直方向不超过 5mm。掘进过程中，严格控制并记录各组推进油缸的行程。在直线段，各组推进油缸的行程差每循环不宜超过 20mm。盾构在停止掘进时，土仓内应保持相应的压力，以防止在安装管片或停机时，掌子面发生坍塌。在掘进过程中，盾构掘进姿态不能突变，水平和高程的姿态改变量不能超过 2‰。在每一掘进循环后，必须由土木工程师对盾尾间隙进行测量。将测量数据记录下来并将其输入导向系统，通过导向系统计算后预测出下几环管片的布置形式。背衬注浆与掘进应同时进行，背衬注浆是控制地表沉降的关键工序，所以应严格做到没有注浆就不能掘进。盾构掘进施工全过程须严格受控，工程技术人员应根据地质变化、隧道埋深、地面荷载、地表沉降、盾构姿态、刀盘扭矩、油缸推力、盾尾间隙、油缸行程等各种测量和量测数据信息，正确下达每班的掘进指令及管片指令，并及时跟踪调整。盾构主司机及其他部位操作人员必须严格执行掘进指令以及管片指令，细心操作，对盾构初始出现的偏差应及时纠正，绝对不能使偏差累积，造成超限。盾构纠偏时，纠偏量不要太大，以避免管片发生错台和对地层的扰动。

为了防止盾构掘进对地面建筑物产生有害的沉降和倾斜，防止盾构施工影响范围内的地下管线发生开裂和变形，必须规范盾构操作并选择适当的掘进工况，减小地层损失，将地表隆陷控制在允许的范围内（一般为−3～+1cm）。

掘进时，严格按照启动顺序开机。开机前全面检查冷却循环水系统、压缩空气系统、推进系统、管片拼装系统、主轴承密封润滑系统、盾尾注脂系统等，确保系统正常方能启动操作。盾构掘进过程中，必须确保开挖面的稳定，按围岩条件调整土仓压力和控制出渣量。盾构掘进的推力必须在考虑围岩情况、盾构类型、超挖量、隧道曲线半径、坡度和管片反力等情况下，确保盾构掘进时的推力始终保持在适当的数值上。

3. 土压平衡工况掘进

1）土压平衡工况掘进特点

土压平衡工况掘进时，刀具切削下来的土充满土仓，然后利用土仓内土压与作业面的土压和水压相抗衡。与此同时，用螺旋式输送机排土设备进行与盾构推进量相应的排土作业，掘进过程中，始终维持开挖土量与排土量相平衡，以保持正面土体稳定，并防止地下水土的流失而引起地表过大沉降。

2）掘进控制

掘进控制程序如图3-59所示。

在盾构掘进中，保持土仓压力与作业面压力（土压、水压之和）平衡是防止地表沉降、保证建筑物安全的一个很重要的因素。

（1）土仓压力值的选定。

土仓压力值P应能与地层土压力P_0和静水压力相抗衡，在地层掘进过程中根据地质和埋深情况以及地表沉降监测信息进行反馈和调整优化。地表沉降与工作面稳定关系，以及相应措施对策见表3-5。

地表沉降与工作面稳定关系以及相应措施与对策 表3-5

地表沉降信息	工作面状态	P 与 P_0 的关系	措施与对策	备注
下沉超过基准值	工作面坍陷与失水	$P_{max} < P_0$	增大 P 值	P_{max}、P_{min} 分别代表 P 的最大峰值和最小峰值
隆起超过基准值	支撑土压力过大，土仓内水进入地层	$P_{min} > P_0$	减小 P 值	

（2）土仓压力的保持

土仓压力主要通过维持开挖土量与排土量的平衡来实现，可通过设定掘进速度、调整排土量，或设定排土量、调整掘进速度两条途径来达到。

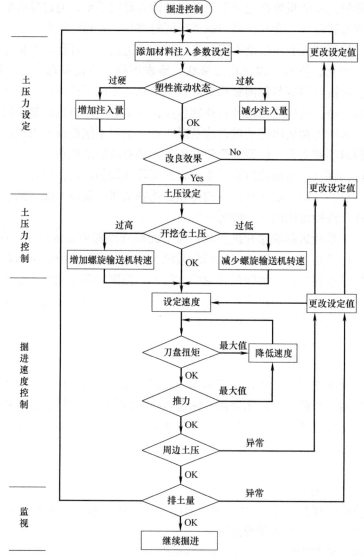

图 3-59　土压平衡盾构掘进控制程序

（3）排土量的控制

排土量的控制是盾构在土压平衡工况模式下工作时的关键技术之一。

理论上螺旋输送机的排土量 Q_s 是由螺旋输送机的转速来决定的，当推进速度和 P 值设定，盾构可自动设置理论转速 N：

$$Q_s = V_s N \tag{3-42}$$

$$Q_0 = A v n_0 \tag{3-43}$$

式中　V_s——设定的每转一周的理论排土量；

　　　Q_s——与掘进速度决定的理论渣土量 Q_0 相当；

　　　A——切削断面面积；

　　　n_0——松散系数；

v——推进速度。

通常，理论排土率用 $K=Q_s/Q_0$ 表示。

理论上，K 等于 1 或接近 1，这时渣土就具有低的透水性且处于良好的塑流状态。事实上，地层的土质不一定都具有这种特性，这时螺旋输送机的实际出土量就与理论出土量不符，当渣土处于干硬状态时，因摩擦阻力大，渣土在螺旋输送机中的输送遇到的阻力也大，同时容易产生固结、阻塞现象，实际排土量将小于理论排土量，则必须依靠增大转速来增大实际出土量，以使之接近 Q_0。这时 $Q_0>Q_s$，$K<1$。当渣土柔软而富有流动性时，在土仓内高压力的作用下，渣土自身有一个向外流动的能力，从而使实际排土量大于螺旋输送机转速决定的理论排土量，这时，$Q_0<Q_s$，$K>1$，必须依靠降低螺旋输送机的转速来降低实际排土量。当渣土的流动性非常好时，由于输送机对渣土的摩擦阻力减小，有时还可能产生渣土喷涌现象，这时，转速很小就能满足出土要求，K 值接近于 0。

渣土的排出量必须与掘进的挖掘量相匹配，以获得稳定而合适的支撑压力值，使掘进机的工作处于最佳状态。当通过调节螺旋输送机的转速仍不能达到理想的出土状态时，可以通过改良渣土的塑流状态来调整。

（4）渣土具有的特性

在土压平衡工况模式下渣土应具有以下特性：

① 良好的塑流状态；

② 良好的黏软稠度；

③ 低内摩擦力；

④ 低透水性。

一般地层岩土不一定具有这些特性，从而使刀盘摩擦增大，工作负荷增加。同时，密封仓内渣土塑流状态差时，在压力和搅拌作用下易产生泥饼、压密固结等现象，从而无法形成有效对开挖仓密封和良好的排土状态。当渣土具有良好的透水性时，渣土在螺旋输送机内排出时无法形成有效的压力递降，土仓内的土压力无法达到稳定的控制状态。

当渣土满足不了这些要求时，需通过向刀盘、混合仓内注入添加剂对渣土进行改良，采用的添加剂种类主要是泡沫或膨润土。

3）确保土压平衡而采取的技术措施

（1）拼装管片时，严防盾构后退，确保正面土体稳定。

（2）同步注浆充填环形间隙，使管片衬砌尽早支承地层，控制地表沉陷。

（3）切实做好土压平衡控制，保证掌子面土体稳定。

（4）利用信息化施工技术指导掘进管理，保证地面建筑物的安全。

（5）在砂质土层中掘进时向开挖面注入黏土材料、泥浆或泡沫，使搅拌后的切削土体具有止水性和流动性，既可使渣土顺利排出地面，又能提供稳定开挖面的压力。

4）渣土改良

为了使刀盘切削下来的渣土具有好的流塑性、合适的稠度、较低的透水性和较小的摩擦阻力，通过盾构配置的专用装置向刀盘前面、土仓及螺旋输送机内注入添加剂，如泡沫、膨润土或聚合物等，利用刀盘的旋转搅拌、土仓搅拌装置搅拌及螺旋输送机旋转搅拌，使添加剂与土渣充分混合，达到稳定土压平衡的作用。

通过渣土改良，可以达到渣土的流塑性以及较小的摩擦阻力，减少泥饼的形成。不同厂家为防止泥饼产生，在结构设计上有一些改进，这也是有益的措施。

（1）泡沫

无论盾构通过砂性土还是在黏性土地层，都可以通过向土仓内注入泡沫来改善渣土的性状，使渣土具有良好的流塑性。同时，泡沫的加入可以起到防水作用，防止盾构发生喷涌和突水事故。但由于泡沫的用量和价格都比较高，所以只有在加泥不满足要求以及发生喷涌、突水的情况下才使用。当泡沫注入后，可以将螺旋输送机回缩，控制好盾构推力，将盾构刀盘进行空转，使泡沫与土仓内的渣土充分拌合，使泡沫剂在改善渣土性状和止水方面发挥最大的功效。

泡沫系统由螺杆泵泵送泡沫剂与一定比例的水混合液，经过泡沫发生器，高压空气吹压发泡，产生大量的泡沫，通过管路将泡沫输送到刀盘前面、土仓及螺旋输送机中，并与渣土充分混合。泡沫具有如下优点：由于气泡的润滑效果，减少了渣土的内摩擦角，提高了渣土的流动性，从而降低了刀盘的扭矩，改善了盾构作业参数；减少渣土的渗透性，使整个开挖土传力均匀，工作面压力变动小，有利于调整土仓压力，保证盾构掘进姿态，控制地表沉降；减少黏土的黏性，使之不附着于盾构及刀盘上，有利于出土机构出土；泡沫无毒，在 2h 后可自行分解消失，对土壤环境无污染。

盾构通过向开挖面注入泡沫，使开挖土获得良好的流动性和止水性，并保持开挖面稳定，扭矩明显下降。而在黏性土层中，由于其内摩擦角小，易流动，泡沫只起到活性剂作用，防止土黏在刀具和土仓内壁上，减少对刀具的磨损，提高出土速度和掘进速度。

（2）膨润土

膨润土系统也是用来改良土质，以有利于盾构的掘进。膨润土系统主要包括膨润土箱、膨润土泵、气动膨润土管路控制阀及连接管路。有的设备将膨润土系统与泡沫系统共用一套注入管路。需要注入膨润土时，膨润土被膨润土泵沿管路向前泵至盾体内，根据需要，将膨润土加入到开挖室、泥土仓或螺旋输送机中。

（3）聚合物

主要是利用聚合物本身高析水性能，使渣土产生塑性，用于防止喷涌发生。在高压富水地层中防止渣、水喷涌发生方面效果比较明显。

4. 土压平衡盾构的掘进模式

土压平衡盾构一般有三种掘进模式，见图 3-60，即敞开模式、局部气压模式和土压

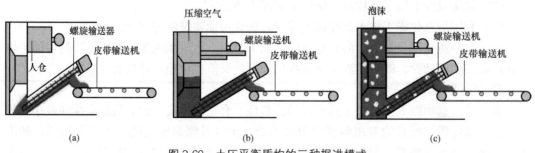

图 3-60　土压平衡盾构的三种掘进模式

(a) 敞开模式；(b) 局部气压模式；(c) 土压平衡模式

平衡模式（EPB），每一种掘进模式具有各自的特点和适用条件。

1）敞开模式

土压平衡盾构面对开挖面是稳定性较好的岩层时，可以采用敞开式掘进，不用调整土仓压力。开敞式掘进模式一般用于地层自稳条件比较好的场合，即使不对开挖面进行连续压力平衡，在短时间内也可保证开挖面不失稳，土体不坍塌。在能够自稳、地下水少的地层多采用这种模式。盾构切削下来的渣土进入土仓内即刻被螺旋输送机排出，土仓内仅有极少量的渣土，土仓基本处于清空状态，掘进中刀盘和螺旋输送机所受反扭力较小。采用敞开模式掘进时，以滚刀破岩为主，采用高转速、低扭矩和适宜的螺旋输送机转速推进；同步注浆时浆液可能渗流到盾壳与周围岩体间的空隙甚至刀盘处，为避免此现象发生可采取适当增大浆液黏度、缩短浆液凝结时间、调整注浆压力、管片背后补充注浆等方法来解决。

2）局部气压模式

其也称半敞开式。土压平衡盾构对于开挖面具有一定的自稳性，可以采用半敞开式掘进，调节螺旋输送机的转速，土仓内保持 2/3 左右的渣土。如果掘进中遇到围岩稳定、但富含地下水的地层；或者施工断面上大部分围岩稳定，仅有局部会出现失压崩溃的地层；或者破碎带；此时应增大推进速度以求得快速通过，并暂时停止螺旋机出土、关闭螺旋机出土闸门，使土仓的下部充满渣石，向开挖面和土仓中注入适量的添加材料（如膨润土、泥浆或添加剂）和压缩空气，使土仓内渣土的密水性增加，同时也使添加材料在压力作用下渗进开挖面地层，在开挖面上产生一层致密的"泥膜"。通过气压和泥膜阻止开挖面涌水和坍塌现象的发生，再控制螺旋机低速转动以保证在螺旋机中形成"土塞"，是完全可以安全快速地通过这类不良地层的。掘进中土仓内的渣土未充满土仓，尚有一定的空间，通过向土仓内输入压缩空气与渣土共同支撑开挖面和防止地下水渗入。该掘进模式适用于具有一定自稳能力和地下水压力不太高的地层，其防止地下水渗入的效果主要取决于压缩空气的压力，在上软下硬地层施工时多采用这种模式。在上软下硬地层施工时，以滚刀破岩为主破碎硬岩，以齿刀、刮刀为主切削土层。在河底段掘进时，需要添加泡沫剂、聚合物、膨润土等改善渣土的止水性，以使土仓内的压力稳定平衡。

3）土压平衡模式

土压平衡盾构对于开挖地层稳定性不好或有较多地下水的软质岩地层时，需采用土压平衡模式（即 EPB 模式），此时需根据前面地层的不同，保持不同的渣仓压力。

盾构在掘进开挖面土体的同时，使掘进下来的渣土充满土仓内，并且使土仓内的渣土密度尽可能与隧道开挖面上的土壤密度接近。在推进油缸的推力作用下，土仓内充满的渣土形成一定的压力，土仓内的渣土压力与隧道开挖面上的水、土压力实现动态平衡，这样开挖面上的土壤就不会轻易坍落，达到既完成掘进又不会造成开挖面土体的失稳。

土仓内的压力可通过改变盾构的掘进速度或螺旋机的转速（排渣量土）来调节，按与盾构掘削土量（包括加泥材料量）对应的排渣量连续出土，保证使掘削土量与排渣量相对应，使土仓中的塑流性渣土的土压力能始终与开挖面上的水土压力保持平衡，保持开挖面的稳定性，压力大小根据安装在土仓壁上的压力传感器来获得，螺旋机转速（排土量）根据压力传感器获得的土压自动调节。

采用土压平衡模式时，以齿刀、切刀为主切削土层，以低转速、大扭矩推进。土仓内土压力值应略大于静水压力和地层土压力之和，在不同地质地段掘进时，根据需要添加泡沫剂、聚合物、膨润土等以改善渣土性能，也可在螺旋输送机上安装止水保压装置，以使土仓内的压力稳定平衡。

5. 盾构掘进方向的控制

盾构掘进施工中，盾构司机需要连续不断地得到盾构轴线位置相对于隧道设计轴线位置及方向的关系，以便使被开挖隧道保持正确的位置；盾构在掘进中，以一定的掘进速度向前开挖，也需要盾构的开挖轨迹与隧道设计轴线一致，而此时盾构司机必须即时得到所进行的操作带来的信息反馈。如果掘进与隧道设计轴线位置偏差超过一定界限时，就会使隧道衬砌侵限、盾尾间隙变小使管片局部受力恶化，也会造成地层损失增大而使地表沉降加大。

盾构施工中，采用激光导向来保证掘进方向的准确性和盾构姿态的控制。导向系统用来测量盾构的坐标（X、Y、Z）和位置（水平、上下和旋转）。测量的结果可以在面板上显示，将实际的数据和理论数据进行对比，导向系统还可以存储每环管片安装的关键数据。

1）导向系统

目前，国内使用的盾构主要有三种类型的导向系统。

（1）PPS 系统

PPS 系统采用固定、自动和马达控制的全站仪来测量系统元器件。这些元器件包括 2 个 EDM 棱镜，它们安装在盾构靠近刀盘的固定位置上；一个参照棱镜，它安装在全站仪架上，以便进行定期全站仪的稳定性；一个高精度的电子倾斜仪，用来测量倾斜和盾构的扭转。这些元器件的控制由随机 PPS 系统电脑自动控制。

（2）SLS-TAPD 系统

SLS-TAPD 系统由 VMT 公司生产，由 ELS 激光靶、激光全站仪、棱镜、计算机、黄盒子等系统组成。SLS-TAPD 系统的主要的基准是由初始安装在墙壁或隧道衬砌上的激光全站仪发出的一束可见激光。激光束穿过机器中的净空区域，击到安装在机器前部的电子激光靶上。

在电子激光靶内部是一个双轴倾斜仪，用这个倾斜仪来测量 ELS 靶的仰俯角和滚动角。电子激光靶的前方安装有一个反射棱镜，激光基准点和电子激光靶之间的距离通过全站仪中的内置 EDM 来测定。通过知道激光站和基准点的绝对位置，就能得到电子激光靶的绝对位置及方位，从而得到机器的位置和方位。SLS-TAPD 导向系统不仅能随时（特别是在掘进的过程中）精确测量盾构的位置，而且它还通过简单明了的方式，把得到的结果呈现在司机面前，以便司机及时采取必要的纠偏措施。

黄盒子用来给全站仪和激光供电，系统计算机和全站仪之间的通信也通过黄盒子进行。

（3）ROBOTEC 系统

ROBOTEC 系统由全站仪、棱镜（有挡板保护，测量时挡板自动打开）、数据线、各种接口设备、操作软件组成。它的工作原理上与 SLS-TAPD 系统等相似。ROBOTEC 系统特点是：不用接收靶，直接使用棱镜，减少了一层换算关系，它还可以在盾构推进中实现无人值守及自动测量的功能。

2）推进油缸的分区控制

通过分区操作盾构推进油缸控制盾构掘进方向。盾构的推进机构提供盾构向前推进的动力，推进机构包括若干个推进油缸和推进液压泵站。推进油缸按照在圆周上的区域被编为 4～5 组。现一般为 4 组，见图 3-61，分上、下、左、右可分别进行独立控制的 4 个液压区。在曲线段（包括水平曲线和竖向曲线）施工时，盾构推进操作控制方式是把液压推进油缸进行分区操作。每组油缸均能单独控制压力的调整，为使盾构沿着正确的方向开挖，可以调整 4 组油缸的压力，油缸也可以单独控制。

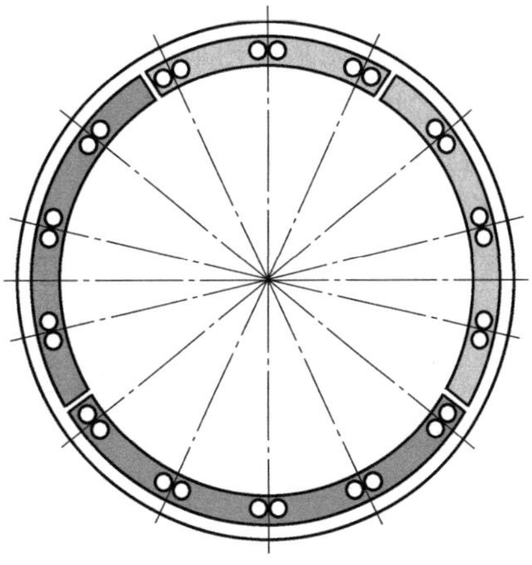

一般情况下，当盾构处于水平线路掘进时，应使盾构保持稍向上的掘进姿态，以纠正盾构因自重而产生的低头现象。

图 3-61　盾构推进油缸分组图

通过调整每组油缸的不同推进速度、每组压力来对盾构进行纠偏和调向。油缸的后端顶在管片上以提供盾构前进的反力。

在上、下、左、右每个区域中各有一个油缸安装了行程传感器，通过油缸的位移传感器可以知道油缸的伸出长度和盾构的掘进状态。

3）推进过程中的蛇行和滚动

在盾构推进过程中，蛇行和滚动是难以避免的。出现蛇行和滚动主要与地质条件、推进操作控制有关。针对不同的地质条件，进行周密的工况分析，并在施工过程中严格控制盾构的操作，减少蛇行值和盾构的滚动。当出现滚动时采取正反转刀盘方法来纠正盾构姿态。盾构推进时还需注意以下几个问题：

（1）工作面的地层结构及物理力学特性的不均匀性。

（2）推进系统性能的平衡性、稳定性。

（3）监控系统的敏感性、可靠性和稳定性。

（4）富水软弱地层对盾壳的环向弱约束性。

（5）通过软硬变化地层时的刀盘负载与盾壳约束条件的不对称性（包括进出洞的类似情况）。

3.4.3　泥水平衡盾构掘进技术

1. 泥水盾构基本原理

泥水盾构用于不稳定地层的开挖，这种不稳定地层可能是各种各样的，从渗透性一般到渗透性很强（如含有少量干细砂或流砂的砾石）；泥水盾构被用于当隧道掘进要求对地层的干扰控制严格时，诸如沉陷和隆起等极其敏感的建筑物下进行的情况，因为这种技术能够精确地控制泥水压力（在 ±5kPa）。泥水盾构使用液态介质来支撑掌子面能达到高的封闭压力（0.4～0.5MPa，在特殊情况下可达到 0.8MPa），因此当工程的静水压力比较大时，通常选择泥水盾构而不用土压平衡盾构。

泥水盾构是将一定浓度的泥浆，泵入泥水盾构的泥水室中，随着刀盘切下来的土渣与地下水顺着刀槽流入开挖室中，泥水室中的泥浆浓度和压力逐渐增大，并平衡于开挖面的泥土压和水压，在开挖面上形成泥膜或泥水压形成的渗透壁，对开挖面进行稳定挖掘。

为了使开挖面保持相对稳定而不坍塌，只要控制进入泥水室的泥水量和渣土量与从泥水室中排出的泥浆量相平衡，开挖即可顺利进行。

2. 泥水盾构掘进管理要点

（1）根据隧道地质状况、埋深、地表环境、盾构姿态、施工监测结果制定盾构掘进施工指令与泥浆性能参数设置指令，并准备好壁后注浆工作、管片拼管工作。

（2）施工中必须严格按照盾构设备操作规程、安全操作规程以及掘进指令控制盾构掘进参数与盾构姿态。掘进过程中，严格控制好掘进方向，及时调整。

（3）设定掘进参数，优化掘进参数。掘进与管片背后注浆同步进行。控制施工后地表最大变形量在 10~30mm 之内。

（4）盾构掘进过程中，坡度不能突变，隧道轴线和折角变化不能超过 0.4%。

（5）盾构掘进施工全过程须严格受控，根据地质变化、隧道埋深、地面荷载、地表沉降、盾构姿态、刀盘扭矩、推进油缸推力等，即时调整。初始出现的小偏差应及时纠正，尽量避免盾构走"蛇"形，在纠偏过程中，每一循环盾构的纠偏值水平方向不超过 9mm，竖直方向不超过 5mm，以减少对地层的扰动。

（6）施工中必须设专人对泥水性能进行监控，根据泥浆性能参数设置指令进行泥水参数管理。泥水管路延伸、更换，应在泥水管路完全卸压后进行。

（7）施工过程出现大粒径石块时，必须采用破碎机破碎、砾石分离装置分离。

3. 掘进参数管理

1）切口水压的设定

盾构切口水压由地下水压力、静止土压力、变动土压力组成，切口泥水压力应介于理论计算值上下限之间，并根据地表建构筑物的情况和地质条件适当调整。

2）掘进速度

正常掘进条件下，掘进速度应设定为 20~40mm/min；在通过软硬不均地层时，掘进速度控制在 10~20mm/min。在设定掘进速度时，注意以下几点：

（1）盾构启动时，需检查推进油缸是否顶实，开始推进和结束推进之前速度不宜过快。每环掘进开始时，应逐步提高掘进速度，防止启动速度过大冲击扰动地层。

（2）每环正常掘进过程中，掘进速度值应尽量保持恒定，减少波动，以保证切口水压稳定和送、排泥管的畅通。在调整掘进速度时，应逐步调整，避免速度突变对地层造成冲击扰动和造成切口水压摆动过大。

（3）推进速度的快慢必须满足每环掘进注浆量的要求，保证同步注浆系统始终处于良好工作状态。

（4）掘进速度选取时，必须注意与地质条件和地表建筑物条件匹配，避免速度选择不合适对盾构刀盘、刀具造成非正常损坏和造成隧道周边土体扰动过大。

3）掘削量的控制

掘进实际掘削量可由下式计算得到：

$$Q=(Q_2-Q_1)\times t \tag{3-44}$$

式中 Q_2——排泥流量（m^3/h）；

Q_1——送泥流量（m^3/h）；

t——掘削时间（h）。

当发现掘削量过大时，应立即检查泥水密度、黏度和切口水压。此外，也可以利用探查装置，调查土体坍塌情况，在查明原因后应及时调整有关参数，确保开挖面稳定。

4）泥水指标控制

（1）泥水密度

泥水密度是泥水主要控制指标。送泥时的泥水密度控制在 $1.05\sim1.08g/cm^3$ 之间；使用黏土、膨润土（粉末黏土）提高相对密度；添加 CMC 来增大黏度。工作泥浆的配制分两种，即天然黏土泥浆和膨润土泥浆。排泥密度一般控制在 $1.15\sim1.30g/cm^3$。

（2）漏斗黏度

黏性泥浆在砂砾层可以防止泥浆损失、砂层剥落，使作业面保持稳定。在坍塌性围岩中，使用高黏度泥水。但是泥水黏度过高，处理时容易堵塞筛眼，造成作业性下降；在黏土层中，黏度不能过低，否则会造成开挖面塌陷或堵管事故，一般漏斗黏度控制在 $25\sim35s$。

（3）析水量

析水量是泥水管理中的一项综合指标，它更大程度上与泥水的黏度有关，悬浮性好的泥浆就意味着析水量小，反之就大。泥水的析水量一般控制在 5% 以下，降低土颗粒和提高泥浆的黏度，是保证析水量合格的主要手段。

（4）pH 值

泥水的 pH 值一般在 $8\sim9$。

（5）API 失水量

$Q\leqslant20mL$（100kPa，30min）。

4. 泥水压力管理

泥水盾构工法是将泥膜作为媒体，由泥水压力来平衡土体压力。在泥水平衡的理论中，泥膜的形成是至关重要的，当泥水压力大于地下水压力时，泥水按达西定律渗入土壤，形成与土壤间隙成一定比例的悬浮颗粒，被捕获并积聚于土壤与泥水的接触表面，泥膜就此形成。随着时间的推移，泥膜的厚度不断增加，渗透抵抗力逐渐增强。当泥膜抵抗力远大于正面土压时，产生泥水平衡效果。

虽然渗透体积随泥水压力上升而上升，但它的增加量远小于压力的增加量，而增加泥水压力将提高作用于开挖面的有效支承压力。因此，开挖面处在高质量泥水条件下，增加泥水压力会提高开挖面的稳定性。

作用在开挖面上的泥水压力一般设定为：泥水压力＝土压＋水压＋附加压。

附加压的一般标准为 0.02MPa，但也有比开挖面状态大的值。一般要根据渗透系数、开挖面松弛状况、渗水量等进行设定。但附加压过大，则盾构推力增大和对开挖面的渗透加强，相反会带来塌方、造成泥水窜入后方等危害，需要慎重考虑。此外，泥水压力的设定有各家理论，也有与开挖面状况不吻合的场合。因此，要从干砂量测定结果等进行推测和考虑，并需要通过试验来考虑对数值等的变更。

1）直接控制型泥水盾构的泥水压力管理

直接控制型泥水盾构在掘进中的实际泥水压力值的管理，图 3-62 流程图作自动管理。

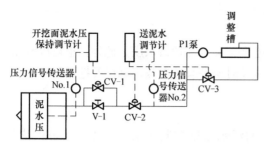

图 3-62　直接控制型泥水盾构泥水压力控制

其中，用压力信号发送器 No.2 接收由 P_1 泵送出的送泥压力，并送往送泥压力调节器，由自动调节来操作控制阀 CV-3，通过调节阀的开闭进行压力调整。用压力信号发送器 No.1 接收开挖面泥水压力，并送往开挖面泥水压力保持调节器。在这里把它和设定压力的差作为信号送给控制阀 CV-2，通过阀的开闭进行压力调整。由此，对于设定压力的管理，控制在 ±0.01MPa 的变动范围以内。

2）间接控制型泥水盾构的泥水压力管理

间接控制型泥水盾构的泥水压力的控制采用泥水气平衡模式。如图 3-63 所示，在盾构的泥水室内装有 1 道半隔板，将泥水室分割成两部分，半隔板的前面称为泥水仓，半隔板的后面称为气垫仓（调压仓）；在泥水仓内充满压力泥水，在气垫仓内盾构轴线以上部分加入压缩空气，形成气压缓冲层，气压作用在气垫仓内的泥水液面上；由于在接触面上的气、液具有相同的压力，因此只要调节空气的压力，就可以确定开挖面上相应的支护压力。

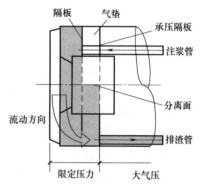

图 3-63　泥水气平衡示意图

当盾构推进时，由于泥水的流失或盾构推进速度的变化，进出泥水量将会失去平衡，气垫仓内的泥水液面就会出现上下波动，为维持设定的压力值（与设定的气压值发生偏差，由 Samson 调节器根据在泥水仓内的气压传感器测得值与设定的气压值比较得出），通过进气或排气改变气压值，当盾构正面土压值增大时，气垫仓内泥水液位升高（高于盾构轴线），由于气垫仓内气体体积减小，压力升高，排气阀打开，降低气垫仓内气体压力，当气体压力达到设定的气压值时，关闭排气阀；当盾构正面土压值减少时，气垫仓内泥水液位降低（低于盾构轴线），由于气垫仓内气体体积增加，压力降低，进气阀打开，升高气垫仓内气体压力，当气体压力达到设定的土压值时，关闭进气阀。通过液位传感器，可以根据液位的变化控制进泥泵或排泥泵的转速，在保持压力设定值不变的状态下（由 Samson 调节器差分控制系统控制），使气垫仓内泥水液位恢复到盾构轴线位置。

间接控制型泥水盾构通过压缩空气来间接地自动调节土仓内悬浮液的压力，使之与开挖面的水土压力相平衡，从而实现支撑作用。压缩空气能够调节泥浆的平面高度，即使在发生漏水或水从开挖面进入的情况下，它起着一个吸振器的作用并最终可消除压力峰值。调压仓的压缩空气不断补偿悬浮液的波动，及时满足或补充掘进工作面对膨润土液的需求。这种调整可以达到比较精确的程度。如果平衡状态被打破，空气控制系统会自动迅速向调压仓内补充高压空气，或排出高压空气，保证压力的平衡状态。过压的高压空气通过安全阀或调节阀排出。

空气控制系统的原理见图 3-64。

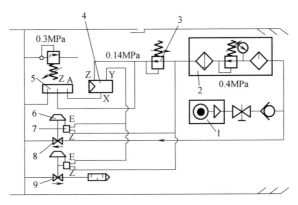

图 3-64　间接控制型泥水盾构泥水压力控制

1—气源；2—气源处理组件；3—减压阀；4—气动控制器；5—气动压力变送器；
6—气动执行器；7—气动定位器；8—气动调节阀；9—气动调节阀

5. 泥水循环系统

泥水循环系统具有两个基本功能：一是稳定掌子面，二是通过排泥泵将开挖渣料从泥水仓通过排泥管输送到泥水分离站。掌子面的稳定性靠膨润土泥浆对掌子面的压力以及靠膨润土泥浆的流变特性来确保。泥水循环系统由送排泥泵、送排泥管、延伸管线、辅助设备等组成。在盾构推进过程中，地面泥浆池中的新泥浆通过送泥泵 P.1.i 和隧道中的中继接力泵 P.1.i 输送到开挖面。盾构内通往前仓的送泥管路分为 5 段：2 个在上部通向泥水仓，2 个在下部通向气垫仓，1 个在中央通过中心回转接头通向泥水仓，见图 3-65。

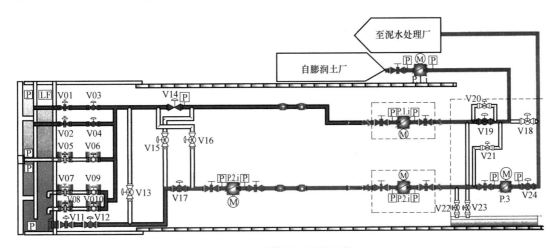

图 3-65　开挖模式下的泥水循环

排泥管路（盾构下部的一条管路）中配备有多个排泥泵：P.2.1 泵和安装在隧道中的中继接力泵 P.2.i 及安装在盾构竖井中的中继接力泵 P.3，泥水密度和泥水流量分别由安装在每条管路上的伽马密度仪和电磁流量仪来测定；正面泥水量送泥泵来控制，排泥流量由排泥泵来控制。送泥泵 P.1.i 将调制好的泥水通过送泥管输送到泥水仓；而排泥泵 P.2.i 则将携带渣土的泥水排出，通过排泥管输送到地面的泥水处理设备进行分离。泥水循环系统的控制，共分为手动、半自动、自动 3 种方式，其中自动方式中包括开挖模式、旁通模式、隔离模式（接管时）、反循环模式（也称逆洗模式，用于堵管或清洗管路）、停机模式5种操作模式。

在泥水循环系统中安装有两个伽马密度测量仪（图3-66），用以测定送排泥管内的密度的"即时"值。密度值在显示屏上显示。如果送泥管或排泥管内的密度超过预先设定的数值，则产生警报信号，提示司机改变掘进的参数，或通知地面检查泥水分离系统的工作状况。如果密度超出设计的进泥密度和排泥密度过多，司机应当停机通知相关人员检查，找出原因。在一个行程结束时，密度的平均值将在掘进报告中给出，根据这个平均密度，可以进行密度分析，进行泥水改良工作。

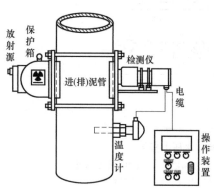

图3-66　泥水密度测量仪

6. 泥水分离技术

泥水盾构是通过加压泥水来稳定开挖面，其刀盘后面有一个密封隔板，与开挖面之间形成泥水仓，里面充满了泥浆，开挖土渣与泥浆混合由排浆泵输送到洞外的泥水分离站，经分离后进入泥浆调整池进行泥水性状调整后，由送泥泵将泥浆送往盾构的泥水仓重复使用。通常将盾构排出的泥水中的水和土分离的过程称为泥水处理。

泥水处理设备设于地面，由泥水分离站和泥浆制备设备两部分组成。泥水分离站主要由振动筛、旋流器、储浆槽、调整槽、渣浆泵等组成；泥浆制备由沉淀池、调浆池、制浆系统等组成。

1）泥水分离站

选择泥水分离设备时，必须考虑两个方面：一是必须具有与推进速度相适应的分离能力；二是必须能有效地分离排泥浆中的泥土和水分。同时，在考虑分离站的能力时还应有一定的储备系数。

泥水处理一般分为三级：一级泥水处理的对象是粒径 $74\mu m$ 以上的砂和砾石，工艺比较简单，用振动筛或旋流器等设备对其进行筛分，分离出的土颗粒用车运走；二级泥水处理的对象主要是一级处理时不能分离的 $74\mu m$ 以下的淤泥、黏土等的细小颗粒；三级处理是对需排放的剩余水作 pH 值调整，使泥水排放达到国家环保要求，其处理采用的材料主要是稀硫酸或适量的二氧化碳气体。

2）泥浆制备

泥水制作流程及控制措施如图3-67所示。

从泥水分离站排出的泥浆经沉淀后进入调整槽，在调整槽内对泥浆进行调配，确保输送到盾构的泥浆性能满足使用要求。制浆设备主要包含1个剩余泥水槽、1个黏土溶解槽、1个清水槽、1个调整槽、1个CMC（增黏剂）贮备槽、搅拌装置等。

泥水制备时，使用黏土、膨润土（粉末黏土）提高密度；添加CMC来增大黏度。

黏性大的泥浆在砂砾层可以防止泥浆损失、砂层剥落，使作业面保持稳定。在坍塌性围岩中，也宜使用高黏度泥水，但是泥水黏度过高，处理时容易堵塞筛眼；在黏土层中，黏度不能过低，否则会造成开挖面塌陷。

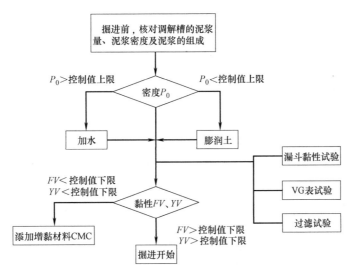

图 3-67 泥水制作流程图

3.4.4 管片壁后注浆

随着盾构施工的推进，管片逐渐从盾尾中脱出，从而在管片与土层间形成一道环形空隙。为了能够在极短的时间内将其填充密实，从而使衬砌管环与其周围土体融为一体并使其周围土体获得及时支撑，有效防止土体坍塌，控制地表沉降，提高隧道的抗渗透性和确保管片衬砌的早期稳定性，需要在盾构推进的同时对管环与其周围土体间的空隙进行注浆充填，这就是管片壁后注浆。管片壁后注浆一般有同步注浆和二次注浆两道工序。

1. 同步注浆

同步注浆要求在地层中注浆时的浆液压力大于该点的静止水压力与土压力之和，应尽量做到充分填补空隙的同时又不产生劈裂，同时还要求浆液固化后应能达到足够的强度。注浆压力过大，管片周围土层将会被浆液扰动而造成后期地层沉降及隧道本身的沉降，还容易造成跑浆。如果注浆压力过小，浆液填充速度就慢，还容易造成浆液填充不充足，从而引起地表变形增大。一般将注浆压力设定值高出外界水压与土压力之和 $0.05 \sim 0.1$MPa。相关计算表明浆液横向填充时，同步注浆压力从上向下，依次增大；纵向填充时，靠近盾尾压力最大，随距离增大而减小，浆液压力分布受盾尾空隙大小的影响较大。图 3-68 是同步注浆主要设备布置示意图。

同步注浆的目的主要有以下三个方面：①及时填充盾尾建筑空隙，支撑管片周围岩体，有效地控制地表沉降；②凝结的浆液作为盾构施工隧道的第一道防水屏障，防止地下水或地层的裂隙水向管片内泄漏，增强盾构隧道的防水能力；③为管片提供早期的稳定并使管片与周围岩体一体化，限制隧道结构蛇行，有利于盾构姿态的控制，并能确保盾构隧道的最终稳定。

2. 二次注浆

如果管片衬砌形成的环形缝隙经同步注浆后未能完全填充，或同步注浆收缩后又产生或充填的不够密实，或为提高抗渗透性等施工效果，都需要二次注浆弥补同步注浆产生或

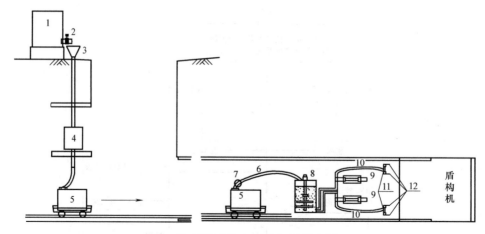

图 3-68   同步注浆主要设备布置示意图

1—搅拌机；2—泄浆阀；3—接浆漏斗；4—储浆桶；5—运浆灌车；6—输送管；7—输送泵；8—储浆桶（带搅拌器）；
9—注浆泵；10—高压胶管；11—2×出浆口（具有流量、压力测量传感与控制功能）；12—接盾尾注浆口×4

形成的注浆缺陷或进一步提升注浆效果。二次注浆的施工工艺流程一般是：打注浆孔→安装球阀→配置浆液→注入浆液→完成注浆，二次注浆图如图 3-69 所示。管片二次注浆遵循隔环打孔原则。根据地层情况及注浆目的不同，打孔方式有两种：一是只打穿吊装孔，在管片背后注浆；二是打穿吊装孔后，装小导管，再安装球阀，对较深层土体注浆。注浆压力一般视地质情况和覆土深度而定。为避免注浆压力对土体产生大的扰动，一般控制在不宜大于 0.45MPa 的限值。二次注浆是盾构施工技术的关键环节之一。通过控制二次注浆时间、注浆压力及注浆量，可以有效降低地面沉降、管片错台及开裂、隧道渗漏现象的发生，还可以有效保证盾构施工工程质量及减小对周边环境的影响，及时弥补同步注浆的不足。

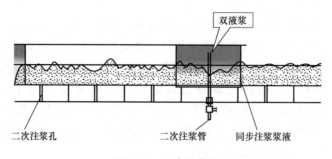

图 3-69   二次注浆图

3. 注浆材料

一般常用的注浆材料有：水泥砂浆（砂＋水泥为主）、水泥＋粉煤灰＋陶土粉；可塑性注浆材料采用炉渣（石灰类）甚至黏土等代替水泥，使浆液具有可塑性。注浆材料应具备的特点为拌制后浆液不离析，压注后凝固收缩小，压注后强度可较快的大于土体强度，具有不透水性。

壁后注浆材料可分为单液注浆和双液注浆（A 液为水泥浆，B 液为中性水玻璃溶液）。目前，单液注浆材料受到广泛应用，而当施工隧道的地下水丰富时，用单液浆不能固结，因为地下水的流动而不能达到预期的理想效果。事实上，在使用单液注浆进行施工的现场，已出现下列现象：

（1）一般壁后注浆量是隧道掘削外径与管片外径间产生空隙的理论值的 130% 左右，但是，在使用单液注浆的施工现场，注浆量为 150%～500%。

（2）在盾构通过后，因外部的地下水使管片产生上浮。

（3）在盾构通过后的相当一段时间，在管片与管片间及注浆孔处有大量的地下水渗漏。

（4）因盾构的推力，管片移动，并在管片上产生裂缝。

（5）在土压式盾构机的场合，大量的地下水从螺旋输送机喷出。

从一系列现象来看，可以认为由于单液浆液不能固结，使地下水流入开挖面侧，造成管片外周不被充填。因此，有必要采用二次注浆设备使用双液注浆方式（A，B 液）。双液注浆方式的特征如下：

（1）因固结时间能任意调整，故空隙易被充填。

（2）因能进行切实的充填，故能防止管片的变形。

（3）因能进行切实的充填，故有防止来自管片的漏水效果。

（4）在涌水多的土质中不易被稀释，有防止管片上浮的效果。

（5）有防止来自盾尾密封处漏水的效果。

（6）因能进行切实的充填，故管片被紧紧地固定，千斤顶的推力被有效地传递，尤其在曲线施工时，该效果特别显著。

（7）可防止管片错台漏水，防止管片壁后涌水流入土仓，减少喷涌。

3.4.5　盾构施工测量

盾构施工测量的目的是保证盾构隧道掘进和管片拼装按隧道设计轴线施工；建立隧道贯通段两端地面控制网之间的直接联系，并将地面上的坐标、方位和高程适时地导入地下联系测量，作为后续工程（铺轨、设备安装等）的测量依据。

盾构施工测量应根据施工环境、工程地质条件、水文地质条件、掘进指标等确定施工测量与控制方案。盾构施工测量的内容主要包括：隧道环境监控量测、隧道结构监控量测、盾构掘进测量、盾构贯通测量、盾构隧道竣工测量等。

1. 交桩复核测量

对业主所交的水平控制网点位和高程控制网的水准点，在开工前应复测一次。

水平控制网的点位主要有两部分组成：一部分是 GPS 控制点，另一部分是加密的导线点。导线点与在其旁边所做的附点组成闭合导线环进行复测，开工前复测一次，以后根据施工进度在复测洞内控制点时进行复测，或根据现场需要组织复测。

高程控制网的水准点，开工前复测一次，以后根据施工进度在复测洞内控制点时进行复测，或根据现场需要组织复测。

2. 隧道环境监控量测

隧道环境监控量测，包括线路地表沉降观测、沿线邻近建（构）筑物变形测量和地下管线变形测量等。线路地表沉降观测，应沿线路中线按断面布设，观测点埋设范围应能反映变形区变形状况，宜按表 3-6 观测点埋设范围要求设置断面。地表建筑物、地下物体较少地区断面设置可放宽。

观测点埋设范围　　　　　　　　　　　　　　表 3-6

隧道埋设深度(m)	观测点纵向间距(m)	观测点横向间距(m)
$H>2D$	20～50	7～10
$D<H<2D$	10～20	5～7
$H<D$	10	2～5

注：H 为隧道埋设深度；D 为隧道开挖直径。

沿线邻近建（构）筑物变形测量，应根据结构状况、重要程度、影响大小有选择地进行变形量测。地下管线变形量测一般应直接在管线上设置观测点。

盾构穿越地面建筑物、铁路、桥梁、管线等时除应对穿越的建（构）筑物进行观测外，还应增加对其周围土体的变形观测。隧道环境监控量测，应在施工前进行初始观测，直至观测对象稳定时结束。变形测量频率见表 3-7。

隧道环境监控变形测量频率　　　　　　　　　　表 3-7

变形速度(mm/d)	施工状况	测量频率(次/d)
＞10	距工作面 1 倍洞径	2/1
5～10	距工作面 1～2 倍洞径	1/1
1～4	距工作面 2～5 倍洞径	1/2
＜1	距工作面＞5 倍洞径	＜1/7

3. 隧道结构监控量测

隧道结构监控量测包括：盾构始发井、接收井结构和隧道衬砌环变形测量，管片应力测量。隧道管片环的变形量测包括水平收敛、拱顶下沉和底板隆起；隧道管片应力测量应采用应力计量测；初始观测值应在管片浆液凝固后 12h 内采集。

4. 盾构掘进测量

1）盾构始发位置测量

盾构掘进测量也称施工放样测量。

盾构始发井建成后，应及时将坐标、方位及高程传递到井下相应的标志点上；以井下测量起始点为基准，实测竖井预留出洞口中心的三维位置。

盾构始发基座安装后，测定其相对于设计位置的实际偏差值。盾构拼装竣工后，进行盾构纵向轴线和径向轴线测量，主要有刀盘、机头与盾尾连接点中心、盾尾之间的长度测量；盾构外壳长度测量；盾构刀口、盾尾和支承环的直径测量。

2）盾构姿态测量

（1）平面偏离测量

测定轴线上的前后坐标并归算到盾构轴线切口坐标和盾尾坐标，与相应设计的切口坐标和盾尾坐标进行比较，得出切口平面偏离和盾尾偏离，最后将切口平面偏离和盾尾偏离加上盾构转角改正后，就是盾构实际的平面姿态。

（2）高程偏离测量

测定后标高程加上盾构转角改正后的标高，归算到后标盾构中心高程，按盾构实际坡度归算切口中心标高及盾构中心标高，再与设计的切口里程标高及盾尾里程标高进行比较，得出切口中心高程偏离及盾尾中心高程偏离，就是盾构实际的高程姿态。

盾构测量的技术手段应根据施工要求和盾构的实际情况合理选用，及时准确地提供盾构在施工过程中的掘进轨迹和瞬时姿态；采用 $2'$ 全站仪施测；盾构纵向坡度应测至 $1‰$，横向转角精度测至 $1'$，盾构平面高程偏离值和切口里程精确至 $1mm$。

盾构姿态测定的频率视工程的进度及现场情况而定，理论上每 10 环测一次。

3）管片成环状况测量

管片测量包括测量衬砌管片的环中心偏差、环的椭圆度和环的姿态。管片 3～5 环测量一次，测量时每个管片都应当测量，并测定待测管片的前端面，测量精度应小于 $3mm$。

5. 贯通测量

隧道贯通测量包括地面控制测量、定向测量、地下导线测量、接收井洞心位置复测等。隧道贯通误差应控制在横向 $±50mm$，竖向 $±25mn$。

6. 竣工测量

1）线路中线调整测量

以地面和地下控制导线点为依据，组成附合导线，并进行左右线的附合导线测量。中线点的间距，直线上平均为 $150m$，曲线除曲线元素外不小于 $60m$。

对中线点组成的导线采用 Ⅱ 级全站仪，左右角各测三测回，左右角平均值之和与 $360°$ 较差小于 $5''$，测距往返各二测回，往返二测回平均值较差小于 $5mm$，经平差后线路中线依据设计坐标进行归化改正。

2）断面测量

利用断面仪进行断面测量，每一断面处测点 6 个。根据测量结果确定检查盾构管片衬砌完成后的限界情况。地铁隧道一般直线段每 $10m$、曲线段每 $5m$ 测量一个净空断面，断面测量精度小于 $10mm$。

3.4.6 盾构换刀技术

盾构的掘进过程实际上是安装在其刀盘上的刀具不断切削岩土的过程，而刀具切削岩土的过程实际上就是刀具与岩土摩擦、挤压甚至发生碰撞的过程。因此，刀具是盾构施工过程中的易损件和消耗件，一旦失去应有的切削效能就须更换。盾构施工过程中的换刀一般有带压换刀和常压换刀两种方式。带压换刀是在用压缩空气保持开挖面压力平衡的环境下进行换刀，亦即，换刀人员在高于大气压力的环境下进行失效刀具的更换作业。常压换刀则是换刀人员在正常大气压力的环境下进行失效刀具更换作业的操作。常压换刀仅适用于岩土稳定、地下水较少且有较高自稳能力的地层。比较而言，常压换刀操作简便、成本低；但对于富水地层，采用常压换刀作业，须经排水固结，这样将增加施工成本并延长工程工期。

1. 带压换刀

为保持开挖面稳定，无论是在土压平衡盾构施工过程中，还是在泥水平衡盾构施工过程中，在其刀盘作业附近都存在着高于大气压的压力。如果在施工过程中，失效的作业刀具需要更换，存在于刀盘附近的高于大气压的压力必须保持，否则就会引起地表沉降甚至造成更大的事故。在这样环境下进行刀具的更换就需要带压换刀。带压换刀作业，首先，需对刀盘前方开挖面土层进行改良加固，确保刀盘前方周围地层和土仓（或泥水室）满足气密性要求；然后，利用空气压缩机将压缩空气注入土仓（或泥水室），此时（或此过程中）边出土（或泥水）边注入空气，逐步置换土仓内的渣土（或泥水室中的泥水）；第三步是通过在土仓（或泥水室）内建立起平衡于刀盘前方水、土压力的合理气压，实现稳定开挖面和防止地下水渗入的目的。经过上述步骤，作业人员就可在大于大气压力的条件下，安全地进入土仓（或泥水室）内进行检查和刀具的更换等作业。此过程中，注入的压缩空气不仅稳定了开挖面、阻止了开挖面涌水、防止了开挖面坍塌，同时还加强了开挖面的稳定性。由于气压还对围岩缝隙起排挤水作用，所以，注入的压缩空气还增加了土层颗粒间的有效应力，提高了开挖面土层的强度。

根据带压换刀作业人员呼吸气体的不同，带压换刀又可分为常规压缩空气带压换刀和饱和潜水带压换刀。采用常规压缩空气带压换刀时，换刀作业人员呼吸压缩空气。采用饱和潜水带压换刀时，换刀作业人员呼吸氦氧饱和气体。其中饱和潜水是从海洋打捞领域借用的词汇，是指潜水员呼吸氦氧饱和气体进行潜水作业。饱和潜水带压换刀一般情况下也是在高压空气的环境下进行换刀作业，只有少数特殊情况，需潜水作业，潜水作业的作业员需装备潜水服。

1）土压平衡盾构带压换刀

土压平衡盾构带压换刀的基本程序是：换刀准备（包括人员准备，设备、工具和物资准备，地面监测，气压设备的检查与试验，工作压力计算等）→仓内注压、保压试验→人员进仓→仓内换刀→人员出仓。

换刀准备工作中，最重要的是土压平衡盾构土仓内的气压值，即带压换刀工作气压的确定。在一定压力范围，土压平衡盾构土仓内的压力越高，其作业掌子面的稳定性就越好，但给带压换刀操作人员人身可能造成的危害也就越大，换刀作业效率降低。带压换刀工作压力越小，给带压换刀操作人员人身可能造成的危害也就越小，持续工作时间就可以延长，劳动作业效率也就越高。因此，在确定工作气压时，应先计算稳定掌子面所需要的最低气压，在此基础上，通过合适的安全系数确定工作气压，一般按较低值取用。由于施工隧道覆土厚度、地层渗透性、隧道直径、地下水及其地下水位的不同，气压的确定方法也不尽相同。土仓气压理论值一般根据空仓底部的水土压力值确定，如图3-70中的 A 点。工作压力下限计算公式：

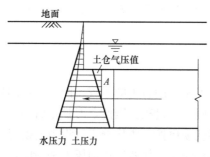

图3-70　A 点的压气压力的计算

$$\sigma_{下}=K_\alpha\sum(\gamma_{土}\,h_{土})+\gamma_{水}\,h_{水} \tag{3-45}$$

式中　$\sigma_{下}$——工作气压；

　　　K_α——A 所在土层的朗金主动土压力系数，$K_\alpha=\tan^2\left(45°-\dfrac{\varphi}{2}\right)$；

　$\gamma_{土}$、$\gamma_{水}$——分别为 A 以上各土层的土体重度和水重度，土体重度在水位之上取天然重度，反之用浮重度；

　$h_{土}$、$h_{水}$——分别为 A 以上各土层的厚度和水位计算高度。

根据孔隙率的概念，在透水性地层中，一般是有水压力的地方没有土压力，有土压力的地方没有水压力，因此，透水性地层的水压力和土压力应分别进行计算。对于在这样土层施工的盾构，换刀时，用于平衡掌子面的气压力仅是空仓底部的水压力和土体侧压力的较大值。在一些富水地层中，由于土仓内的压缩空气对土层孔隙水的排挤作用，使得位于工作面的土层由于脱水而稳定性提高。另外，为减小土层的渗透性，需向盾构周壁和开挖面前方注入膨润土浆液。浆液除在土层表面形成泥膜外，还可以渗入孔隙通道一定深度，堵塞水的通路。因此，水要进入土仓，除了水压要大于气压外，还需克服膨润土泥塞的作用。这样，气压的大小与膨润土浆液注入效果密切相关，大体趋势是换刀气压值在实测水压值上下波动。综上，理论气压值下限计算公式可改写为：

$$\sigma_下 = K\gamma_水 h_水 \tag{3-46}$$

式中　K——系数，根据膨润土浆液效果好、中、差，建议取值分别为 0.9、1.0、1.2。

根据施工土层性质的不同及确保注压后仓压得稳定，在仓内注压前需要对掌子面进行处理。例如，对于透气性较好的富水砂层土层，为确保掌子面的气密性和仓内工作压力的稳定，就需要封闭掌子面。掌子面封闭一般通过泥浆制备、泥膜制作等工序实现。为避免气体泄漏并预防盾体抱死，有时还需向盾体外适当部位注入高黏度泥浆。

盾构掘进到预定换刀点时，停止掘进作业，但仍继续驱动刀盘旋转并注入膨润土泥浆，一般在五分钟后停止刀盘转动。然后开启盾构气压系统向土仓内加注压缩空气并通过螺旋输送机将土仓内膨润土泥浆排出，此过程即是用压缩空气置换土仓内膨润土泥浆的过程。在土仓内浆液被置换的过程中应严格控制出土量，一般可使土仓内膨润土占土仓总体积的 1/2 左右，以便与螺旋输送内的土塞形成可靠密封。此过程应分阶段进行，即排土一段时间后停止排土，然后进行加压，加压一段时间后停止加压，接着排土等循环进行。此过程中，应时刻观察土仓压力变化并查看地表漏气情况。

压缩空气置换土仓内膨润土泥浆的过程一旦完成，应立即进行土仓内压力保持试验，即保压试验，以检验掌子面的封闭效果。保压试验是带压换刀的关键工序之一。进行保压试验一般是通过空压机向土仓内补气。若土仓内压力在 3 小时内趋于稳定，则说明掌子面密封符合预期，满足进仓作业条件。如果保压试验检测出仓压波动幅度较大，则说明掌子面泄漏量大，不宜安排人员进仓作业，此种情况下宜重新恢复注浆或再推进一定距离后重新进行换刀的准备作业。

保压试验符合要求后，可安排工作人员进仓进行换刀作业。换刀作业人员先进入主仓，然后对主、副仓同时加压，加压速率一般维持在 10kPa/min 左右；加压至 150kPa 左右时开启出气阀，建立主仓进出气平衡，并使气压稳定在（150±5）kPa。稳定主、副仓气压并打开土仓与主仓之间的压力平衡阀，平衡土仓和人仓之间的气压后再打开土仓门使换刀作业人员进入土仓，但气压依然要稳定在（150±5）kPa。操作期间应将主、副仓之间的双向密封门打开，主仓、副仓、土仓连通后就可进行土仓内的换刀作业，其中每班作业人员中应有两人进入土仓进行作业，另外一人留在主仓观察并辅助换刀作业。

作业人员进仓后，应先检查仓内气体情况及土体稳定情况，在确保安全的情况下才能进行换刀作业；若发现仓内气体或掌子面异常应立即撤离。为确保换刀作业人员身体健康，每次进仓作业时间不宜超过规范规定的该工作压力对应的工作时间。考虑转动刀盘对掌子面的扰动，一般分三次完成刀盘上刀具的更换作业，每次完成刀盘 120° 范围（以通过刀盘最低点的直径两侧各 30°的扇形范围）内的刀具更换。更换刀具宜自上而下、一根辐条更换完成后进行下一根辐条的顺序进行，并在更换完的辐条上做好容易辨认的标记（如使用胶带），以免因刀盘旋转后无法分辨该辐条是否已完成刀具的更换。由于盾构刀具采用销接，在拆除过程中应注意保护好各相应零部件，避免掉落到泥浆中或者损坏；对更换完成的刀具必须确认连接无误后方可继续下一把刀具的更换。盾构各仓示意图如图 3-71 所示。

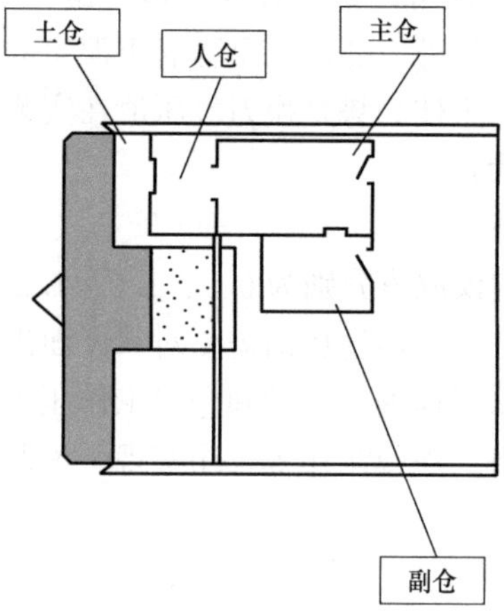

换刀作业人员出仓是进仓的逆过程。换刀作业完成后，换刀作业人员退出土仓，关闭土仓与主仓之间的闸门及阀门，并做好记录。通过球阀并按规定缓慢排出主仓内的空气，时刻监视主仓压力计，打开通风球阀进行主仓通风，在通风的同时应避免压力升高。人仓内气压可通过仓内进、排气阀进行调节，确保每人至少 0.5m³/min 的空气量，且排气减压时应以 10kPa/min 的恒定速率分阶段缓慢减压。减压过程中密切关注仓内人员情况，并保证通风，避免减压过程中发生人员人身伤害。人员走出主仓时应清点带入人仓的工具，避免遗漏。

图 3-71　盾构各仓示意图

换刀作业完成，待作业人员出仓并将换刀设备和更换下来的失效刀具及其零部件全部撤出土仓和人仓后，才能启动刀盘，恢复盾构的掘进（暂不出土）作业并通过压力传感器监视土仓内压力变化。此过程通过土仓内的排气阀排出土仓内的部分气体，以平衡进入土仓的渣土从而保持掌子面支撑压力的恒定，直至土仓充满渣土，重新建立起土压平衡后，盾构才可以进入正常掘进状态。

2）泥水平衡盾构带压换刀

泥水平衡盾构掘进作业一般在富水卵石、沙石等地层中进行，所以掌子面的稳定性较差。由于泥水平衡盾构掘进土层的不稳定及富水卵石、沙石等的存在使土粒间的致密性差，以至，当对泥水室充入压缩空气时易在盾尾密封刷和盾体周围地层等处发生漏气。因此，泥水平衡盾构的带压换刀一般应加强土层泄漏气的检查并对泄漏点进行水砂浆的灌注封堵，加大泥水室内泥浆浓度和泥水压力，使掌子面形成较厚的致密度相对较高的泥膜。泥水平衡盾构带压换刀的一般流程是：换刀准备（包括人员、设备、工具和物资等的准备，地面监测，气压设备的检查与试验，工作压力计算等）→泥浆制备→注入泥浆并使之在掌子面形成泥膜→检查泥膜指标（不合格继续注入）→仓内注压、保压试验→人员进仓→仓内换刀→人员出仓。泥水平衡盾构作业掌子面受力示意如图 3-72 所示。

泥浆制备采用专业制浆膨润土和配合剂，配合比根据不同的地质条件，经过现场试验获得。

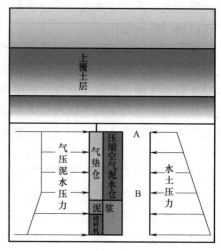

图 3-72　掌子面受力示意图

注浆时密切注意切口压力及气仓液位的变化，当气仓液位满足后开始排浆，排完后继续注浆，直至泥水室中泥浆满足制备泥膜的要求。将制备好的泥浆注入掌子面，在泥水压力作用下，泥水中的悬浮颗粒随着泥水渗入到开挖面土体颗粒孔隙中，产生填充孔隙的阻塞和架桥效应，渗入到土体颗粒间成一定比例的悬浮颗粒受分子间力的作用被捕获，并集聚在土粒与泥水的接触表面，形成泥膜。

工程和实验结果表明，根据不同的地层条件和泥浆特性，泥浆在开挖面上的渗透形态可以分为三种：

（1）泥浆中的水流入地层，泥浆中的土颗粒几乎完全不向地层中渗透；

（2）泥浆中的部分细粒成分向地层孔隙渗透、填充，形成一段稳定的渗透带；

（3）全部泥浆在压力作用下从地层孔隙流走。

根据泥浆渗透形态的不同，泥膜可以分为两种：泥皮型泥膜和渗透带型泥膜。作业前必须对泥膜实际形成质量进行检查，泥膜要求全部覆盖掌子面土体，泥膜平均厚度5cm左右，无渗漏点。

将空气注入泥水室置换其中的泥水，使泥水室液位保持在$50\%\sim60\%$，有效控制作业暴露空间，减小上、下水土压力差。仓内工作压力的设定根据现场条件确定，工作压力过低则不能有效抵抗掌子面水土压力，泥膜将被破坏，地下水将渗入土仓内，同时带入大量的流砂，掌子面稳定性差，易造成坍塌事故。工作压力过高则压缩空气将冲开封堵的泥膜从地层中逃逸，易造成地面喷发事故，同时对工作人员的身体造成不利影响。

换刀作业人员的进仓压力主要根据开仓位置地质地层特点、水文条件及埋深等通过相关理论初步计算确定，如该位置掌子面顶部理论水土压力值以及其他部位的侧向压力值，然后再借鉴其他相关工程资料作为进仓压力的参考值和停机后掌子面的压力来确定此次进仓的工作压力。进仓压力一般不低于掘进时的顶部压力，从带压作业角度考虑，进仓压力在一定范围内，如地层条件较好或采取了加固措施，可以适当降低进仓作业压力。

仓内中心气压的合理设定，关系到开挖仓围岩的稳定，是带压进仓成败的关键。气压设置过低，泥浆不能很好地渗透到地层中去，泥膜形成质量差，地层中的水易破坏泥膜导致掌子面失稳，形成漏气坍塌；气压设置过高，高压空气易穿透并破坏泥膜，形成漏气坍塌，同时过高的气压设置，会给进仓人员形成多余的负担，影响工作效率。一般情况下，仓内中心气压的设定可采用公式计算，同时在泥膜形成过程可适当增大气垫仓中心气压0.02MPa左右，以便形成质量较高的泥膜，待置换完泥浆，人员进入时再恢复正常设定气压。

$$P_设 = P_设 + P_土 + P_水 = \alpha\gamma h_a + \beta h_w \gamma_w + P_预 \tag{3-47}$$

式中　α——土压力系数；

γ——围岩重度；

h_a——隧道计算围岩高度；

β——地下水影响折算系数；

h_w——水位差；

γ_w——10kN/m³；

$P_预$——预压，一般取0.02~0.03MPa。

带压进仓的关键在于保持仓内的气压稳定，因此需要进行保压试验。保压试验压力必须高于预定的进仓气压，保压按照开挖仓中心起始压力（一般为 30～50kPa）起算；每间隔 30min 提高压力 10kPa，直至达到终压即开始保压，气垫仓液位仍控制在 50%～60%；然后稳定压力 3h。在加压过程中，检查以刀盘为中心、半径为 30m 范围内的地面是否有泄漏，特别是地质钻孔位置，并对泄漏点进行封堵。

保压试验后，保持泥水室液位在 50% 左右，同时将压力逐步降低到进仓压力。带压进仓换刀，工作人员从上部人闸与气垫仓之间的门进入气垫仓，然后经由气垫仓与泥水室之间的门进入泥水室进行带压换刀。

仓内换刀需按预定方案进行换刀、刀具紧固等作业。进仓作业不要破坏泥膜。如不慎破坏泥膜，应及时调整泥浆进行修复，并经常观察泥膜有无龟裂现象。同时，仓内人员应与主机室人员随时观察开挖仓压力、液位的变化与补气量的变化情况，必要时人员要退出，再次对泥土室（或泥土仓）重新置换高黏度泥浆，以确保进仓作业的安全、稳定。在作业过程中，如需转动刀盘，人员和工具应全部撤出泥土室，退回至人仓，并关闭仓门，刀盘转动时应最大限度地减少旋转次数以减轻对开挖面的影响。刀盘停止转动后，在确认无漏水、开挖面保持稳定的条件下，人员再次进仓进行作业。刀具更换遵循自上而下、一根辐条更换完成后再进行下一根辐条更换的原则。在更换完的辐条上应采用胶带做好标记，避免因旋转刀盘后无法分辨该辐条是否完成更换。对更换完成的刀具必须确认连接无误后方可继续下一把刀具的更换。图 3-73 为泥水平衡盾构进仓示意图。

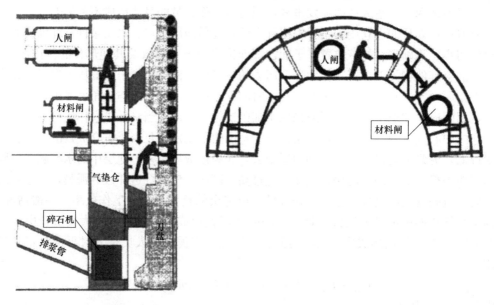

图 3-73　泥水平衡盾构进仓示意图

在仓内作业完成后，关闭泥水室门之前，应对所有的刀具安装质量进行检查，并避免工具、杂物遗留在仓内。确认无误后关闭仓门，人员进入人仓，按规定速率进行减压出仓。

2. 常压换刀

与带压换刀相比，常压换刀优势明显，具体表现为：

（1）常压换刀安全性高。带压进仓作业需要在几倍大气压下工作，并需要直接面对掌子面，具有极高的风险。而常压换刀时，整个换刀工作处在常压下，作业条件好，安全性高。

（2）常压换刀作业时间短。在高压条件下，作业人员容易产生疲劳。常压换刀作业人员的工作效率高，并且有效工作时长相对长，换刀作业时间短。

根据盾构刀盘构造等的不同，常压换刀技术分为常规刀盘常压换刀技术和基于刀盘设计的常压换刀技术 2 种。

常规刀盘常压换刀技术是指在常规刀盘设计的盾构工程中，工作人员在常压条件下进入刀盘前方，对刀盘上刀具进行更换的技术。根据刀具更换处开挖面地层的稳定性情况，按是否进行加固地层作业，该技术可分为自稳地层常压换刀技术和加固地层常压换刀技术。自稳地层常压换刀技术一般是指盾构换刀处地层稳定性较好，无需地层加固，技术人员直接进入刀盘前方进行刀具更换作业的技术。然而，绝大部分盾构换刀地层都不足以达到自稳条件，需要先对开挖面周围土体进行一些加固处理后，再进行刀具更换作业。因此，常规刀盘常压换刀技术一般就是指加固地层常压换刀技术。该技术安全性较高，工艺相对成熟，一般适用于地层条件较好，或者具备地层加固条件，如地面建构筑物较少或者无大量水体地段的工程。但是如果加固地层工期相对较长，且又受到隧道上部环境限制，如地表建构筑物密集或者水下隧道等就不具备地层加固条件，在这样的工程段就不宜使用加固地层常压换刀技术。

基于刀盘设计的常压换刀技术也是在常压下对刀具进行维修和更换，与加固地层常压换刀技术不同的是，该技术的盾构机刀盘辐臂被设计为空心体，部分刀具设计为在空心辐臂内可以抽换的形式。技术人员可进入空心的刀盘辐臂中，从刀腔内抽出该类型的刀具以完成更换任务。整个换刀作业在空心辐臂的常压环境下进行，作业条件安全性优于加固地层常压换刀技术，施工工期也较短，平均 2h 更换 1 把刀，1 次停机换刀只需要 2～3 天时间，且换刀施工不占用地表面，不对地面交通及周围环境造成影响。但是该技术需要进行空心式辐臂和常压可更换刀筒设计，增加了设备成本；且可更换刀筒的体积较大，整台盾构机上仅能布置 1/4～1/3 的常压可更换刀，还会降低其他固定刀具布置的密度，进而会牺牲一定的掘削效率。

1）加固地层常压换刀

加固地层常压换刀技术是指通过各种地层加固方法，使盾构机开挖面前方土体加固以达到自稳状态后，技术人员从地面或者盾构机的人闸进入盾构机刀盘前方进行刀具更换作业的过程。

（1）一般技术流程

常用的地层加固技术有旋喷加固技术、深层搅拌加固技术、冷冻法施工技术、竖井加固技术、地下连续墙加固技术等。由于这些技术都已比较成熟，具体采用何种加固技术，需结合地质条件、施工条件和工程成本等因素综合考虑后确定。加固地层常压换刀技术流程可以概括为：确定加固地点→地层加固→井内降水→检查刀盘和刀具→拔出刀具→焊接刀盘→安装刀具→整体检查。在完成上述步骤后，盾构机先进行试运行，检查盾构机各项装备工作性能，之后使盾构恢复正常掘进。其中地层加固是本技术的关键环节，有效的加固效果检测以及加固后土体的稳定性计算是本技术的关键点。相关的检测技术、土体稳定性计算方法以及高效的井点降水系统研发是本技术的重点发展方向。

（2）工程案例

某穿黄工程采用加固地层常压换刀技术。该工程盾构停机位置处在黄河滩地，地形平坦，四周开阔，所处土层结构较紧密，其中可塑状粉质土渗透系数较小，强度较高，局部含有卵石、钙质结核等，且覆土深度在地

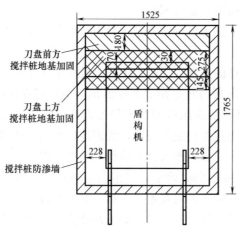

图 3-74   地层加固示意图（单位：cm）

表加固允许范围内，没有地表水，具备预先加固的条件。该工程首先采用三轴搅拌桩工法进行土体加固，加固方案见图 3-74，在三轴搅拌桩施工完成后，在三轴搅拌桩的薄弱部位（如搅拌桩与成型隧洞的接合处）加设降水井，然后 24h 不间断降水，降低换刀区域的地下水位，以防止在修复刀盘作业时地下水渗透到盾构刀盘工作区域，造成刀盘周边涌水及开挖面坍塌等事故的发生。当土体加固完成和降水工作准备就绪后，在刀盘前方开挖出一定空间，采用喷锚支护方案——锚杆、钢筋网和混

凝土等共同工作提高开挖面土体的结构强度和抗变形刚度，减小土体变形，增强土体的整体稳定性。

在以上工作完成后，施工人员通过盾构机人闸进入压力仓，在常压下对损坏的刀具进行更换。此外，针对刀具在尺寸、材质、焊接工艺上存在的问题，以及后期掘进的需要，工程技术人员还对刀盘上的先行刀、滚刀、边缘铲刀、正面刮刀、中心刀等刀具进行了改造和更换。

2）基于刀盘设计的常压换刀

基于刀盘设计的常压换刀技术核心在于空心刀盘辐臂和常压可更换刀筒设计。该类型刀盘主刀梁一般设计为空心箱体式（图 3-75），内设梯阶，供换刀作业人员攀援、检查和更换刀具；常压更换的刀具通过焊接座固定在主刀梁上，其刀筒设计为背装式嵌于主刀梁的空心箱体内，刀筒内设有挡渣土和水的闸板。

（1）一般技术流程

技术人员可直接进入空心辐臂内，通过可伸缩油缸和刀具更换装置等设备，从刀筒内抽出刀具，然后关闭刀腔闸板，将刀盘前方高压仓与刀臂常压仓隔开，待检查更换新刀具后，打开闸板，装回刀具，完成刀具更换作业（图 3-76）。还存在两方面的问题：一方面会使刀盘开口率降低，尤其是刀盘的中心区域开口率会更小，施工中容易造成切削渣土不流畅，在软土中还易形成泥饼；另一方面由于可更换刀筒的体积较大，会降低其他固定刀具布置的密度，进而导致掘削效率会有一定程度的降低。

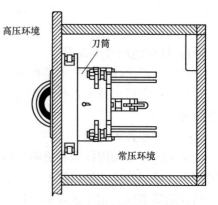

图 3-75   刀盘辐臂横断面示意图

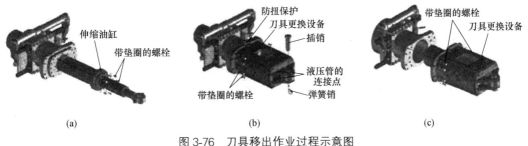

(a)　　　　　　　　　　(b)　　　　　　　　　　(c)

图 3-76　刀具移出作业过程示意图

（a）伸缩装置安装；（b）道具更换装置安装；（c）刀具更换装置移除

（2）工程案例

某工程用盾构刀盘直径为 15.76m，为设置成可常压更换刀箱需要，开口率仅为 29%。

刀盘 6 个刀臂上配置 38 个直径为 43.13cm（17 英寸）的常压可更换刀筒（76 把刀：羊角刀、贝壳刀、滚刀可互换），最外圈 3 个切削轨迹上配置 3 个直径为 48.26cm（19 英寸）的刀筒，在刀盘开口边缘布置 52 个常压可更换软土刮刀刀筒以及 160 把可带压更换的固定刮刀和 12 组周边铲刀。该刀盘还配置有刀具磨损检测装置、刃盘冲洗系统、伸缩、驱动系统和常压换刀系统等。

① 刀具磨损检测装置

为防止刀具磨损后继续磨穿刀座，在每个可更换刀箱正面设置刀具磨损检测装置。磨损检测装置由传感器销和液压管路组成。传感器销突出刀盘面板 15mm，正常工作时液压管路充入一定压力，当刀具磨损一定量后开始磨损传感器销，传感器销表层磨穿后则液体会向前泄漏，测量值换算器可识别到系统中的压力下降，从而发出一个报警信号，起到保护刀座和刀盘结构的作用。该磨损检测装置在常压换刀时可进行更换维修。

② 刀盘冲洗系统

为防止在泥岩段掘进过程中刀盘和刀具结积泥饼，刀盘正面设置 12 路 DN100 冲洗管，6 路平行于刀盘面板向刀盘中心冲洗的中心冲洗管，6 路沿刀臂开口向周边冲洗的径向冲洗管。刀盘冲洗系统由独立的泵系统供水，最大总冲洗流量可达 1000m³/h。

③ 伸缩驱动系统

盾构具备刀盘伸缩功能，配备 24 组伸缩油缸，并带有压力传感器，可实时监测刀盘中心挤压应力。伸缩油缸可由初始 0 位伸出至 400mm，在推进过程中设置伸出量为 300mm，换刀时回缩至 250mm，从而在开挖面可为换刀操作留出适当的作业空间。

④ 常压换刀系统

基于常压换刀原理，刀筒作为整个闭合单元抽出，常压换刀系统包括刀筒结构、隔闸阀装置、润滑及密封装置、拆装工具等，常压换刀可更换的刀具类型见表 3-8。

换刀装置常压换刀可更换刀具形式　　　　　　　　表 3-8

刀具名称	尺寸(cm)	外观	样式
中心羊角刀	43.13(刀筒直径)		

刀具名称	尺寸(cm)	外观	样式
正面贝壳刀	43.13(刀筒直径)		
周边滚刀	48.36(刀筒直径)	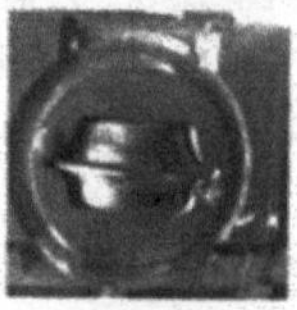	
刮刀	200(刀宽)		

3.5　隧道管片的制作和拼装

3.5.1　管片制作与养护

1. 施工准备

1）技术培训和学习

为保证管片顺利生产，安排技术人员和技术工人到具备生产能力的管片生产厂进行较长时间的观摩学习，借鉴和总结主要工序的施工方法和技术要求。

2）机具设备的准备与制造

（1）管片模具

根盾构掘进工期、管片养护时间和等强时间、设备检修及一些不可预因素，决定使用管片模具的数量，计算每月预计生产管片的环数。

管片模具的取材、定位、宽度、厚度、弧长、螺栓孔、密封情况等制作能否达到设计要求，直接影响到单片管片和拼装后整环精度，因此高精度的管模是决定管片质量的重要因素之一。

（2）生产设备、机具和材料

制作混凝土管片所需生产设备、机具和材料如下：混凝土搅拌机；混凝土配料机；用于养护的蒸汽锅炉；水养护池；振动器（棒）；自制的钢筋笼加工台；轮式切割机；钢筋弯曲机；混凝土管片钢模；弧形（主筋）弯曲机；箍筋机；卷扬机；电焊机；翻斗车；叉车；液压翻转架；门型吊车。

3）组织机构和选调技术工人

管片的高精度、高质量制作要求，使得各关键工序施作须有经验丰富的班长和技术工人，包括钢筋弯曲工、钢筋笼焊接工、混凝土拌合司机、混凝土捣固工、清模涂油工、蒸养工、起吊工、修补工。上述人员在生产前应进行有针对性的、时间较长的专门培训，技术过关后方可上岗操作。严格执行生产中施工技术人员和管理人员的现场值班制度，发现问题，及时解决。

2. 管片制作

1）钢筋笼加工制作

（1）钢筋笼制作材料

钢筋笼制作的主要材料包括螺纹钢和圆钢等。

（2）钢筋笼检查

钢筋笼的制作加工应严格进行自检、监理检查，合格后方可存放场地。

（3）预埋件加工要求

① 预埋件有灌浆头、支架和圆形飞轮三种，可按照混凝土保护层的设计厚度委外加工定做。

② 入库前可由仓管人员通知质检工程师、监理检查其外观（无腐蚀、扭曲变形、油渍附着），超出允许标准的件应剔除，不得使用。

③ 为防止钢筋笼与钢模发生碰撞，在安放成型的钢筋笼之前在钢筋笼四周各安设 2 个圆形飞轮卡具，在底部安设 4 个支架卡具，在中部预埋灌浆头 1 个。

（4）质量保证措施

① 严格控制材料进场和检查相关证件，不符合要求的不准放置到钢筋堆放场地，各种材料未经试验合格后不准使用。堆放场地的材料应分类堆放，经常检查，防止腐蚀、生锈。

② 对钢筋的下料尺寸随时抽查，不合格产品杜绝使用。

③ 日检和抽检钢筋笼，包括各位置钢筋是否正确、焊接是否牢固，焊缝是否出现咬肉、气孔、夹渣等现象，焊接后氧化皮及焊渣是否清理干净等。

④ 上道工序经自检和监理检查合格后方可进行下一道工序。

2）模具准备及钢筋笼的安设

（1）模具的准备

钢模必须放置在平整的地面上，底部与四周地面接触处须垫实，不可留有空隙，安放地面的高差不大于 5mm。

（2）模具精度控制

钢模的质量是保证盾构管片成品尺寸的前提，使用结束后，务必对钢模进行维护和保养，并逐件逐点检查。检测频率宜为每 200 环用内径千分尺检查内腔壁宽、大小侧弧长和模具深度一次，如实记录，不符合要求的钢模必须立即整改。

（3）脱模剂的选择和涂刷

脱模剂需要按比例进行调和，操作过程中如控制不好，对模具有极大的腐蚀作用，易使管模产生锈斑而影响管片外观质量。结合实际施工经验，可用煤油进行脱模清洗和色拉油涂刷，也可直接用水溶性脱模剂清洗和涂刷。

（4）钢模的保养

内置管片钢筋笼前，必须要把内腔表面清理干净，不得含有灰渣和积水。经常检查钢模上的紧固件，发现松动及时拧紧，振捣完成后清除残留在钢模上的混凝土，防止其干结，影响钢模后续使用。拆下的钢模零部件需放置在规定部位，不得掼摔和乱放，以免损伤和错用。

（5）钢筋笼的安设

安设钢筋笼时，为确保混凝土保护层厚度满足设计和规范要求，安放前在成型钢筋笼四周宜各安装 2 个圆形飞轮卡具、底部宜安设 4 个支架卡具、中部宜预埋灌浆头 1 个；安设完成后，管模的各部螺栓用扳手锁紧。组立完成后，再依次检查各预埋件、螺栓芯棒是否与钢筋接触，接触的必须予以调节。

3）混凝土浇筑

（1）原材料

混凝土浇筑所需各项材料必须满足设计和规范要求。

（2）混凝土的浇筑与振捣

混凝土捣固质量的好坏与管片成型的外观质量有直接关系，如果捣固不到位，管片成型后外壁容易出现蜂窝和麻面。应按照以下步骤进行施工：

① 为防止管片模具碰损，宜采用小功率手持式振动器振捣。

② 混凝土铺料先两端后中间，并分层推铺，分层振捣，振捣时要快插慢拔，使混凝土内的气体随着振捣棒慢慢拔出而排出混凝土体外，在一点的振捣时间以 12～15s 为宜，不可过振。可采用循环往复的捣固模式，单块管片振捣时间为 12～15min。

③ 振捣时振捣棒不得碰撞钢模螺栓芯棒、钢筋、钢模及预埋件。

④ 为防止混凝土在振捣过程中从端头溢出，一端振捣后，应盖上压板，压板必须压紧压牢，然后振捣另一端；待两端的压板都盖上后，继续往模具中间添加混凝土并捣固，直至填满整个模具。

⑤ 混凝土浇捣后立刻沿模具外弧面边缘向弧面中央位置进行收面。

⑥ 管片模具压板拆除时间夏季以 30min 为宜，冬季以 60min 为宜，并随之进行管片外弧面整体的收面工作。

⑦ 静放 1～2h 再进行管片外弧面抹面两次。

⑧ 拔出螺栓芯棒的时间夏季为 60min，冬季为 90min。

⑨ 振捣完成后必须清除残留在钢模上的混凝土。

（3）管片拆模

① 管片蒸汽养护结束后，管片混凝土拆模强度不得低于设计的轴心抗压强度值的 30%。

② 脱模时先拆侧板，再卸端头板。在脱模时，严禁硬撬、硬敲。

③ 管片脱模要用专门吊具，平稳起吊。

④ 起吊的管片在翻转架上翻成侧立状态。

3. 管片养护

1）蒸汽养护

混凝土浇筑完成后宜静放 1～2h 后开始蒸养。蒸养宜在四周封闭的蒸养棚内进行。

整个蒸养过程都应给管片盖上塑料薄膜（直接盖在管片外弧面）和帆布（宜离管片外弧面 20cm），并在每个模具帆布上安插温度计。升温过程宜匀速进行，控制在 16～

18℃/h 为宜，蒸养温度一般控制在 45～55℃，最高不超过 60℃。蒸养时间一般为 2～3h。时间过长，管片易发生缩水，产生裂纹；时间过短，管片表面颜色不均匀，产生青斑，影响管片质量和性能。在蒸养过程中值班人员如发现某台模具温度上升较快，而同组中的模具温度正常，可堵塞该组 1～2 个蒸汽孔；若温度仍然较高，可将帆布掀起一小角，待降温达到要求后再盖上，蒸养结束，静放 1h 后，方可将帆布四周掀起进行自然降温。此时可把钢模端模打开辅助降温，降温时间控制在 2～3h 左右，确保脱模时管片温度不超过大气温度 10℃。

2）水养护

管片脱模后，冷却至与大气温度的差值符合要求后即可吊入水养护池养护。在水中养护不少于 14d，然后吊出水养护池，自然养护至 28d。管片水池养护在长 28m、宽 20m、深 1.5m 的养护池内进行。养护池底部垫 10cm 厚的方木，防止管片在吊入池中时撞损。

管片脱模时，用温度计测管片螺栓孔内的温度，其温度与气温相差不超过 10℃，方可吊出钢模。冬期施工时，管片脱模温度与外界温度的温差可能超过规定标准，为了给蒸汽养护留出更多的时间，可采用降温棚，并在其中设置类似空调的设施，把成型管片一片一片地从钢模吊入降温棚，使管片在其中得以匀速降温，待管片温度与大气温度的差值符合要求，再将管片集中吊装入水进行水养护。

3）自然养护

管片从水养护池内吊出，进行同等条件下的试块试验，达到 7d 和 28d 的试验强度，抗渗试验合格，经外观修饰后，放置管片堆放场地进行自然养护。

4. 管片缺陷的修补

管片从养护池起吊后，按管片类型堆放。管片堆放整齐后，对管片出现掉角、蜂窝和麻面的部位进行修补。

掉角修补方法：修补前需将软弱部分凿去，用水和钢丝刷将基层清洗干净，不得有松动颗粒、灰尘、油渍，表面用清水湿润。宜采用 808 强力胶粘剂、白水泥、灰水泥配置灰浆进行修补，修补厚度在 3cm 以下可做一次修补，反之则分多次修补完成，在棱角部位用靠尺取直，修补完后进行保湿养护。

蜂窝和麻面修补方法：将松动颗粒、灰尘、油渍清理干净，并湿润。宜采用 808 强力胶粘剂、白水泥、灰水泥配置灰浆将蜂窝处填满补平后与原尺寸相符，修补面要刮平抹光。

3.5.2 管片储存及运输

1. 储存堆置

（1）完成水养护之后，管片移入储存场依生产日期分批放置储存。

（2）储存场地以工地为主，管片厂临时储存场所为辅。

（3）储存场地面应铺设枕木，避免管片直接接触地面，管片之间应有适当间隔。

（4）管片堆置应平放整齐，堆放高度以不超过一环管片数量为宜，防止倾倒。

（5）管片于生产、储存及运输期间应有适当保护以避免碰撞及其他损害。

2. 管片运输

（1）管片用吊具及吊车（叉车）吊运储存或放置于管片专用运输车上。

（2）出厂前应通知质检工程师及现场监理，查验欲出厂管片是否已达混凝土设计强度，外观品质是否合格，编号是否正确，待查验确认并经签核后，方可出厂。

（3）管片放置于平板车时，注意小心吊运，避免因碰撞产生破损，并力求稳定放置于固定的枕木垫块上，做好捆扎工作。

（4）每车装载重量不超过该车安全限重。

（5）值班守卫人员应于车辆出厂前核对出货单、清点数量、登记车号，经查验无误后方可出厂。

3.5.3 管片拼装

1. 拼装准备

在拼装管前，检查确认所安装的管片及连接件等是否为合格产品，并对前一环管片环面进行质量检查和确认；掌握所安装的管片排列位置、拼装顺序，盾构姿态、盾尾间隙（管片安装后，盾尾间隙要满足下一掘进循环限值，确保有足够的盾尾间隙，以防盾尾直接接触管片）等；盾构推进后的姿态应符合要求。

2. 管片拼装作业

管片的拼装是建造盾构隧道重要工序之一，管片与管片之间可以采用螺栓连接（图3-77）或无螺栓连接形式（图3-78），管片拼装后形成隧道。

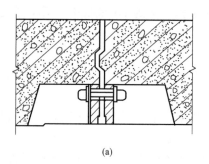 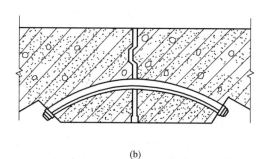

(a) (b)

图3-77 管片螺栓连接形式
（a）直螺栓连接；（b）弯螺栓连接

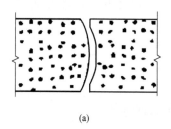 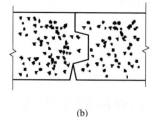 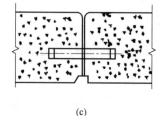

(a) (b) (c)

图3-78 管片无螺栓连接形式
（a）球铰型连接；（b）榫槽型连接；（c）暗销型连接

隧道管片拼装按其整体组合，可分为通缝拼装和错缝拼装。

（1）通缝拼装：各环管片的纵缝对齐的拼装。这种拼装定位容易，纵向螺栓易穿，拼装施工应力小，但容易产生环面不平，并有较大累计误差，而导致环向螺栓难穿，环缝压密量不够。

（2）错缝拼装：前后环管片的纵缝错开拼装，一般错开 1/3～1/2 块管片的弧长。采用此法建造的隧道整体性较好，环面较平整，环向螺栓较易穿。但是，这种拼装方法施工应力大，管片容易产生裂缝，纵向穿螺栓困难，纵缝压密差。

目前，所采用的管片拼装工艺可归纳为先下后上、左右交叉、纵向插入、封顶成环。

针对盾构有无后退，可分先环后纵拼装和先纵后环拼装。

（1）先环后纵：先将管片拼装成圆环，拧好所有环向螺栓，在穿进纵向螺栓后再用千斤顶整环纵向靠拢，然后拧紧纵向螺栓，完成一环的拼装工序。采用此种拼装方法，成环后环面平整，圆环的椭圆度易控制，纵缝密实度好但如前一环环面不平，则在纵向靠拢时，对新成环所产生的施工应力就大。这种拼装工艺适用于采用敞开式或机械切削开挖和盾构后退量较小的盾构施工。

（2）先纵后环：缩回一块管片位置的千斤顶，使管片就位，再立即伸出缩回的千斤顶，这样逐块拼装，最后成环。用此种方法拼装，其环缝压密好，纵缝压密差，圆环椭圆度较难控制，主要可防止盾构后退。但对拼装操作带来较多的重复动作，拼装也较困难。这种拼装工艺适用于采用挤压或网格盾构和盾构后退量较大的施工。

按管片的拼装顺序，可分先下后上及先上后下拼装。

（1）先下后上：使用举重臂从下部管片开始拼装，逐块左右交叉向上拼。这样拼装安全，工艺也简单，拼装所用设备少。

（2）先上后下：先采用拱托架拼装上部，使管片支承于拱托架上。此拼装方法安全性差，工艺复杂，需有卷扬机等辅助设备，适用于小直径盾构施工。

封顶管片的拼装形式有径向楔入和纵向插入（图 3-79）两种。径向楔入时其半径方向的两边线必须呈内八字形或者至少平行，受载后有向下滑动的趋势，受力不利。采用纵向插入式的封顶块受力情况较好，在受载后，封顶块不易向内滑移，其缺点是在封顶块管片拼装时，需要加长盾构千斤顶行程。故也可采用一半径向楔入和另一半纵向插入的方法以减少千斤顶行程。

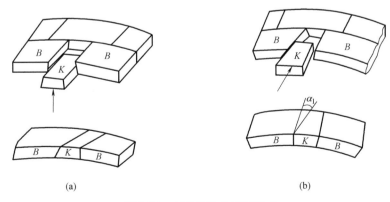

图 3-79 封顶管片的安装形式

(a) 径向楔入型；(b) 纵向插入型

3. 管片拼装要点

管片拼装的要点如下：

（1）管片拼装应按拼装工艺要求逐块进行，安装时必须从隧道底部开始，然后依次安装相邻块，最后安装封顶块。每安装一块管片，立即将管片纵环向连接螺栓插入连接，并戴上螺帽用电动扳手紧固。

（2）封顶块安装前，对止水条进行润滑处理，安装时先径向插入，调整位置后缓慢纵向顶推。

（3）在管片拼装过程中，应严格控制盾构推进油缸的压力和伸缩量，使盾构位置保持不变，管片安装到位后，应及时伸出相应位置的推进油缸顶紧管片，其顶推力应大于稳定管片所需力，然后方可移开管片安装机。

（4）管片连接螺栓紧固质量应符合设计要求。

（5）拼装管片时应防止管片及防水密封条的损坏，安装管片后顶出推进油缸，扭紧连接螺栓，保证防水密封条接缝紧密，防止由于相邻两片管片在盾构推进过程中发生错动，防水密封条接缝增大和错动，影响止水效果。

（6）对已拼装成环的管片环作椭圆度的抽查，确保拼装精度。

（7）曲线段管片拼装时，应注意使各种管片在环向定位准确，保证隧道轴线符合设计要求。

（8）同步注浆压力必须得到有效控制，注浆压力不得超过限值。

4. 衬砌防水

1）衬砌管片自防水

衬砌管片应具有一定的抗渗能力，以防止地下水的渗入。在管片制作前，先应根据隧道埋深和地下水压力，提出经济合理的抗渗指标；对预制管片混凝土级配应采取密实级配；还应严格控制水灰比（一般不大于0.4），且可适当掺入减水剂来降低混凝土水灰比；在管片生产时要提出合理的工艺要求，对混凝土振捣方式、养护条件、脱模时间、防止温度应力而引起裂缝等均应提出明确的工艺条件。对管片生产质量要有严格的检验制度，减少管片堆放、运输和拼装过程的损坏率。

在管片制作时，采用高精度钢模以减少制作误差，是确保管片接头面密贴、不产生大初始缝隙的可靠措施。《盾构法隧道施工及验收规范》GB 50446—2017中关于钢筋混凝土管片生产的允许偏差与检验方法见表3-9。

钢筋混凝土管片几何尺寸和主筋保护层厚度允许偏差　　　　表3-9

项　　　目	允许偏差（mm）
宽度	+1，−1
弧长、弦长	+1，−1
厚度	+3，−1
主筋保护层厚度	设计要求或者−3mm～+5mm

2）管片接缝防水

确保管片的制作精度的目的，主要是使管片接缝接头的接触面密贴，使其不产生较大的初始缝隙，但接触面再密贴，不采取接缝防水措施仍不能保证接缝不漏水。目前管片接缝防水措施，主要有密封垫防水、嵌缝防水、螺栓孔防水等，如图3-80所示。

（1）密封垫防水

管片接缝分环缝和纵缝两种。采用密封垫防水是接缝防水的主要措施，如果防水效果良好，可以省去嵌缝防水工序或只进行部分嵌缝。密封垫要有足够的承压能力（纵缝密封垫比环缝稍低）、弹性复原力和黏着力，使密封垫在盾构千斤顶顶力的往复作用下仍能保持良好的弹性变形性能。因此密封垫一般采用弹性密封垫，弹性密封防水主要是利用接缝弹性材料的挤密来达到防水目的。一般使用的弹性密封垫有硫化橡胶类弹性密封垫与复合型弹性密封垫。

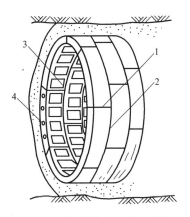

图 3-80　管片防水部位示意图
1—纵缝封水密封垫；2—环缝封水密封垫；3—嵌缝槽；4—螺栓孔

硫化橡胶类弹性密封垫具有高度的弹性，复原能力强，即使接头有一定量的张开，仍处于压密状态，有效地阻挡了水的渗漏。它们设计成不同的形状，有不同的开孔率和各种宽度、高度，以适应水密性要求的压缩率和压缩的均匀度，当拼装稍有误差时，密封垫的一定长度可以保证有一定的接触面积防水。为了使弹性密封垫正确就位，牢固固定在管片上，并使被压缩量得以储存，应在管片的环缝及纵缝连接面上设有粘贴及套箍密封垫的沟槽，沟槽在管片上的位置、形式等对防水密封效果有直接关系。

复合型密封垫是由不同材料组合而成的，它是用诸如泡沫橡胶类且具有高弹性复原力的材料为芯材，外包致密性、黏性好的覆盖层而组成的复合带状制品。芯材多用氯丁胶、丁基胶做成的橡胶海绵（也称多孔橡胶、泡沫胶），覆盖层多用未硫化的丁基胶或异丁胶为主材的致密自黏性腻子胶带、聚氯乙烯胶泥带等材料。复合型弹性密封垫的优点是集弹性、黏性于一身，芯材的高弹性使其在接头微张开下仍不失水密性，覆盖层的自黏性使其与接头面的混凝土之间和密封垫之间的黏结紧密牢固。

（2）嵌缝防水

嵌缝防水是以接缝密封垫防水作为主要防水措施的补充措施，即在管片环缝、纵缝中沿管片内侧设置嵌缝槽，用止水材料在槽内填嵌密实来达到防水目的，而不是靠弹性压密防水。嵌缝填料要求具有良好的不透水性、黏结性、耐久性、延伸性、耐药性、抗老化性、适应一定变形的弹性，特别要能与潮湿的混凝土结合好，具有不流坠的抗下垂性，以便于在潮湿状态下施工。目前采用环氧树脂系、聚硫橡胶系、聚氨酯或聚硫改性的环氧焦油系及尿素系树脂材料较多。

（3）螺栓孔防水

目前普遍采用橡胶或聚乙烯及合成树脂等做成环形密封垫圈，靠拧紧螺栓时的挤压作用使其充填到螺栓孔间，起到止水作用。在隧道曲线段，由于管片螺栓插入螺孔时常出现偏斜，螺栓紧固后使防水垫圈局部受压，容易造成渗漏水，此时可采用铝制杯形罩，将弹性嵌缝材料束紧到螺母部位，并依靠专门夹具挤紧，待材料硬化后拆除夹具，止水效果很好。

内侧再浇筑一层混凝土或钢筋混凝土二次衬砌，构成双层衬砌，以使隧道衬砌符合防水要求。在二次衬砌施工前，应对外层管片衬砌内侧的渗漏点进行修补堵漏，污泥必须冲洗干净，最好凿毛。当外层管片衬砌已趋于基本稳定时，方可进行二次衬砌施工。二次衬砌做法各异，有的在外层管片衬砌内直接浇筑混凝土内衬砌；有的在外层衬砌内表面先喷注一层 15～20mm 厚的找平层后粘贴油毡或合成橡胶类的防水卷材，再在内贴式防水层上浇筑混凝土内衬。混凝土内衬砌的厚度应根据防水和混凝土内衬砌施工的需要决定，一般为 150～300mm。

3.6　盾构施工中的土工问题

3.6.1　盾构掘进工作面稳定问题

1. 概述

盾构法隧道技术是城市地下工程施工对周围地层扰动最小的施工方法，但同其他施工方法一样，由于地质条件和施工工艺的限制，很难避免盾构推进对周围环境的扰动，甚至导致过大的地面沉降。而这种环境的破坏主要取决于盾构开挖面的稳定性，所以开挖面的稳定是盾构施工的一个重要问题。

盾构中稳定开挖面的机构分为敞开式和闭胸式两种，这两种盾构对解决开挖面稳定问题的方法有很大的不同，敞开式盾构是依靠开挖面土体的强度，而闭胸式盾构则是通过泥浆压力或泥土压力来抵抗开挖面释放的荷载以保持其稳定。

在敞开式盾构中，为防止土体的崩塌而配备有挡土机构，同时对城市地下软土来说，为了土体稳定，还需配合使用各种辅助施工方法，主要有压气法、降水法、化学注浆法等，并可根据各工程的具体情况结合使用几种辅助施工方法。但这些辅助施工方法存在以下问题：

（1）压气造成地下空气缺氧。

（2）恶劣的高气压工作环境。

（3）地下水位降低使周围水井枯竭。

（4）化学药液（掺合剂）引起地下水污染等。

因而迫切希望有一种无须使用上述辅助施工法的新盾构施工方法。于是，闭胸式盾构施工法得到迅速推广，目前已占整个盾构工程的 95% 以上。本节主要针对闭胸式盾构施工法中泥水盾构和土压平衡盾构的开挖面稳定问题展开研究。

2. 泥水盾构开挖面的稳定

1）开挖面稳定机理

泥水盾构稳定开挖面的机理如下：

（1）以泥水压力来抵抗开挖面的土压力和水压力以保持开挖面稳定，同时控制开挖面变形和地基沉降。

（2）在开挖面形成弱透水性泥膜，保持泥水压力有效作用于开挖面。

在开挖面，随着加压后的泥水不断渗入土体，泥水中的砂填入土体孔隙中，可形成渗透系数非常小的泥膜。而且，由于泥膜形成后减小了开挖面的压力损失，泥水压力可有效地作用于开挖面，从而可防止开挖面的变形和崩塌并确保开挖面的稳定。因此，在泥水盾构施工法中，控制泥水压力和控制泥水质量是两个重要的课题。

2）泥膜与泥水特性

为了保持开挖面稳定，必须可靠而迅速地形成泥膜，以使压力有效地作用于开挖面。为此，泥水应具有以下特性。

（1）泥水密度

为保持开挖面稳定，即把开挖面的变形控制到最小限度，泥水密度应比较高。从理论上讲，泥水密度最好能达到开挖土体的密度。但是，大密度的泥水会引起泥浆泵超负荷运转以及泥水处理困难；而小密度的泥水虽可减轻泥浆泵的负荷，但因泥粒渗走量增加，泥膜形成慢，对开挖面稳定不利。因此，在选定泥水密度时，必须充分考虑土体的地层结构，在保证开挖面稳定的同时也要考虑设备能力。一般泥水密度为 $1.05\sim1.30\mathrm{g/cm^3}$。

（2）含砂量

Muller 等人将开挖面的过滤形态分为以下三种类型，见图 3-81。

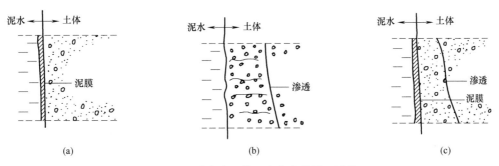

图 3-81　泥水在开挖面土体中的贯入过滤

（a）类型 1：细砂上形成泥膜；（b）类型 2：向粗颗粒中渗透，无表面过滤；（c）类型 3：既能渗透又能过滤

类型 1：泥水几乎不产生渗透，只形成泥膜。

类型 2：土体孔隙大，泥水全部渗走，不产生泥膜。

类型 3：介于类型 1 和类型 2 之间，即泥水渗走的同时也形成泥膜。

类型 1 的过滤形态多发生在渗透系数小的黏性土层；类型 2 则多出现在渗透系数大的砂砾层中；类型 3 多在砂质土层中发生。如果泥水向土体过量渗透，不仅泥水压力不能有效作用于开挖面，而且会引起土体孔隙水压力上升，有效应力下降，这对开挖面稳定是不利的。因此，对渗透系数大的砂质土、砂砾石层，必须采取措施以加速泥膜的形成。

在强透水性土体中，泥膜形成的快慢与掺入泥水中砂粒的最大粒径以及含砂量（砂粒重/黏土颗粒重）有密切关系，这是因为砂粒具有填堵土体孔隙的作用。为了充分发挥这一作用，砂粒的粒径应比土体孔隙大且其含量应适中。

实验表明，当土体渗透系数 $K=5\times10^{-3}\mathrm{m/s}$ 时，砂粒的最大粒径为 0.84mm 时，还不能防止渗漏，直到最大粒径为 2.0mm 时，约经 10s，渗漏量趋于稳定，泥膜才会形成。研究表明，砂粒含量（S/c）与过滤水量的关系如下：随着 S/c 的增加，成膜性越来越好，当 $K=2\times10^{-1}\mathrm{cm/s}$、$d_s>0.42\mathrm{mm}$ 时，只要 $S/c>0.1$，即可形成泥膜，过滤水量随之变小。

泥水的含砂量直接影响泥膜形成的快慢，因为砂粒具有填堵土体孔隙的作用，所以砂粒粒径应比土壤孔隙大且含量适中，因此对渗透系数大的砂质土、砂砾石层必须注意此点，以加速泥膜的形成。

（3）泥水的黏性

为了收到以下效果，泥水必须具有适当的黏性：

① 防止泥水中的黏土、砂粒在泥水室内沉积，保持开挖面稳定。

② 提高黏性，增大阻力，防止逸泥。

③ 使开挖下来的弃土以流体输送，经后处理设备滤除废渣，将泥水分离。

此外，泥水还应具有以下特性：具有抑制土体塌方和泥水劣化的优越机能；对于温度和压力的稳定性高；不易受盐分和水泥等电解质影响；对细菌和有机物具有免疫、不变化等性质。

3）泥水压力的取值

土体一经盾构开挖，其原有的应力即被释放，并将产生向应力释放面的变形。此时，为控制地基沉降，保持开挖面稳定，必须向开挖面施加一个相当于释放应力大小的力。

在泥水盾构中是用泥水压力来抵消开挖面的释放应力，但在决定泥水压力时，必须考虑开挖面的水压力、土压力和预留荷载。

（1）水压力

水压力即指开挖面的孔隙水压力，根据事前的地质勘探，可准确得到。但有些地区的地下水位随季节变幅较大，因此，在研究泥水压力时，必须考虑施工季节这一因素。

（2）土压力

在设计泥水压力时如何考虑土压力，目前尚无固定的方法，主要靠现场技术人员的判断。以下介绍几种实际施工中常用的考虑土压力的方法。

① 不考虑土压力

根据反循环钻孔施工法的观点，取设计泥水压力＝水压力＋预留压力。由于开挖面的稳定是通过土体本身的强度来维持，允许开挖面有一定变形，所以，对那些自稳性差的地基、软弱而变形系数大的地基来说，这样处理是危险的。另外，在大断面盾构中，开挖崩塌和大的变形极有可能引起地基下沉，因此，采用此方法决定泥水压力时，必须作充分论证。

② 采用静止土压力

为了将开挖面保持在最稳定的状态，且把开挖变形控制到最小限度，并防止地表沉降，最好是在计算设计泥水压力时用静止土压力。

③ 采用主动土压力

土体中的土压力，以静止土压力为基准，当地基朝向开挖面变形时，则为主动土压力；当地基朝向土体变形时，即为被动土压力。朗肯根据土体单元主应力的关系，求出了主动状态和被动状态下的土压力系数：

$$K_a = \tan^2(45° - \varphi/2) - 2c/\gamma z \tan(45° - \varphi/2) \tag{3-48}$$

$$K_p = \tan^2(45° + \varphi/2) - 2c/\gamma z \tan(45° + \varphi/2) \tag{3-49}$$

式中　K_a——主动土压力系数；

　　　K_p——被动土压力系数；

　　　φ——摩擦角（°）；

　　　c——土的黏聚力（Pa）；

　　　γ——土的重度（$10kN/m^3$）；

z——距地表深度（m）。

如果开挖变形在弹性范围内，即使土体中有变形，但仍能保持开挖面稳定，因此，也可用主动土压力、被动土压力来决定泥水压力。但是，一般来说被动土压力都非常大，以此值来控制，采用直接控制型泥水盾构时就必须加大泥水加压设备（泥浆泵），且相应的盾构推进油缸也要加大，压力隔板要加厚。因此，从经济方面考虑，尚无按被动土压力进行控制的工程实例，而当采用主动土压力时，虽然由于开挖面松动，有利于出渣，但必须注意开挖面向盾构一侧变形引起的地表沉降。

④ 采用 Terzaghi 的松弛土压力

当上覆土层的厚度远大于盾构外径时，在良好的地基中可望获得一定的拱效应，因而可将 Terzaghi 的松弛土压力作为铅直土压力考虑。此松弛土压力是指假定开挖时洞顶出现松动，当这部分土体产生微小沉降时，作用于洞顶的铅直土压力。因此，应用 Terzaghi 理论时，必须求出开挖面的松弛范围。用于计算的松弛范围比隧道断面的松弛范围小，当用 Terzaghi 理论设计泥水压力时，所得值偏于安全。以下介绍 Terzaghi 松弛土压力理论。

Terzaghi 用干砂进行脱落实验，见图 3-82。

图 3-82 中，当板 ab 一下落，板上部的砂就塌落下来，但作用于滑动面的抗剪力支撑着它，于是，板 ab 上的土压力减小，而 a 和 b 左右的土压力增加，板 ab 上就起拱。如增大板 ab 的宽度使砂塌落，滑动面将变为 ac 和 bd。Terzaghi 将此种状况模型化（图 3-83），并推导出铅直土压力的理论公式。

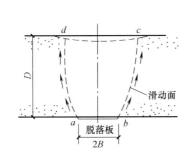

图 3-82　脱落试验

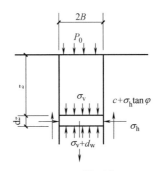

图 3-83　模型化图

由距地表深 z 处某一微小单元铅直方向力的平衡条件得：

$$2B\gamma \mathrm{d}z = 2B(\sigma_v + \mathrm{d}\sigma_v) - 2B\sigma_v + zc\mathrm{d}z + 2K\sigma_v \mathrm{d}z \cdot \tan\varphi \tag{3-50}$$

令 $z=0$，取 $\sigma_v = P_0$，得上式的解为：

$$\sigma_v = \frac{B(\gamma - c/B)}{K\tan\varphi}\left[1 - e^{-K\tan\varphi \cdot (z/B)}\right] + P_0 e^{-K\tan\varphi \cdot (z/B)} \tag{3-51}$$

式中　K——经验土压力系数，取 1.0；

P_0——上覆土重。

将这一理论应用于盾构断面，得下式：

$$B = R\cot\left[2\left(\frac{\pi}{4} + \frac{\varphi}{2}\right)\right] \tag{3-52}$$

用这一松弛范围可计算盾构顶端的铅直土压力，进而将此铅直土压力乘以主动土压力系数可得水平土压力。此水平土压力即可作为计算泥水压力的土压力。

⑤ 采用村山的松弛土压力

村山等人将 Terzaghi 的松弛压力观点用于推求盾构前进方向开挖面前方土压力松弛而产生的水平力，即假定盾构前方因开挖面释放应力而形成滑动面，由洞顶的滑动宽度求出盾构前进方向的松弛范围，并算出松弛土压力。这是一种考虑了实际崩塌的合理的评价方法，在研究泥水压力时也是有用的。但由于无法考虑开挖面变形，所以必须注意地基沉降。以下介绍这一理论。

村山等人假定，开挖面前部的滑动面始于开挖面下端，拱顶高度为铅直的对数螺线，滑动面的形状可用下式计算：

$$\gamma = \gamma_0 \exp(\theta \cdot \tan\varphi) \tag{3-53}$$

为保持稳定，图 3-84 中各滑动力，由滑动线所围土块 abc 的重量 w，作用于土块上面的松动土压（qB），沿滑动面的黏聚力的抗滑力 c 以及用泥水压力抑制开挖面变形的水平力 P 围绕对数螺线中心 O 旋转的动力矩必须平衡。

$$pl_p = Wl_w + qB\left(l_a + \frac{B}{2}\right) - \int_{r_0}^{r_d} rc\cos\varphi\, ds \tag{3-54}$$

$$ds = \sqrt{1 + r^2\left(\frac{d\theta}{dr}\right)^2}\, dr \tag{3-55}$$

因此，保持开挖面稳定所需的水平力为：

$$P = \frac{1}{l_a}\left[Wl_w + qB\left(l_a + \frac{B}{2}\right) - \frac{c}{2\tan\varphi}(r_d^2 - r_0^2)\right] \tag{3-56}$$

当 $\varphi = 0$ 时，则有：

$$P = \frac{1}{l_a}\left[Wl_w + qB\left(l_a + \frac{B}{2}\right) - \frac{\pi r_0^2}{2}c\right] \tag{3-57}$$

计算水平力 P 时，首先假定松弛范围 B 为某一值，然后按下式计算松弛土压力：

$$q = \frac{\alpha B\left(r - \frac{2c}{\alpha B}\right)}{2K\tan\varphi}\left[1 - \exp\left(-\frac{2KH}{\alpha B}\tan\varphi\right)\right] \tag{3-58}$$

式中　α——试验常数，$\alpha = 1.8$。

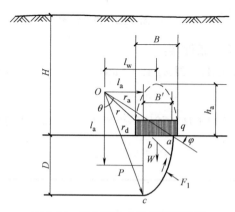

图 3-84　村山理论中的开挖面平衡

其次，求出图 3-84 中各力矩的力臂长和开挖面前方的土块力矩，再由式（3-57）或式（3-58）算出由泥水压力控制开挖面的水平力 P。按上述方法，假定各种松动范围，从中求出最大控制水平力 $P_{\max}$。由此 $P_{\max}$ 可求出盾构中心的土压力 $P^* = P_{\max}/D$。

村山等人提出的松弛土压力计算公式很复杂，必须多次改变松弛范围，由试算误差求解最大控制水平力，实际计算用电算较合适。

（3）预留压力

为了在开挖面形成泥膜，必须使泥水压力高于地下水压力，以使泥水向土体渗透，并填充土体中的孔隙。但如果开挖面泥水流入土体，则可能引起泥水压力降低，以至引起开挖面失稳。因此，在决定泥水压力时，一般还需在水压力、土压力的基础上再加一部分预留压力，此预留压力多采用 10~20kPa。

3. 土压平衡盾构开挖面的稳定

土压平衡盾构开挖面稳定机理具有以下特征：使刀具切下的土砂呈塑性流动，充满于土仓内以控制开挖面；用螺旋输送机和排土调整装置来调整排土，使之与切削土量保持平衡，并使土仓内的土砂有一定压力，以抵抗开挖面的土压力、水压力；用土仓内和螺旋输送机内的土砂获得止水效果。

为了保证开挖面的稳定，重要的是要使切削下来的土砂具有塑性流动性，并使土砂确实充满土仓内，同时还应使开挖下来的土砂具有止水性。因此，土压平衡盾构稳定开挖面的机理，因工程地质条件不同而不同。通常分为黏性土和砂质土两类。

1) 黏性土层的开挖面稳定机理

在粉质砂层和砂质粉土层等黏性土地层，由切削刀具切下的土砂一般比原地层强度低，具有塑性流动性。即使是黏着力大不易流动的土，由于切削刀具和螺旋输送机的搅拌作用，以及向土仓内注水等，也可使之具备流动性。就止水性而言，因黏性土的渗透系数较小，故没问题。

其次是必须使土仓内的土砂具有一定压力，以便与开挖面的水压力和土压力相抗衡。配合挖掘速度，通过调整螺旋输送机的转矩、转数以及排土闸门的开度，使开挖土量和排土量平衡，以保持土压力的稳定。一般都在土仓内壁布置土压计来控制开挖面压力。但应注意，有时因流动性差而无法准确测量土仓内的土压力。

另外，如土室内土砂过多，黏性土将会压密固化，开挖、排土均无法进行，此时需注入外加剂，通过向土仓内注水、空气、膨润土、泡沫或泥浆等添加剂，并作连续搅拌，以提高土体的塑流性，确保渣土的顺利排放。

2) 砂性土层的开挖面稳定机理

由于砂性土和砂砾土的内摩擦角大，土的摩擦阻力大，故难以获得好的流动性。当切削下来的土充满土仓和螺旋输送机内时，将使切削刀具转矩、螺旋输送机转矩、盾构推进油缸推力增大，甚至使开挖、排土无法进行。另外，此类地层渗透系数大，仅靠土仓和螺旋输送机内的压缩效应不可能完全止水，在开挖面水压高时，螺旋输送机排土闸门处易出现喷涌。因此，对这类地层，通常采用给开挖面或土仓内注入外加剂和加装搅拌棒进行强制搅拌等方法，以使开挖土具有流动性和止水性。与黏性土地基一样，通过控制开挖量和排土量来平衡开挖面的水压力、土压力，亦可达到保持开挖面稳定的目的。

3) 渣土改良

在土压平衡盾构施工中，尤其在复杂地层及特殊地层盾构施工中，为了保持开挖面的稳定，根据围岩条件适当注入添加剂，确保渣土的流动性和止水性，同时要慎重进行土仓压力和排土量管理。渣土改良的目的如下：①使渣土具有良好的土压平衡效果，利于稳定开挖面，控制地表沉降；②提高渣土的不透水性，使渣土具有较好的止水性，从而控制地下水流失；③提高渣土的流动性，利于螺旋输送机排土；④防止开挖的渣土黏结刀盘而产生泥饼；⑤防止螺旋输送机排土时出现喷涌现象；⑥降低刀盘扭矩和螺旋输送机的扭矩，同时减少对刀具和螺旋输送机的磨损，从而提高盾构的掘进效率。

（1）渣土改良方法

渣土改良就是通过盾构配置的专用装置向刀盘面、土仓内或螺旋输送机内注入水、泡沫、膨润土、高分子聚合物等添加剂，利用刀盘的旋转搅拌、土仓搅拌装置搅拌或螺旋输送机旋转搅拌使添加剂与土渣混合，其主要目的就是要使盾构切削下来的渣土具有好的流塑性、合适的稠度、较低的透水性和较小的摩阻力，以满足在不同地质条件下盾构掘进可达到理想的工作状况。

（2）防泥饼措施

当盾构穿越的地层主要有泥岩、泥质粉砂岩、砂岩、黏土层时，盾构掘进时可能会在刀盘尤其是中心区部位产生泥饼。此时，掘进速度急剧下降，刀盘扭矩也会上升，大大降低开挖效率，甚至无法掘进。施工中的主要技术措施如下：

① 加强盾构掘进时的地质预测和泥土管理，特别是在黏性土中掘进时，更应密切注意开挖面的地质情况和刀盘的工作状态。

② 增加刀盘前部中心部位泡沫注入量并选择较大的泡沫注入比例，减少渣土的黏附性，降低泥饼产生的概率。

③ 必要时在螺旋输送机内加入泡沫，以增加渣土的流动性，利于渣土的排出。

④ 必要时采用人工处理的方式清除泥饼。

4）土压控制

在设定土压力时主要考虑地层土压、地下水压（孔隙水压）及预先考虑的预备压力。

（1）地层土压计算

除前述计算方法外，在我国《铁路隧道设计规范》TB 10003—2016 中，根据大量施工经验，在太沙基土压力理论的基础上，提出以岩体综合物性指标为基础的岩体综合分类法，根据隧道埋深不同，将隧道分为深埋隧道和浅埋隧道，再根据隧道的具体情况采用不同的计算方式进行土压计算。

深、浅埋隧道的判定原则一般以隧道顶部覆盖层能否形成"自然拱"为原则。深埋隧道围岩松动压力值是根据施工坍方平均高度（等效荷载高度）确定的。深、浅埋隧道分界深度通常为施工坍方平均高度的 2～2.5 倍。

$$H_p = (2 \sim 2.5) h_q \tag{3-59}$$

式中　H_p——深、浅埋隧道分界的深度；

　　　h_q——施工坍方平均高度，$h_q = 0.45 \times 2^{6-S} \omega$；

　　　S——围岩级别，如Ⅲ类围岩，则 $S=3$；

　　　ω——宽度影响系数，$\omega = 1 + i(B-5)$；

　　　B——隧道净宽度（m）；

　　　i——以 $B=5$m 为基准，B 每增减 1m 时围岩压力增减率；当 $B<5$m 时，取 $i=0.2$；$B>5$m 时，取 $i=0.1$。

在深埋隧道中，按照太沙基土压力理论计算公式以及日本村山理论，可以较为准确地计算出盾构前方的松动土压力。在实际施工过程中，可以根据隧道围岩分类和隧道结构参数，采用我国现行的《铁路隧道设计规范》TB 10003—2016 中推荐的计算围岩竖直分布松动压力的计算公式：

$$q = 0.45 \times 2^{6-S} \gamma \omega \tag{3-60}$$

式中　γ——围岩重度。

地层在产生竖向压力的同时，也产生侧向压力，侧向水平松动压力 σ_a 的计算见表 3-10。

侧向水平松动压力计算　　　　　　　　　　　　表 3-10

围岩分类	Ⅵ～Ⅴ	Ⅳ	Ⅲ	Ⅱ	Ⅰ
水平松动压力 σ_a	0	$(0\sim1/6)q$	$(1/6\sim1/3)q$	$(1/3\sim1/2)q$	$(1/2\sim1)q$

在浅埋隧道中，在原状的天然土体中，土处于静止的弹性平衡状态，这时的土压力为静止土压力。在任一深度 h 处，土的铅垂方向的自重应力 σ_z 为最大主应力，而水平应力 σ_x 为最小主应力。

$$\sigma_x = k\sigma_z = k\gamma h \tag{3-61}$$

式中　k——侧向土压力系数，$k=\upsilon/(1-\upsilon)$；

　　　υ——岩体的泊松比。

一般采用下列经验公式计算 k 值。

经验值：砂层中，$k=0.34\sim0.45$；黏土地层中，$k=0.5\sim0.7$。

经验公式：Jaky 公式（砂层），$k=1-\sin\varphi$；Brooker 公式（黏性土层），$k=0.95-\sin\varphi'$；式中，φ、φ' 为土的有效内摩擦角。

日本《建筑基础结构设计规范》建议，不分土的种类，k 均为 0.5。

计算地面以下深度为 z 处的地层自重应力 σ_z，等于该处单位面积上土柱的重力：

$$\sigma_z = \gamma_1 h_1 + \gamma_2 h_2 + \gamma_3 h_3 + \cdots\cdots + \gamma_n h_n = \sum \gamma_i h_i \tag{3-62}$$

式中　γ_i——第 i 层土的天然重度在地下水位以下一般采用浮重度（kN/m^3）；

　　　h_i——第 i 层土的厚度（m）；

　　　n——从地面到深度 z 处的土层数。

在浅埋隧道的施工过程中，由于施工的扰动，改变了原状天然土体的静止弹性平衡状态，从而使刀盘前方土体产生主动或被动土压力。

盾构推进时，如果土压力设置偏低，工作面前方土体向盾构刀盘方向产生微小移动，土体出现向下滑动趋势，为阻止土体的下滑趋势，土体抗剪力增大，当土体的侧向应力减小到一定程度，土体的抗剪强度达到一定值，土体处于主动极限平衡状态，与此相应的土压力称为主动土压力。主动极限平衡被破坏，地面将下沉。

盾构推进时，如果土仓压力设置偏高，刀盘对土体的侧向应力逐渐增大，刀盘前方土体出现向上滑动势，为抵抗土体向上滑动，土体抗剪力逐渐增大，处于被动平衡状态，与此相应的土压力称为被动土压力。被动极限平衡被破坏时，地面将隆起。

根据盾构的特点及盾构施工的原理，采用朗金理论计算主动土压力与被动土压力。

当盾构推力偏小时，土体处于向下滑动的极限平衡状态。此时土体内的竖直应力 σ_z 相当于最大主应力 σ_1，水平应力 σ_x 相当于最小主应力 σ_a。水平应力 σ_x 为维持刀盘前方的土体不向下滑移需要的最小土压力，即土体的主动土压力。画出土体的应力圆（图 3-85），此时水平轴上 σ_3 处的 E 点与应力圆在抗剪强度线切点 M 的连线和竖直线间的夹角 β 为破裂角。

由图 3-85 可知：

$$\beta=\frac{1}{2}\angle ENM=\frac{1}{2}(90°-\varphi)=45°-\varphi/2 \tag{3-63}$$

$$\sigma_x=\sigma_a=\sigma_3=\sigma_z\tan^2(45°-\varphi/2)-2c\tan(45°-\varphi/2) \tag{3-64}$$

式中　σ_z——深度为 z 处的地层自重应力；

c——土的黏聚力；

z——地层深度；

φ——地层内部摩擦角。

当盾构的推力偏大时，土体处于向上滑动的极限平衡状态。此时作用在刀盘前方的土压力 σ_p 相当于大主应力 σ_1，而竖向应力 σ_z 相当于小主应力 σ_3。画出土体的应力圆（图 3-86），当应力圆与抗剪强度线相切时，刀盘前方的土体被破坏，向前滑移。此时作用在刀盘上的土压力即为土体的被动土压力。

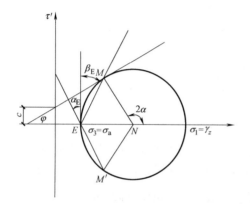

图 3-85　主动土压力应力圆

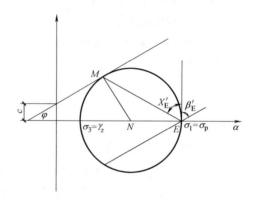

图 3-86　被动土压力应力圆

$$\beta'=\frac{1}{2}\angle ENM=\frac{1}{2}(90°+\varphi)=45°+\varphi/2 \tag{3-65}$$

$$\sigma_p=\sigma_1=\sigma_z\tan^2(45°+\varphi/2)+2c\tan(45°+\varphi/2) \tag{3-66}$$

式中　σ_z——深度为 z 处的地层自重应力；

c——土的黏聚力；

z——地层深度；

φ——地层内部摩擦角。

（2）地下水压力计算

当地下水位高于隧道顶部，由于地层中孔隙的存在，从而形成侧向地下水压。地下水压力的大小与水力梯度、渗透系数、渗透速度以及渗透时间有关。在计算水压力时，由于地下水在流经土体时，受到土体的阻力，引起水头损失。作用在刀盘上的水压力一般小于该地层处的理论水头压力。

在掘进中，随着盾构不断往前推进，土仓内的压力介于原始的土压力值附近，加上水在土中的微细孔流动时的阻力，故在掘进时地层中的水压力可以根据地层的渗透系数进行酌情考虑。当盾构因故停机时，由于地层中压力水头差的存在，地下水必然会不断地向土仓内流动，直至将地层中压力水头差消除为止。此时的水压力为：

$$\sigma_w=q\gamma h \tag{3-67}$$

式中　q——根据土的渗透系数确定的一个经验数值，砂土中 $q = 0.8 \sim 1.0$，黏性土中 $q = 0.3 \sim 0.5$；

　　　γ——水的重度；

　　　h——地下水位距离刀盘顶部的高度。

在实际施工中，由于管片顶部的注浆可能会不密实，故地下水可能会沿着管片外部的空隙形成过水通道，当盾构长时间停机时，必将形成一定的压力水头。

$$\sigma_{w1} = q_{砂浆}\ \gamma h_w \tag{3-68}$$

式中　$q_{砂浆}$——根据砂浆渗透系数和注浆饱满程度确定的一个经验数值，一般取 $0.8 \sim 1.0$；

　　　γ——水的重度；

　　　h_w——补强注浆处和刀盘顶部高差。

在计算水压力时，刀盘后部的水压力 σ_{w1} 与刀盘前方的水压力 σ_w 取大值进行考虑。

（3）预备压力

由于施工存在许多不可预见的因素，致使施工土压力小于原状土体中的静止土压力。按照施工经验，在计算土压力时，通常在理论计算的基础之上再考虑 $10 \sim 20$kPa 的压力作为预备压力。

（4）土压平衡控制

土压平衡控制的要点就是维持开挖面稳定，确保土仓内的土压力平衡开挖面的地层土压力和水压力。土压平衡盾构开挖面的稳定由下列各因素的综合作用而维持：适当的推进速度使土仓内的土压力平衡地层压力和水压力；通过调节螺旋输送机的转速和排土闸门开度调节排土量；适当保持泥土的流动性，根据需要调节添加剂的注入量。

土压平衡盾构以土压力为控制目标，通过将盾构土仓内的实际土压值 P_i 与设定土压值 P_0 进行比较，依此压差进行相应的排土管理，其控制流程如图 3-87 所示。设定土压值 P_0 应控制在以下范围内：（水压力＋主动土压力）$< P_0 <$（水压力＋被动土压力）。

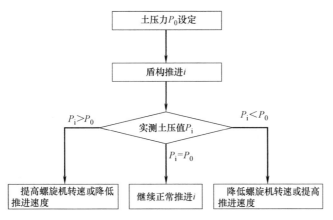

图 3-87　土压控制流程图

4. 特殊条件下开挖面的稳定

1）互层地基开挖面的稳定

城市地基土多呈互层状态，开挖面也几乎都是互层的。由于互层地基中各土层的开挖释放力不同，就产生了以哪一层的土压力作为控制压力的问题，一般认为以释放荷重最大的那一层来决定控制压力较为合适。此时，释放荷重小的地层将被动受压，但一般情况下地基被动受压能力很强，所以不会出现被动破坏。

2）软土地基开挖面的稳定

软土地基的静止土压力和主动土压力相差甚微，如以主动土压力控制，压力稍一降低，就有可能产生主动破坏。因此，最好是加大预留压力，即适当提高控制压力。但软黏土加压过度，会使前方地表隆起，同时扰动土体进而出现后续沉降，这一点应引起注意。

3）大断面盾构的开挖面稳定

大断面盾构的开挖面可能会出现大的变形、地基沉陷或隆起等问题，由于开挖面的变形与开挖半径的4次方成正比，故当开挖半径增大到2倍时，变形将达16倍。因此，在研究大断面盾构开挖面稳定的同时，还需充分研究其变形的问题。

3.6.2　盾构掘进地层影响及监测

盾构施工不可避免会引起地层扰动，使地层发生变形，特别是软弱地层，当埋深较浅时变形会波及地表并使地表产生沉降。当地层变形超过一定范围，会严重影响周围临近建（构）筑物及地下管网的安全，引起一系列的环境岩土工程问题。因此，在施工中必须采取合理的措施，减少和控制地表下沉。

1. 致使地层变位的主要因素及阶段划分

盾构推进中，造成地表沉降的主要原因是施工过程中产生的地层损失。造成地层损失的主要因素有以下几个方面：

（1）土体受施工扰动后固结，从而产生地层损失。

（2）在水土压力作用下，隧道衬砌变形引起地层损失。

（3）壳体移动与地层间的摩擦和剪切作用引起地层损失。

（4）开挖面土体的移动。盾构掘进时，如果出土速度过快而推进速度跟不上，开挖面土体则可能出现松动和坍塌，破坏了原地层应力平衡状态，导致地层沉降或隆起；盾构机的后退也可能使开挖面塌落和松动引起地层损失而产生地表沉降。

（5）采用降水疏干措施时，土体有效应力增加，再次引起土体固结变形。

（6）土体挤入盾尾空隙。主要原因是因注浆不当，使盾尾后部隧道周边土体向盾尾坍塌产生地层损失引起地层沉降。

（7）盾构推进方向的改变、盾尾纠偏、仰头推进、曲线推进都会使实际开挖面形状大于设计开挖面而引起地层损失。

盾构施工引起的地面变形，依据实测曲线分析，大致分为五个阶段：盾构到达前的地面变形、盾构到达时的地面变形、盾构通过时的地面变形、盾构通过后的瞬时地面变形和地表后期固结变形。

（1）盾构到达前的先期变形。在盾构推进正面地层滑裂面范围，受到地层孔隙水压力的变化，导致地表略有隆起。该阶段的变形较小，一般小于总变形量的5%。

（2）盾构到达时的地面变形。盾构前方土体受到挤压会向前向上移动，使地表有微量隆起，若开挖面土体支护力不足而向盾构内移动时，则盾构前方土体发生向下向后移动。若开挖面前上方有建筑物存在，可能因为超载作用抵抗土体挤压上隆的作用力，而不发生隆起。该阶段的变形量占总变形量的 10%～15%。

（3）盾构通过时的地面变形。盾构两侧土体向外移动，地面发生变形，变形量占总变形量的 10%～25%。

（4）盾构通过后的瞬时地面变形。盾构通过后，由于衬砌外壁与土壁之间有空隙，地表会有一个较大的下沉（占总变形量的 20%～30%），而且沉降速率较大，这种沉降有时又称为施工沉降。

（5）地表后期固结变形。盾构施工过程会对周围土体产生扰动导致土中孔隙水压力上升，但随着孔隙水压力的消散，地层会发生主固结沉降。孔隙水压力趋于稳定后，土体的骨架仍会因变而发生次固结沉降。在总变形量中，这部分变形仍占较大比例，为 25%～40%。

2. 地层位移的计算和预测

目前，盾构施工中多数采用 Peck 法估计盾构施工引起地面沉降和地层损失，但是 Peck 法未考虑地层特性和施工因素。随着有限元法数值分析的发展和计算机的普及，现在可采用考虑地层条件、盾尾空隙和壁后注浆等因素的有限元法对盾构施工引起的地层位移进行计算分析与预测。此外，国内外不少学者采用模型试验、智能决策理论等方法对地表沉降进行计算和预测。下面对 Peck 法进行介绍。

Peck 法假定不排水情况下隧道开挖所形成的地表沉降槽的体积应等于地层损失的体积；地层损失在整个隧道长度上均匀分布，隧道施工产生的地表沉降横向分布近似为一正态分布曲线（图 3-88）。图 3-88 中，$\tan\beta = \dfrac{W-R}{Z}$。其中，$W$ 为隧道开挖所形成的地表变形影响范围的宽度；R 为盾构隧道的开挖半径；Z 为从地表到隧道中心的深度。

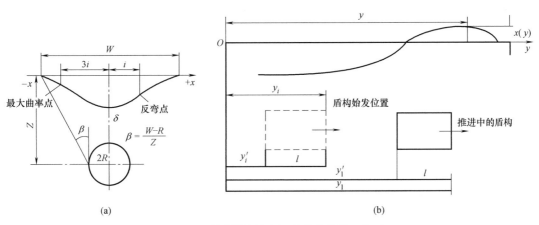

图 3-88 隧道横向地表沉降分布曲线示意图
（a）横向分布；（b）纵向分布

横向地表沉降的预估公式以及最大沉降量的计算公式为：

$$S(x) = S_{\max} \exp\left(-\frac{x^2}{2i^2}\right) \tag{3-69}$$

$$S_{\max} = \frac{V_l}{i\sqrt{2\pi}} \approx \frac{V_l}{2.5i} \tag{3-70}$$

式中 $S(x)$——距隧道中心轴线 x 处的地面沉降（m）；

$\quad\quad S_{max}$——隧道轴线上方地表最大沉降量（m）；

$\quad\quad i$——地表沉降槽宽度，即曲率反弯点与隧道中心轴线在地表投影的距离（m）；

$\quad\quad V_l$——盾构隧道单位长度的地层损失量（m³/m）。

反弯点 i 处的沉降量约为 $0.61S_{max}$，最大曲率半径点的沉降量约为 $0.22S_{max}$，沉陷槽断面面积约为 $\sqrt{2\pi}S_{max}i$。

Peck 公式只需确定两个参数，使用简便。但是，由于其精度不高，只能作为定性分析，无法作为细致分析。工程实践中，地层损失量与多种因素有关，一般很难正确估计，所以预测地面沉降量也有一定难度，常直接类比而定。所以，国内外许多专家都根据具体情况对 Peck 公式进行了部分修正。

3. 地表沉降的监测与控制

盾构施工期间，必须进行施工监测，根据监测结果提出控制地表沉降的措施和保护周围环境的方法，以便保护周围的地表建筑、地下设施的安全。

1）监测内容和方法

盾构施工监测的项目有地表沉降、土体沉降、土体变形、土压力、孔隙水压力，建筑物沉降、倾斜、裂缝，隧道衬砌土压力、应力、变形等。所用监测仪器和方法如表 3-11 所示。

盾构施工监测项目和方法　　　　　表 3-11

监测项目	监测仪器		监测方法
	名称	结构	
地表沉降	地表桩	钢筋混凝土桩	水准仪测量
土体沉降	分层沉降仪	磁环	分层沉降仪测定
土体变形	测斜管	塑料、铝管	倾斜仪测定
土压力	土压计	钢弦式、电阻应变式	频率仪、应变仪测定
孔隙水压力	水压计	钢弦式、电阻应变式	频率仪测定
衬砌应力	钢筋计	钢弦式、电阻应变式	频率仪、应变仪测定
隧道变形	收敛仪		仪器测定
建筑物沉降	沉降桩	钢制	水准仪测量
建筑物倾斜			经纬仪测量
建筑物裂缝	百分表、裂缝观察仪	电子式、光学式	仪器测定

（1）土体沉降测量。采用分层沉降仪量测不同深度处地层的隆沉。钻孔埋设塑料测管，钻孔深度应大于隧道洞底标高 2~5m，而位于隧道顶部的测管应高于隧道拱顶 0.5m 以上。塑料测管上埋设磁性沉降标或在测管外放置磁环作为测点，测点间距为 1~3m。

（2）地表变形测量。用于监测地表沉降的标准地表桩为预制的混凝土地表桩，中心埋钢制测点。地表桩底埋入原状土，在桩的四周用砖砌成保护井，加井圈和井盖，井盖应与地表持平。采用精密水准仪测量地表桩的高程变化。

（3）土体水平位移量测。采用倾斜仪放入埋设在土体中的倾斜管内测量。测斜管的材质应满足与土体共同变形的要求。测斜管采用钻孔埋设，管底用砂浆固定。量测时将倾斜仪沿测斜管十字槽缓缓放入管底，然后缓缓拉上，每隔 50cm 读数一次，拉出管口后将倾斜仪旋转 180°，再次放入，读数，取两次读数平均值计算，完成一个方向的量测。再把倾斜仪旋转 90°，测另一个方向的位移。

（4）土压力和孔隙水压力量测。通过埋设在土体中的土压计和孔隙水压计量测。土压计和孔隙水压计采用钻孔埋设。隧道衬砌的土压力量测一般采用在管片背面埋设土压计的方法。在预制管片时预留埋设孔，在管片拼装前将土压计埋设在预留孔内，土压计外膜必须与管片背面保持在一个平面上。

（5）隧道衬砌内力量测。一般通过量测管片中的钢筋应力后计算出隧道衬砌测点处的弯矩和轴力。钢筋应力一般采用钢弦式钢筋应力计进行量测。钢筋应力计的埋设，是在管片钢筋笼制作时把钢筋应力计焊接在内、外缘的主钢筋上。

（6）隧道圆环变形量测。主要监测隧道横径和纵径的变化。在测点处的拱顶、洞底、拱腰处共埋设 4 个金属钩，将收敛仪的两头固定在小钩上，读出收敛仪上读数。圆环变形以椭圆度来表示，实测椭圆度＝横径－竖径。

（7）地面建筑物监测。建筑物沉降通过对承重墙、承重柱、基础的沉降观测得到，采用水准仪量测其高程的变化。对高耸的建筑物必须进行倾斜监测，一般采用经纬仪进行量测。对重要建筑物可采用连通管测量仪进行沉降连续监测，采用倾角仪对建筑物倾斜进行连续监测。

2）地表沉降的控制

（1）施工中采用灵活合理的正面支撑或适当的气压值来防止土体坍塌，保持开挖面土体的稳定。条件许可时，尽可能采用泥水加压盾构和土压平衡盾构等先进的施工方法。

（2）盾构掘进时，严格控制开挖面的出土量，防止超挖，即使是对地层扰动较大的局部挤压盾构，只要严格控制其出土量，仍有可能控制地表变形。

（3）要控制盾构推进每一环时的纠偏量，以减少盾构在地层中的摆动和对地层的扰动，同时尽可能减少纠偏需要的开挖面局部超挖。

（4）提高隧道施工速度和连续性，避免盾构停搁，对减小地表变形有利。若盾构需要中途检修或其他原因必须暂停推进时，务必做好防止后退的措施，正面及盾尾要严格封闭，以尽量减少搁置期间对地表沉降的影响。

（5）要做好盾尾建筑空隙的充填压浆。确保压注工作的及时性，尽可能缩短衬砌脱出盾尾的暴露时间。

（6）确保合理的压浆数量，控制适当的注浆压力，过量的压注会引起地表隆起及局部跑浆现象，对管片受力状态有影响。改进压浆材料的性能，施工时严格掌握压浆材料的配合比，对其凝结时间、强度、收缩量要通过试验不断改进，提高注浆材料的抗渗性。

（7）隧道选线时要充分考虑地表沉降可能对建筑群的影响，尽可能避开建筑群或使建筑物处于地表均匀沉降区内。对双线盾构隧道还应预计到先后掘进产生的二次沉降，最好在盾构出洞后的适当距离内，对地表沉降和隆起进行量测，作为后掘进盾构控制地表变形的依据。

本章小结

盾构法是城市地下工程（地铁、城市管网等）中隧道修建的常用方法，通过本章学习，可以加深对盾构法概念与特点、盾构机分类与选型、盾构施工技术与衬砌技术、掘进地层的影响及监测等方面的理解，具备编制盾构施工方案与组织盾构施工组织设计的初步能力。

思考与练习题

3-1　简述盾构施工基本原理。

3-2　简述盾构施工的优缺点。

3-3　盾构机的类型如何选择？

3-4　简述盾构机的基本构造及其相应的功能。

3-5　简述盾构机尺寸及推进系统推力的计算方法。

3-6　简述盾构施工的始发和接收技术。

3-7　简述盾构推进开挖方法。

3-8　如何对盾构施工进行方向控制？

3-9　简述盾构管片制作、养护与运输需要注意的主要事项。

3-10　简述盾构推进中造成地层损失的主要因素。

3-11　隧道盾构壁后注浆的目的是什么？进行壁后注浆时，如何选择浆液和确定注入时间、注入方法、注入压力、注入量等？

3-12　按照材料，衬砌管片可以分为哪些类型？各有何特点？

3-13　衬砌防水的主要方法有哪些？

3-14　盾构施工致使地层变形的因素有哪些方面，地层变形可划分为哪几个阶段？

3-15　简述 Peck 法隧道横向地表沉降分布曲线中反弯点、最大曲率半径点、沉降槽宽度系数的含义。

3-16　如何对盾构施工引起的地表沉降进行监测和控制？

3-17　关于盾构未来发展的方向和前景，你有何看法？简单陈述并说明理由。

第4章 顶 管 法

本章要点：
(1) 顶管法施工基本原理；
(2) 顶管机基本构造及类型；
(3) 顶管施工主要流程；
(4) 顶管施工中的主要技术问题。
学习目标：
(1) 熟悉顶管法施工的基本原理，顶管机构造和选型；
(2) 掌握顶管法施工的流程及主要技术问题；
(3) 掌握顶管机推进的相关计算。

4.1 概述

顶管法现已成为城市市政施工的主要手段，广泛用于穿越公路、铁路、建筑物、河流，以及在闹市区、古迹保护区、农作物和植被保护区等不允许或不能开挖的条件下进行煤气、电力、电信、有线电视线路、石油、天然气、热力、排水等管道的铺设，并在顶管的基础上发展成为了一门非开挖施工技术。

4.2 顶管法的历史和发展

顶管法施工最早始于 1896 年美国的北太平洋铁路铺设工程的施工中，已有百余年历史。1948 年日本第一次采用顶管施工方法，在尼崎市的铁路下顶进了一根内径 600mm 的铸铁管，顶距只有 6m。国内 1953 年北京第一次进行顶管施工，1956 年上海也开始进行了顶管试验。1978 年上海开发了适用于软黏土和淤泥质黏土的挤压法顶管。1984 年前后，北京、上海、南京等地先后开始引进国外先进的机械式顶管设备，使我国的顶管技术上了一个新台阶。1988 年，上海研制成功我国第一台 2720mm 多刀盘土压平衡掘进机，先后在虹漕路、浦建路等许多工地使用，取得了令人满意的效果。1992 年，上海研制成功国内第一台加泥式 1440mm 土压平衡顶管掘进机，用于广东省汕头市金砂东路的繁忙路段施工，施工结束所测得的最终地面最大沉降仅有 8mm。该类型的掘进机目前已成系列，最小的为 1440mm，最大的为 43540mm。

目前，矩形顶管机械及工艺发展比较成熟的国家是日本。日本在20世纪80年代开发出了矩形隧道顶管机，并应用于多条人行隧道、公路隧道、铁路隧道、地铁隧道和排水隧道的施工中。1981年，名古屋和东京都采用4.29m×3.09m的手掘式矩形顶管机掘进了2条长分别为534m和298m的共同沟；名古屋还采用5.23m×4.38m的手掘式矩形顶管机掘进了一条长374m的矩形隧道。20世纪90年代，日本将遥控技术应用到顶管法中，操作人员在地面控制室中通过闭路电视和各种仪表进行遥控操作，对普遍采用人工开挖的顶管技术产生了重大革新。

日本将管片拼装法和顶管机配合使用，开发出2种典型的顶管施工工法：DPLEX（Developing Parallel Link Excavating Shield Method）顶管施工法和Takenaka顶管施工法（由Takenaka Ltd Company研发），前者为多轴偏心传动顶管机，工作面上土层的切削是通过一个绕曲柄轴进行偏心转动的切削框架（或矩形切削刀盘）来实现的，如图4-1（a）所示。后者为组合刀盘顶管机，主要用来施工矩形地下管道或通道，第1阶段借助常规圆形切削刀盘切削土层，第2阶段通过安装于切削刀盘后面的切削臂的钟摆运动或者小刀盘转动实现对圆形刀盘无法到达部位的切削，如图4-1（b）所示。近年来，日本研发了伸缩臂式刀盘仿矩形顶管机，在刀盘转动过程中，圆形刀盘切削不到区域由刀排中会自动伸长的特殊切削臂进行切削。

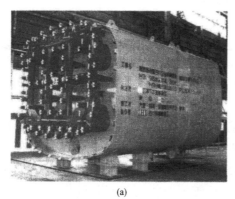 

(a)　　　　　　　　　　　　　　(b)

图4-1　矩形顶管机
(a) DPLEX曲柄轴偏心转动式矩形顶管机；(b) 组合刀盘矩形顶管机

过去，顶管是作为一种特殊的施工手段，一般不轻易采用，而且施工的距离一般也比较短，大多在20～30m。现在，顶管施工已经作为一种常规施工工艺被广泛接受。随着时间的推移，顶管技术得到了迅速发展，主要体现在以下7个方面：

1. 一次连续顶进的距离

一次连续顶进的距离越来越长，一次连续顶进数百米已是司空见惯的事，最长的一次连续顶进距离为过磨刀门水道顶管工程，顶管管径2.4m，一次性顶管长度达2329m。常用的顶管管径也日渐增大，最大的顶管口径已达5m。

2. 顶管直径

顶管直径向小直径和大直径两个方向发展。一般情况下，顶管直径为0.9～2.0m比较适宜。而目前世界上顶管管道的口径已达到4～5m，如上海市污水治理白龙港片区南线输送干线工程中的顶管，外径为 4640mm，是当时国内外在建最大直径的顶管工程。顶管技术除了向大口径方向发展以外，也向小口径方向发展，最小顶进管的口径只有 75mm，称得上微型顶管，微型顶管在电缆、供水、煤气等工程中应用得最多。

3. 管材

顶管管材最早使用的是混凝土或钢筋混凝土材料，有的也采用铸铁管材、陶土管，后来发展为钢管。目前大量采用的是钢筋混凝土管和钢管。随着玻璃钢制管技术的引进，玻璃钢顶管已于 2001 年获得成功，现已开始用 PVC 塑料管和玻璃纤维管（抗压强度可达 90～100MPa）取代小口径混凝土管或钢管作为顶管用管。

4. 挖掘技术

顶管掘进从最早的手掘式逐渐发展为半机械式、机械式、土压平衡式、泥水加压式等先进的顶管掘进机。尤其在直径小于 1m 的微型隧道开发应用方面，更是得到了迅速发展。

5. 顶管线路的曲直度

过去顶管大多只能直线顶进，而现在已发展出曲线顶管。顶管的曲线形状也越来越复杂，不仅有单一曲线，而且有复合曲线，如 S 形曲线；不仅有水平曲线，而且有垂直曲线，以及水平和垂直曲线兼而有之的复杂曲线等。另外，顶管曲线的曲率半径也越来越小，这些都使顶管施工的难度增加了许多。

6. 矩形顶管

除了圆形顶管外，矩形顶管也广泛使用，目前世界上最大的已建成矩形顶管为上海轨交 14 号线静安寺站矩形顶管工程站台层下行线隧道顶管，采用断面为 8.7m×9.9m 的类矩形顶管；在建的最大尺寸矩形顶管为上海陆翔路–祁连山路贯通工程"宝山先锋号"矩形顶管于 2019 年 10 月 19 日始发，单向单侧顶管外尺为 9.9m×8.15m，其中暗埋段中 445m 为顶进段，属于国内顶管领域顶距最长、断面最大、覆土最浅的矩形顶管工程。

顶进箱涵断面更大，位于浅埋地层时常与管幕法相结合。目前世界上最大断面的土压平衡式箱涵掘进机外径 19.6m×6.4m，穿越长度 86m。

7. 其他方面

为了克服长距离大口径顶进过程中所出现的推力过大的困难，注浆减摩成了重点研究课题。现在顶管的减摩浆有单一的，也有由多种材料配制而成的。它们的减摩效果十分明显，在黏性土中，混凝土管顶进的综合摩阻力可降到 3kPa，钢管则可降到 1kPa。

顶管的附属设备、材料也得到不断的改良，如主顶油缸已有两级和三级等推力油缸。土压平衡顶管用的土砂泵已有各种形式。测量和显示系统已朝自动化的方向发展，可做到自动测量、自动记录、自动纠偏，而且所需的数据可以自动打印出来。

顶管法与其他施工方法相结合也是顶管法的发展趋势，例如顶管可用于管幕法施工，形成管幕，而大断面箱涵顶进经常与管幕法相结合。另外极小半径曲线顶管与冻结法结合能有效控制冻结范围，提高冻结法经济行，减少冻胀融沉。

4.2.1 顶管法施工基本原理

顶管施工方法较多，但各种方法中除土体开挖方法不同外，其他工艺基本相同。下面以机械顶管为例说明顶管法施工的基本原理。

　　顶管施工一般是先在工作井内设置支座并安装液压千斤顶，借助千斤顶将掘进机和已成管道从工坑内按照设计高程、方位、坡度，逐节顶入土层，直至首节管节被顶入接收端工作井。在施工过程中随着掘进机的顶进，在工作坑内将预制好的管节逐节顶入地层，同时挖除并运走管段正面的泥土。可见，这是一种边开挖地层，边将管段接长顶进的管道埋设方法。其施工流程如图4-2所示。

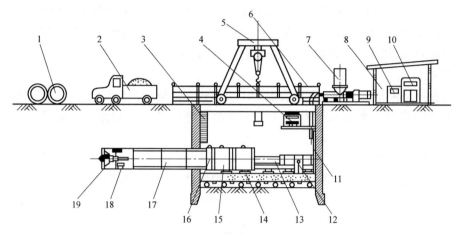

图 4-2　顶管施工示意图

1—预制的混凝土管；2—运输车；3—扶梯；4—主顶油泵；5—行车；6—安全护栏；7—润滑注浆系统；
8—操纵房；9—配电系统；10—操纵系统；11—后座；12—测量系统；13—主顶油缸；14—导轨；
15—弧形顶铁；16—环形顶铁；17—已顶入的混凝土管；18—运土车；19—顶管掘进机

　　施工时，如图4-3所示，先构筑顶管工作井（始发井和接收井），作为一段顶管的起点和终点，工作井中有一面井壁有预留孔作为顶管进、出口，其对面井壁是承压壁，承压壁前侧安装有顶管的千斤顶和承压垫板（即钢后靠），千斤顶将管顶机顶进工作井预留孔，顶管机开始挖土和出土。随着掘进机的推进，在工作井内逐节将预制管节按设计轴线顶入土层中，直至接收井，则施工完成一段管道。

　　为进行较长距离的顶管施工，可在管道沿程中设置一至数个接力顶进系统（称为中继环或中继间）作为接力，并在管道外周压注润滑泥浆。

　　整个顶管施工系统主要由工作井、掘进机（或工具管）、顶进装置、顶铁、后座墙、管节、中继环、出土系统、注浆系统以及通风、供电、测量等辅助系统组成。其中最主要的是顶管机和顶进系统。

　　顶管机是掘进用的机器，安装在所顶管道的最前端，是决定顶管成败的关键设备。在手掘式顶管施工中不用顶管机而只用工具管。不管哪种形式，其功能都是取土和确保管道顶进方向的正确性。

　　顶进系统包括主顶进系统和中继顶进系统。主顶进系统布置在工作井内，用于顶进沿程管节；中继顶进系统布置在中继间内，对沿程管道进行分段接力顶进。

　　采用顶管机施工时，所使用的挖掘机械、工作面开挖方式及排土方式与盾构隧道施工基本相同，区别较大的是形成衬砌的方法和外侧泥浆的作用。盾构法是在隧洞内开挖面附近进行管片组装衬砌，而顶管法则是在工作井内利用顶进机械将预制的管节依次顶入洞内。由于顶管的推进动力装置放在始发井内，故其推力要大于同直径的盾构隧道。顶管法

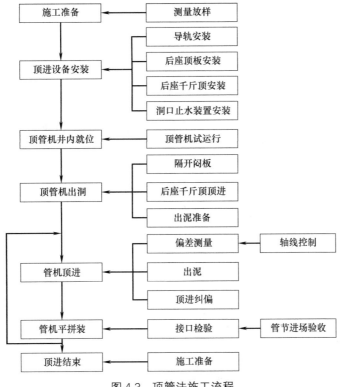

图 4-3　顶管法施工流程

中顶管机和顶入土体的管节外侧形成泥浆套能有效减少顶管机和管节与周围土体的摩擦阻力。顶管的管节长度一般为 2～4m，对同直径的管道工程，采用顶管法施工的成本比盾构法施工要低。

顶管法的优点是：与盾构法相比，接缝大为减少，容易达到防水要求；管道纵向受力性能好，能适应地层的变形；对地表交通的干扰少；工期短，造价低，人员少；施工时噪声和振动小；在小型、短距离顶管，使用人工挖掘时，设备少，施工准备工作量小；不需二次衬砌，工序简单。

其不足是：需要详细的现场调查，需开挖工作坑，多曲线顶进、大直径顶进和超长距离顶进困难，纠偏困难，处理障碍物困难。

4.2.2　顶管机类型

1. 顶管施工的分类

顶管施工的分类方法很多，每一种分类都只是侧重于某一个侧面，难以概全。下面介绍几种常用的分类方法：

（1）按土体开挖方式分：采用人工开挖的普通顶管法，采用机械开挖的机械顶管法，采用水射流冲蚀的水射顶管法，采用夯击、钻头施工的挤压钻挖顶管法。

（2）按口径大小分：大口径、中口径、小口径和微型顶管四种。大口径多指净直径 2m 以上的顶管，人可以在其中直立行走；小口径顶管直径为 500～1000mm，人只能在其中爬行；微型顶管的直径通常在 500mm 以下。

（3）按一次顶进的长度分：普通距离顶管和长距离顶管。根据上海市工程建设规范《顶管工程施工规程》DG/TJ 08-2049—2016，将一次顶进长度500～1000m 的顶管称为长距离顶管，一次顶进长度超过1000m 的顶管称为超长距离顶管。

（4）按制作管节的材料分：钢筋混凝土顶管、钢管顶管以及其他管材的顶管。

（5）按管子顶进的轨迹分：直线顶管和曲线顶管。

2. 工具管

工具管是手掘式顶管的关键机具，具有掘进、防坍、出泥和导向等功能。工具管一般用钢板焊制，其种类很多，常见的刃口式如图 4-4 所示，由切土刃角、纠偏油缸（4 只）、钢垫圈、承插口等组成。施工时，人进入工具管内用手工方法破碎工作面的土层，破碎工具主要有镐、锹以及冲击锤等。如果在含水量较大的砂土中，需采用降水等辅助措施。挖掘下来的土，大多采用人力推出或拉出管外，利用小绞车提升到地面。

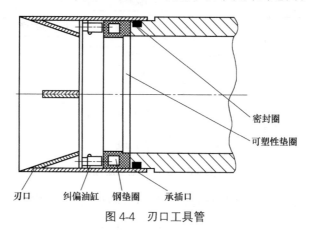

图 4-4　刃口工具管

这种工具管适用于软黏土中，而且覆土深度要求比较大。另外，在极软的黏土层中也可采用网格式挤压工具管（原理与网格式盾构机类似）。

工具管的外径应比管子外径大 10～20mm，以便在正常管节外侧形成环形空间，注润滑浆液，减小推进时的摩擦阻力。

3. 泥水平衡式顶管机

泥水平衡式顶管机是指采用机械切削泥土、利用泥水压力来平衡地下水压力和土压力、采用水力输送弃土的泥水式顶管机，是当今生产的比较先进的一种顶管机，其平衡原理与泥水平衡盾构相同。泥水平衡式顶管机按平衡对象分为两种，一种是泥水仅起平衡地下水的作用，土压力则由机械方式来平衡；另一种是同时具有平衡地下水压力和土压力的作用。

泥水平衡式顶管机正面设有刀盘，并在其后设密封仓，在密封仓内注入稳定正面土体的泥浆，刀盘切下的泥土沉在密封仓下部的泥水中而被水力运输管道运至地面泥水处理装置。泥水平衡式工具管主要由大刀盘装置、纠偏装置、泥水装置、进排泥装置等组成。在前、后壳体之间有纠偏千斤顶，在掘进机上下部安装进、排泥管。泥水平衡式顶管机的结构形式有多种，如刀盘可伸缩的顶管机、具有破碎功能的顶管机、气压式顶管机等。图 4-5 所示为一种可伸缩刀盘的泥水平衡式顶管机结构。

该种机型的刀盘与主轴连在一起，刀盘由主轴带动可做左右两个方向的旋转运动，同

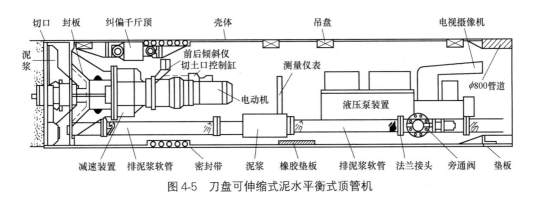

图 4-5　刀盘可伸缩式泥水平衡式顶管机

时刀盘又可由主轴带动做前后伸缩运动，刀头也可做前后运动。刀盘向后而刀头向前运动时，切削下来的土可从刀头与刀盘槽口之间的间隙进入泥水仓，如图 4-6 所示。

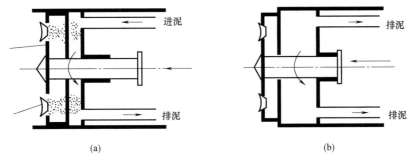

图 4-6　刀盘开闭状态
（a）封泥口打开状态；（b）封泥口封闭状态

　　与其他顶管相比，泥水平衡式顶管具有平衡效果好、施工速度快、对土质的适应性强等特点，采用泥水加压平衡顶管工具管，若施工控制得当，地表最大沉降量可小于 3cm，每昼夜顶进速度可达 20m 以上。它采用地面遥控操作，操作人员不必进入管道。管道轴线和标高的测量是用激光仪连续进行，能做到及时纠偏，其顶进质量也容易控制。

　　泥水平衡式顶管适用于各种黏性土和砂性土的土层中直径为 800～1200mm 的各种口径管道。若有条件解决泥水排放问题或大量泥水分离问题，大口径管道同样适用；还可适应于长距离顶管，特别是穿越地表沉降要求较高的地段，可节约大量环境保护费用。所用管材可以是预制钢筋混凝土管，也可以是钢管。

　　4. 泥水平衡式顶管机

　　土压平衡顶管机的平衡原理与土压平衡盾构相同。与泥水顶管施工相比，其最大的特点是排出的土或泥浆一般不需再进行二次处理，具有刀盘切削土体、开挖面土压平衡、对土体扰动小、地面和建筑的沉降较小等特点。

　　土压平衡顶管机按泥土仓中所充的泥土类型分，有泥土式、泥浆式和混合式三种；按刀盘形式分，有带面板刀盘式和无面板刀盘式；按有无加泥功能分，有普通式和加泥式；从刀盘的机械传动方式分，有中心传动式、中间传动式和周边传动式；按刀盘的多少分，有单刀盘式和多刀盘式。下面主要介绍单刀盘式和多刀盘式。

1) 单刀盘式（DK型）顶管机

单刀盘式土压平衡顶管机是日本在 20 世纪 70 年代初期开发的，它具有广泛的适应性、高度的可靠性和先进的技术性。它又称为泥土加压式顶管机，国内称之为辐条式刀盘顶管机或者加泥式顶管机。图 4-7 所示的是这种机型的结构之一，它由刀盘及驱动装置、前壳体、纠偏油缸组、刀盘驱动电机、螺旋输送机、操纵台、后壳体等组成。没有刀盘面板，刀盘后面设有许多根搅拌棒。这种结构的 DK 型顶管机在国内已自成系列，适用于 $\phi 1.2 \sim 3.0\text{m}$ 口径的混凝土管施工，在软土、硬土中都可采用，并且可与盾构机通用，可在覆土厚度为 0.8 倍管道外径的浅埋土层中施工。

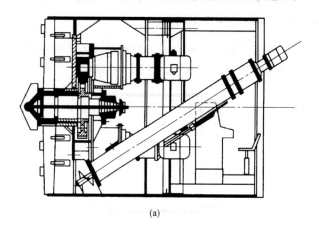 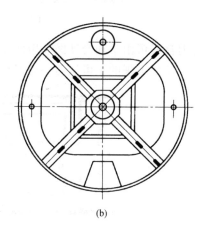

(a)　　　　　　　　　　　　　　　　　　(b)

图 4-7　单刀盘式顶管机

(a) 剖面图；(b) 立面图

这种顶管机的工作原理是：先由工作井中的主顶进油缸推动顶管机前进，同时大刀盘旋转切削土体，切削下的土体进入密封土仓与螺旋输送机中，并被挤压形成具有一定土压的压缩土体；经过螺旋输送机的旋转，输送出切削的土体。密封土仓内的土压力值可通过螺旋输送机的出土量或顶管机的前进速度来控制，使此土压力与切削面前方的静止土压力和地下水压力保持平衡，从而保证开挖面的稳定，防止地面的沉降或隆起。由于大刀盘无面板，其开口率接近 100%，所以，设在隔仓板上的土压计所测得的土压力值就近似于掘削面的土压力。

根据顶管机开挖面不同地层的特性，通过向刀盘正面和土仓内加入清水、黏土浆（或膨润土浆）、各种配比与浓度的泥浆或发泡剂等添加材料，使一般难以施工的硬黏土、砂土、含水砂土和砂砾土改变成具有塑性、流动性和止水性的泥状土，不仅能被螺旋输送机顺利排出，还能顶住开挖面前的土压力和地下水压力，保持刀盘前面的土体稳定。

2) 多刀盘式（DT型）顶管机

这是一种非常适用于软土的顶管机，其主体结构如图 4-8 所示。四把切削搅拌刀盘对称地安装在前壳体的隔仓板上，伸入到泥土仓中。隔仓板把前壳体分为左右两仓，左仓为泥土仓，右仓为动力仓。螺旋输送机按一定的倾斜角度安装在隔仓板上，螺杆是悬臂式，前端伸入到泥土仓中。隔仓板的水平轴线左右侧和垂直轴线的上部各安装有一只隔膜式土压力表。在隔仓板的中心开有一人孔，通常用盖板把它盖住。

刀盘在盖板的中心安装有一向右伸展的测量用光靶。由于该光靶是从中心引出的，所

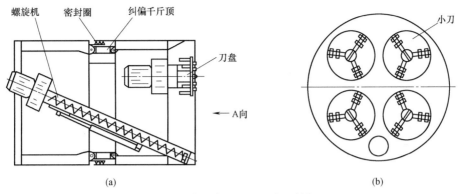

图 4-8　多刀盘式土压平衡顶管机

(a) 剖面图；(b) A 向图

以即使掘进机产生一定偏转以后，只需把光靶做上下移动，使光靶的水平线和测量仪器的水平线平行就可以进行准确的测量，而且不会因掘进机偏转而产生测量误差。前后壳体之间有呈井字形布置的四组纠偏油缸连接。在后壳体插入前壳体的间隙里，有两道 V 字形密封圈，它可保证在纠偏过程中不会产生渗漏现象。

与单刀盘式相比，DT 型顶管机价格低，结构紧凑，操作容易，维修方便，质量轻。由于采用了四把切削搅拌刀盘对称布置，只要把它们的左右两把按相反方向旋转，就可使刀盘的转矩平衡，不会出现如同大刀盘在出井的初始顶进中的那样产生偏转。四把刀盘及螺旋输送机叶片的搅拌面积可达全断面的 60% 左右。

使用 DT 型顶管机施工时需注意，不可在顶管沿线使用降低地下水的辅助措施，否则会使顶管机无法正常使用。

5. 顶管机类型的选择

管道顶进方法的选择，应根据管道所处土层性质、管径、地下水位、附近地上与地下建（构）筑物和各种设施等因素，经技术经济比较后确定，并应符合下列规定：

(1) 在黏性土或砂性土层，且无地下水影响时，宜采用手掘式或机械挖掘式顶管法；当土质为砂砾土时，可采用具有支撑的工具管或注浆加固土层的措施。

(2) 在软土层且无障碍物的条件下，管顶以上土层较厚时，宜采用挤压式或网格式顶管法。

(3) 在黏性土层中必须控制地面隆陷时，宜采用土压平衡顶管法。

(4) 在粉砂土层中且需要控制地面隆陷时，宜采用加泥式土压平衡或泥水平衡顶管法。

(5) 在顶进长度较短、管径小的金属管时，宜采用一次顶进的挤密土层顶管法。

合理选择顶管机的形式，是整个工程成败的关键。顶管机选型可参照表 4-1 和表 4-2。

顶管机的造型参数表　　　　　　　　　　　　　　　　　　　　表 4-1

序号	形式	管道内径 D(m)	管道顶覆土厚度 H(m)	地质条件	环境条件
1	手掘式	1.00～1.65	≥1.5D (不小于3m)	(1)黏性土或砂土； (2)极软流塑黏土慎用	允许地层最大变形量为200mm
2	网络挤压式 （水冲）	1.00～2.40	≥1.5D (不小于3m)	软塑、流塑的黏性土 （或夹薄层粉砂）	允许地层最大变形量为150mm

续表

序号	形式	管道内径 D(m)	管道顶覆土厚度 H(m)	地质条件	环境条件
3	土压平衡式	1.80~3.00	≥1.5D（不小于3m）	(1)塑、流塑的黏性土（或夹薄层粉砂）；(2)黏质粉土慎用	允许地层最大变形量为50mm
4	泥水平衡式	0.80~3.00	≥1.3D（不小于3m）	黏性土或砂性土	允许地层最大变形量为30mm

顶管掘进机的性能比较表　　表4-2

土质	性能	敞开式掘进机	多刀盘土压平衡掘进机	单刀盘土压平衡掘进机	刀盘可伸缩式泥水平衡掘进机	偏心破碎泥水平衡掘进机	岩盘掘进机
淤泥质黏土	适用性	适用	适用	适用	适用	适用	适用
	掘进速度	慢	一般	较快	快	快	快
	耗电量	小	较大	一般	较大	较大	较大
	劳动力	较少	一般	一般	多	多	多
	环境影响	小	小	小	大	大	大
砂性土	适用性	不适用	适用	适用	适用	适用	适用
	掘进速度		一般	较快	快	快	快
	耗电量		较大	一般	较大	较大	较大
	劳动力		一般	一般	多	多	多
	环境影响		小	小	大	大	大
黄土	适用性	适用	不适用	适用	适用	不适用	适用
	掘进速度	慢		较快	快		快
	耗电量	小		一般	较大		较大
	劳动力	较少		一般	多		多
	环境影响	小		小	大		大
强风化岩	适用性	适用	不适用	适用	不适用	适用	适用
	掘进速度	慢		较快		较快	快
	耗电量	小		一般		较大	较大
	劳动力	较少		一般		多	多
	环境影响	小		小		大	大
岩石	适用性	含水量小适用	不适用	不适用	不适用	不适用	适用
	掘进速度	慢					快
	耗电量	小					大
	劳动力	较少					多
	环境影响	小					小

4.2.3　管材类型

各种顶管用管材的比较和应用见表4-3。

1. 钢筋混凝土管

钢筋混凝土管是顶管中使用最多的一种管材。钢筋混凝土管的密封及抗渗性能较差，抵抗内水压力的能力有限，多用于水压较小的管道。钢筋混凝土管壁比较厚，较为笨重，但在管内介质相同的情况下抗腐蚀能力强于钢管。其接头连接比较快，不需另做防腐处理，施工效率优于钢管。顶管用的钢筋混凝土管管壁厚度约为管径的1/10。

管材的比较和应用表 表 4-3

管材	优点	缺点	适用范围
钢筋混凝土管	(1)抗腐蚀能力强; (2)接头连接较快; (3)施工效率高	(1)密封、抗渗性能较差; (2)抵抗内水压力的能力有限; (3)管壁较厚,比较笨重	使用最多,多用于水压较小的管道
钢管	(1)强度大; (2)不透水; (3)焊接接头的强度和抗压、密封性能好	(1)环向刚度小; (2)易变形; (3)管内外防腐要求高; (4)施工焊接工作量大; (5)与钢筋混凝土管比造价较高; (6)能承受的顶力较小	(1)使用程度仅次于钢筋混凝土管; (2)多用于对抗渗要求高、内外水压大的管道; (3)不适于曲线顶管
铸铁管	(1)使用寿命比塑料管材和钢管更长; (2)能承受较大顶力; (3)硬度高	(1)外管壁防腐要求严格; (2)不可锻性,切割困难; (3)可缩性差,易劈裂	(1)一般情况下,铸铁管不宜用来作顶管用管; (2)对耐腐蚀性和接口的柔性等有特殊要求时,必须采用铸铁管
玻璃钢夹砂管	(1)内外表面光滑,水力性能优异,维护成本低; (2)纠偏容易,安装方便,施工进度快; (3)质量轻,强度高,弹性变形大; (4)耐磨损; (5)耐腐蚀,无污染	(1)造价较高; (2)存在废旧料的再生回收、焚烧处置的问题; (3)生产工艺复杂,不便控制质量	适合于长距离顶管,目前只能用于直线顶管
塑料管	(1)接口适应性好; (2)安装方便	(1)管径较小; (2)推进距离较短	多用于小口径管道
钢筒混凝土管	(1)高抗渗性; (2)良好的接口密封性及适应性; (3)能承受较高的内、外荷载; (4)强防腐能力和通水能力	费用较高,抗腐蚀力较弱	作为一种钢管和钢筋混凝土管的复合管材,克服了钢管和钢筋混凝土管的缺点

钢筋混凝土管按其生产工艺分为离心管、悬辊管、芯模振动管和立式振捣管等。根据《顶进施工法用钢筋混凝土排水管》JC/T 640—2010,按其接口形式可分为企口式、双插口式和钢承口式三种。各接口的优缺点如表 4-4 所示。

1) 企口式

这种管节 (图 4-9) 既适合于开挖法埋管也适于采用顶管施工,其橡胶止水圈安装在管接头部位的间隙内。橡胶止水圈的右边壁厚为 1.5mm 的空腔,内充有少许硅油,在两个管子对接时,充有硅油的腔可以滑动到橡胶体的上方及左边,便于安装,橡胶体不易翻转。该橡胶止水圈采用丁苯橡胶制成,像一个小写的英文字母 "q" 形,又称为 "q" 形橡胶止水圈 (图 4-10)。

钢筋混凝土管各接口形式　　　　表 4-4

接口形式	优点	缺点	备注
企口式	(1)接口构造简单,安装止水圈比较容易,止水性能较好; (2)由于接口没有钢套环等,所以不会因为钢套环锈蚀而使接口的止水性变差,更不会因此而使接口失效; (3)生产效率高,成本较低	(1)由于管端面承受顶力的面积较小,虽然抗压强度高,但它的允许顶力要比同口径的其他接口形式小很多; (2)承口混凝土在顶进过程中容易碎裂,造成接口失效; (3)当采用芯模振动快速脱模工艺生产时,其外表比较粗糙,与其他类型的管子比较,顶进阻力较大; (4)由于它的最大允许偏角仅为 0.75°,而且偏角每增加 0.5°,允许顶力就下降 50%,所以不适用于曲线顶管	目前不常用
双插口式	双插口管适用范围较广,管径为 φ200～3500mm 之内各种口径的混凝土管都可以用	不适用于砂性土中的顶进	即 T 形接口
钢承口式	(1)与 T 形套环管接口相比,既节省了一层衬垫及一根橡胶圈等材料,又增加了可靠性;同时也扩大了它的适用范围,即使在砂砾土中,它也可使用; (2)由于钢套环是埋在混凝土管中的,这就增加了它的刚度,在运输中也不易变形; (3)适用于曲线顶管,其最大张角可达 1°左右,也不会产生接口渗漏,可靠性好; (4)与企口管接口相比,管端面承受顶力的面积差不多增加了一倍多,所以适用于长距离顶管	(1)接口中多采用楔形橡胶圈,管子对接时易翻转,造成局部渗漏; (2)顶进中如有混凝土压碎,不仅造成密封问题,而且加大了修复难度; (3)钢套环与混凝土结合面是此接口形式的薄弱环节	即 F 形接口,是目前最常用的接口形式

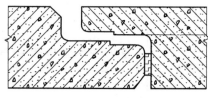

图 4-9　企口管外形

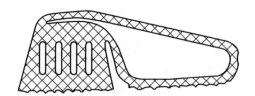

图 4-10　"q"形橡胶止水圈

2) 双插口式

双插口混凝土管节也称 T 形套环管接口管节,其结构形式是用一个 T 形钢套环把两段管节连接在一起的接口形式。接口的止水部分由安装在混凝土管与钢套环之间的橡胶圈承担,常见的橡胶圈有齿形橡胶圈和鹰嘴形橡胶圈两种 (图 4-11)。为了保护管端和增加管端间的接触面积,在两个管端与钢套环的筋板两侧都安装有一个衬垫。

T 形钢套环在套入之前,必须先把齿形橡胶止水圈用胶粘剂胶粘在混凝土管的槽口内。T 形钢套环是顺着齿形橡胶圈的斜面滑进去的,为了使安装顺利,应在齿形橡胶圈外涂抹一层润滑剂。最普通的润滑剂就是用肥皂削成碎片所泡成的肥皂水。安装时,还应注意不能让橡胶圈被挤出,否则接口就会漏水。

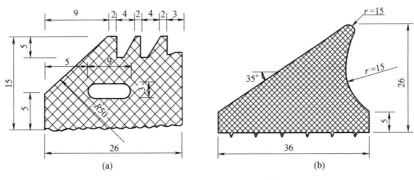

图 4-11 常见的橡胶圈形式 (单位：mm)

(a) 齿形橡胶圈；(b) 鹰嘴形橡胶圈

双插口管适用范围较广，但是不适用于砂性土中的顶进。当双插口管在砂土中推进时，由于方向校正的缘故，前面部分会有缝口产生。随着管子的推进，大量的砂会从这个缝口中进来，挤满钢套环与混凝土管之间的空隙。此时如果需要向相反的方向进行纠偏时，缝口内的砂被挤实，而且不易被挤出。钢套环的边缘有可能被撕裂或卷边，从而使管接口的密封失效。长此下去，管接口甚至可能被压碎。而在黏土中，由于缝口内的黏土容易挤出，因而不会发生上述现象。

3) 钢承口式

钢承口管是目前国内外顶管施工中使用最多的一种管材，俗称 F 形管。钢承口一般采用 6～10mm 厚的钢板制作。管节制作时，将钢套环的前面一半埋入到混凝土管节中的形式，克服了双插口管接口的缺点，使其适应于各种工况下的顶管施工。为了防止钢套环与混凝土管结合面产生渗漏，在凹槽处设了一个橡胶止水圈。该橡胶止水圈采用遇水膨胀橡胶，该橡胶在吸收了水分以后体积会膨胀 1～3 倍，如图 4-12 所示。

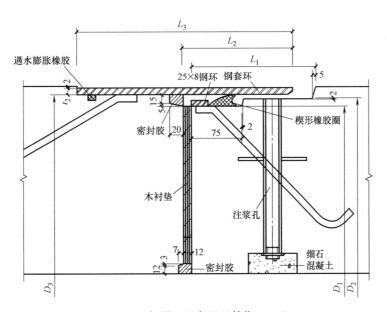

图 4-12 钢承口示意图 (单位：mm)

2. 钢管

顶管用钢管可分为大口径与小口径两类。其中，大口径钢管多由钢板卷制焊接而成，并根据不同的要求涂上防腐涂料。直径在 1.0m 以下的钢管可以用上述工艺生产，也可采购成品的有缝或无缝钢管；直径在 0.3m 以下的钢管大多采用无缝钢管。

顶管所用钢管的壁厚与其埋设深度以及推进长度有关。埋设浅则管壁薄，埋设深则管壁厚。钢管接口主要采用焊接，接口强度高、节约金属和劳动力。焊接采用对接接口，如图 4-13 所示，焊缝有三种形式：

（1）I 形焊缝：接口不开坡口的焊缝，用于管壁厚度为 4mm 以下的薄壁管，焊缝间隙为 1.0～1.4mm；

（2）V 形焊缝：当管壁厚度为 6～14mm 时，采用 V 形焊缝，即坡口对接。开口角一般为 45°，焊缝间隙为 1.5～2.0mm；

（3）X 形焊缝：当管壁厚度在 14mm 以上时，应采用 X 形焊缝，即两面开口，以利于充分焊接。两边开口角一般为 45°，焊缝间隙为 1.5～2.0mm。

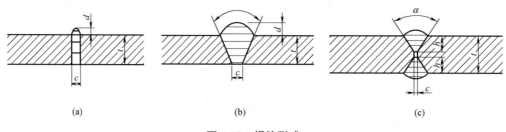

图 4-13　焊缝形式

(a) I形；(b) V形；(c) X形

3. 铸铁管

铸铁具有不可锻、切割困难的特点，一旦在顶进过程中出现偏差，管节不易取出。一般情况下，铸铁管不宜用作顶管。但铸铁管具有硬度高、较好的耐腐蚀性和接口柔性等优点，当对上述条件有特殊要求时，可采用铸铁管来顶管。

4. 玻璃钢夹砂管

玻璃纤维增强塑料夹砂管（简称玻璃钢夹砂管）是一种柔性非金属复合材料管道，该管以玻璃纤维及其制品为增强材料，以不饱和聚酯树脂、环氧树脂等为基体材料，以石英砂及碳酸钙等无机非金属颗粒材料为主要原料，按一定工艺方法制成。管节内外两个表面的浅层里都缠绕一层强度很高的玻璃纤维，见图 4-14。与混凝土管的接口形式一样，这种管材接口可以有企口形、T 形或 F 形等。在顶距较长及覆土较深的情况下适合用这种玻璃纤维加强管。

作为新型管材，玻璃钢夹砂管克服了传统钢管和混凝土管材的耐腐蚀性差、影响水质等主要缺陷，具有内表面光滑、水力性能优异、维护成本低、纠偏容易、施工进度快、质量轻、强度

图 4-14　玻璃钢夹砂管

高、安装方便、外表光滑、顶力小、单次顶进长度大、对顶进设备要求低、适合长距离等优点。但玻璃钢管材单价较高，生产工艺复杂，存在废旧料的再生回收难的问题，难以推广应用。到目前为止，玻璃钢夹砂管只用于直线顶管。

5. 塑料管

塑料管常与其他管材一起以复合管的形式应用在顶管工程中，单独选用塑料作为管材的工程比较少见。常用的顶管塑料硬聚氯乙烯管（UPVC）塑料于 20 世纪 40 年代在欧洲、美国、日本等地相继开发，于 20 世纪 60 年代在我国开始使用。这种塑料管具有管径较小，推进距离较短的特点。

目前，塑料管顶管工程中，塑料管往往套在钢管内，与钢管形成复合管；或在顶进完成后拔出钢管，再在拔除钢管的缝隙周边浇筑混凝土；使其成为内部为塑料、外部为混凝土的复合管。

6. 钢筒混凝土管

钢筒混凝土管是一种钢板与预应力混凝土的复合顶管（PCCP），是基于预应力钢筒混凝土，在钢筒内、外壁浇筑混凝土层，在外层混凝土表面缠绕预应力钢丝，用水泥砂浆作保护层制成的管节（图 4-15）。这种技术源于法国，20 世纪 40 年代在欧美竞相发展，并于 20 世纪 90 年代被引进到国内。这种管材兼有钢管和混凝土管的特点，能承受较高的内、外荷载，是普通的混凝土管和钢管无法替代

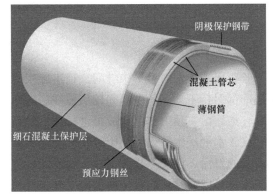

图 4-15　PCCP 管结构示意图

的。因此，需使用钢筒混凝土管作为顶管管材的工程大多有特殊要求，其造价也相对较高。

4.2.4　中继间与顶管机系统

1. 中继间

中继间（图 4-16）也称为中间顶推站、中继站或中继环，是安装在顶进管线的某些

图 4-16　中继间

部位，把顶进隧道分成若干个推进区间的设施。它主要由多个均匀分布于保护外壳内的顶推千斤顶、特殊的钢制外壳、前后两个特殊的顶进管节和均压环、密封件等组成。当所需的顶进力超过主顶工作站的顶进能力、隧道管节或者后座装置所允许承受的最大荷载时，则需要在管节间安装中继间进行辅助施工。中继间必须具有足够的强度、刚度、良好的密闭性，而且要方便安装。因管体结构及中继间工作状态不同，中继间的构造也有所不同。如图 4-17 所示的是中继间的一种形式。

它主要由前特殊管、后特殊管和壳体油缸、均压环等组成。在前特殊管的尾部，有一个与T形套环相类似的密封圈和接口。中继间壳体的前端与T形套环的一半相似，利用它把中继间壳体与混凝土管连接起来。中继间的后特殊管外侧设有两环止水密封圈，使壳体虽在其上来回抽动而不会产生渗漏。

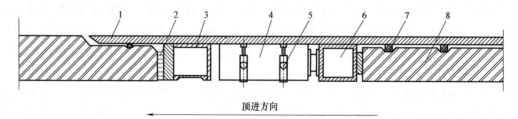

顶进方向

图4-17　中继间的一种形式
1—中继管壳体；2—木垫环；3—均匀钢环；4—中继间油缸；
5—油缸固定装置；6—均压钢环；7—止水圈；8—特殊管

长距离隧道常需多个中继间。顶进施工时，全部中继站只有一个处在顶进状态，其他中继间都保持不动。各中继间按从前往后顺序依次完成顶进，按次序依次将每段管节向前推移，最后由主顶工作站完成顶进循环的最后顶进。

在含水地层中的顶管，中继间装配的密封装置应具有良好的密封性能、良好的耐磨性和较长的寿命，以避免浆液、地下水或泥砂等进入中继间外壳和外壳内管节之间的缝隙。施工人员可以通过注油管定期地向内外弹性密封环之间以及密封环的外部注入油脂润滑。

一般来说，在顶管作业结束后，将前特殊管、后特殊管以及钢制外壳留在地层中，不再进行回收，但是其内部的组成部分（如推进千斤顶、连接件、均压环和液压管线等）手工拆卸回收，以备它用。拆卸工作完成之后，所留下的区间，可以借助于后面的中继间或主顶工作站将其合龙封闭，或者通过现浇混凝土的方法形成衬砌。

2. 注浆系统

注浆系统由拌浆、注浆和管道三部分组成：

（1）拌浆：是把注浆材料加水以后再搅拌成所需的浆液；

（2）注浆：是通过注浆泵来进行的，它可以控制注浆压力和注浆量；

（3）管道：分为总管和支管，总管安装在管道内的一侧，支管则把总管内压送过来的浆液输送到每个注浆孔去。

3. 纠偏系统

纠偏系统由测量设备和纠偏装置组成。

1）测量设备

常用的测量装置就是置于基坑后部的经纬仪和水准仪。经纬仪是用来测量管道的水平偏差，水准仪是用来测量管道的垂直偏差。机械式顶管有的适用激光经纬仪，它在普通经纬仪上加装一个激光发射器而构成的。激光束打在顶管机的光靶上，通过观察光靶上光点的位置就可判断管子顶进的偏差。

2）纠偏装置

纠偏装置是纠正顶进姿态偏差的设备，主要包括纠偏油缸、纠偏液压动力机组和控制台。对曲线顶管，可以设置多组纠偏装置，来满足曲线顶进的轨迹控制要求。

4. 辅助系统

辅助系统主要由输土设备、起吊设备、辅助施工、供电照明、通风换气组成。

1）输土设备

输土设备因顶进方式的不同而不同，在手掘式顶管中，大多采用人力车或运土斗车出土；在采用土压平衡式顶管中，可以采用有轨土车、电瓶车和土砂泵等出土方式；在泥水平衡式顶管中，则采用泥浆泵和管道输送泥水。

2）起吊设备

起吊设备一般分为龙门吊和吊车两类。其中，最常用的是龙门吊，它操作简便、工作可靠，不同口径的管子应配不同起重重量的龙门吊，它的缺点是转移过程中拆装比较困难。汽车式起重机和履带式起重机也是常用的地面起吊设备，它的优点是转移方便、灵活。

3）辅助施工

顶管施工离不开一些辅助施工的方法。不同的顶管方式以及不同的地质条件应采用不同的辅助施工方法。顶管常用的辅助施工方法有井点降水、高压旋喷、压密注浆、双浆液注浆、搅拌桩、冻结法等。

4）供电照明

顶管施工中常用的供电方式有低压供电和高压供电。

（1）低压供电：根据顶管机的功率、管内设备的用电量和顶进长度，设计动力电缆的截面大小和数量。这是目前应用较普遍的供电方式。对于大口径长距离顶管，一般采用多线供电方案。

（2）高压供电：在口径比较大而且顶进距离又比较长的情况下，也采用高压供电方案。先把高压电输送到顶管机后的管子中，然后出管子中的变压器进行降压，再把降压后的电送到顶管机的电源箱中。高压供电的好处是途中损耗少而且所用电缆可细些，但高压供电危险性大，要做好用电安全工作和采取安全用电措施加以保护。

5）通风换气

通风换气是长距离顶管中必不可少的一环，否则可能发生缺氧或气体中毒的现象。顶管中的通风采用专用轴流风机或者鼓风机。通过通风管道将新鲜的空气送到顶管机内，把浑浊的空气排出管道。除此以外，还应对管道内的有毒有害气体进行定时检测。

4.3 顶管施工

4.3.1 顶管工程计算

顶管法施工时，管道既要承受作用在横截面上的荷载，又要承受沿管轴方向作用的顶推力和阻力。

管节推进的主顶装置作用在后座墙上或直接作用于井壁上，需进行后座墙的稳定性验算。手掘式顶管时，还要进行挖掘面的稳定性验算。

1. 顶管顶力计算

关于顶管顶力，由于地质条件复杂、多变，目前计算方法尚不统一，计算公式繁多，计算结果相差较大，但一般可简单认为顶进力由迎面阻力与隧道摩阻力两部分组成，在《给水排水管道工程施工及验收规范》GB 50268—2008 中提出了建议的计算方法并经工程实践计算对比证明，计算较为简便实用，故这里主要介绍这种方法（图 4-18）。

计算施工顶力时，应综合考虑管节材质、顶进工作井后背墙结构的容许最大荷载、顶进设备能力、施工技术措施等因素。施工最大顶力应大于顶进阻力，但不得超过管材或工作井后背墙的容许顶力。有可能超过时，应采取减少顶进阻力、增设中继间等技术措施。

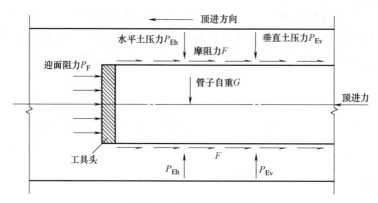

图 4-18　顶力计算简图

1）计算公式

（1）中国顶力计算公式

顶进时顶进阻力应按当地经验公式或按下式计算：

$$P = \pi D L f_k + P_F \tag{4-1}$$

式中　P——顶进阻力（kN）；

　　　D——管道的外径（m）；

　　　L——管道设计顶进长度（m）；

　　　f_k——管道外壁与土的单位面积平均摩阻力（kN/m²），通过试验确定；采用触变泥浆减阻技术时，如触变泥浆技术成熟可靠、管外壁能形成和保持稳定连续的泥浆套时，f_k 可直接取 3.0～5.0kN/m²，否则可按表 4-5 选用；

　　　P_F——顶管机的迎面阻力（kN），手工掘进、工具管顶部及两侧允许超挖时，$P_F = 0$。

采用触变泥浆的管外单位面积平均摩擦阻力 f_k（kN/m²）　　　　表 4-5

管材	土质类别			
	黏性土	粉土	粉、细砂土	中、粗砂土
钢筋混凝土管	3.0～5.0	5.0～7.0	8.0～11.0	11.0～16.0
钢管	3.0～4.0	4.0～7.0	7.0～10.0	10.0～13.0

根据上海的经验，管道顶进阻力 F 按全程管道自重的 3～6 倍估算，人工开挖时取下限，挤压法顶进时取上限。不同类型顶管机的迎面阻力 P_F，按下列公式计算：

敞开式：

$$P_F=\pi(D_g-t)tR \tag{4-2}$$

土压平衡和泥水平衡：

$$P_F=0.25\pi D_g^2 P_k \tag{4-3}$$

挤压式：

$$P_F=0.25\pi D_g^2(1-e)-R \tag{4-4}$$

网格挤压：

$$P_F=0.25\pi D_g^2 R \tag{4-5}$$

气压平衡式：

$$P_F=0.25\pi D_g^2(\alpha R+P_n) \tag{4-6}$$

式中　t——工具管刃脚厚度（m）；

　R——挤压阻力（kN/m²），一般取 300～500 kN/m²；

　D_g——顶管机外径（m）；

　P_k——控制土压力（kN/m²）；

　e——开口率；

　α——网格截面参数，一般取 0.6～1.0；

　P_n——气压强度（kN/m²）。

关于管端的迎面阻力，有的资料提出以下经验值：

① 工作面稳定，先超挖后顶进时的迎面阻力为零；

② 首节管前端装有钢刃，贯入后再挖土，砂质黏土中的迎面阻力为 500～550kN/m²，砾石土为 1500～1700kN/m²；

③ 首节管前端装有钢刃，砂质黏土中挤压法顶进，含水量为 40%时，迎面阻力为 200～250kN/m²；含水量为 30%时，迎面阻力为 500～600kN/m²。

（2）日本顶力计算公式

日本顶力计算公式认为，顶进阻力由管前刃脚的贯入阻力、管壁与土之间的摩阻力和管壁与土之间的黏结力三部分组成，即：

$$P=P_F+f(\pi D_1 q+\omega)L+\pi D_1 cL \tag{4-7}$$

式中　q——管道上的垂直荷载（kN/m²）；

　c——土的黏聚力（kN/m²）。

（3）德国顶力计算公式

德国顶力计算公式认为，顶管的贯入阻力沿隧道开挖面均匀分布，管壁与土之间的摩阻力沿隧道周长均匀分布，即：

$$P=\frac{\pi D_1^2}{4}-P_F+\pi D_1 L f_k \tag{4-8}$$

2）经验公式

（1）上海经验公式

上海市的经验公式采用触变泥浆顶管的经验，认为顶力可按隧道外侧表面积乘以 8～12kN/m² 计算，即：

$$P=(8\sim12)\pi D_1 L \tag{4-9}$$

（2）北京经验公式

北京市稳定土层中采用手工掘进法顶进钢筋混凝土管道，管底高程以上的土层为稳定土层，考虑土体的拱效应，允许超挖时，顶力可按下列条件计算。

在亚黏土、黏土土层中顶管时，管道外径为 1164～2100mm，管道长度为 34～99m，土为硬塑状态时，其覆盖土层的深度不小于 $1.42D_1$；土为可塑状态时，覆盖土层深度不小于 $1.8D_1$。顶力计算公式如下：

$$P = K_{黏}(22D_1 - 10)L \qquad (4-10)$$

在粉砂、细纱、中砂、粗砂土层中顶管时，管道外径为 1278～1870mm，管道长度为 40～75m，且覆盖土层的深度不小于 $2.62D_1$ 时，顶力计算公式如下：

$$P = K_{砂}(34D_1 - 21)L \qquad (4-11)$$

式中　$K_{黏}$——黏性土系数，在 1.0～1.3 选用；

　　　$K_{砂}$——砂类土系数，在 1.0～1.5 选用；

　　　D_1——管道外径（m）；

　　　L——计算顶进长度（m）。

（3）德国经验公式

德国对钢筋混凝土管道在干燥土层中顶进时，顶力可按下式计算：

$$P = (2 \sim 6)\pi D_1 L \qquad (4-12)$$

（4）英国经验公式

英国顶管协会认为，根据经验，对于长度为 L 的圆形隧道，总顶力可以按下式计算，即：

$$P = (0.5 \sim 2.5)\pi D_1 L \qquad (4-13)$$

2. 顶管后靠墙的稳定验算

一般情况下，顶管工作坑所能承受的最大推力应以所顶管子能承受的最大推力为先决条件，然后再反过来验算工作坑后座是否能承受最大推力的反作用力。那么，就把这个最大推力作为总推力，如果不能承受，则必须以后座所能承受的最大推力作为总推力。不管采用何种推力作为总推力，一旦总推力确定了，在顶管施工的全过程中绝不允许有超过总推力的情况发生。

顶管过程中，为使各个油缸推力的反力均匀地作用在工作坑的后方土体上，一般都需浇筑一堵后座，在后座墙与主顶油缸尾部之间，再垫上一块钢制的后靠背。这样，由后靠背和后座墙以及工作坑后方土体这三者组成了顶管的后座。这个后座必须能完全承受油缸总推力的反力。计算过程中，可把钢制的后靠背忽略而假设主顶油缸的推力通过后座墙而均匀地作用在工作坑后的土体上，其集中反力按下式计算：

$$R = \alpha B\left(\gamma h^2 \frac{-K_P}{2} + 2ch\sqrt{-K_P} + \gamma h h_1 K_P\right) \qquad (4-14)$$

式中　R——总推力的反力（kN）；

　　　α——系数，一般取 1.5～2.5；

　　　B——后座墙的宽度（m）；

　　　γ——土的容积密度（kN/m³）；

　　　h——后座墙的高度（m）；

　　　K_P——被动土压系数，按照朗肯土压力理论计算；

c——土的黏聚力（kPa）；

h_1——地面到后座塔顶部土体的高度（m）。

为确保安全，反力 R 应为总推力 P 的 1.2～1.6 倍。

3. 开挖工作面稳定验算

在敞开的手掘式顶管中，由于挖掘面不稳定往往不可避免地会发生塌方或由于覆土深度不够而产生塌陷事故，因此，需进行工作面稳定性验算。现以砂土为例说明挖掘面可以保持稳定的条件。

根据朗肯土压力理论，总土压力为：

$$p_a = \frac{1}{2}\gamma h^2 K_a - 2c\sqrt{K_a} \tag{4-15}$$

要求断面能自立，则必须是 $p_a \leqslant 0$，我们把 $p_a = 0$ 时的自立高度记为 h_0：

$$h_0 = \frac{4c}{\gamma\sqrt{K_a}} \tag{4-16}$$

式中　c——土的黏聚力（kPa）；

γ——土的容积密度（kN/m^3）；

K_a——主动土压力系数，按照朗肯土压力理论计算。

由上述计算可以认为，当工具管的外径小于 h_0 时，挖掘面就可以保持稳定。

4.3.2　顶管工作井的设置

1. 开挖工作面稳定验算

工作井（有的称为工作坑或基坑），按其作用分为顶进井（始发井）和接收井两种。顶进井是安放所有顶进设备的场所，也是顶管掘进机的始发场所，是承受主顶油缸推力的反作用力的构筑物，供工具管出洞、下管节、渣土运输、材料设备吊装、操纵人员上下等使用。在顶进井内，布置主顶千斤顶、顶铁、基坑导轨、洞口止水圈以及照明装置和井内排水设备等。在顶进井口地面上，布置行车或其他类型的起吊运输设备。接收井是接收顶管机或工具管的场所，与始发井相比，接收井布置比较简单。在多段顶管情况下，中间的工作井既是顶进井又是接收井，如图 4-19 所示。

| 工作井 | → | 中间工作井 | → | …… | → | 中间工作井 | → | 接收井 |

图 4-19　顶管顶进程序示意图

始发工作井和接收井按其形状来区分，有矩形、圆形、椭圆形和多边形几种，其中矩形最为常见。在直线顶管中或在两段交角接近 180° 的折线中，多采用矩形工作井，如果在两段交角比较小或者是在一个工作井中需要向几个不同的方向顶进时则往往采用圆形工作井。椭圆形工作井的两段各为半圆形状，而其两边则为直线，这种形状的工作井多用成品的钢板浇筑，而且多用于小直径顶管中，多边形工作井基本上和圆形工作井相似。接收井大致也有上述几种形式，只是由于接收井的功能只在接收掘进机或工具管，选用矩形或圆形的接收井更多一些。

始发工作井和接收井的选取有以下原则：

1）始发工作井和接收井的选址上应该尽量避开房屋、地下管线、河塘、架空电线等不利顶管施工作业的场所。尤其是始发工作井，它不仅在坑内布置有大量设备，而且在地面上又要堆放管子、注浆材料和提供渣土运输或泥浆沉淀池，以及其他材料堆放的场地、排水管道等。

2）在始发工作井和接收井的选定上也要根据顶管施工全线的情况，选取合理的工作井和接收井的个数。

3）在选取哪一种始发工作井和接收井时，也应综合考虑，然后不断优化。具体如下：

（1）在土质比较软，而且地下水又比较丰富的条件下，首先应选用沉井施工作为工作井。

（2）在渗透性系数为 1×10^{-4} cm/s 上下的砂性土中，可以选择沉井施工作为工作井，也可以选择钢板桩坑作为工作井。在选用钢板桩作为工作井时，应有井点降水的辅助措施加以配合。

（3）在土质条件较好、地下水少的条件下，应选用钢板桩工作井。

（4）在覆土比较深的条件下，采用多次浇筑和多次下沉的沉井工作井或地下连续墙工作井。

（5）在一些特殊情况下，如离房屋很近，则应采用特殊施工的工作坑。

（6）在一般情况下，接收井可采用钢板桩等比较简易的构筑方式。

从经济合理的角度考虑，始发工作井施工完成后，一部分将改为阀门井、检查井。因此，在设计工作井时要兼顾一井多用的原则。

工作井的洞口应进行防水处理，设置挡水圈和封门板，进出井的一段距离内应进行井点降水或地基加固处理，以防止土体流失，保持土体和附近建筑物的稳定。工作井的顶标高应满足防汛要求，坑内应设置集水井，在暴雨季节施工时为防止地下水流入工作井，应事先在工作井周围设置挡水围堰。

2. 顶进工作井的设置

顶进工作井的布置，分为地面布置和井内布置两大部分。

1）地面布置

地面布置可分为起吊、供电、供水、供浆、液压、气压等设备的布置和监控点布置等。

（1）起吊设备布置。起吊设备可以采用行车也可以采用吊车。采用行车时多采用龙门行车，其地面轨道与工作坑纵向轴线平行，埋设在工作坑的两侧。在其后座方向的地面上可准备顶进用管，这样布置可减小顶进过程中的地面荷载，从而减小顶进阻力。若采用吊车一般需配两台，一台是起吊管子用，另一台是吊土用，大多布置在工作坑两侧，一边一台；前者起重吨位大，后者吨位小，配合使用方便、经济。

（2）供电设备布置。供电设备除了提供所有动力电源以外，还需提供工作坑及周围地面的照明。如果顶进周期长、用电量大，可以布置配电间；若顶进周期短、用电量小，则可在工作坑边上安装一只配电箱或者用发电动机供电。

在一般情况下，动力电源是以三相380V电压直接接到掘进机的电气操纵台上。如果遇到长距离、大口径顶管时，为了避免产生太大的电压降，也可采用高压供电，供电电压一般在1kV左右。这时，在掘进机后的三到四节管子内的一侧，安装有一台干式变压器，再把1kV的电压转变成380V供掘进机用。高压供电的好处是所用的供电电缆的截面可小些，但高压供电对电缆接头、电缆、变压器等的绝缘要求很高，否则容易发生事故，甚至造成人员伤亡，所以要非常注意用电安全，要有可靠的触电、漏电保护措施和严格的操作规程，万不能粗心大意。另外，管内照明应采用24V的低压行灯。

（3）供水设备布置。在手掘式和土压式的顶管施工中，供水量小，一般只需接两只12.5～25mm的自来水龙头即可。泥水平衡式顶管施工中，用水量大，必须在工作井附近设置一只或多只泥浆池。

（4）供浆设备布置。供浆设备主要由拌浆桶和盛浆桶组成，盛浆桶与注浆泵连通。现在多用膨润土系列的润滑浆，它不仅需要搅拌，而且要有足够的时间浸泡，这样才能使膨润土颗粒充分吸水、膨胀。供浆设备一般应安放在雨棚下，防止雨水对浆液的稀释。另外，干膨润土需堆放在架子上以防受潮。

（5）液压设备布置。液压设备主要指为主顶油缸及中继站油缸提供压力油的油泵。油泵可以置在地上，也可在工作井内后座墙的上方搭一个台，把油泵放在台子上。一般不宜把油泵放在工作坑内，其原因在于油泵工作的噪声会影响各种指令的传达，或必须加大工作井尺寸而变得不经济。

（6）气压设备布置。在采用气压顶管时，空压机和储气罐及附件必须放置在地面上，而且空压机应远离坑边较好，因为大多数空压机工作时发出的噪声都比较大。

2）井内布置

井内布置主要包括前止水墙、后座墙、基础底板及排水井等。后座墙要有足够的抗压强度，能承受主顶千斤顶的最大顶力。前止水墙上安装有洞口止水圈，以防止地下水土及顶管用润滑泥浆的流失。在顶管工作井内，还布置有管节、环形顶铁、弧形顶铁、基坑导轨、主顶千斤顶及主顶千斤顶架、后靠背等，如图4-20所示。

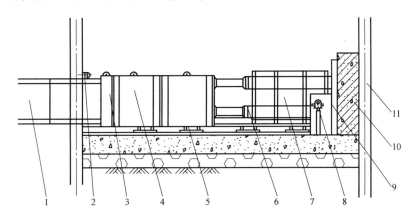

图4-20　顶进工作井内布置图
1—管节；2—洞口止水系统；3—环形顶铁；4—弧形顶铁；5—顶进导轨；6—主顶千斤顶；
7—主顶千斤顶架；8—测量系统；9—后靠背；10—后座墙；11—井壁

（1）主顶设备

主顶千斤顶及千斤顶架的布置尤为重要，主顶千斤顶的合力的作用点对初始顶进的影响比较大。主顶千斤顶一般均匀布置在管壁周边，主要由油缸缸体（图4-21）、活塞杆及密封件组成，其形式多为液压驱动的活塞式双作用油缸。常用的千斤顶的组合布置可分为

图 4-21　顶管配套设备
①—反力架；②—油缸组；③—U形顶铁；④—下井扶梯

固定式、移动式、双冲程组合式三种。主顶进装置除了主顶千斤顶以外，还有千斤顶架，以支承主顶千斤顶；供给主顶千斤顶压力油的是主顶油泵；控制主顶千斤顶伸缩的是换向阀。油泵、换向阀和千斤顶之间均用高压软管连接。主顶油缸的压力油由主顶油泵通过高压油管供给。常用的压力在 32～42MPa，高的可达 50MPa，顶力一般为 1000～4000kN。在管径比较大的情况下，主顶油缸的合力中心应比管中心低管内径的 5% 左右。

主顶行程不能一次将管节顶到位时，必须在千斤顶缩回后在中间加垫块或几块顶铁。主顶行程一般应大于 1.0m，否则会增加吊放顶铁的次数，影响施工效率。主顶设备主要包括 4 个部分：①主顶千斤顶；②主顶油泵；③操纵系统；④油管。

在安装主顶千斤顶时，应遵循以下原则：

① 千斤顶宜固定在支架上，并关于管节中心的垂线对称，其合力的作用点应在隧道中心的垂直线上；

② 当千斤顶多于一台时，应尽量做到取偶数，规格相同，行程同步，当千斤顶规格不同时，其行程应同步，并应将同规格的千斤顶对称布置；

③ 千斤顶的油路必须并联，每台千斤顶应有进油、退油的控制系统。

主顶千斤顶可固定在组合千斤顶架上做整体吊装，根据其顶进力对称布置的要求，通常选用 2、4、6 偶数组合，如图 4-22 所示。

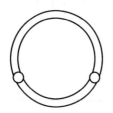
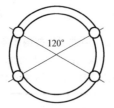
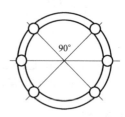

图 4-22　主顶油缸主顶千斤顶布置示意图

主顶千斤顶的压力油由主顶油泵通过高压油管供给，其推进和回缩通过操纵系统控制。操纵系统的操纵方式有电动和手动两种，前者采用电磁阀或电液阀，后者采用手动换向阀。主顶千斤顶的油管按材质分有钢管、铜管、橡胶软管和尼龙管等；依据管的材料和压力需要的不同，管接头可分为卡套式、薄壁扩口式和焊接式等形式。

（2）洞口止水圈

洞口止水圈指用来制止地下水和泥砂流到工作井和接收井的构造，常安装在顶进工作井的出洞洞口和接收工作井的进洞洞口，包括止水墙、预埋螺栓、橡胶止水圈、压板四个部分，如图 4-23 所示。洞口止水圈有多种多样，但其中心必须与所顶管的中心轴线一致。不同构造的工作井洞口止水的方式也不同，具体如下：

① 钢板桩围成的工作井：在管段顶进前方的井浇筑一道前止水墙，墙体可由级配较高的素混凝土构成。其宽度为 2.0~5.0m，具体数据根据管径的不同而定，厚度为 0.3~0.5m，高度为 1.5~4.5m。

② 钢筋混凝土沉井或用钢筋混凝土浇筑成的方形工作井：无前止水墙。

③ 圆形工作井：浇筑一堵弓形的前止水墙，洞口止水圈安装在平面而非圆弧面上。

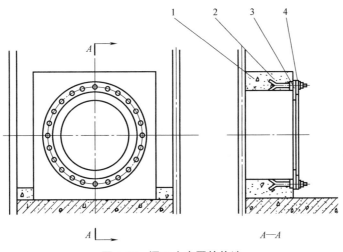

图 4-23　洞口止水圈的构造
1—前止水墙；2—预埋螺栓；3—橡胶止水圈；4—压板

④ 覆土深度很深（大于 10m）或者在穿越江河的顶管工作井：洞口需两道止水圈。前止水圈是充气式的，结构如同自行车内胎，与管子不直接接触。前止水圈平时不充气，只有当后面一道止水圈损坏需更换时才充气，起止水作用。

（3）后座墙

后座墙是把主顶油缸推力的反力传递到工作井后部土体中去的墙体，是主推千斤顶的支承结构，要求后背墙必须保持稳定，具有足够的强度和刚度。后座墙一般由两大部分组成：一部分是用混凝土浇筑成的墙体，亦有采用原土后座墙的；另一部分是靠主顶千斤顶尾部的厚铁板或钢结构件，称之为钢后靠，钢后靠的作用是尽量把主顶千斤顶的反力分散开来。后座墙的构造会因工作井的构筑方式不同而不同。在沉井工作坑中，后座墙一般就是工作井的后方井壁。在钢板桩工作井中，必须在工作井内的后方与钢板桩之间浇筑一座与工作井宽度相等的、厚度为 0.5~1.0m、其下部最好能插入工作井底板以下 0.5~1.0m 的钢筋混凝土墙，目的是使推力的反力能比较均匀地作用到土体中去。还要注意的是，后座墙的平面一定要与顶进轴线垂直。

① 应满足的要求

a) 足够的强度：在顶管施工中能承受主顶工作站千斤顶的最大反作用力而不致破坏。

b) 足够的刚度：当受到主顶工作站的反作用力时，后背墙材料受压缩而产生变形，卸荷后要恢复原状。

c) 表面平直：后背墙表面应平直，并垂直于顶进隧道的轴线，以防产生偏心受压，使顶力损失或发生质量、安全事故。

d) 材质均匀：后背墙材料的材质要均匀一致，以防承受较大的后坐力时造成后背墙材料压缩不匀而造成倾斜现象。

e) 结构简单、装拆方便：装配式或临时性后背墙都要求采用普通材料，装拆方便。

② 结构形式

a. 按建造形式：可分为整体式和装配式两类。整体式后背墙由现场浇筑混凝土建成。装配式后背墙由预制构件装配而成，是常用的形式，具有结构简单、安装和拆卸方便、适用性较强等优点。

装配式后背墙应满足：

a) 装配式后背墙宜采用方木、型钢或钢板等组装，组装后的后背墙有足够的强度和刚度；

b) 后背墙土体壁面平整，并与隧道顶进方向垂直；

c) 装配式后背墙的底端宜在工作坑底以下（不宜小于 50cm）；

d) 后背墙土体壁面与后背墙贴紧，有间隙时以砂石料填塞密实；

e) 组装后背墙的构件在同层内的规格一致，各层之间的接触应紧贴，并层层固定；

f) 顶管工作坑及装配式后背墙的墙面与隧道轴线垂直。

b. 按墙后支座：可分为原状土支座、人工后背墙支座、已竣工隧道 3 类。

选用要求如下：

a) 应尽可能选用原状土作为墙后支座；

b) 无原状土作为支座时，应设计结构简单、稳定可靠、就地取材、拆除方便的人工后背墙支座；

c) 利用已顶进完毕的隧道作后背墙时，应满足：

（a）要顶进隧道的顶进力应小于已顶隧道的顶进力；

（b）后背墙钢板与管口之间应衬垫缓冲材料；

（c）采取措施保护已顶入隧道的接口不受损伤。

在设计后背墙时应充分利用土抗力，在工程进行中应严密检测后背土的压缩变形值，将残余变形值控制在 20mm 左右。当发现变形过大时，应考虑采取辅助措施，必要时可对后背土进行加固，以提高土抗力。

（4）顶铁

顶铁是主顶千斤顶前端特殊形状的铁块，又称为承压环或者均压环，主要作用是把主顶千斤顶的推力比较均匀地分散到顶进管段的端面上，保护管端，并延长短行程千斤顶的行程。

顶铁由各种型钢制成，根据形状不同可分成矩形顶铁、环形顶铁、弧形顶铁、马蹄形顶铁和 U 形顶铁等，对比如表 4-6 所示。顶铁应具有足够的强度和刚度，尤其要注意主顶油缸的受力点与顶铁相对应位置肋板的强度，防止顶进受力后顶铁变形和破坏。

（5）顶进导轨

顶进导轨由两根平行的轨道所组成，其作用是使管节在工作井内有一个较稳定的导向，导管段按设计的轴线顶入土中，同时使顶铁能在导轨面上滑动。在钢管顶进过程中，导轨也是钢管焊接的基准装置。

不同顶铁的特点或作用   表 4-6

顶铁形式	特点或作用
矩形顶铁	断面为矩形，是最常用的一种顶铁
环形顶铁	千斤顶与管段不能直接接触时，环形顶铁能连接千斤顶与管段，并直接与管段接触，使主顶油缸的推力较均匀地传递到所顶管段的端面上
弧形顶铁	用于顶力很大的钢筋混凝土管，能够扩大承压面积，使主顶油缸的推力较均匀地传递到所顶管段的端面上
马蹄形顶铁	构造和作用与弧形顶铁基本相同，不同的是它安放在基坑导轨上时开口是向下的，这样在主顶油缸后加顶铁时不需要拆除进排泥管道
U 形顶铁	一种组合式顶铁，刚度大，能比较均匀地分布顶力，但比较笨重，一般用于大顶力的顶进，一般用于钢管顶管

3. 工作坑井的尺寸确定

1）工作坑的平面尺寸

如图 4-24 所示，工作坑的平面尺寸要考虑管道下放、各种设备进出、人员上下坑内操作等必要空间以及排弃土的位置等。其平面形状一般采用矩形，其底部应符合下列公式要求：

$$B = D_l + S \tag{4-17}$$
$$l = l_1 + l_2 + l_3 + l_4 + l_5 \tag{4-18}$$

式中　B——矩形工作井底部宽度（m）；

D_l——管道外径（m）；

S——操作宽度（m），可取 2.4～3.2m；

l——矩形工作井的底部长度（m）；

l_1——工具管长度，当采用第一节管道作为工具管时，钢筋混凝土管直径不宜小于 0.3m，钢管不宜小于 0.6m；

l_2——管节长度（m）；

l_3——运土空间长度（m）；

l_4——千斤顶长度（m）；

l_5——后背墙厚度（m）。

2）工作井的深度

如图 4-25 所示，工作井的深度应符合下列公式要求：

$$H_1 = h_1 + h_2 + h_3 \tag{4-19}$$
$$H_2 = h_1 + h_3 \tag{4-20}$$

式中　H_1——顶进井地面至坑底的深度（m）；

H_2——接收井地面至坑底的深度（m）；

h_1——地面至管道底部外缘的深度（m）；

h_2——管道外缘底部至导轨地面的高度（m）；

h_3——基础及其垫层的厚度，不应小于该处井室的基础及垫层厚度（m）。

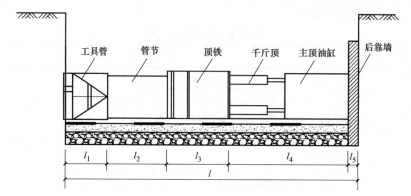

图 4-24　工作井底部长度示意图

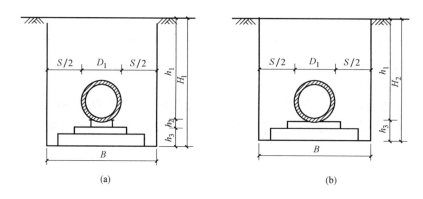

图 4-25　顶管工作井深宽尺寸示意图

（a）顶进井；（b）接收井

4.3.3　顶管施工准备

1. 地面准备工作

顶进施工前，按实际情况进行施工用电、用水、通风、排水及照明等设备的安装。为满足工程的施工要求，管节、止水橡胶圈、电焊条等工程用料应备有足够数量，应建立测量控制网，并经复核、认可。顶管施工前，对参加施工的全体人员按阶段进行详细的技术交底，按工种分阶段进行岗位培训，考核合格后方可上岗操作。

2. 工作井

工作井是顶管施工的必需工程，顶管顶进前必须按设计掘砌好。

3. 洞门

洞门是顶管机进出洞的出入口，工具管能否安全顺利地出洞或进洞，关系到整个工程的成败。不论是始发井或是接收井，在施工工作井时，一般预先将洞门用砖墙与钢筋混凝土相结合的形式进行封堵。在始发井，为确保顶管机顺利进出洞，防止土体坍塌涌入工作井，出洞前在砖封门前施工一排钢板桩，钢板桩的入土深度应在洞圈底部200mm。

4. 测量放样

根据始发井和接收井的洞中心连线，定出顶进轴线，布设测量控制网，并将控制点放到井下，定出井内的顶进轴线与轨面标高，指导井内机架与主顶的安装。

5. 后座墙组装

组装后的后座墙应具有足够的强度和刚度。

6. 导轨安装

导轨选用钢质材料制作，两导轨安装应牢固、顺直、平行、等高，其纵坡与管道设计坡度一致。在安放基坑导轨时，其前端应尽量靠近洞口，左右两边可以用槽钢支撑。在底板上预埋好钢板的情况下，导轨应和预埋钢板焊接在一起。

7. 主顶架安装

主顶架位置按设计轴线进行准确放样，安装时按照测量放样的基线，吊入井下就位。基座中心按照管道设计轴线安置，并确保牢固稳定。千斤顶安装时固定在支架上，并与管道中心的垂线对称，其合力的作用点在管道中心的垂线上。油泵应与千斤顶相匹配。

8. 止水装置安装

为防止工具管出洞过程中洞口外土体涌入工作井，并确保顶进过程中润滑泥浆不流失，在工作井洞门圈上应安装止水装置。止水装置采用帘布止水橡胶带，用环板固定，插板调节。

4.3.4 顶管进出洞段施工

1. 顶管进洞段施工

一般将进洞后的5～10m作为进洞段。全部设备安装就位，经过检查并试运转合格后可进行初始顶进。进洞段的施工要点如下：

（1）拆除封门。顶管机进洞前需拔出封门用的钢板桩。拔除前，工程技术人员、施工人员应详细了解现场情况和封门图纸，制订拔桩顺序和方法。钢板桩拔除前应凿除砖墙，工具管应顶进至距钢板桩10cm处的位置，并保持最佳工作状态，一旦钢板桩拔除后立即能顶进至洞门内。钢板桩拔除应按由洞门一侧向另一侧依次拔除的原则进行。

（2）施工参数控制。需要控制的施工参数主要有土压力、顶进速度和出土量。实际土压力的设定值应介于上限值与下限值之间。为了有效地控制轴线，初进洞时，宜将土压力值适当提高。同时加强动态管理，及时调整。顶进速度不宜过快，一般控制在10mm/min左右。出土量应根据不同的封门形式进行控制，加固区一般控制在105%左右，非加固区一般控制在95%左右。

（3）管节连接。为防止顶管机突然"磕头"，应将工具管与前三节管节连接牢靠。

（4）工具管开始顶进5～10m的范围内，允许偏差为：轴线位置3mm，高程0～+3mm。当超过允许偏差时，应采取措施纠正。

2. 顶管出洞段施工

接收井封门在制作时一般采用砖封门形式，在其拆除、顶管机出洞过程中极易造成顶管机正面土体涌入井内等严重后果，从而给洞圈建筑孔隙的封堵带来困难。

1) 出洞前的准备工作

在常规顶管出洞过程中，对洞口土体一般不作处理。但若洞口土体含水量过高，为防止洞口外侧土体涌入井内，应对洞口外侧土体采取注浆、井点降水等措施进行加固。

在顶管机切口到达接收井前 30m 左右时，做一次定向测量。做定向测量的目的：一是重新测定顶管机的里程，精确算出切口与洞门之间的距离；二是校核顶管机姿态，以利出洞过程中顶管机姿态的及时调整。

顶管机在出洞前应先在接收井安装好基座，基座位置应与顶管机靠近洞门时的姿态相吻合，如基座位置差异较大，极容易造成顶管机顶进轨迹的变迁，引起已成管道与顶管机同心圆偏离值增大。另外，顶管机进入基座时亦会改变基座的正常受力状态，从而造成基座变形、整体扭转等。考虑到这一点，应根据顶管机切口靠近洞口时的实际姿态，对基座做准确定位与固定，同时将基座的导向钢轨接至顶管机切口下部的外壳处。

顶管机切口距封门 2m 左右时，在洞门中心及下部两侧位置设置应力释放孔，并在应力释放孔外侧相应安装球阀，便于在顶管机出洞过程中根据实际情况及时开启或关闭应力释放孔。为防止顶管机出洞时，由于正面压力的突降而造成前几节管节间的松脱，宜将顶管机及第一节管节、第一至第五节管节相邻两管节间连接牢固。

2) 施工参数的控制

随着顶管机切口距洞门的距离逐渐缩短，应降低土压力的设定值，确保封门结构稳定，避免封门过大变形而引起泥水流入井内等严重后果。在顶管机切口距洞门 6m 左右时，土压降为最低限度，以维持正常施工的条件。

由于顶管机处于出洞区域，为控制顶进轴线，保护刀盘，正面水压设定值应偏低，顶进速度不宜过快，尽量将顶进速度控制在 10mm/min 以内。待顶管机切口距封门外壁 500mm 时，停止压注 1 号中继间至第一节管节之间的润滑泥浆。

为避免工具管切口内土体涌入接收井内，在工具管进入洞门前应尽量挖空正面土体。

3) 封门拆除

封门拆除前应详细了解施工现场情况和封门结构，分析可能发生的各类情况，准备相应措施。封门拆除前顶管机应保持最佳的工作状态，一旦拆除即刻顶进至接收井内。为防止封门发生严重漏水现象，在管道内应准备好聚氨酯堵漏材料，便于随时通过第一节管节的压浆孔压注聚氨酯。在封门拆除后，应迅速连续顶进管节，尽量缩短顶管机出洞时间。

4) 洞门建筑空隙封堵

顶管机出洞后，洞圈和顶管机、管节间建筑空隙是泥水流失的主要通道。待顶管机出洞后第一节管节伸出洞门 500mm 左右时，应及时用厚 16mm 环形钢板将洞门上的预留钢板与管节上的预留钢套焊接牢固，同时在环形钢板上等分设置若干个注浆孔，利用注浆孔压注足量的浆液填充建筑空隙。

4.3.5 正常顶进

顶管顶进 10m 左右后即进入正常顶进施工。正常顶进的施工程序是：安装顶铁，启动油泵，活塞伸出一个行程，关闭油泵，活塞收缩，添加顶铁，启动油泵，推进一节管节长度后下放一节管节，再开始顶进一周而复始，依次顶进。正常顶进施工中应注意以下 7 点。

1. 顶铁安装

分块拼装式顶铁应有足够的刚度，并且顶铁的相邻面应相互垂直。安装后的顶铁轴线应与管道轴线平行、对称，顶铁与导轨之间的接触面不得有泥土、油污。更换顶铁时，先使用长度大的顶铁，拼装后应锁定。顶进时工作人员不得在顶铁上方及侧面停留，并随时观察顶铁有无异常现象。顶铁与管口之间采用缓冲材料衬垫，顶力接近管节材料的允许抗压强度时，管口应增加弧形或环形顶铁。

2. 降水处理

采用手掘式顶管时，将地下水位降至管底以下不小于 0.5m 处，并采取措施防止其他水源进入顶管管道。顶进时，工具管接触或切入土层后，自上而下分层开挖。

3. 地层变形控制

顶管引起地层变形的主要因素包括：工具管开挖面引起的地层损失；工具管纠偏引起的地层损失；工具管后面管道外周空隙因注浆填充不足引起的地面损失；管道在顶进中与地层摩擦而引起的地层扰动；管道接缝及中继间缝中泥水流失而引起的地层损失。在顶管施工中要根据不同土质、覆土厚度及地面建筑物情况等，结合监测信息的分析，及时调整土压力值，同时坡度要保持相对的平稳，控制好纠偏量，减少对土体的扰动。根据顶进速度控制出土量和地层变形，从而将轴线和地层变形控制在最佳状态。

4. 施工参数控制

结合实践施工经验，实际土压力的设定值应介于上限值与下限值之间。顶进速度一般情况下控制在 20～30mm/min，如正面有障碍物，应控制在 10mm/min 以下。严格控制出土量，防止超挖及欠挖。为防止土层沉降，顶进过程中应及时根据实际情况对土压力做相应调整，待土压力恢复至设计值后，才可进行正常顶进。

5. 管节顶进

在中距离顶进中，实现管节按顶进设计轴线顶进，关键在于纠偏，需要认真对待，要及时调节顶管机内的纠偏千斤顶，使其及时回复到正常状态。要严格按实际情况和操作规程进行处理，勤量测、勤出报表、勤纠偏。纠偏时，应在顶进中采用小角度逐渐纠偏，应严格控制大幅度纠偏，不使管道形成大的弯曲而造成顶进困难、接口变形等。

顶进管节视主顶千斤顶行程来确定是否添加垫块。为保证主顶千斤顶的顶力均匀地作用于管节上，必须使用 O 形受力环。当一节管节顶进结束后，吊放下一节管节，在对接拼装时应确保止水密封圈充分入槽并受力均匀，必要时可在管节承口涂刷黄油。对接完成并检查合格后，可继续顶进施工。为防止顶管产生"磕头"和"抬头"现象，顶进过程中应加强对顶管机状态的测量，及时利用纠偏千斤顶来调整。

6. 压浆

为减少土体与管壁之间的摩阻力，应在管道外壁注入润滑泥浆，并保证泥浆的性能能够满足施工的要求。

顶管压浆时，必须坚持"先压后顶，随顶随压，及时补浆"的原则，泵送注浆出口处压力控制在 0.1～0.125MPa。要制定合理的注浆工艺，并严格按压浆操作规程进行。压浆的顺序为：地面拌浆-启动压浆泵-总管阀门打开-管节阀门打开-送浆（顶进开始）-关节阀门关闭（顶进结束）-总管阀门关闭-井内快速将接头拆开-下管节-接总管-周而复始。由于存在泥浆流失及地下水的作用，泥浆的实际用量要比理论用量大很多，一般可达理论值的 4～5 倍，施工中要根据土质、顶进情况、地面沉降的要求等适当调整。顶进时应贯彻同步压浆与补压浆相结合的原则，工具管尾部的压浆孔要及时有效地进行跟踪注浆，确保能形成完整有效的泥浆环套。管道内的压浆孔进行一定量的补压浆，补压浆的次数及压浆量根据施工情况而定，尤其是对地表沉降要求高的部位，应定时进行重点补压浆。压浆浆液按质量进行配制。

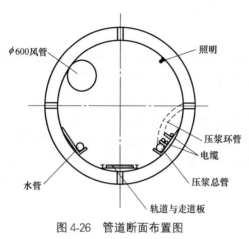

图 4-26 管道断面布置图

7. 管道断面布置

在管道内每节管节上布置一压浆环管。在管道右上方安装照明灯，在管道底部铺设电动机车轨道与人行走道板，同时在管道右下侧安装压浆总管及电缆等，如图 4-26 所示。

4.3.6 顶管接收技术

根据地层条件、地下水压力和地上建筑安全等级的不同，采用的顶管接收技术也有所不同。表 4-7 为针对不同地层条件、地下水压力和地上建筑安全等级情况下的顶管接收方法选用表，可作为顶管接收施工参考。

顶管接收方法选用表 表 4-7

影响因素			接收方法
地上建筑安全等级	地下水压力	地层	
一级	≤0.1MPa	松散的强透水地层（如中粗砂层等）	高密封要求钢套管接收
		弱透水层（如淤泥、淤泥质土、黏土、粉土等）	低密封要求钢套管接收
	>0.1MPa	任何地层	高密封要求钢套管接收
二、三级	≤0.1MPa	松散的强透水地层（如中粗砂层等）	低密封要求钢套管接收
		弱透水层（如淤泥、淤泥质土、黏土、粉土等）	洞口密封即可，无需钢套管接收
	>0.1MPa	任何地层	高密封要求钢套管接收

1. 传统顶管接收技术

当地上建筑安全等级为二、三级，在弱透水（如淤泥、淤泥质土、黏土、粉土等）、地下水压力较低的地层中进行顶管接收时，采用洞口密封装置即可。传统顶管接收技术施作步骤如下：

（1）接收井准备；

（2）测量与姿态调整；

（3）各施工参数的调整；

（4）三线控制法（减速线 DL、破墙线 BL、顶进终止线 SL）；

（5）注浆措施，重点是洞门与管节间间隙密封。

2. 钢套管接收技术

当进洞口周围为地下水水量丰富的砂层、淤泥、淤泥质土、黏土、粉土等稳定性差地层，同时地上建筑安全等级高的情况下，宜采用钢套管接收装置进行顶管接收。

针对不同地下水压力和不同的地层，采用的钢套管接收装置的密封要求有所不同。在高水压情况下，稳定性差地层里进行顶管接收对钢套管接收装置的密封要求更高；在低水压情况下，几乎不透水的淤泥、淤泥质土、黏土和粉土层等对钢套管接收装置的密封要求相对较低，但在相对松散的强透水地层，比如在低水压饱和粗粒类砂土层情况下，对钢套管接收装置的密封要求也很高。

1）低水压条件下钢套管接收技术

当地下水压力小，地上建筑安全等级为一级、同时地层为不透水地层，或地上建筑安全等级为二、三级，同时地层为透水地层时，顶管接收施工地下水压力小，需要采用低密封要求的接收装置进行顶管的接收。

钢套管接收装置的接收方法是基于泥水平衡的原理，通过控制接收仓内的泥水压力，使接收仓里面的泥水压力与地层水土压力保持平衡，同时对出洞口进行密封处理，实现安全可靠地接收顶管机。本方法可有效防止接收端漏水、漏泥现象，从而降低顶管接收的风险，并有效地节约顶管机接收的成本。

2）高水压条件下钢套管接收技术

当地下水压力较大时，无论在何种地层，洞口接收密封要求均很高，此外当地下水压力不大，但地上建筑安全等级为一级且地层为透水地层时，洞口接收密封要求也很高，此时应采用高密封要求的接收装置进行接收。同时，接收装置应进行如下改进：

（1）接收孔口管上安装密封弹簧钢刷；

（2）加长接收仓，并将其改为整体式；

（3）上下半圆筒接合面和端盖接合面均采用两排螺栓加橡胶垫进行密封，同时接收仓内法兰连接缝隙处，使用锚固剂密闭缝隙，提高接收仓的密封效果；

（4）在伸出内衬墙的孔口管管壁上焊接注浆球阀；

（5）接收仓顶部纵向预留探测孔，仓盖安装泄压阀。

这些改进措施大大提高了接收仓的密封性能，能很好地满足高水压情况下的顶管接收。

两种水压条件下，接收施工步骤相同：

（1）测量与姿态调整；

（2）钢套筒的平台；

（3）钢套筒与工作井壁的连接；

（4）各施工参数的调整；

（5）三线控制法（DL、BL、SL）；

（6）注浆措施。

4.3.7　减摩

在顶管施工过程中，管节外壁与土层间的摩擦阻力是影响顶进力的一个很重要的因素。顶进距离越长，管壁所受的摩擦阻力越大。长距离顶管需要采取措施降低摩擦阻力。减摩即减小管道外壁周边与地层之间的摩擦力。减摩措施有制作技术和注入泥浆两种。

1. 制作技术

对管道衬砌精心设计和精心制作，可有效地减小管壁和地层之间的摩擦力。在精心设计方面，应注意使工具管的刃脚外径略大于管道的外径，以使管壁与地层之间有一定的间隙。这类措施可减小管壁与地层之间的摩阻力的道理是显而易见的，但土层应足够坚硬才能取得预期效果。地层较软时，应向管壁与土层之间的空隙注入支承介质，使地层能在一段时间内保持稳定，有足够的时间顶进一节相当长的管道。支承介质宜采用泥浆，使其在超支承作用的同时兼作润滑剂，起减小摩阻力的作用。

在精心制作方面，应注意使管壁外表面光洁平滑，以降低摩擦系数。此外，制作管段时应尽可能避免圆度误差，并保持直径一致，以免顶进时产生夹紧力。管段在工厂用多块管模拼装的模板浇筑时，管模尺寸公差、磨损程度的差别、脱模过早，或者在养护时发生收缩等都可能引起这类偏差，应对各个环节给予充分的注意。

如果管节采用钢管制作，钢管与土层之间的摩擦系数小，推同样口径的钢管要比推混凝土管的推力小许多。如前所述，制作工具管时，其外直径应比管道的外径略大一些。因此，这是许多长距离顶管施工中采用钢管的原因之一。

2. 注入泥浆

在管段外壁涂抹泥浆，或向管道外壁与地层间的空隙注入泥浆，都可有效地减少摩阻力，从而增加管道单程顶进的长度，这类泥浆常称为减摩材料。减摩材料主要起润滑作用，并可帮助支持地层。用作减摩材料的泥浆腐蚀性应低，以免管道和接头因腐蚀而损坏。此外，减摩浆液在管道顶进过程中将随之向前移动，并在与地层发生相对运动的过程中不可避免地发生水分损失，使摩阻力增大。因此，要求减摩浆液的失水率要小。

目前采用的减摩泥浆主要是膨润土泥浆。膨润土泥浆具有较好的触变性，在静止状态时发生凝固，成为凝胶；在被搅拌或振动时成为溶胶。膨润土泥浆的触变性有助于顶进管道在地层间运动时成为减摩剂，以溶胶状液减少摩阻力；静止时，成为凝胶支撑地层。膨润土分钙基膨润土和钠基膨润土，在含量相同的情况下，钠基膨润土悬浮胶中极薄的硅酸盐叠层片的含量为钙基膨润土悬浮液的 15～20 倍。因此，钠基膨润土比钙基膨润土更适用于顶管施工。

压浆浆液按重量进行配制。配比为：膨润土 400kg，水 850kg，纯碱 6kg，CMC（纤维素）2.5kg。pH 值为 9～10，析水率小于 2%。

干膨润土吸收水分后，体积可膨胀 2～10 倍。因此，膨润土与水调合后需先搁置 12d 以上，才可投入使用。采用以上配方注浆时，管壁与土层间的摩擦阻力可降低 20%～30%。

浆液仅需用作润滑介质时，浆液也可由黏土、膨润土、废机油和其他活性剂等混合拌制而成，配方应根据地层情况的不同随时调整。

润滑浆液注入地层的部位、顺序、注入压力和注入量都会直接影响减摩效果。压出的浆液应尽可能均匀地分布在管壁周围，以便围绕整个管段形成环带。因此，注浆孔在管壁上应均匀分布。注浆孔的间距和数量主要取决于地层允许膨润土向四周扩散的程度。注浆孔一般设置在管子的中间位置，均布 3~4 个孔。通常在渗透性小的黏土地层中，孔距应小些；在松散的砂土地层中，孔距可大些。

1）泥浆套的形成及减阻机理

注浆时，从注浆孔注入的泥浆首先填补管节与周围土体之间的空隙，抑制地层损失的发展。泥浆与土体接触后，在注浆压力的作用下，注入的浆液向地层中渗透和扩散，先是水分向土体颗粒之间的孔隙渗透，然后是泥浆向土体颗粒之间的孔隙渗透。当泥浆渗入到一定厚度，泥浆流动速度变得非常缓慢，泥浆形成一种凝胶体，充满土体间孔隙。随着浆液的继续渗透，凝胶体与土体形成相互作用，形成致密的渗透块。在注浆压力的挤压下，渗透块越来越多，并相互黏结，形成一个相对密实、不透水的套状物，泥浆套由此形成。泥浆套能够起到阻止泥浆继续向土层渗透的作用。若润滑泥浆能在隧道外周形成一个比较完整的泥浆套，则接下来注入的泥浆将完全留在隧道外壁与泥浆套的空隙之间。当隧道外壁与泥浆套之间充满泥浆时，顶管隧道在整个圆周上将被膨润土悬浮液所包围。由于浮力作用，隧道将至少变成部分飘浮，有效重量将大大减小，如图 4-27 所示。因此，当隧道外周能够形成一个比较完整的泥浆套时，顶管施工所需的顶进力将大大减小。

实际施工中，可能会遭遇到不利水文地质条件，环向空腔不连续、不均匀，泥浆流失及浆液压注不到位等不利情况，实际减摩效果会受到一定的影响。

2）泥浆填补及支撑机理

合理的泥浆填补对完整泥浆套的形成，减少不利的土体运动有着重大的意义。由于顶管机的外径与管节外径并非完全相同，隧道管节与土体之间会留有一定空隙。调整顶管机姿态的纠偏操作也会使隧道与土体之间产生空隙。土体是一种松散体，若不进行任何处理，周围土体必将自发填补这些空隙，产生地面沉降。同时，顶管施工时，管节随

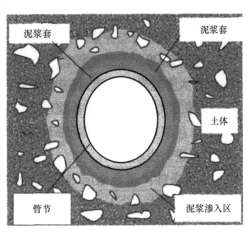

图 4-27 泥浆与土体的相互作用

顶管机一起向前顶进，给周围土体施加摩擦力，产生拖带效应，使得土体产生沿隧道顶进方向移动。当工作井内进行新管节吊放及安装时，千斤顶停止顶进，土体会产生部分弹性回缩，向顶进的反方向移动。以上这些土体的运动都是不利于工程安全的，应当尽量控制或避免，而合理的注浆则是一种有效的方法。

在已经形成完整泥浆套的顶管隧道中，泥浆的液压能够在各个方向上为隧道挡土挡水，有效地为地层提供支撑，使得地层稳定得到维持，地面沉降得到控制。泥浆套也避开了隧道结构与土体的直接接触，大大减小了隧道顶进对土体产生的摩擦力，减小了深层土体的移动。

3）注浆工艺

根据注浆孔位置的不同，注浆工艺可分为管外注浆法和管内注浆法；根据注浆点是否

移动，又可分为固定式注浆和移动式注浆。

管外注浆法一般是在顶管工作井前壁布置注浆孔，注浆孔固定，并与顶进方向一致，因此又称为固定式注浆。这种注浆工艺适用于短距离顶管。

管内注浆法是将注浆管引入隧道内部，在管节内壁开注浆孔进行注浆。由于管节和注浆孔都随着隧道的顶进而向前移动，因此这种注浆工艺又称为移动式注浆，多用于大口径长距离顶管。

注浆工艺主要有以下三个部分：

（1）机尾的同步压浆

同步压浆是注浆减阻中最主要的部分，也是最重要的部分。同步注浆的主要目的是及时填充顶管机尾部土体与管节之间的空隙以及纠偏产生的空隙。控制注浆时，以注入泥浆的压入量为主，而不是以压力为主。泥浆的压入量为理论空隙的 $2\sim3.5$ 倍，在软土中或纠偏动作小时少些；在砂性土中或纠偏动作大时多些。

（2）沿线补浆

沿线补浆是注浆减阻中一种修复性注浆，其主要目的是对管节外周泥浆套的缺损处进行修补。在注浆减阻的过程中，很难一次就形成一个完整的泥浆套。要形成一个质量可靠的完整泥浆套，往往需要多次进行沿线补浆。

（3）洞口注浆

洞口注浆是在洞口处进行的针对性泥浆填充，是注浆减阻的关键环节。洞口处泥浆套最不容易形成，也最容易破损。管节被顶入土体中时，如果没泥浆填充，土体会立即塌落而裹住管节，造成所需顶力飙升。洞口附近的地面沉降可以直接反映洞口注浆的质量。

4）触变泥浆与顶进力之间的关系

顶管所需顶进力与泥浆套厚度、注浆压力以及地质条件等因素有关。

（1）泥浆套厚度：泥浆套厚度应为建筑空隙的 $6\sim7$ 倍，泥浆套的厚度过小，易造成顶管的顶进偏移量大于泥浆套厚度，隧道管壁直接与周围的土体接触，顶管所需顶进力飙升。

（2）注浆压力：顶进力与注浆压力近似呈正比，注浆压力过大，则顶管所需推力也将同时增大；注浆压力过小，泥浆不能有效扩散到顶管周围，造成隧道管壁直接与土体接触，所需顶进力也很大。

（3）地质条件：疏松地层中，地层失水、漏浆都很快，若不能及时补充足够的泥浆，顶管推力也会增大。

因此，在顶管施工中采取一切可能的措施来减小顶管偏移量、保证泥浆有足够稳定的厚度、及时补足泥浆，对于减小顶进力顺利施工具有重要意义。

5）泥浆套厚度探测及预估

确定管节壁后泥浆套厚度的方法主要有现场勘测和理论估算两种。

（1）现场勘测

现场勘测应根据具体顶管工程管节和地层的特点选择合适的勘测设备，如高频地质雷达及天线等。勘测断面应选在隧道关键节段，以保证该断面泥浆套质量可靠。

根据电磁波在泥浆介质中传播速度探测泥浆套厚度的计算方法如下：

$$\upsilon = \frac{C}{\sqrt{\varepsilon}} \qquad\qquad (4\text{-}21)$$

$$d = (T_2 - T_1) \cdot \upsilon \qquad\qquad (4\text{-}22)$$

式中 υ——电磁波在触变泥浆中的传播速度（m/s）；

     C——真空中的电磁波速（m/s）；

     ε——介质的相对介电常数；

     d——泥浆厚度（m）；

     T_1——电磁波在管节壁中传播所需的双程旅行时间（s）；

     T_2——管节外第一个触变泥浆边界面反射波的双程旅行时间（s）。

（2）理论估算

对于泥浆在土体中渗透的距离，Jancsecz、Anagnostou 和 Jefferis 都提出过经验公式，其中 Jefferis 提出的公式考虑更全面，更符合实际工程。Jefferis 的经验公式如式（4-23）所示：

$$S = \frac{\Delta p d_{10}}{\tau_S} \cdot \frac{n}{1-n} f \qquad\qquad (4\text{-}23)$$

式中 S——渗流距离（m）；

     Δp——泥浆压力与地下水压力之差（Pa），即 $\Delta p = p_{泥浆} - p_{水}$；

     d_{10}——有效粒径，小于该粒径的土颗粒质量占总质量的 10%；

     τ_S——泥浆的流动阻力；

     n——土体孔隙率；

     f——考虑土体中渗流路径尺寸和弯曲程度的修正系数。

本章小结

（1）顶管施工一般是先在工作井内设置支座并安装液压千斤顶，借助千斤顶将掘进机和已成管道从工坑内按照设计高程、方位、坡度，逐节顶入土层，直至首节管节被顶入接收端工作井。在施工过程中随着掘进机的顶进，在工作井内将预制好的管节逐节顶入地层，同时挖除并运走管段正面的泥土。

（2）顶管机系统由顶管机、管材、中继间、注浆系统、纠偏系统和辅助系统组成。顶管机常用的有工具管、泥水平衡式顶管机和土压平衡顶管机，其选取应考虑管道所处土层性质、管径、地下水位、附近地上与地下建（构）筑物和各种设施等因素，经技术经济比较后确定。

（3）顶管顶进前要进行顶管工程计算、工作井设置。顶管施工阶段可分为顶管施工准备、进出洞段施工、正常顶进和接收技术，在顶管施工时需要采取减摩措施。

思考与练习题

4-1 顶管法施工的基本原理是什么？

4-2 泥水平衡式顶管施工的技术要点是什么？

4-3 土压平衡式顶管施工的技术要点是什么？

4-4 顶管施工时如何对顶管机进行选型？

4-5 简述中继间的工作原理。

4-6 顶管法施工中顶力如何计算？

4-7 顶管法施工的主要计算问题有哪些？

4-8 工作井的选取原则有哪些？

4-9 工作井的尺寸如何确定？

4-10 顶管进出洞段施工内容各是什么？

4-11 正常顶进施工中应注意什么？

4-12 顶管施工如何减摩？

第5章 箱涵顶进施工

本章要点及学习目标

本章要点：
(1) 管幕-箱涵顶进施工原理；
(2) 钢管幕顶进施工技术；
(3) 箱涵顶进施工技术；
(4) 箱涵顶力估算。

学习目标：
(1) 熟悉管幕-箱涵顶进施工的基本原理；
(2) 掌握钢管幕和箱涵顶进的工艺及主要技术问题；
(3) 掌握箱涵顶力估算。

5.1 箱涵顶进施工技术分类

5.1.1 直接顶进施工技术

直接顶进施工方法是指采用与通道尺寸相近的矩形顶管机进行顶进施工，每顶进一段距离后安装一节管节，直到顶管机全部进入接收井、管节全部安装完，这是目前国内普遍使用的一种箱涵顶进施工方法，施工速度比较快。但在浅覆土或特殊环境下如果直接顶进箱涵往往会导致地面沉降过大，对周围环境影响有较大影响，因此采用直接顶进施工时要求地面覆土不宜过浅，而且对地面环境的保护难度较大，必要时需采取辅助施工措施以实现对周围环境的保护。

5.1.2 管幕-箱涵顶进施工技术

管幕-箱涵顶进施工方法是指在已施工的管幕内顶进箱涵，它以单管顶进为基础，利用小型顶管机在拟建的地下通道四周依次顶入钢管，各单管间依靠锁口在钢管侧面相接形成管排，锁口空隙可注入止水剂以达到止水要求，管排顶进完成后形成一圈用钢管组成的用以支撑外部载荷的结构层，即管幕，然后箱涵在其管幕中间顶进，形成一个通道，见图5-1。

由管幕形成相对刚性的临时挡土结构可减少开挖时对邻近土体的扰动，达到维持上部建（构）筑物与管线正常使用功能的目的，类似于公路隧道中超前支护的作用。管幕可为半圆形、圆形、门字形和口字形等，根据内部结构断面形状及土质而定。

当箱涵断面较大时，采用管幕-箱涵顶进施工方法，需要设计满足要求的工具头进行

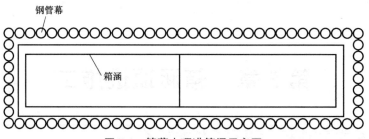

图 5-1　管幕内顶进箱涵示意图

土体开挖，需提供的反力也较大，比如中环线北虹路地道工程施工时布置了 80 个 2500kN 主顶油缸，最大反力达到 1.4 万 t，设备费用较高，而且对后靠也提出很高要求，需要对后靠土体进行加固，增加了建设成本。

由于管幕在箱涵顶进后不能拔出只能留在土体内，因此浪费了大量材料及施工成本，如果土质不好还需对开挖土体进行加固。虽然采用管幕-箱涵顶进施工方法能对周围环境起到保护作用，但此方法施工成本较高，需要综合考虑。

5.1.3　R&C 施工技术

R&C 施工技术是指沿着箱涵外周设置箱形管幕，使其作为道路或轨道防护，箱形管幕与设置的箱涵外缘吻合并贯通施工区间全程，在箱形管幕后侧安装箱涵，通过顶进箱涵并用其完成对箱形管幕的置换。该法适用于在铁路或道路等现有建筑的正下方（邻近）施工箱涵，见图 5-2。

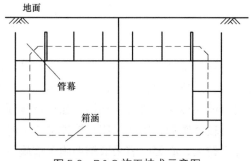

图 5-2　R&C 施工技术示意图

同时，在上部管幕的上表面设置减摩钢板将管幕与上部土体隔开，在减摩钢板下方移动箱形管幕与箱涵并将两者置换，施工后减摩钢板留在土体内，这样可有效减小箱涵掘进推力和防止设备及管节背土造成的地表沉降。

采用 R&C 施工技术施工时，一方面箱形管幕可回收再用，降低总施工费用；另一方面利用减摩钢板可以防止箱涵上部土体产生背土效应。但是碰到高水位的情况时必须采取措施加强地基，以防止渗水造成周边地基松垮、地基下陷而对地面设施及施工造成巨大影响，并可采用注浆加固、降低地下水位等辅助施工措施，因此在国内高水位地区采用此方法时就需要针对性地采取措施。

5.1.4　箱涵顶进置换管幕施工技术

箱涵顶进置换管幕施工技术是指采用矩形管幕来支撑外部载荷，根据要设置箱涵的外包尺寸，先采用顶管机将矩形管幕按一定顺序依次逐个顶进，矩形管幕总的施工横截面与准备设置的箱涵外缘吻合并贯通施工区间全程，然后在矩形管撑后侧设置箱涵，通过顶进箱涵在接收井内逐节回收矩形管幕，见图 5-3。

采用箱涵顶进置换管幕施工技术施工时，管幕按不同的模数组合可适应不同尺寸的箱涵顶进施工；管幕模数化后可将施工设备小型化，从而降低对施工场地要求，实现在地下室等特殊情况下的地下通道施工；利用减摩钢板可以防止箱涵上部土体产生背土效应；由于在顶进管幕时已将箱涵顶进断面上的土体基本全部挖除，已推进管幕完全填充了施工空间，故基本上是顶进箱涵来置换管幕，不用开挖土体，而以往箱涵顶进时要开挖箱涵前方土体，因此与传统的管幕法施工相比不需要推进箱涵时的切削装置，而且推进阻力减小，降低了对反力装置和推进装置的要求，大大减少了设备的投入费用；由于矩形管撑可回收再用，因此可减少施工费用、降低工程造价。由于要一根根管幕施工完才能施工箱涵，则管幕数量过多的话施工周期较长，所以对于有工期要求的工程就不宜采用。

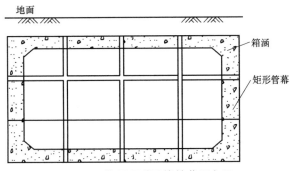

图 5-3　箱涵顶进置换管幕示意图

5.1.5　管幕-箱涵顶进工法概述

　　管幕-箱涵顶进工法最早于 1971 年出现在日本 Kawasrlnae 穿越铁路的通道工程，Iseki 公司为此研制了专门的施工设备。以后近 40 年里，作为一种新型的非开挖技术，该施工工艺发展日趋成熟，并形成了多种各具特色的施工工法，如日本的 FJ 工法、ESA 工法，中国大陆首创的 RBJ 工法等。国内外采用该工法已经成功修建了许多浅埋式大断面隧道或地下通道，比如 1991 年日本近几公路松原海南线松尾工程中，采用 ESA 工法推进大断面箱涵，箱涵宽 26.6m，高 3m，推进长度达到 121m；2000 年，日本大池-成田线高速公路线下地道工程采用 FJ 箱涵推进工法施工穿越高速公路，其大断面箱涵宽 19.8m，高 7.33m，施工推进长度 47m；上海中环线北虹路下立交工程更是在中国大陆的首次应用 RBJ 工法推进，箱涵结构宽 34.2m、高 7.85m，管幕段长 126m，该项目工程还最终获得了 2006 年国际非开挖协会大奖。其他成功的著名施工案例还有：中国台湾复兴北路穿越松山机场地道工程、日本公路松原海南线桧尾工程、新加坡城市街道下修建地下通道工程、北京地铁 10 号线穿越京包铁路框架桥工程以及厦门市高崎互通下穿鹰厦铁路隧道工程等，均取得了良好的效果。

　　管幕法由矿山法管棚技术发展而来，是指用钢管形成超前支护的非开挖施工方法，管径由管棚的 75～200mm 提高至 600～2200mm，通过钢顶管取代钻机施工，其接口具有一定止水能力。

　　管幕-箱涵顶进工法利用小口径顶管机和钢管，在拟建箱涵位置的外周逐根顶进钢管，形成封闭的水平钢管幕。管幕可设计成各种形状，如半圆形、圆形、门字形、口字形等。然后在该钢管幕的围护下推进箱涵，边开挖边推进，以此形成大断面地下空间，如图 5-4

所示。

该施工工法对软土地层的大断面地下通道工程，尤其是浅埋式不能明挖的大断面或超大断面地下通道施工更具优势，比如穿越铁路、高速公路、机场跑道、建筑密集或者环境保护要求严格的大跨度大断面地下通道。

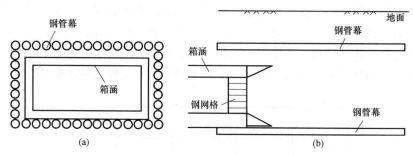

图 5-4　上海北虹路管幕-箱涵施工工艺示意图

（a）管幕-箱涵横断面图；（b）箱涵顶进示意图

总的来说，管幕-箱涵顶进施工方法具有以下特点：

水平钢管幕中，钢管之间一般采用锁口相连，管幕顶进结束后向锁口内压注止水浆液，形成密封、隔水的水平钢管帷幕。于是地表变形较小，且有利于保持开挖面稳定。

对于地层渗透系数较小的地层，可以不设置锁扣。

根据工程需要，针对不同断面的地下空间，水平钢管幕能在结构外围构筑不同的形状和面积，适用范围广。

钢管幕顶进技术采用高精度的方向控制，实时监控和调整管幕的姿态，有效控制钢管幕的姿态精度，施工质量有保证。

采用微机控制的液压同步顶进控制系统，自动地远程控制箱涵顶进中各个顶进油缸的顶进速度，实时反映箱涵姿态、顶进力、伸长量，使箱涵推进处于同步可控状态。

在箱涵外壁与钢管幕之间压注特殊的泥浆材料，使得箱涵顶进阻力明显减小，又能有效地控制地面沉降。

箱涵前端的网格式工具头能维持软土地层开挖面的稳定，不需要在箱涵顶进前水平加固管幕内的土体，具有显著的经济效益。

施工完毕的暗埋段结构可作为箱涵顶进的后靠结构，不需对后方土体进行加固，施工工序合理，受力体系安全可靠。

所有施工工艺和流程，不影响各类地下管线、道路交通、地面的各类建筑，施工无噪声、无环境污染。

在下面的章节里，将重点介绍管幕-箱涵施工工艺流程、钢管幕顶进施工技术、钢管幕的锁口和密封处理、箱涵顶进施工技术、箱涵顶力估算与后靠结构设置以及具体的工程案例。

通常情况下，管幕-箱涵顶进施工包含了钢管幕施工和箱涵顶进施工两部分，可分为以下五个施工步骤：

（1）构筑管幕-箱涵顶进始发井和接收井，对始发洞口和接收洞口土体进行加固；始发井和接收井也可以利用已建地道暗埋段结构的端头井。

（2）将钢管按一定的顺序分节顶入土层中，钢管之间设有锁口使钢管彼此搭接，形成管幕。

（3）钢管锁口处涂刷止水润滑剂，并通过预埋注浆管在钢管接头处注入止水剂，使浆液纵向流动并充满锁口处的间隙，防止开挖时地下水渗入管幕内。

（4）在钢管内压注低强度混凝土，以提高管幕的刚度，减小开挖时管幕的变形；管幕内可以间隔充填混凝土。

（5）在管幕的保护下，推进箱涵：首节箱涵前端设置网格工具头，以稳定正面土体。在管幕内实现全断面开挖，箱涵推进可以单向推进或双向推进。边开挖边推进，最终形成从始发井至接收井的完整地下通道。

具体来说，管幕-箱涵顶进工法包括了多个流程，如图 5-5 所示。

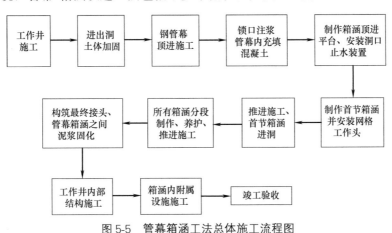

图 5-5 管幕箱涵工法总体施工流程图

5.2 钢管幕顶进施工技术

钢管幕以顶管技术为基础，但又不完全等同于顶管。单根钢管幕的顶进施工主要分为以下几个步骤：工作井施工、准备顶进设备、机械井内就位、掘进机始发、钢管顶进、钢管焊接、顶管机始发，最后单根钢管幕顶进完成，如图 5-6 所示。

5.2.1 钢管幕顶进的机头选型

在钢管幕顶管掘进机机头的选型过程中，应注意以下几点：

收集和掌握顶管沿线的工程地质资料，并重点了解顶管机头所穿越的有代表性的土层特性，画出地质纵剖图。

根据顶管所处的工程地质、管道穿越的土层地质情况、覆土深度、管径、工程环境与场地、地面建筑与地下管线、对地表变形的控制要求等因素，合理选择顶管机头。

选择的顶管机头，应能保证工程质量、安全和文明施工的要求，采取相应的措施和施工技术，正确熟练的操作，以期达到顶管的预期效果。

由于顶管掘进机在顶进施工过程中，破坏了原有地层的压力平衡，因此它在施工中还

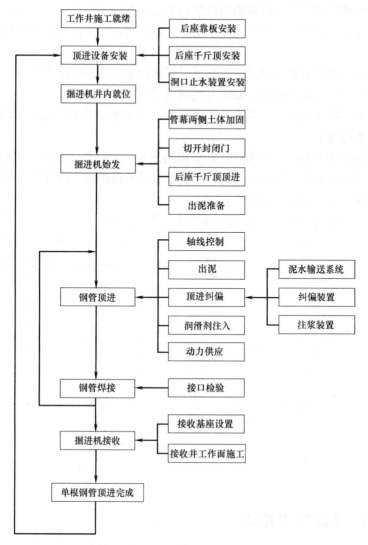

图 5-6　单根钢管幕施工流程图

有一个主要作用是不断地建立新的压力平衡。按照压力平衡方式，管幕顶管掘进机一般可分为土压平衡以及泥水平衡型。由于管幕的直径较小，所以多采用泥水平衡顶管掘进机。如果顶管的沿线可能存在地下不明障碍物，宜选择二次破碎泥水顶管掘进机。

泥水平衡式顶管施工技术是以含有一定量黏土，且具有一定相对密度的泥水充满顶管掘进机的泥水仓，并对其施加一定的压力，以平衡地下水压力新土压力的一种顶管施工方法。泥水平衡式顶管掘进机是在机械式顶管掘进机的前部设置隔板，在刀盘切削土体时给泥水施加一定的压力，同时使开挖面保持稳定，并将切削土以流体的方式输送出去。这种形式的顶管掘进机构造包括刀盘切削机构、循环泥水用的排送泥水机构以及将一定性质的泥水输送到开挖面上的配泥机构等。

二次破碎型泥水平衡式顶管掘进机的切削机构由切削刀盘和安装在前端的切削刀头构成，如图 5-7 所示。

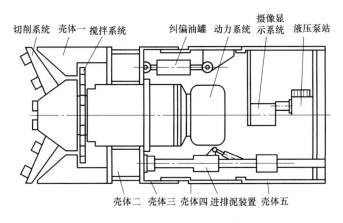

切削系统　壳体一　搅拌系统　　　纠偏油罐　动力系统　摄像显示系统　液压泵站

壳体二　壳体三　壳体四　进排泥装置　壳体五

图 5-7　二次破碎型泥水平衡式顶管掘进机

5.2.2　钢管幕的始发和接收施工技术

搅拌机构设置在泥土室内，以防止泥土室吸入口的堵塞及稳定开挖面。搅拌机构主要包括切削刀盘（刀头、轮辐、中间横梁）、在泥土室下方的排泥口及入口附近设置的搅拌装置和铣刀背面的搅拌叶片。

当管幕段所处的土层为流塑状的软土时，往往其含水量大，强度低，在始发掘进前，为保证管幕钢管始发和接收洞口的稳定性及防水要求，应对洞门采取加固措施，并对附近土体进行改良。应对洞口经过改良后的土体进行质量检测，合格后方可始发掘进。同时应制定洞门围护结构破除方案，采取适当的密封措施，保证始发安全。管幕顶进的洞口加固应一并考虑后续箱涵推进时始发和接收洞口的加固要求。

洞门围护结构破除后，必须尽快将顶管掘进机推入洞内，使刀盘切入土层，以缩短正面土体暴露时间。掘进机始发时，由于处于改良加固土体区域，正面土质较硬，在这段区域施工时，平衡压力设定值应略低于理论值，推进速度不宜过快。掘进机始发易发生磕头现象，可采用调整后座主千斤顶的合力中心，加密偏差的测量，后座千斤顶纠偏等措施。

在掘进机顶进的过程中，为有效地防止地下水、润滑泥浆流入工作井内，应在洞口设置有效的止水装置。单根管幕管口止水措施如图 5-8 所示。其中压板与地下围护墙体的连接强度及接触面的密封应良好，橡胶密封板采用窗帘橡胶板，法兰为双层交错口型，避免被钢管两侧锁口角钢剪切破坏。

当掘进机头将要到达接收工作井时，必须对管幕轴线进行测量并作调整，精确测出机头姿态位置，保证掘进机准确进入接收洞门，并控制掘进速度和开挖面压力。在接收工作井一侧，当洞门混凝土清除后，管道应尽快向前推进，缩短接收时间。

5.2.3　姿态控制

当钢管幕外侧加装锁口时，由于锁口的影响，顶管顶进过程中，易造成姿态和管轴线的偏差；当钢管幕顶进偏差大时，会导致锁口角钢变形和脱焊，管幕无法闭合。在顶进过程中，需要严格控制顶管的水平、高程和旋转方向的顶进精度。具体可采用以下 3 个方面

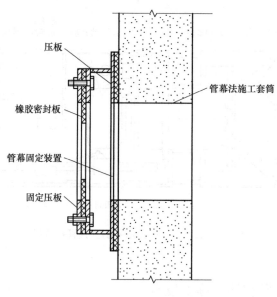

压板

橡胶密封板

管幕固定装置

固定压板

管幕法施工套筒

图 5-8　洞口止水装置

的措施来保证顶进的高精度。

1）掘进机头的精度控制

在掘进机内增加倾斜仪传感器，通过机内的倾斜仪传感器，实时掌握掘进机的倾角和旋转角度，以便操作员及时了解机头姿态和纠正偏转角度；为掘进机装备激光反射纠偏系统（RSG），利用激光发射点把掘进机头本体偏移量、应纠偏量和纠偏量等分别显示在操作盘的电视屏上，便于操作员勤测、勤纠，保证钢管在顶进的任何时候的轴线偏差量都在容许的范围内；必要时，可开发计算机轨迹控制软件来指导施工。

2）改善掘进系统的构造措施

钢管幕顶进过程中容易产生机头偏转。在机头内安设偏转传感器，使操作人员能及时了解机头的微小偏转情况，并采用改变刀盘转向的方法加以调整。当刀盘反转无效时，可采用在机内一侧叠加配重的方法予以纠偏；对钢管幕顶进，由于后续钢管幕是焊接而成，仅依靠机头纠偏导向，并不能较好地引导整体钢管幕的顺利直行。可将机头设计为三段二较形式，具有二组纠偏装置，以满足纠偏的要求。另外，适当提高掘进机的长径比，可提高纠偏动作的稳定性。

3）改善钢管幕施工方法

钢管幕顶进作业应以最终横断面中轴线为基准对称进行，合理的钢管顶进顺序，有利于控制管幕的累积偏差在允许的范围内和控制钢管幕的顶进沉降。施工时要求仔细研究顶管途经的地质情况，避免由于土层变化，引起顶管开挖面的失稳，从而造成顶管的偏差，由于正面土体失稳会导致管道受力情况急剧变化、顶进方向失去控制、正面大量迅速涌水，故顶进过程中，需要严格监测和控制掘进机开挖面的稳定性。在顶进过程中，尽量使正面土体保持和接近原始应力状态是防坍塌、防涌水和确保正面土体稳定的关键，同时开展全面；及时的施工监测，监测内容包括钢管应力、钢管变形、地表沉降、管线沉降、周围建筑物的变形、顶管掘进机的姿态及开挖面的稳定等。

5.2.4　地面沉降控制

根据施工场地的地质情况，预先对顶管经过的土层进行仔细的分析，掌握其物理及力学性质，预测顶进过程中可能会遇到的情况，合理对顶管掘进机进行改进，以适应地层的特点。

在顶进技术措施上，可采取以下措施，控制并减少地面沉降：

（1）选择开挖面稳定性高的机头，以便有效控制地表沉降。

（2）严格控制顶进的施工参数，并根据地面的监测数据实时进行调整。

（3）选择尽可能小的顶管机与管外壁形成的建筑空隙，使得既有利于泥浆套的形成，又不致使空隙过大造成沉降。针对小直径钢管幕的特点，建筑空隙宜为 5mm。

（4）严格控制顶进时的纠偏量，尽量减少对周围土体的扰动。一般纠偏控制角度小于 0.5°。

（5）根据土层情况，控制顶进速度。

（6）控制浆液的压注，保证连续、均匀的压注，使管外壁与土体间形成完整的泥浆润滑套。

（7）采取可靠的措施保证钢管幕锁口之间及工作井洞口处的密封性能。

（8）管幕顶进结束后，立即用纯水泥浆固化管外壁的膨润土泥浆，以加固管外壁土体，控制钢管幕顶进的后期沉降。

另外，加强沉降监测也是施工中对地面沉降控制的有力手段，可以对施工进行全过程的监测，依靠监控数据指导施工。监测工作由专业人员实施，各监测内容的初始值的获得，其测值次数不少于 3 次，顶管进入监测区域每 2 小时至少测量一次，必要时连续观测。监测人员对每次的监测数据及累计数据变化规律进行分析，及时提供沉降、位移观测曲线图。密切注意监测值的变化情况，当出现异常时，及时分析，采取措施处理。在施工组织设计时，编制明确的应急预案，当钢管顶进过程中，沉降量过大时可根据沉降量调整顶进参数，必要时停止推进，调整土压力和泥水压力控制值，并采取相应的跟踪注浆措施。超量压注润滑浆液，提高管周土体的应力，减少沉降量，以及根据正面土压力值，调整正面出土量。

5.2.5　钢管幕内填充混凝土工艺

当管幕顶进完成，并对锁口部位压注堵漏材料后，在箱涵顶进前，除了监测所用钢管以外，应对全部钢管幕内填充低强度混凝土。可采用无收缩、免振捣混凝土填充，以加大管幕纵向的刚度，避免管幕局部出现应力集中而屈服。充填混凝土也可以间隔进行。施工前应对管幕的整体刚度进行验算。

在钢管幕注浆前，清洗管内污物、润湿内壁，仔细检查钢管幕内表面光滑情况，管内不得留有油污和锈蚀物。工作井内钢管，离端口一定距离处焊接钢闷板一块，钢板上埋设透气管。另一侧工作井钢管，离端口一定距离处焊接钢闷板一块。混凝土泵入方向宜从下游向上游压送。在泵送过程中，密切注意压力情况，同时结合灌注混凝土方量及透气孔是否出浆等，决定是否停止灌注混凝土。灌注混凝土结束后，封闭透气孔。监测用钢管幕在箱涵推进完成后再填充混凝土。

5.3 钢管幕的锁口设计与密封处理

管幕法工程经过不断的改进和发展，组成管幕的材料有钢管、方形空心钢梁和纵向可施加预拉力方形空心混凝土梁（PRC-method）。钢管之间的接头类型也有很多，见图5-9，最常用的接头类型为角钢锁口。

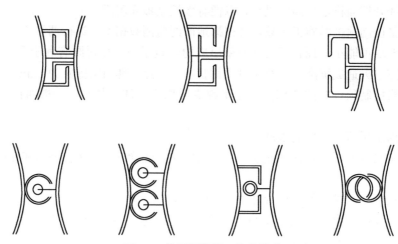

图5-9 常用钢管锁口接头样式

锁口的主要作用是增强钢管幕之间的横向连接，当锁口空隙内注入固化剂后便形成水密性止水帷幕。对于圆形及马蹄形的管幕断面，锁口所形成的刚度对抑制地面变形有重要的意义，对于大断面矩形管幕截面，锁口主要起到密封止水作用，其力学作用与钢管的纵向刚度相比不明显。钢管之间的锁口仍然具有一定的抗拉强度，主要与角钢的强度和刚度有关，与填充的水泥浆强度相关性较小。同时，锁口的抗弯强度与灌注的水泥砂浆强度有关，水泥强度越高，抗弯能力越强。

目前，双角钢锁口类型，应用最为广泛。该种类型的锁口抗弯强度最大，在现场制作时也易于加工，管幕顶进时也易于控制。多根钢管形成管幕时，锁口具体样式如图5-10所示。每根钢管左、右两侧分别焊接2根不等边角钢，形成不同形式的承口和插口。

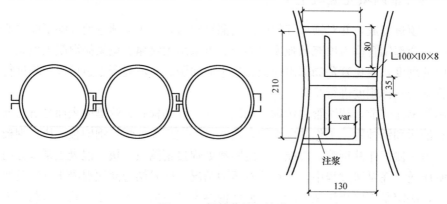

图5-10 钢管幕锁口接头

在钢管幕施工完毕后，应在锁口内部注浆，封闭锁口，使钢管幕连为整体，并具有一定的密封性，达到充填止水的目的。注浆施工时，注浆孔应设置在钢管右侧插口位置上，可布置为$\phi 25@3000$，当土层渗透性良好时，可适当提高间距。止水材料浆液配方应采用单液注浆材料。注浆压力不宜过大，具体可为 $0.05\sim0.1$MPa。采用间隔孔压注方法，单号孔压浆，双号孔打开，最后再压注双号孔，使锁口浆液充满。当钢管幕埋深较小时，须防止地表冒浆现象的发生，应派专人观察，并适当减少注浆压力，以免影响周围环境。

钢管之间的锁口密封性对管幕的止水效果有着决定性作用，同样也对后续箱涵推进过程中开挖面水土压力稳定和地表位移有着重要影响，因此为了避免渗水通道的产生，应采取以下措施增强管幕锁口的止水效果。

1）管幕顶进前，在顶管机头两侧加设注浆孔。

2）顶进前，在钢管锁口处预先充填泡沫塑料。

3）钢管锁口处涂刷止水润滑剂，在钢管顶进时可起到润滑作用，在顶进完成后，其又可称为止水作用的凝胶，通过预埋注浆管注浆止水，如图 5-11 所示。

4）压注聚氨酯浆液。在相邻二管道顶进结束后，采用纯水泥浆或者掺入粉煤灰的水泥浆作为固化触变泥浆，保证钢管幕周围有足够的连接强度。固化触变泥浆完成后，实际上已经对锁口线产生了止水效果。但为使开挖以后的锁口线不致产生渗漏泥水现象，进一步针对锁口部位预留的注浆孔压注聚氨酯浆，以起到防渗堵漏的作用。

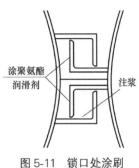

图 5-11　锁口处涂刷止水润滑剂

锁口注浆全部完成后，还必须预留足够的跟踪注浆孔，以便在挖土、支撑过程中对局部锁口渗漏点进行堵漏。

5.4　箱涵顶进施工技术

箱涵顶进可以看成是一个大的顶管，一项大型的矩形的网格式顶管。所不同的是该箱涵在已建钢管幕内顶进，比在无管幕情况下顶进要安全可靠。

5.4.1　土压平衡式工具头结构形式

除传统的网格式工具头外，管幕-箱涵隧道还可以采用大断面的土压平衡式工具头进行隧道掘进。

如在上海市田林路下穿中环线新建工程中，就采用了这种土压平衡箱涵掘进机头。该机头挖掘尺寸为 19840mm×6420mm，机头部分全长 10615mm。掘进机头采用框架式四段拼装，每段由外壳板、连接板、前胸板、后环板及其加强筋板组合成为框架式结构。相邻各段之间用螺栓连接，现场安装成整体。掘进机结构件安装完成后，与后面的混凝土箱涵浇筑成一整体，如图 5-12 所示。

箱涵掘进机刀盘配置上共有三种规格，采用错层分布，分别为 3 套 $\phi 6360$mm 面板式中间支承型大刀盘，4 套 $\phi 170$mm 幅条式中心支承型小刀盘以及 4 套 $\phi 300$mm 幅条式中心支承型小刀盘。

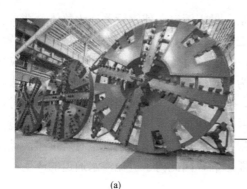

(a)　　　　　　　　　　　　　　　　　　(b)

图 5-12　土压平衡式箱涵掘进机

(a) 全断面；(b) 箱涵顶进

掘进机的整个刀盘的切削面积，占挖掘总面积的 92%，刀盘正面布置如图 5-13 所示。其中，每套 ϕ6360mm 大刀盘额定扭矩 4070kN·m，每套 ϕ2170mm 小刀盘额定扭矩 255kN·m，每套 ϕ1300mm 小刀盘额定扭矩 67kN·m。

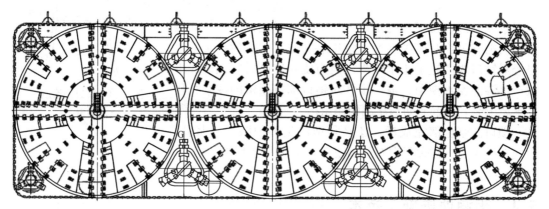

图 5-13　刀盘正面布置

箱涵掘进机出土方式采用螺旋机配合皮带机的形式，主要采用 4 套螺旋输送机，均匀分布，最大出土量 700m³/h。螺旋机出口处布置有皮带机，切削进土仓内的土体通过螺旋机输送至机内皮带机上，然后通过皮带机接力传输至地道暗埋段外，通过土方车外运，如图 5-14 所示。

箱涵掘进机具备土体改良功能：掘进机正面注水口共计 16 路（包括每套 ϕ6360mm 大刀盘上的 4 路注水口，和每套 ϕ2170mm 小刀盘上的 1 路注水口），并安装有多个搅拌棒。箱涵顶进时，通过注入水、膨润土、泡沫等添加剂，能够实现箱涵正面土体塑性和流动性的改良；通过搅拌棒搅土，能够有效防止土仓内土体淤积。

5.4.2　始发洞口土体改良

1. 始发洞口土体加固

大断面箱涵始发时，由于要凿除始发工作井的连续墙，拆除内支撑凿开连续墙后，洞口处管幕内的土体就有可能失稳。为了保证洞口土体的稳定性，需要对工作井外侧土体进

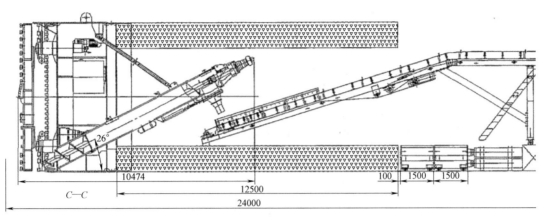

图 5-14　箱涵顶进渣土运输示意图

行加固。这项加固工作在管幕顶进前就应完成。即便采用坑内土体不加固推进方案，箱涵始发段一定程度范围内的土体也必须进行加固，如图 5-15 所示。

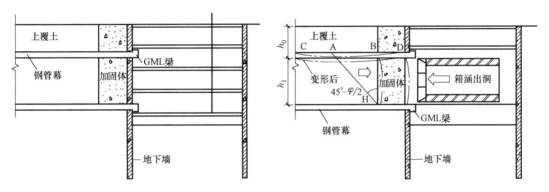

图 5-15　箱涵始发段洞口加固示意图

一般情况下，把加固体作为重力式挡土墙，在施工前需要验算加固体的稳定性和强度，以此确定始发洞口的加固范围。

以始发段土体采用水泥土搅拌桩＋压密注浆为例，靠近工作井一定长度内采用水泥土搅拌桩加固，后续则采用压密注浆加固，如图 5-16 所示。验算时，可采用简化 Bishop 条

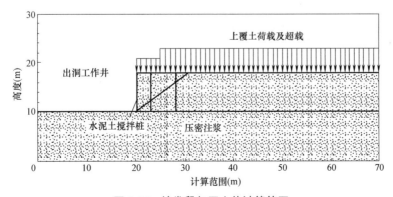

图 5-16　始发段加固土体计算简图

分法进行稳定性验算。

$$C=(1-m)C_s+mC_p \tag{5-1}$$

$$\varphi=\arctan[(1-m)\tan\varphi_s+m\tan\varphi_p] \tag{5-2}$$

式中　C_s、φ_s——原状土的黏聚力与内摩擦角；

C_p——水泥土桩的黏聚力、内摩擦角；

m——面积置换率。

最后，采用简化 Bishop 条分法计算加固稳定性。计算结果整体稳定安全系数 K 应大于 1。

$$K=\frac{\sum\dfrac{1}{m\beta_i}(c_i\Delta l_i\cos\beta_i+W_i\tan\varphi_i)}{\sum W_i\sin\beta_i} \tag{5-3}$$

$$m\beta_i=\cos\beta_i+\frac{\tan\varphi_i\cdot\sin\beta_i}{K} \tag{5-4}$$

式中　c_i——第 i 土条黏聚力；

φ_i——第 i 土条内有效摩擦角；

W_i——第 i 土条重力；

Δl_i——第 i 土条沿滑动面滑弧长；

β_i——第 i 土条处滑动弧与水平面的夹角。

2. 洞口止水装置

洞口止水装置是安装在 GML 梁上。箱涵始发的最初阶段，上排钢管幕因加固体的作用，所以不会下沉。但随着继续推进，悬臂尺寸的加大，上部土体及附加荷载作用在上排管幕上，必然会引起管幕下沉。为了确保箱涵推进过程中管幕的稳定，在管幕伸出围护墙的部分施作 GML 梁，用以将管幕连成整体，并与侧墙、底板和第二道混凝土梁连成一体。GML 梁的布置图如图 5-17 所示。

止水装置应安装在 GML 梁上，止水装置的预埋钢板与 GML 梁用钢筋锚固牢。为了能达到良好的止水效果，洞口设置两道止水装置，如图 5-18 所示。止水装置主要由弹簧钢板和橡胶止水板和压板组成，用螺栓沿 GML 梁一周固定。在 GML 梁和两道止水装置间预留一定量的注浆孔，在止水装置不能达到预期的目的时，可通过注浆孔向第一、二道袜套之前的空隙处注入止水泥浆。

5.4.3　箱涵始发和接收工艺及要点

由于箱涵始发段土体进行了加固，地下墙拆除后能保证基坑的稳定性，因此，箱涵始发可分地下墙拆除和加固体挖掘二个阶段。

为减小振动，确保开挖面的稳定性，对钢筋混凝土地下连续墙可采用分层分块爆破拆除。具体分为以下 4 个步骤：

（1）将地下墙的外层钢筋剥出，沿工具管刃脚位置割断，以消除钢筋对抛离物的阻挡。

（2）将周围一圈钢板尽可能割断清除和剥出钢筋，保证钻孔到位，以保证周边爆破效果。爆破采用水平孔、宽孔距布孔。

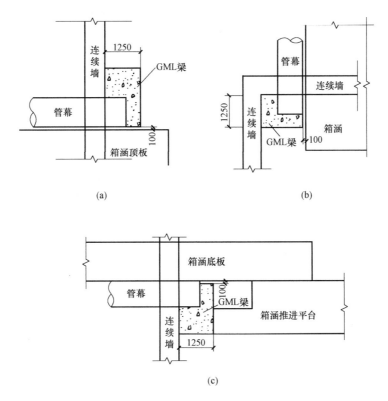

图 5-17 管幕 GML 梁示意图

（a）上排管幕处；（b）侧排管幕处；（c）下排管幕处

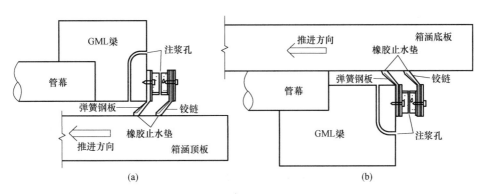

图 5-18 箱涵止水装置示意图

（a）箱涵顶板处；（b）箱涵底板处

（3）推进第一节箱涵靠近地下连续墙一定距离，并快速分层分块爆破拆除地下墙。

（4）地下墙拆除后，迅速推进工具头并顶住加固面，使开挖面无支撑状态时间达到最短，确保开挖面稳定性。

5.4.4 特种泥浆润滑套施工工艺

在箱涵顶进时，在箱涵周围注入合适的泥浆，形成泥浆套，主要起支撑、润滑、止水三大作用。由于箱涵与管幕之间存在建筑空隙，若不及时填充这一空隙，必然对地表产生影响，发生沉降，因此，管幕与箱涵之间需要填充浆液达到支撑稳定土体的目的。箱涵在顶进的过程中，理论上摩阻力随顶进长度的增加而增加，而箱涵最大承受顶力是受到始发井后靠最大承受顶力限制的，为了大大降低顶进阻力，泥浆套起到润滑作用，保证箱涵顺利顶进。最后，泥浆套具有一定的压力且含有专用止水剂，可对接触土体起到水土保持的作用。

对于大断面且推进距离长的箱涵，需要保证前段工具头及始发洞口不漏浆，才能形成完整的泥浆套，因此，可采用钠基特种复合泥浆，可极大改善泥浆套的触变性、润滑性和止水效果，有利于箱涵推进过程中，箱涵与管幕的支撑、润滑和止水作用。

在满足工程要求的物理力学指标的特种泥浆外，还需要该泥浆满足环保要求，在箱涵推进中，泥浆可能会向地表渗漏，浆液的化学成分对周围环境的影响应尽可能地小。

同时，为了防止箱涵顶进时，发生渗漏泥水的现象，在触变泥浆固化完成后，要利用预留的注浆孔向钢管幕外侧压注水泥浆或双液浆，并要预留足够的跟踪注浆孔，以便在箱涵顶进过程中对局部渗漏点进行二次注浆。

泥浆系统对于箱涵推进施工尤为重要，施工时，还应设置必要的应急措施，以控制施工风险：

（1）箱涵推进过程中，如发现开挖面有泥浆渗漏，应及时提高泥浆漏斗黏度。

（2）当开挖面泥浆渗漏严重时，及时加入止水剂泥浆，加入量视开挖面泥浆漏失情况及时调整。

（3）箱涵推进力量过大时，及时向箱涵底部注入支撑、润滑的泥浆。

（4）箱涵推进过程中，如地面有沉降或隆起报警，应及时提高或降低泥浆漏斗黏度和泥浆静切力。

（5）注浆泵应有2~3台备用泵，在箱涵推进过程中，当浆液压力达不到要求时及时增加注浆量。

5.4.5 推进油缸的布置

箱涵推进油缸的数量由推进阻力计算，油缸的布置由施工要求确定，一般都布置在箱涵的底排，这是因为，在顶进过程中要放入垫块，只有布置在底板上，垫块放置才比较简单易行。

5.4.6 箱涵液压同步推进系统与姿态控制

液压同步顶进技术是一项新颖的建筑施工技术。采用固定刚性支撑、推进器集群、计算机控制、液压同步滑移原理，结合现代化施工方法，将成千上万吨的箱涵在地面分段拼装、累积顶进到预定位置。在顶进过程中，不断控制箱涵的运动姿态和应力分布，并进行微动调节，实现箱涵的同步累积顶进和快速施工，完成人力和现有设备难以完成的施工任务。

箱涵顶进中姿态控制包括水平向姿态及高程姿态控制，如图5-19所示。对箱涵的水平向姿态控制，在始发推进阶段，其主要靠推进平台两侧的导向墩限位装置实现；推进10m之后，主要通过液压同步推进系统和底排两侧主推进油缸的纠偏控制，必要时可通

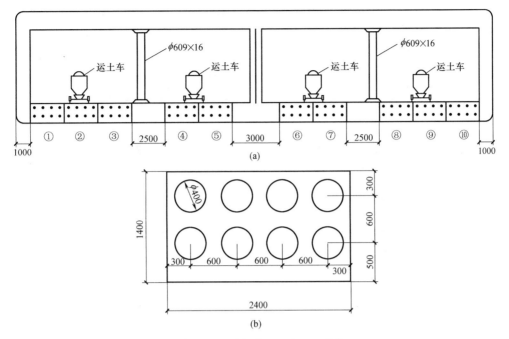

图 5-19 箱涵主顶油缸布置示意图（单位：mm）

(a) 主顶油缸布置平面；(b) 各组油缸千斤顶布置详图

过开挖面两侧网格的挖土方式调整。对箱涵的高程控制，在底排无管幕状况下，箱涵推进普遍具有向下"叩头"的趋势，而在有底排管幕情况下，有关计算进一步证明，箱涵更具有向下的趋势，这有利于箱涵贴着底排管幕推进的姿态。总的来说，箱涵的姿态控制主要依靠自动测量技术和计算机液压同步控制技术。

1. 水平姿态控制

刚开始顶进时，箱涵在推进平台上顶进，极易发生方向偏差，而开始顶进段的姿态控制极为重要，对后续箱涵顶进起决定作用，因此，必须在箱涵入洞前，控制好推进方向，避免发生误差。

施工时可采用设置导向墩的方式，控制箱涵的顶进，导向墩的设置如图 5-20 所示。

箱涵进入土体后，水平向的姿态控制通过调整左右两侧顶力或调整网格挖土的方法实现。根据对首节箱涵切口及尾部平面偏差的测量结果可以计算出箱涵中线的平面偏差及转角，据此结果进行纠偏，如使左侧顶进量增大可使左边的油缸伸长量加大或者左侧适量挖土，在顶进过程中，为了保证工程精度，纠偏的原则是勤测、勤纠、微量纠偏。

2. 高程姿态控制

箱涵姿态控制包括箱涵"低头"和"抬头"两个方面的控制。当箱涵进入管幕内部时，由于管幕的作用，只要箱涵切口处没有集中力作用，底排管幕不产生沉降，箱涵"低头"的可能性较小，而在无管幕内顶进箱涵，往往是"低头"，这是管幕内箱涵顶进的优点。因此，主要是计算和控制箱涵顶进中"抬头"现象的发生，尤其是第一节箱涵易于发生"抬头"现象。

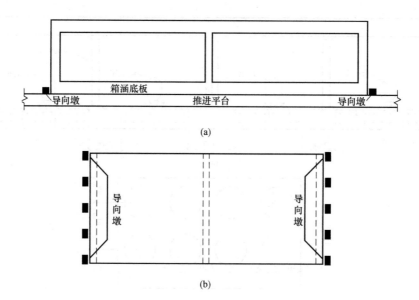

图 5-20　导向墩布置图

（a）剖面图（横断面）；（b）平面布置图（俯视）

3. 测量控制技术

姿态控制需要有可靠的测量数据，随着箱涵推进，随时要测定箱涵姿态，动态反映箱涵情况。测量内容包括顶进过程中的轴线偏差控制和高程坡度控制及箱涵的旋转控制。其中包括了方向引导和精度控制两部分。

在箱涵顶进过程中。在箱涵内布设四个棱镜（箱涵前部尾部各两个），每次通过测量棱镜的三维坐标，计算出箱涵的实际姿态（轴线、高程偏差以及箱涵的旋转数据）。对于两孔箱涵，箱涵内部有中隔墙，因此必须在工作井内架设两台仪器才能同时测出四个棱镜的坐标。

箱涵施工的地面控制测量由于在地面进行，其测量精度容易提高，应保证地面控制测量的误差对箱涵贯通的影响最小，甚至忽略不计，通过采用高精度测量仪器与增加测回数的方法提高地面控制点的精度，用其测量井下的固定控制点，可使其误差对箱涵贯通的影响 $m \leqslant \pm 1cm$。

控制顶进方向的地下控制测量起始方向为井下固定的导线点，因此测定井下导线点的位置和方位至关重要。为保证定向测量的精度，采取以下措施：

（1）井下仪器墩及井壁上的后视方向点安装牢固，不允许有任何的松动，并且全部用强制归心装置固定仪器及后视棱镜，这样可保证仪器和棱镜的对中精度达到 0.1mm。

（2）定向测量的角度使用全站仪测量，4 个测回观测取平均，以提高照准精度。

（3）大箱涵顶进时，保证箱涵中空气湿度和温度对测量的影响不会太大（折光影响）。可采用三角高程测量方式满足测量精度要求，准确测定箱涵的高程。

地下控制测量的误差对箱涵贯通的影响可由下式得出：

$$m = [s] \times (m_\beta / \rho'') \times \sqrt{\frac{n+1.5}{3}} \tag{5-5}$$

式中　$[s]$——导线全长；

　　　m_β——取 $\pm 2''$；

　　　ρ''——角度测量误差；

　　　n——导线边数。

5.4.7 箱涵的地表变形控制

同开挖面的稳定性控制技术一样，地表变形控制是管幕-箱涵工法成败的关键。对于管幕内软土进行加固的工程，地表变形控制较为容易，因为加固后的土体能够给管幕提供支点，充分发挥钢管幕的作用。对于管幕内软土不进行加固的工程，地表变形对开挖面的挖土工况非常敏感，管幕也因没有较好的支撑点而不能充分发挥梁的作用，另外，因为箱涵挤土推进，地表隆起量也是关注的重点。

5.4.8 箱涵外壁的泥浆固化

当箱涵推进结束后，注入纯水泥浆，在箱涵周围形成水泥浆套承担上部荷载。箱涵四周每隔一定距离设有一道注浆断面，水泥浆仍采用该注浆孔，由注浆压力和注入量控制地表变形，使地面的隆起控制在 3cm 以内，待水泥浆凝固后，相当于每隔一定距离即形成一道横向支撑梁，即使梁之间有部分泥浆未固化，由于管幕作用，可以把荷载传递至箱涵而不至于引起较大的工后沉降。

5.5 箱涵顶力估算与后靠结构设置

5.5.1 顶力计算方法

箱涵推进阻力来自于开挖面的迎面阻力以及箱涵壁与土体的摩阻力。摩阻力由三部分组成：上部摩阻力、两侧摩阻力以及箱涵底部摩阻力。迎面阻力可采用极限平衡理论计算。如没有形成完整的泥浆套，箱涵与土体之间的摩阻力计算按照法向应力与摩擦系数进行计算；如能形成完整的泥浆套，则摩阻力与压力无关，与泥浆的特性有关。

箱涵上部压力的计算有两种情况：考虑拱效应和不考虑拱效应。埋深较大时需要考虑拱的效应，但对于浅埋式大断面箱涵，上部不能形成拱效应，所以只计算上部土体的自重。

5.5.2 顶力计算公式

箱涵顶进顶力计算公式如下：

$$P = K(P_F + F) \tag{5-6}$$

式中　P——总顶力（kN）；

　　　P_F——迎面阻力（kN）；

　　　F——箱涵周围的摩阻力（kN）；

　　　K——安全系数，对于黏性土，$K=1.0\sim1.5$；无黏性土，$K=1.5\sim2.5$。

1. 摩阻力 F 计算

如图 5-21 所示，摩阻力有上部阻力、侧壁摩阻力、底面摩阻力等。

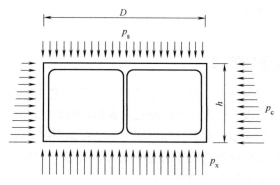

图 5-21　土压力计算模式

上部阻力：

$$F_s = \mu_s \cdot p_s \cdot A_s = \mu \cdot \gamma H \cdot A_s \qquad (5\text{-}7)$$

底部摩阻力：

$$F_x = \mu_x \cdot p_x \cdot A_x = \mu_x \cdot (\gamma H + p_{box}) \cdot A_x \qquad (5\text{-}8)$$

两侧的摩阻力：

$$F_c = \mu_c \cdot p_c \cdot A_c = \mu_c \cdot A_c \cdot \gamma (H + h/2)\tan^2(45° - \varphi/2) \qquad (5\text{-}9)$$

总的摩阻力：

$$F = F_s + F_x + F_c \qquad (5\text{-}10)$$

其中，μ、p、A 分别表示摩擦系数、正压力和面积，下标 s、x、c 分别表示上面、下面和侧面。

对于能形成完整泥浆套的情况下，单位面积摩阻力与压力无关，是常数。箱涵底部仍然和底排管幕接触，计算公式不变。

摩阻力计算的难点在于确定摩擦系数，可通过试验确定或者查阅相关手册。

2. 挤土推进迎面阻力计算

箱涵在顶进过程中，其前端面附近将受到土体阻抗，即产生正面阻力，如图 5-22 所示。其中，R_n 表示正面阻力合力，P_1、P_2 分别表示箱涵前端顶面、底面刃脚 A、B 处的正面土压力，h_1 为箱涵外包高度即 AB 段长度，h_2 为顶部管幕下缘至箱涵顶面的距离，h_3 为顶部管幕上缘至地面的距离，d 为管幕的钢管直径。

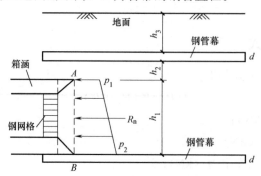

图 5-22　箱涵与管幕纵剖面示意图

由土力学理论易知,正面阻力的大小与前端面处的正面土压力有关,因此应根据相应土压力的性质来确定其计算方法。一般来说,在箱涵顶进并开挖土体的施工过程中,根据箱涵推进速度的不同以及箱涵与前方土体的相对运动状况,前方土体一般处于 3 种状态。它们分别是:

情况一:箱涵顶进速度较慢的超挖状态,从网格后端挤出土体体积大于因箱涵顶进而产生隆起土体的体积,此时箱涵前方土体瞬时表现为沉降。

情况二:箱涵顶进速度较前者略快的均衡状态,从网格后端挤出土体体积基本等于因箱涵顶进而产生隆起土体的体积,此时箱涵前方土体瞬时表现为不沉降也不隆起。

情况三:箱涵顶进速度较快的欠挖状态,从网格后端挤出土体体积小于因箱涵顶进而产生隆起土体的体积,此时箱涵前方土体瞬时表现为隆起。

根据土压力理论,在这 3 种情况下,箱涵前端 A、B 面上的土压力应分别有各自的算法,即情况一时应按主动土压力计算,情况二时可按静止土压力计算,情况三时应按被动土压力计算。每种情况的具体计算方法分别叙述如下。为了叙述方便,顶部管幕下缘处的土体竖向压应力用 p_s 表示,土体重度用 γ 表示,D 表示箱涵横截面外包宽度,k_a、k_0、k_p 分别表示主动土压力系数、静止土压力系数、被动土压力系数。

1) 情况一

$$p_1 = k_a(p_s + \gamma h_2) - 2c\sqrt{k_a} \tag{5-11}$$

$$p_2 = p_1 + k_a\gamma h_1 = k_a[p_s + \gamma(h_1 + h_2)] - 2c\sqrt{k_a} \tag{5-12}$$

$$R_n = (p_1 + p_2)h_1/2 \cdot D \tag{5-13}$$

2) 情况二

$$p_1 = k_0(p_s + \gamma h_2) \tag{5-14}$$

$$p_2 = p_1 + k_0\gamma h_1 - k_0[p_s + \gamma(h_1 + h_2)] \tag{5-15}$$

$$R_n = \frac{(p_1 + p_2)h_1}{2} \cdot D \tag{5-16}$$

3) 情况三

$$p_1 = k_p(p_s + \gamma h_2) + 2c\sqrt{k_p} \tag{5-17}$$

$$p_2 = p_1 + k_p\gamma h_1 = k_p[p_s + \gamma(h_1 + h_2)] + 2c\sqrt{k_p} \tag{5-18}$$

$$R_n = (p_1 + p_2)h_1/2 \cdot D \tag{5-19}$$

在箱涵以较慢的速度顶进过程中,由于顶部管幕要发挥一定的承载作用,所以,在这 3 种情况下,p_s 的大小是不同的。具体地说,在情况一时,由于管幕的承载作用而使 p_s 比原始状态有所减小;而在情况二时,由于箱涵前方土体既不沉降也不隆起,所以顶部管幕不发挥承载作用,因而此时的 p_s 值即为原始状态之值;在情况三时,顶部管幕限制其下方土体向上隆起的作用,p_s 值比初始状态大。根据土力学理论,3 种土压力系数间的关系为:$k_a < k_0 < k_p$。

在这 3 种情况下,情况一时的正面阻力最小,情况二时接近主动状态,情况三时最大,考虑上覆土的荷载转移。可见,箱涵网格前端的挖土状态直接影响着正面阻力的大小,箱涵以较缓慢的速度推进时所受的正面阻力最小,于是此时所需的推力也就最小。因而,从对箱涵施加推力大小的角度考虑,以较缓慢的速度推进箱涵是最为合理的。

5.5.3　箱涵后靠结构设置

在箱涵推进后靠设计中，可能会出项两种情况，即加固体作为后靠以及暗埋段作为后靠，对于以加固体为后靠，增加加固宽度可明显降低基坑水平位移，但宽度增加到一定时，降低效果会逐渐减弱。加固长度范围增大，水平位移减小，但没有增加宽度效果好，不够经济。另外，如果采用暗埋段作为箱涵顶进油缸的后靠结构，需验算暗埋段所提供的摩阻力大于油缸顶力，计算公式应为箱涵底板和侧面的接触面积的摩阻力之和，一般而言，暗埋段都很长，所以所提供的顶进阻力是满足的；同时，尚应对暗埋结构进行局部抗压验算，以满足强度要求，验算公式参见《混凝土结构设计规范》GB 500010—2010，根据作用力与反作用力原理，若箱涵顶进过程中涵体局部稳定，则可以判断相应的暗埋混凝土结构局部亦稳定。

本章小结

（1）箱涵顶进施工技术可分为直接顶进施工技术、管幕-箱涵顶进施工和箱涵顶进置换管幕施工技术。

（2）管幕-箱涵顶进工法利用小口径顶管机和钢管，在拟建箱涵位置的外周逐根顶进钢管，形成封闭的水平钢管幕，然后在该钢管幕的围护下推进箱涵，边开挖边推进，以此形成大断面地下空间。管幕-箱涵施工技术包括：钢管幕顶进施工技术、箱涵顶进施工技术、箱涵顶力估算与后靠结构设置。

（3）钢管幕顶进施工技术重点关注钢管幕顶进机头选型、钢管幕始发和接收技术、顶进姿态控制和地面沉降控制、钢管幕充填混凝土机锁扣和密封处理技术几个方面。

（4）箱涵顶进施工技术重点关注始发洞口土体改良、箱涵始发和接收技术、泥浆套施工、箱涵姿态控制和地面沉降控制几个方面。

思考与练习题

5-1　箱涵顶进施工技术有哪几种分类？

5-2　钢管幕顶进施工技术施工工艺流程是什么？

5-3　哪些措施能增强管幕锁口的止水效果？

5-4　箱涵推进施工时对于泥浆系统应有哪些应急措施？

5-5　箱涵推进施工时姿态控制有哪些？

5-6　箱涵顶力如何估算？

第6章 沉 管 法

本章要点及学习目标

本章要点：

(1) 沉管法隧道施工的发展、特点、类型及主要施工流程；

(2) 隧道管段的制作、浮运、沉放、连接的方法；

(3) 沉管基槽的浚挖方式和沉管基础处理的主要方法。

学习目标：

(1) 了解沉管隧道的施工特点、分类方式和主要工序流程；

(2) 熟悉管段的接缝防水、浮运时的气象条件，沉放和连接的主要步骤，基槽断面的形式和浚挖方式；

(3) 掌握常用的沉管沉放方法和沉管基础处理方法。

6.1 概述

6.1.1 沉管法的发展

沉管法是跨越江、河、湖、海水域修建隧道的重要方法之一。采用沉管施工法时，先在隧址以外的船台上或临时干坞内制作隧道管段（道路隧道用的管段每节长60～140m，目前最长的达268m，但多数在100m左右），并于两端用临时封端墙封闭起来，制成后用拖轮拖运到隧址指定位置上去。这时，隧址处已预先挖好一个水底基槽，待管段定位就绪后，向管段里灌水压载，使之下沉。然后把沉设的管段在水下连接起来，经覆土回填后，便筑成了隧道。用这种沉管施工法建设的水底隧道称为沉管隧道（图6-1）。

早在1910年美国人用沉管法修建了跨越美国与加拿大之间的底特律河双线铁路隧道，至1940年底美国已建成25条沉管隧道，在美国沉管隧道大部分由钢壳管节组成。从20世纪40年代开始，荷兰、德国、瑞典、法国和比利时开始用钢筋混凝土管节修建沉管隧道，到1994年底，荷兰已建成19条沉管隧道。日本也是使用沉管法修建隧道最多的国家之一。我国的台湾、香港地区在20世纪40年代、60年代用沉管法修建了4条海湾隧道。中国大陆第一条沉管隧道——广州珠江隧道于1993年底建成通车。甬江水底隧道于1995年9月26日经过交工验收，开始试通车。因为沉管隧道与通常的掘进隧道相比有很多优点，如可缩短工期，节约造价，所以我国有关沉管隧道跨越江河水域的方案不断提出。如京沪高速铁路在南京跨越长江、长江口连接上海市崇明、南通越江方案，都曾一度考虑到用沉管方法修建这些越江隧道。

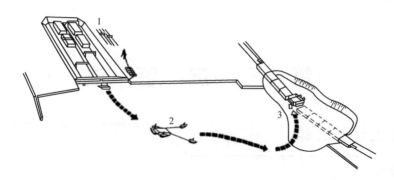

图 6-1　沉管隧道
1—管段制作；2—浮运；3—沉设

用沉管法修建隧道主要包括：地槽浚挖、管节制作、管节防水、管节驳运沉放和地基处理等施工工序。施工技术受特定的环境条件和工程要求影响大，故在进行环境调查与研究时必须特别注意河道港湾航运状况、水力条件、气候条件和施工技术条件。

6.1.2　沉管隧道的类型

沉管隧道的分类方法很多，按其断面形状分成圆形与矩形两类，按其发源地而分为美国型与欧洲型两类，本章按其管段制作方式分为船台型与干坞型两大类。

1. 船台型

船台型是先在造船厂的船台上预制钢壳，制成后沿着船台滑道滑行下水，然后在水上于悬浮状态下灌筑钢筋混凝土。这种船台型管段的横断面，一般是圆形、八角形或花篮形，隧管内只能设两个车道（图 6-2），建造四车道隧道时，则需制作二管并列的管段。

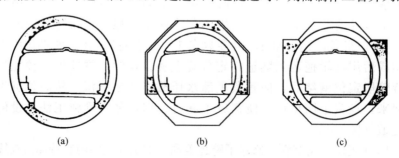

图 6-2　船台型管段
（a）圆形管段；（b）八角形管段；（c）花篮形管段

2. 干坞型

如果是混凝土管段的话，在管段制作之前，首先要进行临时干坞的构筑。在临时干坞中制作钢筋混凝土管段，制成后在坞内灌水使之浮起并拖运至隧址沉设。其断面多为矩形，在同管段断面内可以同时容纳 4~8 个车道，在干坞中制作的矩形钢筋混凝土管段比在船台上制作的钢壳圆形、八角形或花篮形管段经济，20 世纪 50 年代以来，已成为最常用的制作方式。故本章将着重介绍干坞型管段的设计与施工。

6.1.3 沉管隧道的特点

1. 施工质量有保证

由于预制管段是在临时干坞里浇筑的，施工场地集中，管理方便，管段结构和防水措施的质量也可以得到保证。此外，与盾构法相比，需要在隧址现场施工的隧道接缝非常少，漏水的机会相应也大大减少。例如，1000m 长的双车道水底隧道，用盾构法施工时，需要在现场处理的施工接缝长达 4720m 左右，如改用沉管法施工，则仅 40m 左右，两者的比例为 118：1，漏水机会自然也成倍减少。而且，自从在水底沉管隧道施工中采用了水力压接法以后，接缝的实际施工质量（包括竣工时以及不均匀沉降产生之后）达到了"滴水不漏"的程度。

2. 工程造价较低

（1）水底挖沟槽比地下挖土单价低。

（2）每节长达 100m 左右的管段，整体制作，完成后从水面上整体拖运，所需的制作和运输费用比盾构法中大量管片分块制作，完成后用汽车运送到隧址工地所需的费用要低得多。

（3）接缝数量减少，费用也相应减少，因而沉管隧道比盾构隧道的延米单价低。此外，由于沉管所需覆土很薄，甚至可以没有，水底沉管隧道的全长比盾构隧道短得多，所以工程总价相应地大幅度降低。

3. 现场施工工期短

沉管隧道的总施工期短于用其他方法建筑的水底隧道。更突出的特点是它的现场施工期比较短。因为在沉管隧道施工中构筑临时干坞和浇制预制管段等大量工作均不在现场进行，所以现场工期较短。在市区里建设水底隧道时，城市生活因施工作业而受干扰和影响的时间，以沉管隧道为最短。

4. 操作条件好

基本上没有地下作业，完全不用气压作业，水下作业亦极少，施工较为安全。

5. 对地质条件的适应性强

能在流砂层中施工而不需特殊的设备或措施。

6. 适用水深范围较大

在实际工程中曾达到水下 60m，如以潜水作业的最大深度为限度，则沉管隧道的最大深度可达 70m。

7. 断面空间利用率高

基本上没有多余空间，一个断面内可同时容纳 4～8 个车道。

6.1.4 施工流程

沉管法施工的一般工艺流程如图 6-3 所示，其中管段制作、基槽浚挖、管段沉放与水下连接、管段基础处理、回填覆盖是施工的关键。

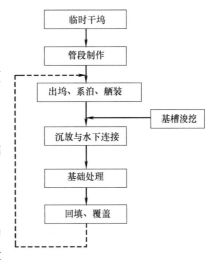

图 6-3 沉管隧道的一般工艺流程图

6.2 管段制作

6.2.1 临时干坞

对于管段的制作场地而言，如果在工程现场附近具有一个与隧道断面相称、使用条件适宜的造船厂的干坞，当然要利用它，但能利用如此永久性的造船厂作为干坞的场地是很例外的，一般情况下需自己在工程现场附近建造一个与工程规模相适应的临时干坞。

1. 临时干坞的规模

干坞制作场地的规模与隧道断面的大小和全长有关，并还影响着施工工期的长短。因此，当沉放区间的长度达数公里时，有时需设数个干坞制作场地。例如，荷兰鹿特丹地铁隧道，其中大半是用沉管法施工的，它在沿着约 2km 长的市街道区间准备了两个干坞制作场地，每次可同时制作两个长 90m 的沉放管段。又如，多摩川隧道和川崎航道隧道共用的干坞，其一次可容纳 11 个 130m 左右的管段。所以，对于大断面的公路隧道，一般要求所建造的干坞的场地应尽量能同时制作出全部沉放管段。

2. 临时干坞的深度

干坞场地底面的位置应设在确保有充分水深的标高上，需确保在管段制作完成、向场地内注水后，能使管段浮起来，并能将它拖曳出干坞。因而，干坞底面应位于坞外水位以下相当的深度，同时也要防止干坞在坞外强大水压力作用下浸水的可能性。

3. 坞底与边坡

临时干坞的坞底，常为铺在砂层上的一层 23～30cm 厚的无筋混凝土或钢筋混凝土。在有些实例中，不用混凝土层而仅铺一层 1～2.5cm 厚的黄砂。另于黄砂层的面上再铺 20～30cm 厚的一层砂砾或碎石，以防止黄砂乱移，并保证坞室灌水时管段能顺利地浮起。在采用混凝土底板时，亦要在管段底下铺设一层砂砾或碎石，以防管段起浮时被"吸住"。

在确定坞边坡度时，要进行抗滑稳定性的详细验算。为保证边坡的稳定安全，一般多用防渗墙及井点系统。防渗墙可由钢板桩、塑料板或黑铁皮构成。在分批浇制管段的中、小型干坞中，要特别注意坞室排水时的边坡稳定问题。

4. 坞首和闸门

在全部管段一批制完的大型干坞中，可用土围堰或钢板桩围堰作坞首。管段出坞时，局部拆除坞首围堰便可将管段逐一拖运出坞。在分批浇制管段的中、小型干坞中，常用双排钢板桩围堰坞首，用一段单排钢板桩作坞门。每次拖运管段出坞时，将此段单排钢板桩临时拔除，即可把管段拖出。亦有采用浮箱式闸门的，但实例不多。

6.2.2 浮力设计

浮力设计的内容包括干舷的选定和抗浮安全系数的验算。

1. 干舷

由于利用了浮力，使得大断面、大重量的管段移动起来变得相当容易，这是沉管法施工的优点。而为了利用这个优点，必须使沉放前的管段在其自重及附加压重作用下能够浮起来。管段在浮运时，为了保持稳定，必须使管顶露出水面，露出的高度称作干舷。具有一定高度的干舷管段，当其在风浪作用下发生倾斜后，会产生一个反倾力矩（图6-4），使管段恢复平衡。浮游状态的管段的干舷大小取决于管段的形状和施工方法，干舷高度应取较小值，以减少永久性和临时性的压载。因为在管段沉放时，首先要灌注一定量的压载水，以消除代表上述干舷的浮力，干舷越大，那么所需的压载水罐的容量就越大，很不经济。在极个别情况下，由于大重量的管段结构无法自浮，则需借助浮筒装置，以产生必要的干舷。对于矩形断面的管段，如果管段是在隧址附近建造或在平静的水中浮运，其干舷高度可为5～10cm；如果管段需在波浪较大的水中浮运，则干舷应保持在15～20cm。而圆形断面管段的干舷一般为45cm，也有15cm的例子。

2. 抗浮安全系数

管段的浮力过大，使得以后的加载及沉放作业变得困难，而如果浮力不足，则无法保证管段在施工期间的稳定。

管段的沉放借助于压载水，此时，管段必须具有比排水量重得多的重量，以保持其位置。

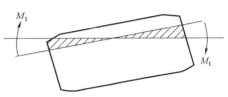

图6-4 管段的干弦与反倾力矩

在管段沉放施工期间，抗浮安全系数一般取值为1.05～1.10。由于在管段沉放完毕进行覆土回填时，会导致周围河水的混浊而使河水密度增大，浮力增加，因此在施工期间的抗浮安全系数应确保在1.05以上，以免导致管段的"复浮"。

在覆土完毕后的使用阶段，抗浮安全系数应采用1.2～1.5，应按最小的混凝土重度和体积、最大的河水密度来计算抗浮安全系数。在实际情况中，如果考虑到覆土重量与管段侧面的负摩擦力的作用，抗浮安全系数会增大。

6.2.3 管段的制作

在干坞中制作管段，其工艺与地面钢筋混凝土结构大体相同，但对防水、匀质等要求较高，除了从构造方面采取措施外，必须在混凝土选材、温度控制、模板等方面采取特殊措施。

1. 管段的施工缝与变形缝

施工缝、变形缝的布置需慎重安排。施工缝可分为两种：一种是横断面上的施工缝，也称为纵向施工缝。纵向施工缝，一般留设在管壁上，在管壁的上下端各留一道，在施工过程中，往往因管段下地层的不均匀沉陷的影响和混凝土的收缩，造成在纵向施工缝中产生应力集中的现象。另一种是沿管段长度方向分段施工时的留缝，也可称为横向施工缝。在施工过程中，通常把横向施工缝做成大致以15～20m为间隔的变形缝，详见图6-5。

2. 底板

在干坞制作场地上，如果管段下的地层发生不均匀沉降，那么就可能会使管段产生裂缝。一般在干坞底的砂层上铺设一块6mm厚的钢板，往往将它和底板混凝土直接浇在一起，这样它不但能起到

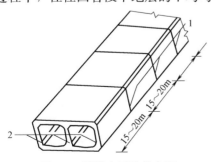

图6-5 管段变形缝的布置

1—变形缝；2—施工缝

底板防水的作用，而且在浮运、沉放过程中能防止外力对底板的破坏；也可使用9～10cm
的钢筋混凝土板来代替这种底部的钢板，在它上面贴上防水膜，并将防水膜从侧墙一直延
伸到顶板上，这种替代方法其作用与钢板完全相同，但为了使它和混凝土底板能紧密结
合，需应用多根锚杆或钢筋穿过防水膜埋到混凝土底板内。

3. 侧墙与顶板

在侧墙的外周也可使用钢板，这时可将它作为外模板（也可作为侧墙的外防水），在
施工时应确保焊接的质量。在侧墙的外周也有使用柔性防水膜的情况，此时为了避免在施
工时对防水膜的破坏，需对防水膜进行保护。例如，比利时斯海尔德特E3隧道，在两侧
墙上，防水薄膜通过固定到混凝土上的钢梁木板来防护，木板和薄膜之间有3cm的空间，
采用砂浆回填。

在混凝土顶板的上面，通常是铺上柔性防水膜，并在其上面浇捣15～20cm厚的（钢
筋）混凝土保护层。保护层一直要包到侧墙的上部，并将它做成削角，以避免被船锚
钩住。

4. 临时隔墙

一旦管段的混凝土结构完成，就在离管段的两端50～100cm处安装临时止水用的隔
墙。由于在管段浮运与沉放时，临时隔墙端头将承受巨大的水压力，以及在管段水下连接
后又要拆除隔墙，因此它应具有较高的强度与拆装方便的特点。隔墙可用木材、钢材或钢
筋混凝土制成，一般使用后两者。另外，在隔墙上还需设置排水阀、进气阀以及供人进出
的人孔。

5. 压载设施

由于管段大多是自浮的，因此在管段的沉放时需加压下沉。现在多数采用加载水箱。
在安装沉放管段两端临时隔墙的同时，在离隔墙10～15m的地方，沿隧道轴线位置上至
少对称地设置四个水箱。水箱应具有一定的容量，在其充满时，不仅能消除沉放管段的干
舷，还应具有100～300t的沉降荷重。水箱的另一作用是在相邻两管段连接后，成为临时
隔墙间排出水的贮水槽。

管段的制作还包括以下一些辅助工程：橡胶密封垫圈、临时仓板、拖拉设备、起吊
环、通道竖井和测量塔等。在管段制作完后，必须进行检漏和干舷调整，符合要求的管段
才能出坞。

6.2.4 管段防水和接缝处理

1. 混凝土自防水

管壁混凝土自身防水的保证措施有以下五个方面：

（1）提高混凝土的密实度。选用优良级配，加强振捣。

（2）减少混凝土的收缩量。降低水泥用量与水灰比，控制变形缝间距（不超过20m）。

（3）减少水化热。选择水泥品种，并掺入低活性胶凝料或非活性细粉材料。

（4）减少施工缝两侧温差。在离底板3m范围内的竖壁中设置蛇形冷却水管，降低竖
壁混凝土的"体温"，如图6-6所示。

（5）充分湿润养护。从混凝土终凝开始，及早进行充分的湿润养护。

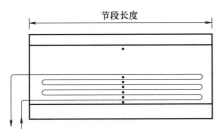 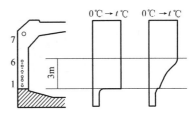

图6-6　水冷降温方法

2. 接缝防水

1）变形缝的防水

变形缝的构造见图6-7和图6-8。由于橡胶-金属止水带与混凝土之间仍可能存在着空隙，因此在接缝的外表面仍需用聚氨基甲酸酯油灰或称作为"Dubbeldam"的橡胶带进行两次防密措施。

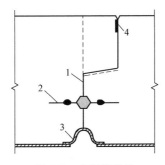

图6-7　变形缝构造

1—变形缝；2—钢边橡胶止水带；3—钢拔；
4—止水填料

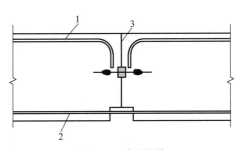

图6-8　过缝纵筋

1—外排纵筋；2—内排纵筋；3—变形缝

图6-9所示的是一种经过改进的橡胶-金属止水带。把一种泡沫橡胶粘贴在两层金属片的端部，用内径为8mm、厚度为1mm的钢管紧紧压住泡沫橡胶条并被浇在混凝土中。灌注混凝土之前在钢管内插入直径为5～6mm的圆钢穿过金属片并拧紧。这样，在混凝土结硬以后，钢管内仍然是空的，通过钢管把环氧树脂注入混凝土，填满橡胶-金属止水带周围的所有空隙。这种止水带的防水效果令人满意，可省去外层密封措施。

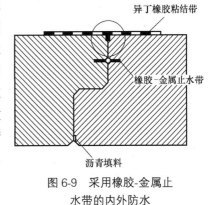

图6-9　采用橡胶-金属止水带的内外防水

2）管段间接缝

在管段间的接缝中通常采用一种称为"几那"（GINA）的橡胶密封垫圈作为第一道防线，"Ω"形橡胶止水带作为第二道防水措施，其构造见图6-10。丹麦的利姆隧道和古尔堡海峡隧道均采用了这种方法。另外，也可把接头做成装有剪切销的接缝，这种剪切销可以用钢筋混凝土或钢制成。在英国的康维隧道和新加坡电缆隧道中采用了这种方法，见图6-11。

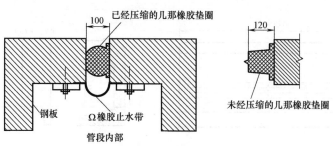

图 6-10　GINA 橡胶垫圈与 Ω 密封带（单位：mm）

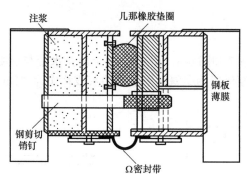

图 6-11　管段中间接缝的钢制剪切销

3）闭合接缝

在沉放最后一节隧道管段后，通常要留下宽 1~2m 的间隙，并且必须将它闭合。闭合接缝是最后一节隧道管段与前面沉放的隧道管段或与引道结构之间的接缝。当在隧道周围安装闭合围板之后，这个间隙即可从隧道内部通过浇筑混凝土将其闭合，见图 6-12。闭合接缝的第二道防水措施主要通过安装一副双"Ω"形橡胶止水带来实现。由于空隙具有一定的宽度，这种类型的橡胶止水带对水压的抵抗还不够，因此必须采用垫块，见图 6-13。在现在的施工实践中，是把有正规隧道断面的一个小段嵌入到闭合接缝中，同时用普通的橡胶金属止水板来达到防水目的。

图 6-12　埃姆斯河隧道闭合接缝

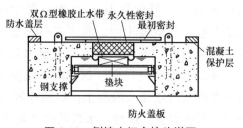

图 6-13　侧墙内闭合接头详图

6.3　管段的浮运和沉放

6.3.1　管段的浮运

当管段制作完成之后，开始向干坞内注水，在这期间，需派检查人员从出入口进入沉放管段的内部,经常不断地检查有无漏水情况,一旦发现漏水现象,需立即停止注水,查明原因并进行修补。当干坞内的水位接近干舷量时,应向压载水箱内注水以防止管段上浮。当管段完全被水淹没后,派人从出入口进入沉放管段,排出压载水箱内的水,使管段上浮。管段在浮运时的干舷量一般取为 $10\sim15$cm,在调整完各节沉放管段后,即可打开干坞的坞门,将沉放管段曳出。管段曳出干坞的工作,有时只需直接利用拖船即可。

不论干坞与隧址间距离多少,一般应于沉放之日的清晨将舾装完毕的沉管拖运到隧址以便进行沉放作业。拖运时必须符合以下气象条件:①风力小于 6 级;②能见度(视距)大于 500m。

在进行沉放作业之前 12h,应对水流与气象条件的预报资料作详细分析,如届时能符合以下的气象条件:①风力小于 $5\sim6$ 级;②能见度大于 1000m;③气温大于 -3℃;则可决定进行沉放作业。但在正式开始沉放作业之前 2h,还应对以上条件进行复核。

6.3.2 常用沉放方法

管段的沉放方法很多,需根据自然条件、航道条件、管段规模以及设备等因素,因地制宜地选取最经济合适的沉放方法。大致可作以下分类:

1. 分吊法

采用分吊法进行沉放的隧道,一般均在管段上预埋 $3\sim4$ 个吊点,用 $2\sim4$ 艘 $100\sim200$ t 起重船或浮箱提着各吊点,通过卷扬机进行下沉。分吊法要注意的是,各吊力的合力应作用在沉放管段的重心上。早期的一些双车道管段,差不多都是用 $3\sim4$ 艘起重船分吊沉放。因此,分吊法可以说是最早的一种沉放方法。图 6-14 为荷兰博特莱克隧道用起重船分吊法沉放管段的情况。

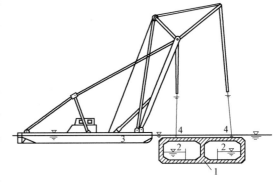

图 6-14 起重船分吊法
1—沉管;2—压载水箱;3—起重船;4—吊点

20 世纪 60 年代荷兰的科恩隧道和比荷卢隧道首创了以大型浮筒代替起重船的分吊沉放法,其后不久,比利时的斯海尔德特 E3 隧道又以浮箱代替了浮筒,见图 6-15。此后,在不少四车道以上的中、大型沉管工程中纷纷采用这种方法进行沉放施工。

浮箱分吊法的特点是设备简单,尤其适用于宽度特大的大型沉管。沉放时于管段上方用 4 只 $100\sim150$t 的方形浮箱直接将管段吊着。4 只浮箱可分为前后 2 组,每组 2 只浮箱用钢桁架联系起来,并用四根锚索定位。起吊卷扬机和浮箱的定位卷扬机则安设在定位塔顶部,管段本身则另用六根锚索定位。

在荷兰科恩隧道与比荷卢隧道以及上海金山工程中,将所有定位锚索的卷扬机全移设岸上。实行"全岸挖"作业,不但将水上作业量减到最低程度,而且使沉放作业对航道的影响范围进一步减少,见图 6-16。

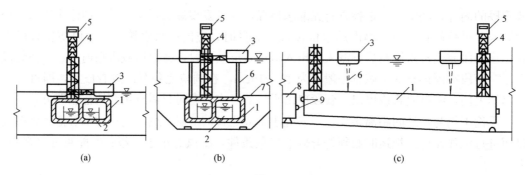

图6-15　浮箱分吊沉放法

（a）就位前；（b）加载下沉；（c）沉放定位

1—沉设管段；2—压载水箱；3—浮箱；4—定位塔；5—指挥室；6—吊索；

7—定位索；8—既设管段；9—鼻式托座

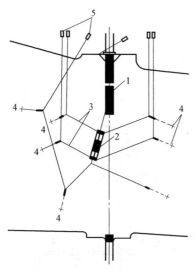

图6-16　"全岸控"作业

1—既设管段；2—新设管段；

3—定位索；4—地锚；5—卷扬机

2. 扛吊法

这种方法亦称为方驳扛吊法，有双驳扛吊法和四驳扛吊法两种。四驳扛吊法就是利用两副"扛棒"来完成沉放作业。每副"扛棒"的两"肩"就是两艘方驳，共四艘方驳。左右两艘方驳的"扛棒"，一般是型钢梁或钢板梁，在前后两组方驳之间可用钢桁架联系起来，成为一个整体的驳船组，见图6-17。驳船组用六根锚索定位，管段本身则另用六根锚索定位，所用的定位卷可直接安放在"杠棒"钢梁上，在方驳扛吊法中，由于管段一般的下沉力只有100～400t，大多数为200t，因此每副"杠棒"上仅受力50～200t，因此只要用100～200t的小型方驳就足够有余了。

在美国和日本的沉管隧道工程中，习惯用"双驳扛吊法"。例如，日本庵冶河隧道，将管段跨载在两只驳船上，见图6-18，其所用方驳的船体尺度比较大，且其稳定性好，操作也较为方便。

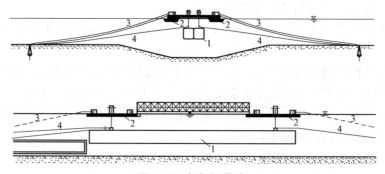

图6-17　船组扛吊法

1—沉管；2—方驳；3—船组定位索；4—沉管定位索

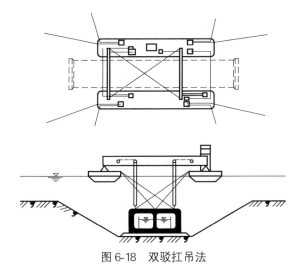

图 6-18　双驳扛吊法

3. 骑吊法

这种方法也可称为顶升平台法，是用水上作业平台"骑"在管段上方，将它慢慢吊下完成沉放作业，见图 6-19。

此法是由海洋钻探或开采石油的办法演变而来，适用于宽阔的海湾地带（此处锚索难以固定）。其平台部分实际上是个矩形钢浮箱，就位时，可以向浮箱内灌水加荷压载，使平台的四条钢腿插入海底或河底（如需要入土较深时，可于压沉一次后，排水浮起钢平台，而后再灌水加载压沉，如此反复数次，直至达到设计要求的入土深度）。移位时，只需连续排水，将四条钢腿拔出海底或河底。它的优点在于不需抛设锚索，作业时对航道影响较小。然而，由于其设备费用很大，

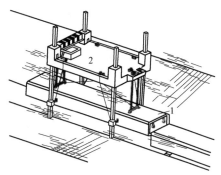

图 6-19　骑吊法
1—沉管；2—水上作业台（SEP）

故较少利用。欧洲道路公司最近推出一种介于骑吊法和扛吊法之间的半沉式顶升平台法（是一种可潜入水下的管段沉入方法），见图 6-20。它利用两个浮筒和四个脚柱的无自动推进的远洋操作平台。浮筒内装有水泵和砂泵，用于镇重和通过注砂来做基础。在脚柱上装有千斤顶系统以及平衡系统。

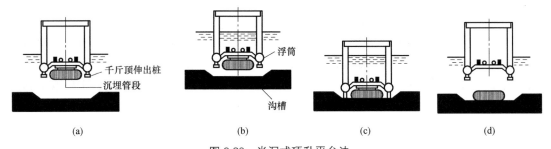

图 6-20　半沉式顶升平台法
（a）浮运；（b）沉放；（c）对位；（d）沉放完毕

4. 拉沉法

这种沉放方法的主要特点是既不用浮吊、方驳，也不用浮箱、浮筒。管段沉放时不是灌注水，即不是以载水的办法来取得下沉力，而是利用预先设置在沟槽底板上的水下桩墩，通过设在管段顶面钢桁架上的卷扬机和扣在水下桩墩上的钢索，将具有200~300 t浮力的管段慢慢扣下水，沉放到桩墩上，在管段沉放到水底后，亦用此法以斜拉方式进行水下连接。使用此法必须设置水底桩墩，因此费用较大而较少使用，见图6-21（曾在荷兰的艾杰隧道和法国的维乌克斯港隧道中使用过）。

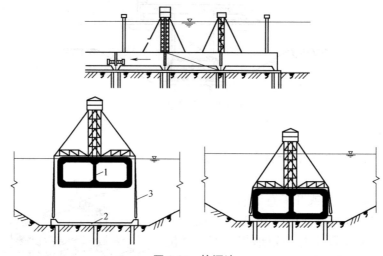

图6-21 拉沉法
1—沉管；2—桩墩；3—拉索

在以上介绍的四种方法中，拉沉法和骑吊法很少采用，所以实际上最常用的是浮箱分吊法和方驳扛吊法。对于一般大、中型管段多采用浮箱分吊法，而小型管段则宜采用方驳扛吊法。

6.3.3　管段沉放的主要步骤

管段沉放是整个沉管隧道施工中比较重要的一个环节，它不仅受天气、水路自然条件的支配，还受到航道条件的制约。沉放作业的主要工序如下：

（1）拖运管段到沉放现场。

（2）用缆绳定位管段，以便精确施工。

（3）施加镇重物，使管段下沉。

当管段运抵隧址现场后，需将其定位于挖好的基槽上方，管段的中线应与隧道的轴线基本重合，定位完毕后，可开始灌注压载水，管段即开始缓慢下沉。管段下沉的全过程一般需要2~4h。下沉作业一般分为3个步骤，即初次下沉、靠拢下沉和着地下沉，见图6-22。

1. 初次下沉

先灌注压载水使管段下沉力达到规定值的50%，然后进行位置校正，待管段前后左右位置校正完毕后，再继续灌水直至下沉力完全达到下沉的规定值，并使管段开始以

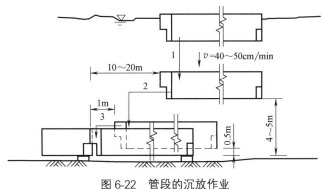

图 6-22 管段的沉放作业

1—初次下沉；2—靠拢下沉；3—着地下沉

40～50cm/min 的速度下沉，直到管底离设计标高 4～5m 为止。在管段的下沉过程中，要随时校正管段的位置。

2. 靠拢下沉

先把管段向前面已沉放的管段方向平移，直至距前面已设管段大约 1m 处，然后下沉管段，至高于其最终标高的 0.5m 处。管段的水平位置要随时测定并予校正。

3. 着地下沉

在靠拢下沉并校正位置之后，再次下沉管段，高度于最终位置 20～5cm 处（其值的大小取决于涨、落潮的速度）。然后，把管段拉向距前面已设管段约为 10cm 处，再行检查其水平位置。着地时，先将管段前端搁上已设管段的鼻托，然后将后端轻轻地搁置到临时支座上。待管段位置校正后，即可卸去全部吊力。

6.3.4 管段的水下连接

管段的水下连接方法有两种：一种方法是在管段接头处用水下混凝土加以固结使接头与外部水隔绝，此谓水下混凝土法；另一种是使用橡胶垫借助水压使其压缩的方法，此谓水力压接法。在后一种方法中，为了暂时支撑住沉放管段，需要设置临时支座。

1. 水下混凝土法

早期船台型圆形沉管隧道管段间的接头，都采用灌筑水下混凝土的方法进行连接。在进行水下连接时，先在管段的两端安装矩形堰板，在管段沉放就位、接缝对准拼合、安放底部罩板后，在前后两块平堰板的两侧，安设圆弧形堰板，然后把封闭模板插入堰板侧边，这样就形成了一个由堰板、封闭模板、上下罩板所围成的空间，随后往这个空间内灌注水下混凝土，从而形成管段间的连接。等到水下混凝土充分硬化后，抽掉临时隔墙内的水，再进行管段内部接头处混凝土衬砌的施工。水下混凝土法的主要缺点是潜水工作量大，工艺复杂，而且由于管段接头是刚性的，因此，一旦发生某些误差而需进行修补，则会非常困难。

2. 水力压接法

在 20 世纪 50 年代末，加拿大的迪斯岛隧道首创了水力压接法，在 20 世纪 60 年代的荷兰鹿特丹地铁隧道中，创造了 GINA 橡胶垫圈，使水力压接法更加完善，在此以后，几乎所有的沉管隧道都采用了这种简单可靠的水下连接方法。水下压接法就是利用作用在管段上的巨大水压力使安装在管段端部周边上的橡胶垫圈发生压缩变形，而形成一个水密性良好而又可靠的管段接头。它的主要工序是对位、拉合、压接、拆除隔墙。

1）对位

在本节先前部分已叙述管段在沉放时基本可分为三个步骤，当管段着地下沉时必须结合管段连接工作进行。当管段沉放到临时支承上后，首先进行初步定位，而后用临时支承上的垂直和水平千斤顶进行精确定位。对位的精度，一般需达到表 6-1 的要求。图 6-23 中所示的是上海金山沉管工程中所采用的卡式插座，它的对位精度较容易控制。

对位精度要求 　　　　　　　　　　　　　　　　　表 6-1

部位	水平方向	垂直方向
前端	±2cm	±1cm
后端	±5cm	

图 6-23　金山沉管工程的卡式托座图

2）拉合

对位之后，在已设管段和新铺设管段之间还留有间隙。拉合工序就是用一个较小的机械力量，将刚沉放的管段拉向前节已设管段，使 GINA 橡胶垫圈的尖肋部被挤压而产生初步变形，使两节管段初步密贴。拉合时一般只需 GINA 橡胶垫圈被压缩 20mm，便能达到初步止水。拉合时所需的拉力一般由安装在管段竖壁上的千斤顶来提供，见图 6-24。当然除了拉合千斤顶之外，也可采用定位卷扬机进行拉合作业。在拉合作业中，GINA 橡胶垫圈是第一次压缩变形。

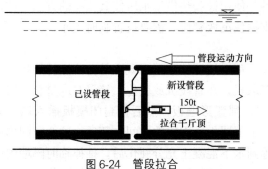

图 6-24　管段拉合

3）压接

拉合作业完成之后，就可打开安装在临时隔墙上的排水阀，抽掉在临时隔墙内的水。在排水之后，作用在新设管段自由端（后端）的静水压力将达几千吨甚至几万吨，于是巨大的水压力就将管段推向前方，GINA 橡胶再一次被压缩，接头完全封住。这个阶段的压缩量一般为 GINA 橡胶自身高度的 1/3 左右。

4）拆除隔墙

压接完毕后即可拆除隔墙。拆除隔墙后各沉放管段相通，连成整体，并与岸上相连，辅助工程与内部装饰工程即可开始。

水力压接法具有工艺简单、施工方便、质量可靠、省工省料等优点，目前已在各国的水底工程中普遍采用。

6.4 基槽浚挖与基础处理

在沉管隧道施工中，水底浚挖所需费用在整个隧道工程总造价中，只占一个较小的比例，通常只有5%～8%。可它却是一个很重要的工程项目，常是直接影响工程能否顺利、迅速开展的关键。沟槽对沉放管段和其下基础设置有特殊的用途。沟槽底部应相对平坦，其误差一般为±15cm。沉管隧道的沟槽是用疏浚法开挖的，需要较高的精度。

6.4.1 沉管基槽的断面

沉管基槽的断面主要由三个基本尺度决定，即底宽、深度和（边坡）坡度，应视土质情况、基槽搁置时间以及河道水流情况而定。基槽开挖各阶段如图6-25所示。

沉管基槽的底宽，一般应比管段底宽大4～10m，不宜定得太小，以免边坡坍塌后，影响管段沉放的顺利进行。沉管基槽的深度，应为覆盖层厚度、管段高度以及基础处理所需超挖深度三者之和。沉管基槽边坡的稳定坡度与土层的物理力学性能有密切关系。因此应对不同的土层，分别采用不同的坡度。

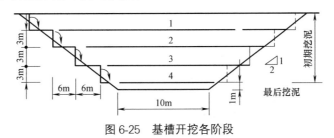

图6-25　基槽开挖各阶段

表6-2所列不同土层的稳定坡度概略数值，可供初步设计时参考。

基槽坡度要求	表6-2
地基土分类	斜面坡度
砂砾、紧密的砂夹有黏土	1∶1～1∶1.5
砂、砂夹有黏土、粉质黏土、较硬的黏土	1∶1.5～1∶2
紧密的细砂、软弱的砂夹有黏土	1∶2～1∶3
软弱黏土和淤泥	1∶3～1∶5

6.4.2 浚挖方式

一般都采用分层分段浚挖方式。在基槽断面上，分成2～4层，逐层浚挖。在平面上，沿隧道纵轴方向，划成若干段，分段浚挖。

在断面的上面一（或二）层，厚度较大，土方量亦大，一般采用抓斗挖泥船或链斗挖泥船进行粗挖。粗挖层的浚挖精度要求比较低。最下一层为细挖层，厚度较薄，一般为3m左右。进行细挖时，如有条件，最好用吸扬式挖泥船施工，其平整度较高，速度快，并可争取在管段沉放前及时吸除回淤。

由于沟槽的开挖，从而搅起了河底的沉积物，造成在一定时间、一定区域内河水的混浊，最终这些悬浮的颗粒物质会散开并重新沉淀下来，这对已开挖完毕的沟槽有一定的负面影响。如果在浚挖区有水流或浪潮的影响，沟槽则会成为水流携带的沉积物的积存处。因此在开挖沟槽结束后最理想的是紧接着开始管段的沉放作业。当然，在沟槽开挖后放置若干时间这是难免的，但如时间一长，沟槽斜面多少会产生一些坍塌，不仅使得沟槽底面不平整，而且还堆积了大量泥类沉积物。因此有时需在沟槽开挖和管段安置这两道工序之间进行沟槽的清理，必要时则进行再次疏浚。

6.4.3　基槽的回填

　　一旦管段的沉放和连接作业完毕，需在沉放管段的外围进行砂土的回填工作，见图 6-26。

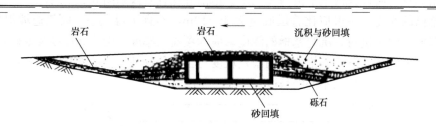

图 6-26　沟槽回填示意图

　　对沟槽进行回填，一是防止流水对沉放管段的冲刷，二是防护船和抛锚等对管段的冲击。在管段的顶部一般设有一层 15cm 左右的钢筋混凝土保护层，它在船锚的直接作用下可对管段进行防护，但其自身在冲力的作用下可能会有些损害。如果进行回填的话，则这样的损害也可避免。回填所采用的材料通常是砂，也可部分采用从沟槽中开挖出来的材料。

6.4.4　沉管基础的特点

　　在一般建筑中，常因地基承载力不足而构筑适当的基础，否则就会发生有害的沉降，甚至有发生坍塌的危险。如有流砂层，施工时还会碰到困难和危险，非采取特殊措施（如疏干等）不可。而在水底沉管隧道中，情况就完全不同。首先，一般不会产生由于土壤固结或剪切破坏所引起的沉降。因为作用在基槽底面的荷载，在设置沉管后并非增加，而是减小。所以沉管隧道很少需要构筑人工基础以解决沉降问题。

　　此外，沉管隧道施工时是在水下开挖基槽，没有产生流砂现象的可能。地面建筑或采用其他方法施工的水底隧道（如明挖隧道、盾构隧道等），遇到流砂时必须采用费用较高的疏干措施，在沉管隧道中则可完全不必。

　　所以，沉管隧道对各种地质条件的适应性很强，几乎没有什么复杂的地质条件能阻碍沉管法施工。因此，一般水底沉管隧道施工时不必像其他水底隧道施工方法那样，需在施工前进行大量的水下钻探工作。

　　沉管隧道对各种地质条件的适应性都很强，这是它的一个很重要的特点。然而在沉管隧道中，仍需进行基础处理。其目的不是为了对付地基土的沉降，而是因为开槽作业后的槽底表面总有相当程度的不平整（不论使用哪一种类型的挖泥船），使槽底表面与沉管底面之间存在着很多不规则的空隙。这些不规则的空隙会导致地基土受力不匀而局部破坏，从而引起不均匀沉降，使沉管结构受到较高的局部应力，以致开裂。因此在沉管隧道中必须进行基础处理——垫平，以消除这些有害的空隙。

6.4.5 基础处理的主要方法

一般按充填作业工序安排在管段沉放作业之前或之后，可大致分为先铺法和后填法两大类。

1. 先铺法

先铺法又称刮铺法，即在已开挖好的沟槽底面上，按规定的坡度精密地、均匀地铺上一层粒径为 50mm 或 80mm 以下的砂砾或碎石，沉放的管段可直接搁置在它上面。按其铺垫材料的不同，可分为刮砂法与刮石法。

先铺法的基本作业方式如下（图 6-27）：在基底两侧打数排短桩安设导轨，以控制高程和边坡。在作业船上安设导轨和刮板梁，刮板梁支承在导轨上，钢刮板梁扫过水底时，形成砂砾或碎石基础。为了将作业船固定在水面预定的位置上，可将混凝土锚块吊入水底，并张紧吊索，以消除作业船因潮汐而引起的上下颠簸。用抓斗通过刮铺机的喂料管向海底投放砂石等填料。投入的范围为一节管段的长度，宽度为管段宽加 1.5～2m。投放材料的最佳粒径为 13～19mm 的圆形砂砾石（纯砂粒径太细，在水流作用下，基础易遭破坏）。为了保证基础的密实，在管段就位后，加过量的压载水，使砂砾垫层压紧密贴。刮铺垫层的平整度，对于刮砂法，一般在 ±5cm 左右；对于刮石法则在 ±20cm 左右。

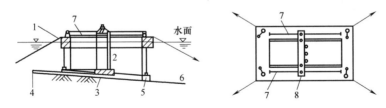

图 6-27 先铺法

1—浮箱；2—砂石喂料管；3—刮板；4—砂石垫层（0.6～0.9m）；5—锚块；

6—沟槽底面；7—钢轨；8—移行钢梁

先铺法的主要特点：

（1）需加工特制的专用刮铺设备，否则精度较难控制，作业时间亦较长。

（2）导轨的安装要求具有较高的精度，否则会影响基础处理的效果。

（3）需要水下潜水作业，既费时又费工。

（4）在刮铺完成后，对于回淤土必须不断清除，直到管段沉放为止。这对于在流速大、回淤快的河道上施工时显得较为困难。

（5）刮铺作业时间较长，因而作业船在水上停留时间也较长，对航道影响较大。

2. 后填法

根据三点确定平面的原理，在沟槽底面，按沉放管段的埋置深度，正确地设置临时支座，把沉放管段暂时搁置在它的上面，在管段沉放对接完成后，再用适当的材料在管段底部与沟槽面之间进行填充，从而形成永久性的均匀连续基础。

后填法的基本工序如下：

（1）在浚挖沟槽时，先超挖 1m 左右。

（2）在沟槽底面上安设临时支座。

（3）在管段沉放对拼完毕后，在管段底面与沟槽面之间回填垫料。

后填法的主要特点：

（1）由于浮力作用，管段沉到水底时不是很重，很少超过 400t，因此临时支座多是简易小型的，潜水工作量远少于先铺法作业。

（2）根据三点可确定一个平面的原则，高程调节较方便，精度较易控制。

（3）作业时河道上占位时间短，对航道的干扰少。

3. 后填法中的不同施工方法

1）灌砂法

在管段沉放对接完毕后，从水面上沿着管段侧面向管段底部灌填粗砂，从而形成两条纵向的垫层。这种施工方法设施简单，施工方便，只是不适用于宽度较大的矩形管段。这是最早的后填法，美国早期的船台型沉管隧道常用此法。

2）喷砂法

喷砂法主要是将一种粗砂与水的混合物，通过设在隧道管段顶部的可移动台架上的砂泵，喷入管段底下的空隙中，最终形成 1m 左右的砂垫层，见图 6-28。

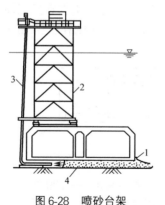
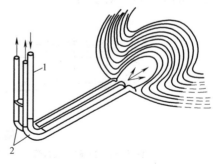

图 6-28　喷砂台架
1—预制支承板；2—台架；3—喷砂管；4—砂垫层

图 6-29　喷砂法
1—喷砂管；2—吸水管

喷砂前管段搁置在临时支座上，通过喷砂台架向管段底部与沟槽面之间的空隙喷射，见图 6-29。喷砂管喷射的为砂水混合物，砂子的粒径平均为 0.5mm，砂水混合物中含砂量约为总体积的 10%，有时含砂量可增加到 20%，喷砂管组由 3 根钢管组成，中间为直径 100mm 的喷砂管，两侧为直径 80mm 的吸水管。作业时将喷砂管伸入基底，并作扇状旋转、前进，将砂水混合物经喷管喷入管段底部的空隙，进行填充，同时由两根吸水管进行抽吸回水，并根据回水中的含砂量来测定砂垫层的密实度。由于喷砂可能会引起管段的上浮，因此需对压重箱充水，以增大管段的重量。

在喷砂完成后，管段从临时支座上释放下来，将其全部重量压到砂垫层上使之压密，这将使垫层产生 5～10mm 的沉降量。当然隧道的最终沉降取决于槽底地层的软硬，垫层并不是控制因素。

喷砂法的主要特点：

(1) 施工方法简单，且具有较高的可靠性。

(2) 作业速度较快，一般 2d 内就可完成。

(3) 作业时在河道中需使用可移动的台架与驳船，这对于较繁忙的航道不是很方便。

3）灌囊法

这种方法施工时，在沟槽底部仍需铺设一层砂、石垫层，在垫层与沉管底部留出 15～20cm 的空间，待管段沉放对接完毕后，从水面上向事先扣在管段底部的空囊袋（尼龙袋）中灌注由黏土、水泥和黄砂配成的水泥砂浆，以使管段底部与沟槽底面间空隙的绝大部分被充填，见图 6-30。囊袋的尺寸按一次灌注量而定，一般不宜过大。其自身应有一定的牢度，并具有较好的透气性。在灌注水泥砂浆时，必须采取适当的措施，防止管段被顶起。

4）压浆法

这是一种在灌囊法的基础上进一步改进和发展而来的处理方法，可省去较贵的囊袋、繁复的安装工艺、水上作业与潜水作业。在浚挖沟槽时，先超挖 1m 左右，然后铺设一层 40～60cm 厚的碎石，大致整平即可。在管段沉放位置预先设置作为临时支座的碎石堆。在管段沉放对接后，沿着管段两侧边及后端底边回填砂、石等混合料，高度为离开管底以上 1m 左右，然后从隧道内部，用常用的压浆设备，通过预埋在管段底板上的压浆孔向管段底部空隙进行压浆，见

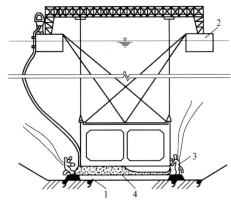

图 6-30　灌囊法

1—砂石垫层；2—方驳；3—潜水员；4—砂浆囊袋

图 6-31。压浆所用的混合砂浆由水泥、黄砂、黏土或斑脱土以及缓凝剂配成，其强度只需不低于地基土体的固有强度即可，一般只需 0.5MPa。压浆的压力不必太大，以防顶起沉管管段，一般比水压大 1/5 左右。

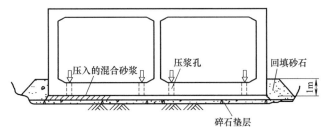

图 6-31　压浆法

5）压砂法

与喷砂法相比，压砂法能省去在河道上的喷砂台架，省去喷砂法所需的浮吊，不影响航运，价格便宜，且其对砂粒径的要求也较喷砂法要低。

压砂法又称砂流法，是通过管段底部的预留孔向基底注砂，见图 6-32。

砂水混合物在空隙中向各个方向流动，直至流速下降，形成环形砂丘，中部凹陷。随

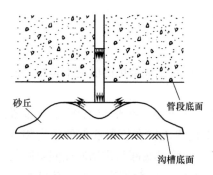

砂丘 ── 管段底面

沟槽底面

图 6-32　压砂法原理图

着砂水混合物体积的增大，砂丘的外侧斜坡逐渐向外扩充，砂层也逐渐增高，并与管段底面接触。继续注砂时，砂流会向四壁扩散，直至凹陷部分被填满。在施工过程中为保持砂水混合物的流动，压力要适时变化，凹陷部分的水压必须高于砂丘周围的水压。而由于砂丘凹陷部分压力的增高，会引起管段的上浮，因此由水压引起的向上顶力应加以限制，通常应控制在 1500kN 以内。

在压砂时，需监测以下内容：

(1) 压砂管道内的压力；

(2) 砂水混合物的重度与流速；

(3) 管段两端作为临时支承的托座处的承压力；

(4) 压砂点与任意非压砂点之间的压力差。

6.4.6　软弱土层中的沉管基础碎石垫层

如果沉管下的地基土特别软弱，容许承载力非常小，则仅作"垫平"处理是不够的。虽然这种情况一般说来是较少的，但如果遇到这种特别软弱的地基，则应认真对待。解决的方法是采用桩基。

沉管隧道采用桩基后，也会遇到一些通常地面建筑所碰不到的问题。首先，桩基的桩顶标高在实际施工中不可能达到完全齐平。因此，在管段设置完毕后，难以保证所有桩顶与管底接触。为使基桩受力均匀，在沉管基础设计中必须采取一些措施。解决的办法大体上有以下三种：

1. 水下混凝土传力法

基础打好后，先浇一、二层水下混凝土将桩顶裹住。而后再在水下铺上一层砂石垫层，使沉管荷载经砂石垫层和水下混凝土层传递到桩基上去，见图 6-33。

2. 砂浆囊袋传力法

在管段底部与桩顶之间，用大型化纤囊袋灌注水泥砂浆加以垫实，使所有基桩均能同时受力。所用囊袋与砂浆均与前述的灌囊法相同，见图 6-34。

3. 活动桩顶法

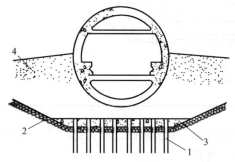

图 6-33　水下混凝土传力法

1—桩；2—碎石；3—水下混凝土；4—回填砂土

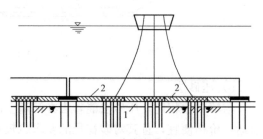

图 6-34　砂浆囊袋传力法

1—砂、石垫层；2—砂浆囊袋

此法是在所有桩上设置一个可以顶升的桩顶。它的施工方法如下：首先把一个带有生铁桩靴的钢套管打入土中。然后泵入少量水泥浆，再于套管中插入预制混凝土桩，拔出钢套管而留下生铁桩靴。在混凝土桩顶部装有一个可以与桩身脱开的预制混凝土活动桩顶，它们之间由尼龙套和一根导向管连接，见图6-35。在管段沉放完毕后，向混凝土桩周围空腔及桩顶囊袋（尼龙袋）中灌注水泥砂浆，将活动桩顶顶升，使其与管段底部密贴接触。在砂浆强度达到要求后，卸除千斤顶，从而形成了永久性的支承。

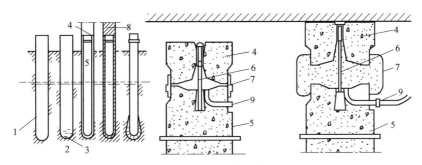

图 6-35　活动桩顶法

1—钢管桩；2—桩靴；3—水泥浆；4—活动桩顶；5—预制混凝土桩；6—导向管；
7—尼龙袋；8—灌水；9—压浆管

本章小结

（1）沉管隧道按其断面形状分成圆形与矩形两类，按其管段制作方式分为船台型与干坞型两大类。

（2）管段的接缝和防水处理包括混凝土自防水和接缝防水。在管段间的接缝中通常采用一种称为"几那"（GINA）的橡胶密封垫圈作为第一道防线，"Ω"形橡胶止水带作为第二道防水措施。

（3）管段的沉放方法很多，有分吊法、扛吊法、骑吊法、拉沉法等，需根据自然条件、航道条件、管段规模以及设备等因素，因地制宜选取最经济合适的沉放方法。

（4）管段的水下连接方法有水下混凝土法和水力压接法两种。水力压接法的主要工序为对位、拉合、压接、拆除隔墙。

（5）沉管基础的处理有先铺法和后填法两大类。

思考与练习题

6-1　沉管法有何优点？包括哪些主要施工工序？

6-2　沉管管段的制作方式分哪两类？各有何特点？

6-3　试述沉管隧道的施工特点和施工流程。

6-4　临时干坞的作用是什么？由哪几部分组成？如何确定其规模和深度？

6-5　浮力设计中的干舷高度和抗浮安全系数如何确定？

6-6　钢筋混凝土管段制作应注意哪些问题？

6-7 管段混凝土自防水有哪些保证措施？接缝防水要考虑哪几种缝？

6-8 应在怎样的气象条件下浮运和沉放管段？

6-9 管段的常用沉放方法有哪几种？各有何特点？

6-10 管段的下沉作业分哪几个步骤？每一步骤应达到怎样的要求？

6-11 管段的水下连接方法有哪两种？水力压接法的主要工序有哪些？

6-12 基槽的浚挖和回填应注意哪些问题？

6-13 沉管基础有何特点？何谓基础处理中的先铺法和后填法？各自的特点如何？

6-14 试述后填法中的各种不同施工方法。

6-15 软弱土层中的沉管基础设计常采用哪三种方法来保证桩顶与管底的接触？

第7章 矿 山 法

本章要点及学习目标

本章要点：

(1) 矿山法的特点，新奥法的原则、适用条件和优越性；浅埋暗挖法的概念和特点；矿山法、新奥法和浅埋暗挖法的异同点；

(2) 隧道施工方法；矿山法施工的基本要点和施工方案。

学习目标：

(1) 了解矿山法的特点，掌握新奥法的基本原理、原则和适用条件及优越性，掌握浅埋暗挖法的特点，掌握矿山法、新奥法和浅埋暗挖法的异同点；

(2) 掌握隧道施工方法的选择；

(3) 熟悉矿山法施工的基本要点，掌握矿山法常见施工技术。

7.1 概述

矿山法是用开挖地下坑道的作业方式修建隧道的施工方法。它的基本原理是，隧道开挖后受爆破影响，造成岩体破裂形成松弛状态，随时都有可能坍落。基于这种松弛荷载理论依据，其施工方法是按分部顺序采取分割式一块一块的开挖，并要求边挖边撑以求安全，所以支撑复杂，木料耗用多。随着喷锚支护的出现，使分部数目得以减少，并进而发展成新奥法。

7.1.1 矿山法

矿山法指的是主要用钻眼爆破方法开挖断面而修筑隧道及地下工程的施工方法。因借鉴矿山开拓巷道的方法，故名矿山法。矿山法是一种传统的施工方法。用矿山法施工时，将整个断面分部开挖至设计轮廓，并随之修筑衬砌。当地层松软时，则可采用简便挖掘机具进行，并根据围岩稳定程度，在需要时应边开挖边支护。分部开挖时，断面上最先开挖导坑，再由导坑向断面设计轮廓进行扩大开挖。分部开挖主要是为了减少对围岩的扰动，分部的大小和多少视地质条件、隧道断面尺寸、支护类型而定。在坚实、整体的岩层中，对中、小断面的隧道，可不分部而将全断面一次开挖。如遇松软、破碎地层，须分部开挖，并配合开挖及时设置临时支撑，以防止土石坍塌。喷锚支护的出现，使分部数目得以减少，并进而发展成新奥法。

从大量的地下工程实践中，人们普遍认识到隧道及地下工程，其核心问题都归结在开挖和支护两个关键工序上，即如何开挖，才能更有利于洞室的稳定和便于支护；若需要支护时，又如何支护才能更有效地保证洞室稳定且便于开挖。因此，矿山法就是主要研究开挖与支护的施工程序及方法。

矿山法隧道施工的特点：

（1）隐蔽性大，未知因素多。

（2）作业空间有限，工作面狭窄，施工工序干扰大。

（3）施工过程作业的循环性强。因隧道工程是狭长的，施工严格地按照一定顺序循环作业，如开挖就必须按照"钻孔-装药-爆破-通风-出渣"的顺序循环。

（4）施工作业的综合性强，在同一工作环境下进行多工序作业（掘进、支护、衬砌等）。

（5）施工过程的地质力学状态是变化的，围岩的物理力学性质也是变化的，因此施工是动态的。

（6）作业环境恶劣，作业空间狭窄，施工噪声大，粉尘、烟雾、潮湿、光线暗、地质条件差及安全问题等给施工人员造成了不利的工作环境。

（7）作业风险性大。风险性是与隐蔽性和动态性相关联的，在施工过程中，施工人员必须随时关注隧道施工的风险性。

（8）气候影响小。隧道施工可以不受或少受昼夜更替、季节变换、气候变化等自然条件改变的影响，可以持续稳定地安排施工。

7.1.2 新奥法

由于岩石力学研究进展和大量的隧洞施工实践的经验积累，20 世纪 60 年代初奥地利学者 L. V. Rabcewicz 等人总结出了新奥地利隧洞施工法，英文全名为 New Austrian Tunneling Method，因而简称为 NATM。

新奥法认为围岩本身具有"自承"能力，采用正确的设计施工方法，最大限度地发挥围岩的"自承"能力，可以得到最好的经济效果。新奥法的要点是：尽可能地不要恶化围岩中的应力分布。开挖之后立即进行一次支护，防止围岩进一步松动；然后，视围岩变形情况再进行第二次支护。所有支护都具有相当的柔性，能适应围岩的变形。在施工过程中密切监测围岩变形、应力等情况，以便调整支护参数和支护时机，控制围岩变形。

新奥法的概念与传统的设计施工方法完全不同。事实证明，这是一种多、快、好、省的设计施工方法，因此，近二十年来世界各国都在广泛采用和大力推广。新奥法这个名称还没有成为国际上通用的学术用语前，有的地方称为"欧洲隧道掘进法"，有的称之为"收敛约束法"，名称虽不同，基本内容是一致的。

新奥法在设计理论上还不成熟，目前，常用的方法首先借助于经验类比法进行初步设计。然后，在施工过程中不断监测围岩应力应变状况，按其发展状况来调整支护方案。但这丝毫也不能贬低新奥法的重要价值，也不必由此产生种种怀疑与否定。这只能说明还有很多问题需要进一步了解和掌握。

1. 新奥法的主要原则

奥地利教授 Rabcewicz 及 Müller 等人在岩石力学研究的基础上，通过丰富的实践经验，总结了新奥法的主要指导原则共 22 条，也有学者归纳提出 18 条、6 条等。本书按 Rabcewicz 等人在几个文献上所提的原则归纳介绍如下：

（1）围岩是洞室的主要承载结构，而不是单纯的荷载，它具有一定的自承能力。支护的作用是保持围岩完整，与围岩共同作用形成稳定的承载环。

（2）尽量保持围岩原有的结构和强度，防止围岩的松动和破坏。宜采用控制爆破（预裂、光面爆破）或全断面掘进机等开挖方法。

（3）尽可能适时支护。通过工程类比施工前的室内试验和施工过程中对洞室围岩收敛变形、锚杆应力及喷混凝土支护应力的监测，正确了解围岩的物理力学特性与空间和时间的关系，适时调整支护方案，过早或过迟支护均为不利。

（4）支护本身应具有薄、柔，与围岩密贴和早强等特性，支护的施工应能快速有效，使围岩尽快封闭而处于三向受力状态。锚杆、喷混凝土及钢丝网、钢筋与喷混凝土相结合的支护措施具有上述特点，应尽量采用，但必须做好排水，防止渗水对支护的破坏作用。

（5）洞室尽可能为圆形断面，或由光滑曲线连接而形成的断面，避免应力集中。围岩较差的情况下应尽快封闭底拱，使支护与围岩共同形成闭合的环状结构，以利稳定。

（6）良好的施工组织和施工人员的素质，对洞室结构施工的安全稳定非常重要。合理安排防渗、排水、开挖、出渣、支护、封闭底拱、导洞进度等工序，形成稳定合理的工作循环。

以上6条归纳了新奥法的基本原则，尤其第一条原则与传统地下洞室设计具有完全不同的理念，这是新奥法的精髓所在。

米勒（Müller）再三强调新奥法不只是一种隧洞施工方法，并不等同于喷锚支护。只有正确地应用岩石力学原理，综合考虑上述各条指导原则，正确适时地采用合理的支护手段，保证洞室的安全、经济，才能称为新奥法。

当然，喷锚支护与新奥法是具有密切联系的。正是由于发展了各种各样的喷锚支护和快速有效的支护施工手段，才有可能使新奥法的基本原则得以实现。但若不是按照新奥法的要求适时进行喷锚支护，不是把围岩看作自承结构，不充分发挥围岩本身的作用，并考虑其他原则和手段，那么即使大量采用了喷锚支护，也不能认为是采用了新奥法。

2. 新奥法适用条件及要求

（1）新奥法的适用范围很广，不同的地质条件——不论是好岩石还是坏岩石，都可以采用，甚至可以在土层中采用。但是，在地下水很旺盛的地层中采用新奥法，必须首先解决地下水问题，否则开挖后的一次支护就很难做到。

各种不同埋深条件下均可采用新奥法。上千米的深埋洞室，地应力很大，用传统的刚性支护，往往被压坏。但若用新奥法，采用柔性支护可以获得成功。对于浅埋洞室，覆盖厚度甚至不足一倍洞径的条件下，新奥法也能成功应用。当然，最有利的是中等埋深，地应力不是很大，而围岩块体之间又能互相咬合，容易发挥"自承"作用的条件。

各种不同形状、不同大小的洞室均能采用新奥法。跨度约30m、高度约60m的地下厂房可以采用新奥法，跨度更大的地下洞室也可采用新奥法。当然，在这种情况下围岩条件不能太差。圆形、马蹄形、洞形、卵形、矩形洞室均可采用新奥法。圆形、卵形洞室周围的应力分布状况最好，最有利于围岩自承稳定。马蹄形洞室稍差，矩形洞室最差。

（2）新奥法要求勘测、设计、施工、控制各环节密切配合，不断根据现场情况，调整施工方法及支护措施。一环扣一环，时间性很强。因此，各项作业的操作人员必须受过专门的训练，工艺操作熟练，工艺作风严格，能够及时正确地处理各种问题。

（3）新奥法要求尽可能地发挥围岩的"自承"作用，因此，要求尽可能减轻对围岩的破坏扰动。所以，开挖洞室时一定要采用控制爆破，即采用预裂爆破或光面爆破。在岩石条件较差时尤为重要。这对开挖钻眼工作虽然增加了一些工作量，但对围岩稳定、支护效果、施工安全、减少出渣量、减少混凝土衬砌量等各方面都是有利的，应该从全局出发，强调这一要求。

3. 新奥法的优越性

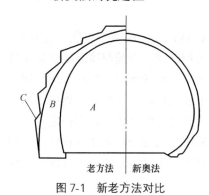

图 7-1　新老方法对比

（1）新奥法最大的优点是经济、快速。由于采用控制爆破、柔性薄衬砌，因此，减少了开挖量和衬砌量，加快了施工进度。图 7-1 左侧表示以往的老方法所需开挖的断面及衬砌量，右侧表示用新奥法所需开挖的断面及衬砌量。若以面积 A 为 100%，则设计衬砌量 B、超挖量的面积 C 分别如表 7-1 所示。由此可以看出，新奥法的开挖量为老方法的 73%，衬砌量为老方法的 20%。因此，有人统计认为，新奥法的造价可比老方法节省 30%～50%。我国冶金、煤炭、铁道、水电、军工等部门统计，认为新奥法比老方法可以节省 20% 以上的开挖量，省去全部木模和 40% 以上的混凝土，降低支护成本 30% 以上。

新老方法对比　　　　　　　　　　　　　　　　表 7-1

	老方法	新奥法
有效使用面积 A	100%	100%
混凝土砌衬面积 B	36%	7%
超挖面积 C	15%	3%
$B+C$	51%	10%

（2）第二个优点是安全、适应性强。由于开挖之后及时做好密贴、柔性的支护，防止岩体发生松弛破坏，因此保证了安全。一次支护之后，不断进行现场监测，一旦发现变形过大、过快或其他不良征兆，可以及时加固支护。因此，即使地质条件较差，也能保证安全。巴基斯坦著名的塔贝拉水电工程，在地质条件较差的情况下开挖大跨度的闸门室，用传统的支护方法没有成功，采用新奥法则获得成功。

（3）可以成功地控制地表下陷量。这也是因为减少地层的扰动，及时做好一次支护的原因。这一优点对于城市地下工程尤为重要。例如，在慕尼黑地下铁道施工中，应用新奥法使地表沉陷量成功地控制在 5～10mm 的范围内。法兰克福、纽伦堡、波思等地，在泥质砂岩、泥灰岩中使用新奥法开挖浅埋的地下隧道，其地表沉陷量也是在 10mm 以内，因而保证了地面建筑物的安全。

地下工程有时也会遇到洞室立体交叉，可能在已有地下工程附近开挖地下洞室。因此，如何减少各结构之间相互干扰，保证安全，也是很重要的。

（4）新奥法施工具有较大的灵活性。根据地质条件的变化，随时修改支护设计或加长加密锚杆或加厚加固喷层，甚至加上钢丝网、钢拱架。所有这些加固办法基本不改变开挖断面尺寸。同时，由于采用控制爆破、薄衬砌，表面比较平整，沿隧洞全长断面变化小。

(5) 新奥法宜于做防水层。过去的老方法，防水层做在凹凸不平的开挖面上，防水效果差。新奥法是将防水层做在比较平整的一次支护面，这样防水效果较好。

7.1.3　浅埋暗挖法

我国采用浅埋暗挖法修建地下铁道始于 20 世纪 80 年代，目前浅埋暗挖法已成为地铁施工的一种重要方法。它以新奥法原理为基础，采用多种辅助施工措施加固地层，开挖后及时支护，封闭成环，使支护结构与围岩共同作用而形成联合支护体系，从而有效地抑制地层变形。

我国隧道工作者在地铁施工中总结了一套浅埋暗挖的施工原则，即"管超前、严注浆、短开挖、强支护、快封闭、勤量测"。这 18 字原则是对新奥法施工基本原则的发挥，它充分体现了浅埋暗挖法的工艺技术要求。

1. 浅埋暗挖隧道的埋深分界

隧道根据覆盖层厚度的不同而分为深埋隧道与浅埋隧道。浅埋隧道因埋置深度较浅，覆盖厚度薄，故施工难度较大。一般情况下浅埋暗挖的影响会波及地表，如果控制不好，就会影响地面建筑物的安全与人们正常的活动，甚至产生严重的后果。这种深浅埋的分界值至今尚无明确的定论，但由于地铁暗挖隧道与山岭隧道同属于矿山法范畴，亦可以借鉴山岭隧道深浅埋的分界准则（见隧道工程相关教材）。此外，考虑到城市地铁多位于软弱地层中，为了较准确地判别埋深的性质，还可以通过试验段进行荷载实测来确定是否属于浅埋，其判别标准可参考如下经验值：

(1) $\dfrac{P}{\gamma h} \leqslant 0.4$，为深埋隧道；

(2) $\dfrac{P}{\gamma h} = 0.4 \sim 0.6$，为浅埋隧道；

(3) $\dfrac{P}{\gamma h} > 0.6$，为超浅埋隧道。

其中，P 为实测压力；γ 为土体重度；h 为隧道顶部覆盖层厚度。

2. 地铁浅埋暗挖隧道的特点

1) 开挖影响波及地表

浅埋隧道开挖因覆盖层薄，对地层的扰动将一直波及地表。引起沉陷的因素有：①上覆地层的沉降变形；②在地层压力作用下，隧道柔性支护体系发生的变形；③衬砌结构基础下沉引起的隧道整体下沉。

2) 对地表沉陷必须严格控制

为了避免地表沉陷产生的不良后果，必须予以严格控制。一般来说，当隧道采用新奥法施工时，应该给支护结构预留一定的沉落量，目的是充分调动围岩的承载能力。在山岭隧道中，这是没有问题的，而在地下铁道中，对于深埋隧道，可以预留相对大一点的沉落量，但对浅埋隧道就要格外慎重，应该相应减少预留沉落量，否则会造成地表沉陷加大。预留沉落量减少了，如果不加强对地层变形的控制，就会导致对隧道的侵限，因而要采取地层加固及超前支护等辅助手段，以确保有效抑制地层变形，同时也应采用刚度较大的支护结构。

3）结构特点

浅埋暗挖的地铁区间隧道为马蹄形结构，这与山岭隧道基本相同。浅埋暗挖的车站结构则比较复杂，多为三跨双层拱形结构，跨度大、高度高，同时还必须保证将地表沉陷控制在允许范围之内，因而对施工有很高的要求。

4）通过试验段来指导设计与施工

由于地质条件及地表环境的复杂性，对于浅埋暗挖隧道，最好是选取地质条件和结构有代表性的一段区间作为试验段，先期设计与施工。在施工过程中收集各方面的信息，如地表沉陷、支护结构变形、围岩应力状态的变化以及对地面建筑物及环境的影响程度等，用以指导全面的设计与施工。

矿山法、新奥法和浅埋暗挖法的不同点：

（1）矿山法、新奥法适用于岩石地层，浅埋暗挖法适用于软土地层。

（2）新奥法采用光面爆破技术，力求减少超挖，对围岩破坏小，矿山法采用普通爆破，对围岩损害较大。

（3）浅埋暗挖法要求支护刚度及承载力较大，并提前架设，靠支护为围岩提供承载力，保持稳定，对支护时间要求严格，即"随开挖，随支护"，而新奥法采用柔性混凝土层及锚杆作为支护，力求将岩石、混凝土和锚杆结成一个整体，依靠围岩的自承载力。矿山法在爆破、清孔后架设支护（撑），在时间上及支护类型上没有严格要求，但由于工法对围岩破坏较大，经常需要加强支撑。

（4）浅埋暗挖法对土质要求高，对不良土质要求预先通过注浆等方式改良，而矿山法和新奥法是对围岩爆破，无此要求。

矿山法、新奥法和浅埋暗挖法的相同点：

（1）新奥法由矿山法发展而来，浅埋暗挖法由新奥法发展而来，三种方法的基本原理都是先使岩体松动，然后开挖并架设支撑。

（2）三种方法均能用于城市地下隧道的施工。

（3）三种方法均采用钻爆法开挖。

（4）三种方法的衬砌结构类似。

（5）三种方法的初期衬砌结构均为现浇。

浅埋暗挖法主要利用土层在开挖过程中的短期自稳能力，因此工程施工段多而短，每段工程力求在短时间内完成；新奥法主要利用岩层的自承载力，通过光面爆破、锚喷支护及量测就能实现；矿山法的承载主要靠支撑实现，速度较慢；两种方法对每一段的施工速度没有严格要求。

7.1.4　隧道施工方法的选择

隧道施工宜符合安全环保、工艺先进、质量优良、进度均衡、节能降耗的要求，隧道施工应本着"安全、有序、优质、高效"的指导思想，按照"保护围岩、内实外美、重视环境、动态施工"的原则组织施工。

1. 隧道施工方法

根据隧道穿越地层的不同情况和目前隧道施工方法的发展，隧道施工方法可按表 7-2 所示方式进行分类。

隧道施工方法　　　　　　　　　　　　　　　　　表 7-2

隧道类别	山岭隧道	浅埋及软土隧道	水底(江河、海峡)隧道
施工方法	(1)钻爆法(矿山法):传统矿山法、新奥法; (2)明挖法(明洞部分); (3)掘进机法	(1)明挖法与浅埋暗挖法; (2)盖挖法; (3)盾构法或半盾构法	(1)预制管段沉埋法(沉管法); (2)盾构法

　　除了表 7-2 所列方法外，还有新意法、挪威法等。

　　(1) 钻爆法（矿山法）。因最早应用于矿山开采而得名。它包括传统矿山法和新奥法。由于在这种方法中，大多数情况下都需要采用钻眼爆破进行开挖，故又称为钻爆法。具体新奥法与传统矿山法差异见表 7-3。

传统矿山法与新奥法施工的区别　　　　　　　　　　表 7-3

		新奥法	传统矿山法
支护	临时支护	喷锚支护	木支撑为主、钢支撑
	永久支护	复合式衬砌	单层模筑混凝土衬砌
	闭合支护	强调	不强调
控制爆破		必须采用	可采用
监控量测		必须采用	无
施工方法		分块较少	分块较多

　　近年来，由于施工机械的发展，以及传统矿山法明显地不符合岩石力学的基本原理和不经济，已逐渐由新奥法所取代，故传统矿山法本书不再介绍。而建立在新奥法施工原则基础上的矿山法仍然是我国目前应用最广、最成熟的隧道修建方法。

　　(2) 浅埋暗挖法。该法是针对隧道埋深浅，多在软弱地层中穿过，环境保护要求高，施工难度大，强调保护与提高围岩的自承能力，按照"管超前、严注浆、短开挖、强支护、快封闭、勤量测"的"18 字方针"，采用复合式衬砌和中小型机械开挖，通常同时采用多种辅助工法以控制地层的变形。

　　(3) 明挖法。该法是采用先将隧道部位的岩（土）体全部挖除，然后修建洞身、洞门，再进行回填的施工方法。通常用于隧道洞口段、浅埋段或者地下铁道车站施工。

　　(4) 掘进机法。该法以开敞式掘进机破岩，开挖、支护过程为一体的自动化为特征，以采用围岩自承为主的支护设计理论和复合式衬砌结构为理论与技术来作为支撑，适用于硬岩特长隧道的施工方法。

　　(5) 盾构法。盾构法是暗挖法施工中的一种全机械化施工方法。它是将盾构机械在地中推进，通过盾构外壳和管片支承四周围岩防止发生往隧道内的坍塌。同时在开挖面前方用切削装置进行土体开挖，通过出土机械运出洞外，靠千斤顶在后部加压顶进，并拼装预制混凝土管片，形成隧道结构的一种机械化施工方法。

　　(6) 沉管法。沉管法是预制管段沉放法的简称，是在水底建筑隧道的一种施工方法。其施工顺序是先在船台上或干坞中制作隧道管段（用钢板和混凝土或钢筋混凝土），管段两端用临时封墙密封后滑移下水（或在坞内放水），使其浮在水中，再拖运到隧道设计位置。定位后，向管段内加载，使其下沉至预先挖好的水底沟槽内。管段逐节沉放，并用水力压接法将相邻管段连接。最后拆除封墙，使各节管段连通成为整体的隧道。用这种方法建成的隧道称为沉管隧道。

（7）新意法即岩土控制变形分析法，是 20 世纪 70 年代中期由意大利的教授在研究围岩的压力拱理论和新奥法施工理论的基础上提出的。它是在困难地质情况下，通过对隧道掌子面前方围岩核心土进行超前支护和加固减小或避免围岩变形，并进行全断面开挖的一种设计施工指导原则。

（8）挪威法（NMT）是对新奥法的完善、补充，其特点是施工中的观察和测量求出 Q 值进行围岩分类，在支护体系上的最大特点是把一次支护作为永久衬砌，借助检测结果确定是否需加筑二次衬砌。一次支护是由高质量的湿喷钢纤维混凝土和全长黏结型高拉力耐腐蚀的锚杆组成。

2. 施工方法的选择原则

隧道施工方法的选择，是一项复杂的决策过程，需要考虑多种因素：

（1）隧道所处的工程地质和水文条件，这是施工方案选择的决定性因素。

（2）工程的重要性，一般由工程的规模（包括隧道的埋深、跨度规模、衬砌类型）、使用上的特殊要求以及工期的缓急体现出来。不同的施工方案都有其施工特点，要结合具体实际去考虑。

（3）施工技术条件和机械装备状况，这是决定施工方案的客观条件。

（4）施工中动力和原材料供应情况。

（5）工程投资和运营后的社会效益和经济效益。

（6）施工安全状况。

（7）有关污染、地面沉降等环境方面的要求和限制。在城区施工或者隧道周围有重要建筑物时，尤其要考虑此方面的要求，要慎重考虑施工方法的选择。

总之，隧道工程施工方法的选择需要综合考虑多方面因素，科学统筹彼此之间的利害关系。在相同的条件下，可供参考的方法不止一种，这就需要工程技术人员依照此前的原则，优化施工方法，以较小的成本实现最大的效益。

7.1.5　矿山法隧道施工的基本原则

隧道施工中无论采用哪种开挖方法，都必须遵循以下基本技术原则：

（1）因为围岩是隧道的主要承载单元，所以要在施工中充分保护和爱护围岩。

（2）为了充分发挥围岩的结构作用，容许围岩有可控制的变形。

（3）变形的控制主要是通过支护阻力（即各种支护结构）的效应达到的。

（4）在施工中，必须进行实地量测监控，及时提出可靠的、足够数量的量测信息，以指导施工和设计。这是"新奥法"的重要组成部分。

（5）在选择支护手段时，一般应选择能大面积且牢固地与围岩紧密接触的、能及时施工和应变能力强的支护手段。

（6）要特别注意，隧道施工过程是围岩力学状态不断变化的过程。

（7）在任何情况下，使隧道断面能在较短时间内闭合是极为重要的。

（8）在隧道施工过程中，必须建立"设计-施工检验-地质预测-量测反馈-修正设计"的一体化的施工管理系统，以不断地提高和完善隧道施工技术。

综上所述，隧道施工的基本原则可扼要地概括为"少扰动、早喷锚、勤量测、紧封闭"。

7.1.6　矿山法施工基本流程及基本要点

1. 矿山法施工基本流程

矿山法施工基本流程，如图 7-2 所示。

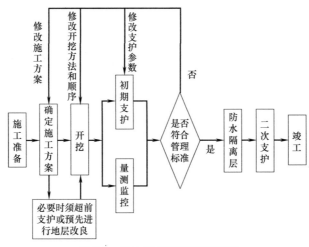

图 7-2　矿山法施工工艺流程图

2. 矿山法施工的基本要点

1) 少扰动

少扰动是指在隧道开挖时，必须严格控制，尽量减少对围岩的扰动次数、扰动强度、扰动持续时间和扰动范围，以使开挖出的坑道符合成型的要求，因此，能采用机械开挖的就不用钻爆法开挖；采用钻爆法开挖时，必须先做钻爆设计，严格控制爆破，尽量采用大断面开挖；选择合理的循环掘进进尺，自稳性差的围岩循环掘进进尺宜用短进尺，支护应紧跟开挖面，以缩短围岩应力松弛时间及开挖面的裸露风化时间等。

2) 早喷锚

对开挖暴露面应及时地进行地质描述和及时施作初期锚喷支护，经初期支护加固，使围岩变形得到有效控制而不致变形过度而坍塌失稳，以达到围岩变形适度而充分发挥围岩的自承能力，必要时可采取超前预支护辅助措施。

3) 勤量测

勤量测是在隧道施工全过程中，应在对围岩周边位移进行的现场监控量测，并及时反馈修正设计参数，指导施工或改变施工方法。

4) 紧封闭

紧封闭指对易风化的自稳性较差的软弱围岩地段，应使开挖断面及早施作封闭式支护（如喷射混凝土、锚喷混凝土等）防护措施，可以避免围岩因暴露时间过长而产生风化，从而降低强度及稳定性，并可以使支护与围岩进入良好的共同工作状态。

7.1.7　矿山法施工中可能发生的问题及其对策

根据实践经验，将新奥法中经常出现的一些异常现象及应采取的措施列于表 7-4 中，其中 A 指进行比较简单的改变就可解决问题的措施，B 指包括需要改变支护方法等比较大的变动才能解决问题的措施。当然，表中只列出大致的对策标准，优先采用哪种措施，要视各个隧道的围岩条件、施工方法、变形状态综合判断。

新奥法施工常见现象及措施 表 7-4

	施工中的现象	措施 A	措施 B
开挖面及其附近	正面变得不稳定	①缩短一次掘进长度；②开挖时保留核心土；③向正面喷射混凝土；④用插板或并排钢管打入地层进行预支护	①缩小开挖断面；②在正面打锚杆；③采取辅助施工措施对地层进行预加固
	挖面顶部掉块增大	①缩短开挖时间及提前喷射混凝土；②采用插板或并排钢管；③缩短一次开挖长度；④开挖面暂时分部施工	①加钢支撑；②预加固地层
	开挖面出现涌水或者涌水量增大	①加速混凝土硬化（增加速凝剂等）；②喷射混凝土前做好排水；③加挂网格密的钢筋网；④设排水片	①采取排水方法（如排水钻孔、井点降水等）；②预加固地层
	地基承载力不足，下沉增大	①注意开挖；②不要损坏地基围岩；③加厚底脚处喷混凝土；④增加支撑面积	①增加锚杆；②缩短台阶长度；③及早闭合支护环；④用喷混凝土作临时底拱；⑤预加固地层
	产生底鼓	及早喷射底拱混凝土	①在底拱处打锚杆；②缩短台阶长度；③及早闭合支护环
喷混凝土	喷混凝土层脱离甚至塌落	①开挖后尽快喷射混凝土；②加钢筋网；③解除涌水压力；④加厚喷层	打锚杆或增加锚杆
	喷混凝土层中应力增大，产生裂缝和剪切破坏	①加钢筋网；②在喷混凝土层中增设纵向伸缩缝	①增加锚杆（用比原来长的锚杆）；②加入钢支撑
锚杆	锚杆轴力增大，垫板松弛或锚杆断裂		①增强锚杆（加长）；②采用承载力大的锚杆；③增大锚杆的变形能力；④在垫锚板间加入弹簧等
钢支撑	钢支撑中应力增大，产生屈服	松开接头处螺栓，凿开喷混凝土层，使之可自由伸缩	①增强锚杆；②采用可伸缩的钢支撑；③在喷混凝土层中设纵向伸缩缝
	净空位移增大，位移速度变快	①缩短从开挖到支护的时间；②提前打锚杆；③缩短台阶、底拱一次开挖的长度；④当喷混凝土开裂时设纵向伸缩缝	①增强锚杆；②缩短台阶长度；③提前闭合支护环；④在锚杆垫板间夹入弹簧垫圈等；⑤采用超短台阶法；⑥在上半端面建造临时底拱

7.2　基本施工方案

地下工程的施工，根据地质与水文条件、断面大小及形状、隧道长度、工程的支护形式、埋深、施工技术与装备、工程工期等因素有各种不同的施工方法。在选择施工方法时，要根据各种因素，经技术经济比较后综合确定。总体上按隧道开挖断面的大小及位置，基本上可分为：全断面法、台阶法、分部开挖法。一般宜优先选用全断面法和正台阶法。对地质变化较大的隧道，选择施工方法时要有较好的适应性，以使在围岩变化时易于变换施工方法，如表 7-5 所示。

施工方案比较   表 7-5

施工方法	示意图	重要指标比较					
		适用条件	沉降	工期	防水	一次支护拆除	造价
全断面法		地层好，跨度不大于 8m	一般	最短	好	无	低
正台阶法		地层较差，跨度不大于 12m	一般	短	好	无	低
上半断面临时封闭		地层差，跨度不大于 12m	一般	短	好	小	低
正台阶环形开挖法		地层差，跨度不大于 14m	一般	短	好	无	低
单侧壁导坑正台阶法		地层差，跨度不大于 18m	较大	较短	好	小	低
中隔墙法（CD 法）		地层差，跨度不大于 20m	较大	较短	好	小	偏高
交叉中隔墙法（CRD 法）		中跨度,连续墙使用可扩大跨度	较小	长	好	大	高
双侧壁导坑法（眼睛法）		小跨度,连续使用可扩大跨度	大	长	差	大	高
中洞法		小跨度,连续使用可扩大跨度	小	长	差	大	较高
侧洞法		小跨度,连续使用可扩大跨度	大	长	差	大	高
柱洞法		多层多跨	大	长	差	大	高

续表

施工方法	示意图	重要指标比较					
		适用条件	沉降	工期	防水	一次支护拆除	造价
盖挖逆筑法		多跨	大	短	好	小	低

1. 全断面施工方法

全断面一次开挖法是按整个设计掘进断面一次开挖成形（主要是爆破或机械开挖）的施工方法。采用爆破法时，是在工作面的全部垂直面上打眼，然后同时爆破，使整个工作面推进一个进尺。从各种地下工程采用钻爆法的发展趋势看，全断面施工将是优先被考虑的施工方法。

该法的优点是：可以减少开挖对围岩的扰动次数，有利于围岩天然承载拱的形成；可最大限度地利用洞内作业空间，工作面宽敞，工序简单，施工组织与管理比较简单，便于组织大型机械化开工，施工速度快，防水处理简单；能较好地发挥深孔爆破的优越性；通风、运输、排水等辅助工作及各种管线铺设工作均较便利。但对地质条件要求严格，围岩必须有足够的自稳能力，另外机械设备配套费用也较大。

该法的缺点是：大断面隧道施工时要使用笨重而昂贵的钻架；一次投资大；由于使用了大型机具，需要有相应的施工便道、组装场地、检修设备以及能源等；当隧道较长、地质情况多变必须改换其他施工方法时，需要较多时间；多台钻机同时工作时的噪声极大。

1）施工顺序

全断面开挖方法操作起来比较简单，主要工序是：使用移动式钻孔台车，首先全断面一次钻孔，并进行装药连线，然后将钻孔台车后退到50m以外的安全地点，再起爆，一次爆破成形，通风排烟后，用大型装岩机及配套的运载车辆出渣，然后钻孔台车再推移至开挖面就位，开始下一个钻爆作业循环，同时，施作初期支护（先拱后墙），铺设防水隔离层（或不铺设），进行二次模筑衬砌。

隧道断面大时，通常需进行两次支护，初次支护用钢拱架及锚喷，故多先进行墙部支护再支护拱，二次支护一般配备有活动模板及衬砌台车灌注且在后期进行。当采用锚喷支护时，一般由台车同时钻出锚杆孔。

2）适用范围

全断面法主要用于Ⅰ～Ⅲ级围岩；当断面在$50m^2$以下，隧道又处于Ⅳ级围岩地层时，为了减少对地层的扰动次数，在进行局部注浆等辅助施工措施加固地层后，也可采用全断面法施工，但在第四纪地层中采用时，断面一般均在$20m^2$以下，且施工中仍须特别注意；采用新奥法、锚杆喷射混凝土、注浆加固、管棚支护及防排水等新技术，断面在

$50m^2$ 以上的地质条件比较差的软弱围岩隧道也能够采用,日本施工的五里峰隧道,开挖断面 $70m^2$,采用了大型电铲(高 4m、铲斗容积 $3m^3$)、6 臂龙门式凿岩台车及 25t 自卸汽车等大型设备,采用此法实现了快速施工;山岭隧道及小断面城市地下电力、热力、电信等管道工程多用此法。

在采用全断面施工方法时,针对隧道内地质情况,不良的特殊地段必须考虑制定相应的应变措施,如短台阶开挖法、微台阶开挖法、半断面开挖法、预切槽衬砌法、管棚注浆法等。

2. 分断面两次开挖法

该法是将断面分成两部分,在全长范围内或一个较长的区段内先开挖好一个部分,再开挖另一个部分。它适合于稳定岩层中断面较大、长度较短或者要求快速施工以便为另一隧道探清地质情况的隧道施工。根据各分层施工顺序不同,有上半断面先行施工法、下半断面先行施工法和先导洞后全断面扩挖法。

1) 上半断面先行施工法

该法是先将隧道上半断面在全长范围内开挖完毕,然后再开挖下半断面。上下断面面积的比值取决于所采用的开挖设备和岩石的稳定性。

隧道上部的开挖与全断面一次开挖完全相同。下分层可采取垂直、倾斜或者水平的炮眼进行爆破开挖,钻孔和装岩可同时进行。

该法的特点:与全断面一次开挖相比,开挖面高度不大;混凝土衬砌不需要笨重的模板,可降低造价;不需笨重的钻架;遇松软地层时可迅速地改变为其他开挖方法;下分层开挖时运岩和钻孔可平行作业,进度快;下分层爆破有两个临空面,效率高、成本低。但上下分层施工循环各自独立,与全断面一次开挖相比,工期增长;必须在两个平面上铺设道路和管道。

2) 下半断面先行施工法

该法是先将隧道的下半断面在全长范围内开挖完,然后再开挖上半断面。

下半断面采用全断面开挖并进行衬砌。上部断面可以站在岩堆上钻孔(水平孔)或从隧道地板向上钻垂直孔。在不采用对头施工的隧道中,下部掘通后,上部可从两个洞口组织钻孔和装岩作业。

该法的特点是:不需要钻架,上部施工有两个临空面,钻爆成本低;开挖上部时钻孔和装岩可平行作业;涌水大时可有效排水。但上下分层需要有两个单独的掘进循环,总工期时间长;在岩堆上钻孔不方便也不安全。只在一定地质条件下及没有钻架或使用钻架不经济时使用。

3) 先导洞后全断面扩挖法

该法先沿隧道的中线,按全长开挖导洞,然后再扩挖至设计断面。导洞的位置,可根据具体条件设在隧道底板或顶板或中部(拱基线水平)。导洞可用掘进机或钻爆法挖掘。该法优点很多,可对隧道范围内的地质进行连续的地质调查,能进行涌水的预防和连续排放,以及瓦斯的防爆,能在扩挖之前预先加固岩体,能使岩体中的高应力预先释放,有利于扩挖期间的通风,便于增加一些中间入口,多头同时扩挖,缩短整个隧道的开挖时间。

由于导洞提供了扩挖的爆破临空面,不需掏槽,可使用深孔爆破,减小爆破震动,提高炮眼利用率和光爆效果,减少炸药消耗量,因此,目前被认为是一种能提高掘进速度的好方法。如秦岭Ⅱ线隧道，为了对Ⅰ线隧道进行地质预报及为全断面掘进机提供通风、排水、运输等辅助条件，在隧道的中线沿底板先掘一导洞，设计掘进断面 $26m^2$（宽 4.8m、高 5.0m），直墙半圆拱形，采用钻爆法施工。待Ⅰ线隧道完工后再进行扩挖。南昆铁路米花岭隧道是利用平行导洞通过数个横通道与正洞相连后，不扩大工作面而进行下导洞快速开挖，然后进行全断面扩挖。在全断面扩挖时使用了 TH568-5 型门架式四臂凿岩台车、KL-20E8 型挖装机、$14m^3$ 梭式矿车施工，设备布置如图 7-3 所示。

用掘进机掘进导洞是意大利广为采用的方法，故称"意大利施工法"。即先用小直径（3.5～5m）全断面掘进机沿隧道中线掘一贯通导洞，然后用钻眼爆破法扩挖。该法充分利用了小直径全断面掘进机的成熟经验，又提高了机械化程度，减轻了劳动强度，是值得推广的好方法。

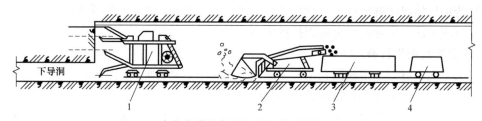

图 7-3 米花岭隧道先导洞后全断面扩挖设备布置

1—门架式凿岩台车；2—挖装机；3—梭式矿车；4—蓄电池电机车

3. 台阶工作面法

该法是将结构断面分成若干（一般为 2～3）个分层，即分成上下断面两个工作面（多台阶时有多个工作面），各分层在一定距离内呈台阶状同时推进，如图 7-4 所示。这种方法的特点是缩小了断面高度，不需笨重的钻孔设备；后一台阶施工时有两个临空面，使爆破效率更高；增加了工作面，前后干扰较小，有利于机械化作业，进度较快；一次开挖面积较小，有利于掌子面稳定，特别是下台阶开挖时较为安全；短台阶法相互干扰，增加对围岩的扰动次数。

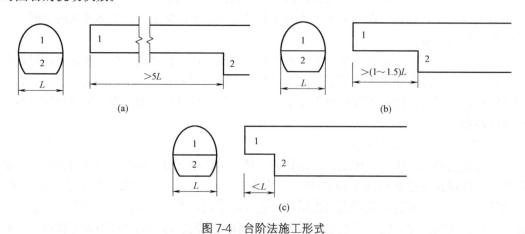

图 7-4 台阶法施工形式

（a）长台阶法；（b）短台阶法；（c）超短台阶法

按上下台阶的长度，台阶工作面法分为长台阶法、短台阶法和超短台阶法三种方法；

按台阶布置方式的不同，可分为正台阶和反台阶两种方法。

台阶法一般适用于Ⅲ、Ⅳ级围岩，Ⅴ级围岩应在必要的超前支护措施稳定开挖面后采用台阶法开挖，单线隧道及围岩地质条件较好的双线隧道可采用二台阶法；隧道断面较高、单层台阶断面尺寸较大时可采用三台阶法；当地质条件较差时，为增加掌子面自稳能力，可采用三台阶预留核心土法开挖。

1）长台阶法

长台阶法上下断面相距较远，一般上台阶超前50m以上或大于5倍洞跨。

长台阶法的作业顺序如下。

上半断面开挖：

（1）用两臂钻孔台车钻眼、装药爆破，地层较软时亦可用挖掘机开挖；

（2）安设锚杆和钢筋网，必要时加设钢支撑、喷射混凝土；

（3）用推铲机将石渣推运到台阶下，再由装载机装入车内运至洞外；

（4）根据支护结构形成闭合断面的时间要求，必要时在开挖上半断面后，可修筑临时底拱，形成上半断面的临时闭合结构，然后在开挖下半断面时再将临时底拱挖掉，但从经济观点来看，最好不这样做，而改用短台阶法。

下半断面开挖：

（1）用两臂钻孔台车钻眼、装药爆破，装渣直接运至洞外；

（2）安设边墙锚杆（必要时）和喷混凝土；

（3）用反铲挖掘机开挖水沟，喷底部混凝土。

长台阶法施工有足够的工作空间和相当的施工速度，上部开挖支护后，下部作业就较为安全，但上下部作业有一定的干扰。相对于全断面法来说，长台阶法一次开挖的断面和高度都比较小，有利于维持开挖面的稳定，且只需配备中形钻孔台车即可施工。所以，它的适用范围较全断面法广泛，一般适用Ⅰ～Ⅲ级围岩，凡是在全断面法中开挖面不能自稳，但围岩坚硬不用底拱封闭断面的情况，都可采用长台阶法。

施工中在上、下两个台阶上分别进行开挖、支护、运输、通风、排水等作业线，因此台阶长度长。但台阶长度过长，如大于100m时，则增加了支护封闭时间，同时也增加了出岩、通风排烟、排水的难度，降低了施工的综合效率。因此，长台阶一般在围岩条件相对较好、工期不受控制、无大型机械化作业时选用。

2）短台阶法

短台阶法也是分成上下两个断面进行开挖，只是两个断面相距较近，一般上台阶长度小于5倍但大于1～1.5倍洞跨。上下断面采用平行作业。

短台阶法的作业顺序和长台阶法相同。

短台阶法适用于Ⅲ～Ⅴ级围岩。因此，台阶长度又不宜过长，如果超过15m，则出渣所需的时间显得过长。

短台阶法可缩短支护闭合时间，改善初期支护的受力条件，有利于控制围岩变形。缺点是上部出渣对下部断面施工干扰较大，不能全部平行作业。

短台阶法可缩短支护结构闭合的时间，改善初次支护的受力条件，有利于控制隧道收敛速度和量值，所以适用范围很广，Ⅰ～Ⅴ级围岩都能采用，尤其适用于Ⅳ、Ⅴ级围岩，台阶长度可定为10～15m，即1～2倍开挖宽度，主要是考虑既要实现分台阶开挖，又要实现支护及早封闭，上台阶一般采用小药量的松动爆破，出渣采用人工或小型机械转运至下台阶，上台阶出渣时对下半断面施工的干扰较大，不能全部平行作业。台阶长度又不宜过长，如果超过15m，则出渣所需的时间显得过长。为解决这种干扰可采用长皮带机运输上台阶的石渣；或设置由上半断面过渡到下半断面的坡道。将上台阶的石渣直接装车运出。过渡坡道的位置可设在中间，也可交替地设在两侧。过渡坡道法通用于断面较大的双线隧道中，在断面较大的三车道中尤为适用。

采用短台阶法时应注意下列问题：初期支护全断面闭合要在距开挖面30m以内，或距开挖上半断面开始的30d内完成。初期支护变形、下沉显著时，要提前闭合，要研究在保证施工机械正常工作的前提下台阶的最小长度。

3）超短台阶法

超短台阶法是全断面开挖的一种变异形式，适用于Ⅴ～Ⅵ级围岩，一般台阶长度为3～5m。台阶长度小于3m时，无法正常进行钻眼和拱部的喷锚支护作业；台阶长度大于5m时，利用爆破将石渣翻至下台阶有较大的难度，必须采用人工翻渣。超短台阶法上下断面相距较近，机械设备集中，只能采用交替作业，否则作业时相互干扰大，因此生产效率低，施工速度慢。

超短台阶法施工作业顺序为：用一台停在台阶下的长臂挖掘机或单臂掘进机开挖上半断面至一个进尺；安设拱部锚杆、钢筋网或钢支撑，喷拱部混凝土；用同一台机械开挖下半断面至一个进尺；安设边墙锚杆、钢筋网或接长钢支撑，喷边墙混凝土（必要时加喷拱部混凝土）；开挖水沟、安设底部钢支撑，喷底拱混凝土；灌注内层衬砌。

如无大型机械也可采用小型机具交替地在上下部进行开挖，由于上半断面施工作业场地狭小，常常需要配置移动式施工台架，以解决上半断面施工机具的布置问题。

超短台阶法初次支护全断面闭合时间更短，更有利于控制围岩变形。在城市隧道施工中，能更有效地控制地表沉陷。所以，超短台阶法适用于膨胀性围岩和土质围岩，要求及早闭合断面的场合。当然，也适用于机械化程度不高的各类围岩地段。缺点是上下断面相距较近，机械设备集中，作业时相互干扰较大，生产效率较低，施工速度较慢。在软弱围岩中施工时，应特别注意开挖工作面的稳定性，必要时可对开挖面进行预加固或预支护。

台阶长度必须根据隧道断面跨度、围岩地质条件、初期支护形成闭合断面的时间要求、上台阶施工所需空间大小等因素来确定。地质条件较好时往往采用长台阶法开挖，通过普通凿岩机上下台阶同时钻孔和起爆，达到隧道同时开挖掘进的目的，效率比全断面开挖略低，但设备投入相对较低。地质条件较差时，为利于支护及时封闭成环，台阶长度应缩短，宜为5m左右，如采用三级台阶法，第一个台阶高度宜控制在2.5m以下。三级台阶法所采取的辅助施工措施使得上下台阶相互干扰较大，施工效率降低，需要解决好上下台阶施工干扰问题。

4. 分部开挖法

分布开挖法主要适用于地层较差的大断面地下工程，尤其是限制地表下沉的城市地下工程的施工。分部开挖法包括单侧壁导坑法、双侧壁导坑法、中隔壁法（CD工法）、交叉中壁加横隔墙法（CRD工法）等多种形式。

1) 单侧壁导坑法

采用该法开挖时，侧壁导坑尺寸应充分利用台阶的支撑作用，并考虑机械设备和施工条件而定。单侧壁导坑超前的距离一般在2倍洞径以上，侧壁导坑宽度不宜超过0.5倍洞宽，高度以到起拱线为宜，这主要是为施工方便而确定的，范围在2.5~3.5m。这样，导坑可分二次开挖和支护，不需要架设工作平台，人工架立钢支撑也较方便。导坑与台阶的距离没有硬性规定，但一般应以导坑施工和台阶施工不发生干扰为原则，所以在短隧道中可先挖通导坑，而后再开挖台阶。上、下台阶的距离则视围岩情况参照短台阶法或超短台阶法拟定。为稳定工作面，经常和超前小导管预注浆等预支护施工措施配合使用，一般采用人工开挖，人工和机械混合出渣，开挖方式如图7-5所示。

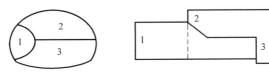

图7-5 单侧壁导坑法开挖方式

单侧壁导坑法施工作业顺序为：

(1) 开挖侧壁导坑，并进行初次支护（锚杆加钢筋网，或锚杆加钢支撑，或钢支撑，喷射混凝土），应尽快使导坑的初次支护闭合；

(2) 开挖上台阶，进行拱部初次支护，使其一侧支撑在导坑的初次支护上，另一侧支撑在下台阶上；

(3) 开挖下台阶，进行另一侧边墙的初次支护，并尽快建造底部初次支护，使全断面闭合；

(4) 拆除导坑临空部分的初次支护；

(5) 建造内层衬砌。

优缺点及适用条件：单侧壁导坑法是将断面横向分成3块或4块，每步开挖的宽度较小，而且封闭形的导坑初次支护承载能力大，所以，单侧壁导坑法适用于地层较差、断面跨度大、采用台阶法开挖困难大、地表沉陷难于控制的软弱松散围岩中。采用该法变大跨断面为小跨断面。

2) 双侧壁导坑法（眼镜法）

开挖面分部形式：一般将断面分成四块，左、右侧壁导坑1、上部核心土2、下台阶3，见图7-6。导坑尺寸拟定的原则同前，但宽度不宜超过断面最大跨度的1/3。左、右侧导坑错开的距离，应根据开挖一侧导坑所引起的围岩应力重分布的影响不致波及另一侧已成导坑的原则确定。

图7-6 双侧壁导坑法开挖方式

双侧壁导坑法适用于Ⅴ~Ⅵ级围岩双线隧道掘进。由于跨度较大，无法采用全断面法或台阶法开挖，先开挖两侧导坑，相当于先开2个小跨度的隧道，并及时施作导坑四周初期支护，再根据地质条件、断面大小，对剩余部分断面进行一次或二次开挖。

双侧壁导坑法施工要求：侧壁导坑高度以到起拱线为宜；侧壁导坑形状应接近于椭圆形断面，导坑断面为整个断面的 1/3；侧壁导坑领先长度一般 30～50m，以开挖一侧导坑所引起的围岩应力重分布不影响另一侧导坑为原则；导坑开挖后应及时进行初期支护，并尽早封闭成环。

双侧壁导坑法施工作业顺序为：

(1) 开挖一侧导坑，并及时地将其初次支护闭合；

(2) 相隔适当距离后开挖另一侧导坑，并修筑初次支护；

(3) 开挖上部核心土，建造拱部初次支护，拱脚支承在两侧壁导坑的初次支护上；

(4) 开挖下台阶，建造底部的初次支护，使初次支护全断面闭合；

(5) 拆除导坑临空部分的初次支护；

(6) 建造内层衬砌。

优缺点及适用条件：当隧道跨度很大，地表沉陷要求严格，围岩条件特别差，单侧壁导坑法难以控制围岩变形时，可采用双侧壁导坑法。现场实测表明，双侧壁导坑法所引起的地表沉陷仅为短台阶法的 1/2。双侧壁导坑法虽然开挖断面分块多，扰动大，初次支护全断面闭合的时间长，但每个分块都是在开挖后立即各自闭合的，所以在施工中变形几乎不发展。双侧壁导坑法施工安全，但速度较慢，成本较高。

3) 中隔壁法（CD 工法）和交叉中隔壁法（CRD 工法）

中隔壁法在近年国内的铁路隧道和城市地下工程的实践中，被证明是通过软弱、浅埋大跨度隧道的最有效的施工方法之一，它适用于Ⅴ～Ⅵ级围岩的双线隧道。中隔墙开挖时，应沿一侧自上而下分为二部或三部进行，每开挖一步均应及时施作喷锚支护，安设钢架，施作中隔壁。之后再开挖中隔墙的另一侧，其分部次数及支护形式与先开挖的一侧相同。

中隔壁法施工要求：各部开挖时，周边轮廓应尽可能圆顺，减小应力集中；各部的底部高程应与钢架接头处一致；后一侧开挖应及时全断面封闭；左右两侧纵向间距一般为 30～50m；中隔壁设置为弧形或圆弧形。中隔壁法也称为 CD 法，主要适用于地层较差的和不稳定的岩体，且地表下沉要求严格的地下工程施工，当 CD 工法不能满足要求时，可在 CD 工法的基础上加设临时仰拱，即所谓的 CRD 工法（交叉中隔墙法）。

交叉中隔壁法适用于Ⅴ～Ⅵ级围岩浅埋隧道的双线隧道或多线隧道，自上而下分为二至三部分，开挖中隔墙的一侧，以及支护并封闭临时仰拱，待完成①～②部后，即开始另一侧的③～④部开挖及支护，形成左右两侧开挖及支护相互交叉的情形。

采用交叉中隔壁法施工，除满足中隔壁法的要求外，尚应满足：设置临时仰拱，步步成环；自上而下，交叉进行；中隔壁法及交叉临时支护，在灌注二次衬砌时，应逐段拆除。

CD 工法是 20 世纪 80 年代以来，随着运用新奥法原理修建城市地下工程实例的日益增多，尤其是在运用非掘进机的方法处理软弱、松散的地层中浅埋暗挖的隧道工程后，在原来的正台阶法的基础上发展起来的一种工法。它更为有效地解决了把大、中跨的洞室开挖转变成中、小跨开挖的问题。

CRD 工法是日本吸取了欧洲 CD 工法的经验，在真米隧道的建设中应用 CD 工法取得成功后，于东叶高速线的习志野台隧道施工中，将原 CD 工法先挖中壁一侧改为两侧交叉开挖、步步封闭成环改进发展而成的一种工法。其最大特点是将大断面改为小断面施工，各个局部封闭成环的时间短，控制早期沉降好，每个步骤受力体系完整。因此，结构受力均匀，形变小，施工时整体下沉微弱，地层沉降量不大，而且容易控制。

中隔壁法以台阶法为基础，将隧道断面从中间分成 4～6 部分，使上、下台阶左右分成 2～3 部分，每一部分开挖并支护形成独立的闭合单元。各部分开挖时，纵向间隔的距离根据具体情况，可按台阶法确定。

大量施工实例资料的统计结果表明，CRD 工法比 CD 工法减少地表下沉将近 50%，而 CD 工法又优于眼睛工法。但 CRD 工法施工工序复杂、隔墙拆除困难、成本较高、进度较慢，一般在第四纪地层中修建大断面地下结构物（如停车场），且地表下沉严重时使用。

采用中隔壁法施工时，每步的台阶长度都应控制，一般为 5～7m。为稳定工作面，一般与长期预注浆等预支护施工同时使用，一般采用人工开挖、人工出渣开挖方式。CD 工法的开挖方法见图 7-7，CRD 工法的开挖方法和施工流程见图 7-8 和图 7-9。

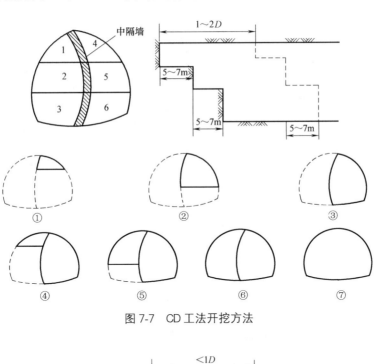

图 7-7 CD 工法开挖方法

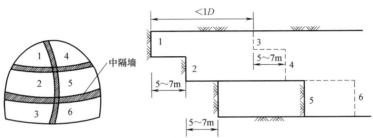

图 7-8 CRD 工法开挖方法

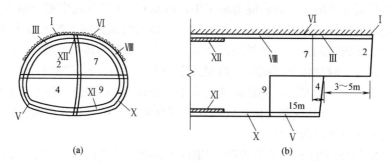

图 7-9　CRD 工法施工方法示意图

(a) 横向施工示意图；(b) 纵向施工示意图

（Ⅰ左侧小导管超前预注浆→Ⅱ左侧上导坑开挖→Ⅲ左侧上导坑支护→Ⅳ左侧下导坑
开挖→Ⅴ左侧下导坑支护→Ⅵ右侧小导管超前预注浆→Ⅶ右侧上导坑开挖→Ⅷ右侧上
导坑支护→Ⅸ右侧下导坑开挖→Ⅹ右侧下导坑支护→Ⅺ拆除中心隔墙、铺设防水层、
浇筑仰拱→Ⅻ铺设防水层、模筑二衬混凝土）

通过上述论证，得出了各施工方法的比较结果，见表 7-6。

施工方法　　　　　　　　　　　　　　　　　　　　　　　表 7-6

工法名称	正台阶法	上台阶临时仰拱法	眼睛工法	CD 工法	CRD 工法
示意图					
工法特点	环形开挖 预留核心土	留核心土 跳设仰拱	变大跨为小跨	变中跨为小跨	步步封闭
施工难度	不复杂	较复杂	最复杂	一般	复杂
技术条件	低	一般	高	较高	最高
地表沉降	大	较大	较小	小	最小
施工速度	快	快	最慢	一般	慢
工程造价	低	较低	最高	中等	高
施工范围	跨度不大于 10m 地质较好	跨度不大于 10m 地质较差	跨度大于 10m 超浅埋	跨度大于 10m 沉降要求高	跨度大于 10m 沉降要求很高

由表 7-6 可知，在市区松散、软弱的地层中，单从控制地层的角度考虑，施工方法择优的顺序为：CRD 工法→眼睛工法→CD 工法→上台阶临时仰拱法→正台阶法。而从进度和经济角度考虑，由于各工法工序和临时工序不同，其顺序恰好相反。

随着我国基建规模的扩大，地下工程建设项目将进一步增多，因此，仍须进一步研究新的预支护工法和施工工艺，以适应各种地层条件。

应以信息化设计法补充和丰富传统的经验类比设计法。在同一工程中，针对各区段的工程地质条件、地面环境等，采用不同的支护结构形式。同时，在设计验算的前提下，根据施工全过程的现场监控量测取得的资料，及时调整、优化支护参数。

应选择适宜的支护施工措施。预支护施工措施的选择直接影响工程施工速度和造价，在安全条件得到保证的前提下，应优先选择简单的方法或同时采用几种方法综合处理。

应注意选择合理的支护参数和施工方法，以降低工程风险。支护要求及时，早支护不仅能减少支护结构的荷载，还能避免地层过分变形；对于浅埋软弱地层，采用短而密布的超前小导管支护是一种行而有效的超前支护形式；同时，在实施过程中应根据地质条件、断面大小、地面环境条件等因素，综合考虑采用正确的施工方法，一般情况下，当开挖断面宽度大于10m时，应优先采用CRD工法或CD工法；当开挖断面宽度小于10m时，应优先采用正台阶法。

本章小结

（1）矿山法是用开挖地下坑道的作业方式修建隧道的施工方法。介绍了矿山法的基本原理，新奥法的概念、原则和适用条件，介绍了浅埋暗挖法的概念和特点，介绍了矿山法、新奥法和浅埋暗挖法的异同点。

（2）详细介绍了隧道施工方法的选择。

（3）详细介绍了矿山法施工的基本要点和常见施工技术。

思考与练习题

7-1　矿山法的基本原理和特点是什么？

7-2　新奥法的主要原则和适用条件及要求是什么？

7-3　新奥法的优越性体现在哪些方面？

7-4　浅埋暗挖隧道的埋深分界如何划分？

7-5　地铁浅埋暗挖隧道的特点是什么？

7-6　简述矿山法、新奥法和浅埋暗挖法的异同点。

7-7　隧道施工方法包括哪些？如何选择？

7-8　矿山法隧道施工的基本原则包括哪些？

7-9　简述矿山法施工的基本方案。

7-10　什么是CD法和CRD法？两者的区别是什么？

第 8 章　岩石隧（巷）道掘进机施工

本章要点及学习目标

本章要点：
(1) 隧道掘进机施工概念与优缺点；
(2) 隧道掘进机的分类、构造与选型；
(3) 隧道掘进机的施工技术。

学习目标：
(1) 了解岩石隧道掘进机施工的概念、特点；
(2) 了解岩石隧道掘进机的分类，熟悉掘进机的构造和选型；
(3) 掌握岩石隧道掘进机的施工技术；
(4) 了解岩石隧道掘进机的发展方向。

8.1　概述

8.1.1　隧道掘进机的概念

全断面岩石隧道掘进机（Full Face Tunnel Boring Machine，英文中亦有 Hard Rock Tunnel Boring Machine 的表述方式）一般简称为 TBM，是一种用于圆形断面隧道、采用滚压式切削盘在全断面范围内破碎岩石，集破岩、装岩、转载、支护于一体的大型综合掘进机械，它由切削破碎装置、行走推进装置、出渣运输装置、驱动装置、机器方位调整机构、机架、机尾、液压、电气、润滑和除尘系统等组成。而岩石隧道掘进机施工技术是指利用 TBM 在岩质围岩中进行隧道开挖的方法，利用掘进机上的回转刀盘和推进位置的推力使刀盘的滚刀切割或破碎岩石，以达到破岩开挖隧道的目的。

TBM 主要包括盾构机、岩石隧道掘进机、顶管机等类型。国际上将隧道掘进机统称为 TBM；而在亚洲，习惯将用于软土地质或者土岩混合地质开挖的隧道掘进机称为盾构，而将用于硬岩地质条件开挖的岩石隧道掘进机称为 TBM，所以通常定义中的 TBM 是指全断面岩石隧道掘进机，它与盾构的主要区别就是不具备泥水压、土压等维护掌子面稳定的功能，仅适用于岩石地层中的掘进施工。而盾构施工主要由稳定开挖面、掘进及排土、管片衬砌及壁后注浆三大要素组成，其中开挖面的稳定方法是盾构工作原理的主要方面，也是盾构区别于 TBM 的主要方面，即盾构施工的重点在于"平衡"，而 TBM 施工的重点在于"破岩"。

全断面岩石隧道掘进机利用圆形的刀盘破碎岩石，故又称刀盘式掘进机。刀盘的直径多为 3～10m，3～5m 直径的较适用于小型水利水电隧道工程和矿山巷道工程，5m 以上直径的适应于大型的隧道工程。全断面岩石掘进机总长度较大，一般为 150～300m，如图 8-1 所示，其基本功能是掘进、出渣、导向和支护，并配置有完成这些功能的机构；此外还配备有后配套系统，如运渣运料、支护、供电、供水、排水、通风等系统。

随着 TBM 技术的发展，采用 TBM 施工无论在隧道的施工工期、施工安全、生态环境、工程质量等方面，都比钻爆法等传统施工方法有了质的飞跃，但是受到地质环境复杂而且难以预判的影响，特别是对一些突发不良地质的应对上，TBM 在机动性方面还存在不足。另外，对于特点明确的地质环境，如存在大型岩溶暗河发育的隧道、高地应力的岩爆或者大变形软岩的隧道、可能发生较大规模突水涌泥的隧道等，若采用 TBM 施工，必须进行有针对性的特殊设计，做到应对风险有准备、有预案、有措施。所以，从应用方面讲虽然 TBM 从设计上可以考虑各种先进的机械设备配置，但其操作还需要人来完成，重要的是 TBM 施工不仅要求操作人员有较高的设备认识水平，而且还要对地质情况有一定的预判能力，即需要既懂设备、又懂地质的复合型人才。

图 8-1　全断面岩石隧道掘进机

8.1.2　隧道掘进机的优点

全断面岩石隧道掘进机作为一种长隧道掘进的先进设备，其主要优点是综合机械化程度高、掘进速度快、劳动效率高、人力劳动强度低、工作面条件好、隧道成型好、围岩不受爆破的震动和破坏、有利于隧道的支护等，可概括为快速、优质、安全、经济四个方面。

1. 掘进效率高，施工速度快

掘进机开挖时，可以实现连续作业，从而可以保证破岩、出渣、支护一条龙连续作业，特别在稳定的围岩中长距离施工时，此特征尤其明显。与此对比，钻爆法施工中，钻眼、放炮、通风、出渣等作业是间断性的，因而开挖速度慢、效率低。掘进机开挖速度一般是常规钻爆法的 3～10 倍，而且可减少辅助斜井和竖井，大大缩短了建设工期，因此修建长大隧道时应优先应用。掘进机的掘进速度，在花岗片麻岩中月进尺可达 500～600m，在石灰岩、砂岩中可达 1000m。

2. 开挖质量好，超挖量少

掘进机开挖的隧道（洞）内壁光滑，不存在凹凸现象，从而可以减少支护工程量，降低工程费用。钻爆法开挖的隧道内壁粗糙不平，且超挖量大，衬砌厚，支护费用高。掘进机开挖的洞径尺寸精确、误差小，可以控制在±20mm范围内；开挖隧道的洞线与预期洞线误差也小，可以控制在±50mm范围内。

3. 对围岩扰动小，施工安全性高

掘进机开挖隧道对洞外的围岩扰动少，影响范围一般小于500mm，容易保持围岩的稳定，有利于隧道的支护。TBM可在防护棚内进行刀具的更换，并配置有一系列的支护设备，再加上密闭式操纵室、高性能集尘机的采用，使安全性和作业环境有了较大的改善。掘进机是采用机械能破岩，没有钻爆法的炸药等化学物质的爆炸和污染。

4. 经济效果优

虽然掘进机的纯开挖成本高于钻爆法，但掘进机在施工长度超过3km的长隧道中，成洞的综合成本要比钻爆法低。采用掘进机掘进时可改变钻爆法长洞短打、直洞折打的费时费钱的施工方法，代之以聚短为长、裁弯取直，从而省时省钱。掘进机施工洞径尺寸精确，对洞壁影响小，可以不衬砌或减少衬砌，从而降低衬砌的成本。掘进机的作业面少、作业人员少，因而人工费用少。掘进机的掘进速度快，提早成洞可提早得益，这些都促使掘进机施工的综合成本降低到可与钻爆法竞争的水平。

8.1.3　隧道掘进机的缺点

全断面岩石隧道掘进机的缺点也十分明显，主要表现在以下方面：

（1）掘进机对多变的地质条件（断层、破碎带、挤压带、涌水及软硬不均的岩石等）的适应性不如钻爆法灵活，特别是遇到不良地质时，这一缺陷尤为突出。不同的地质条件需要不同种类的掘进机并配置相应的设施，岩石太硬时刀具磨损严重。另外，当遇到岩爆、暗河、断层等不良地质时，处理起来相当费事，会造成长时间的停工，甚至不得不取消掘进机。

（2）设备的一次性投资成本和工程建设成本较高，制造周期长，难应用于短隧道。由于掘进机结构复杂，对材料、零部件的耐久性要求高，因而制造价格较高。在施工之前就需要花大量资金购买部件和制造机器，一台直径10m的全断面掘进机加后配套设备价格要上亿元人民币。掘进机的设计制造周期一般要9个月，从确定选用到实际使用约需一年时间，此外还有进口配件、技术协助、海关税和运费等工作。

（3）主机重量大，运输不方便，安装工作量大，需要现场有良好的运输、装卸条件以及40～100t的大型起重设备。

（4）作业效率低。掘进作业利用率是掘进时间占总施工时间的比例，一方面取决于设备完好率，另一方面主要取决于工程地质情况和现场组织管理水平。工程中常常因设备故障、围岩支护作业、出渣作业、材料运输等原因而造成停机，降低了掘进作业利用率。目前，TBM的平均掘进作业利用率在40%左右，如果设备故障低、地层条件好时可达到50%以上，如遇到不良地质条件时可低于20%。

（5）施工中不能改变隧道直径与断面形状，TBM一次施工只适用于同一个直径的隧道，在应用上受到一定的制约。

（6）一般只能掘进圆形断面，对于其他形状的断面，则需二次开挖。若要靠机械本身来完成，则其构造将更为复杂，限制了其发展前景。

（7）由于掘进生产效率高，需要有效的后配套排渣系统，否则会减慢推进速度。

（8）操作维修水平要求高，一旦出现故障，如不能及时维修便会影响施工进度。

（9）刀具及整体体积大，更换刀具和拆卸困难，作业时能量消耗大。

8.1.4　隧道掘进机技术发展

1. TBM 的起源

比利时工程师毛瑟（Henri-Joseph Maus）发明的"片山机（mountain-slicer）"被认为世界上第一台 TBM。1845 年毛瑟接到萨丁尼亚国王的委任，在法国和意大利之间修建穿越阿尔卑斯山的弗雷瑞斯（Frejus）铁路隧道。毛瑟于 1846 年在意大利都灵附近的兵工厂中制造出了这台 TBM，该机器体积庞大而复杂，体积超过一节火车头，安装了超过 100 个冲击钻头，需要巨大的推进力，当时人们更多的将它视为一件艺术品而非机械。由于项目融资受到 1848 年欧洲政治动荡的影响，这台 TBM 最后并未投入工程施工，虽然毛瑟的片山机没有经过实践检验，但却是公认的世界上第一台 TBM。

在美国，使用铸铁制造的首台 TBM 在 1853 年被用于开挖马萨诸塞州西北的胡莎可（Hoosac）隧道。该机器由威尔逊（Charles Wilson）发明并申请了专利。其动力由蒸汽提供，在掘进 10 英尺后出现故障，最终胡莎可隧道在二十年后使用传统方法完成开挖。威尔逊发明的机械是现代 TBM 的先驱，它使用固定在机器旋转头上的滚刀施加瞬态高压的创新方式来破碎岩体。

世界上第一台实际意义上投入隧道开挖的 TBM 发明于 1863 年，由英国军官 Frederick Edward Beaumont 在 1875 年改进，而后由英国军官 Thomas English 于 1880 年对该机器再次改进。1875 年法国国民议会批准在英吉利海峡海底修建隧道，同时英国议会也允许进行实验性隧道开挖，Thomas English 的机器被选用到该项目。1882～1883 年，这台机器穿越白垩系地层开挖了 1.84km 长的隧道，而法国工程师 Alexandre Lavalley 使用一台类似的机器从法国侧开挖了 1.669km。虽然机器开挖施工顺利，但在 1883 年英法海峡项目终止，因为英国军方担心这条隧道可能成为法军入侵的通道。同年，这台机器被用来开挖穿越墨西哥的伯肯黑德和利物浦之间铁路的通风隧道，隧道的直径为 2.1m，长度 2km，位于砂层中。

1952 年，詹姆士·罗宾斯（James Robbins）接到任务，要求使用 TBM 在南达科他州奥阿希坝建造一条隧道，1953 年成功研制了世界上第一台现代意义上的软岩 TBM，其直径为 7.85m，采用刀盘上的刮刀和滚刀来开挖页岩，实现了每天 160 英尺的速度推进，几乎相当于同时代钻爆法施工速度的 10 倍。与现代 TBM 相比，罗宾斯的机器引入两个重要的基础概念，一是采用了能够切削掌子面岩石的旋转刀盘，二是设置了能够保护人员和设备的盾体，且隧道支护材料可以在其内部安装，现代 TBM 都是基于这两个概念不断改善而来的。

2. 国外 TBM 发展历史及现状

TBM 施工技术的进步和发展多依托生产商的研究和标志性工程的应用，世界上著名的 TBM 制造厂商有美国的罗宾斯（Robbins）公司、德国的维尔特（Wirth）公司和海瑞克（Herrenknecht）公司、加拿大的拉瓦特（Lovat）公司、法国的法玛通（NFM）公司、日本的小松（Komatsu）公司和三菱（Mitsubishi）公司等。

从 20 世纪 60 年代开始，TBM 的发展进入新的阶段。1960 年，罗宾斯公司为塔斯马尼亚隧道工程制造了 1 台直径 4.89m 的 TBM，在结构设计上第一次把支撑和推进机构结合成为一个全自动系统，采用了球铰式结构，通过支撑靴板压紧并固定在隧道壁上，以此获取推进时 TBM 的反力，这台 TBM 创造了 6 天掘进 229m 的施工纪录。此后，1970 年，为了应对欧洲破碎围岩山岭隧道施工问题，开发了单护盾 TBM，而在 1972 年双护盾 TBM 也成功问世，此后单护盾和双护盾 TBM 成功应用于世界上的多个项目。2006 年 8 月，罗宾斯公司制造了直径 14.4m 的 TBM，应用于加拿大尼加拉隧道工程。

北美地区的 TBM 生产商主要是罗宾斯公司，其在推动 TBM 技术进步的过程中发挥了重要作用，很多厂家都借鉴了罗宾斯主梁式 TBM（也称为撑靴式 TBM）的结构设计思想，罗宾斯的主梁式、单护盾式、双护盾式 TBM 等机型在世界上应用广泛。加拿大罗瓦特公司也生产了少量 TBM，2008 年该公司被卡特彼勒公司收购，后由于财务困难等原因，2014 年 5 月卡特彼勒公司宣布不再接受隧道掘进机订单，2019 年 9 月中国辽宁三三工业公司收购了卡特彼勒加拿大隧道设备有限公司的资产，而在 2016 年 6 月，中国北方重工成功并购了美国罗宾斯公司。

在欧洲地区，1967 年德国维尔特公司为奥地利长 263m 的 Ginzling 隧道生产了第一台 TBM，其直径为 2.14m。维尔特公司典型的 TBM 产品与常规的撑靴式不同，采用双 X 支撑，能够降低在软弱或破碎岩层段的应用风险，而且与常规楔块式的滚刀不同，维尔特的滚刀多为端盖式结构，具有较高的承载力。截至 2001 年，维尔特公司已制造了 112 台开敞式 TBM、10 台双护盾 TBM、8 台扩孔式 TBM，2013 年 11 月维尔特公司将隧道掘进机、竖井钻机及刀具的知识产权出售给中铁工程装备有限公司。

德国海瑞克公司成立于 1977 年，其在 1990 年为瑞士 Bozberg 隧道生产了第一台单护盾 TBM，2001 年，海瑞克公司获得圣哥达基线隧道 4 台撑靴式 TBM 合同，该项目的成功为其后续全系列 TBM 产品发展奠定了基础。

澳大利亚 TBM 生产商 TERRSTEC 成立于 1990 年，具备设计和制造 TBM 的能力，目前该公司在印度和泰国等新型市场已成为重要的 TBM 供应商，且在欧洲等成熟市场也实现了持续销售。2018 年 10 月，TERRATEC 公司完成了向日本盾构机生产商 JIMT 公司转让了 51% 股份的手续，JIMT 公司成为 TERRATEC 公司的控股股东。

由于日本山岭隧道的地质条件存在很多断层破碎带，岩层的均匀性差，在这种出现较多不良岩层的隧道中，采用 TBM 施工比较困难，造成 TBM 在日本的应用普及较为缓慢。但是一直以来，为了应对日本特有的复杂地层，适应各种施工条件，日本 TBM 制造商不断对 TBM 及其支护方法进行开发和改进，但是日本大部分 TBM 施工项目为下水道、水力发电站引水隧道等小断面隧道。

当前 TBM 技术发展已经非常成熟，围岩切削、出渣和隧道支护等基本功能已经十分完善可靠，超前地质预报、超前注浆、机器运行状态监测等辅助功能已得到普遍应用。TBM 规范应用于交通工程、水利工程、人防工程等隧道的施工，尤其是对于长距离隧道的开挖施工，其经济性、安全性和环境友好等优势更为突出。

3. 国内 TBM 发展历史及现状

TBM 在中国的发展历程可分为三个时期：自主探索制造、引进消化吸收、自主研发创新。

　　1964～1984 年是我国 TBM 自主探索制造时期。国内 TBM 的研究开发始于 1964 年，由上海勘测设计院机械设计室、北京水电学院机电系分别进行方案设计。1965 年，TBM 的研制列入国家重点科研项目，当时的水利电力部抽调技术力量，以上海勘测设计院机械设计室为主，集中在上海水工机械厂进行现场设计，1966 年制造出 SJ34 型直径 3.4m 的 TBM，先后在杭州人防工程、云南下关的西洱河水电站引水隧道工程中进行工业性试验，开挖的岩层为花岗片麻岩和石灰岩，抗压强度为 100～240MPa，最高月进尺为 48.5m。20 世纪 70 年代中期，国家科学技术委员会组建了全国掘进机办公室，组织力量针对掘进机研制和应用中存在的问题进行科技攻关，同时加强与国外技术专家交流，加大资料搜集和消化工作。在总结第一代 TBM 经验基础上，开展了第二代 TBM 的研制工作，上海水工机械厂制造了直径 5.8m 的 SJ-58 型 TBM，1977 年 4 月～1978 年 4 月在云南西洱河水电站的水工隧道中进行工业性试验，共掘进了 247.3m。1981 年 11 月，经过优化设计后的 SJ-58 型 TBM 应用于引滦入唐工程古人庄隧道施工中，共掘进 2747.2m，穿越的岩层系白云质矽质灰岩，最高日进尺 19.85m，最高月进尺 201.5m，该工程于 1983 年 3 月 15 日贯通，是我国第一条用国产 TBM 施工的中型断面隧道。由煤炭科学研究院上海分院设计，上海第一石油机械厂制造的 EJ30 型 TBM，刀盘直径 3.0m，1977～1982 年在江西萍乡、河北迁西、山西怀仁投入施工，总掘进 2633m，最高月进尺 218.3m。1964～1984 年，国产 TBM 投入使用共计 10 余台，完成工程项目 20 余项，掘进总长度约 20km。虽然机器的掘进性能与同期国外同类 TBM 相比还存在很大差距，但是为我国 TBM 的设计制造和施工积累了经验，培养了技术人才。

　　1985～2012 年是我国 TBM 技术引进消化吸收阶段。水利水电工程是我国最早应用 TBM 施工的领域，随着改革开放的深入，我国允许国外承包商携带先进 TBM 设备和施工技术进入中国，如引大入秦工程由意大利 CMC 公司使用美国罗宾斯公司的 TBM 施工，引黄入晋工程由 Impregilo 公司使用美国罗宾斯公司和法国 NFM 公司的设备施工，1997～2002 年的引黄南干线水利工程平均月进尺 784m，最高月进尺达到 1821.49m。国内施工单位使用国外制造的 TBM 进行施工始于秦岭隧道，1996 年铁道部引进 2 台直径 8.8m 的维尔特敞开式 TBM，由中铁隧道局和中铁十八局完成秦岭隧道（南口 5.6m，北口 5.2km）、磨沟岭隧道（4.65km）、桃花铺隧道（6.2km）的施工。国内承包商使用国外 TBM 的过程中，由于地质条件或者设备原因也遇到了一些困难，如山西水利工程局采用海瑞克 TBM 在开挖新疆大板引水工程时遇到滚刀失效、卡机和管片劈裂等问题，造成长时间的停机；青海引大入湟引水工程 TBM 发生严重卡机、姿态偏离等问题；中天山铁路隧道在施工过程中出现主轴承损坏的问题等。光明的市场前景和低廉的劳动力使国外的 TBM 生产商选择与国内工业企业联合制造 TBM，罗宾斯公司先后和上海隧道工程股份有限公司、中国第二重型机械集团公司等开展 TBM 联合制造；塞利公司和天业通联联合制造的 TBM 用于埃塞俄比亚 GD-3 水电站引水隧洞的施工；维尔特、NFM 及海瑞克也和我国企业联合制造了数台 TBM，用于国内施工工程。国内承包商和制造企业在使用和联合制造 TBM 的过程中，通过成功应用总结、掘进问题处理以及联合制造的过程，积累了大量宝贵经验，培养了一批 TBM 领域的专业技术人才，也逐渐建立了熟练的施工人员队伍。

　　随着国内工业制造水平的持续提高以及对 TBM 设计、制造和应用的不断研究，从

2013 年起我国 TBM 的研制进入自主研发创新阶段，开始设计制造具有自主知识产权的
TBM。2013 年 8 月 3 日，铁建重工研发世界首台长距离大坡度煤矿斜井 TBM，直径
7.32m，应用于神华集团的新街台格庙煤矿斜井工程；2013 年 8 月，国内首台直径 5m 的
开敞式 TBM 在中信重工下线，于 2015 年应用于洛阳故县引水工程 1 号隧道施工。2013
年 11 月中铁装备收购德国维尔特公司 TBM、竖井钻机及刀具知识产权，2015 年中铁装
备的 TBM 在郑州下线。2016 年 2 月中铁装备研制的世界上最小直径岩石掘进机下线，这
台直径 3.53m 的凯式 TBM 在黎巴嫩大贝鲁特供水项目隧道开挖中表现了卓越的性能。
2018 年 8 月由我国自主研发的中铁装备"彩云"号 TBM 下线，应用于大瑞铁路的云南高
黎贡山隧道工程，该台设备开挖直径 9.03m，整机长度约 230m，重约 1900t，填补了国
内 9m 以上大直径硬岩掘进机的空白。此外，中交天和、徐工集团和其他国内企业也陆续
自主研发和制造岩石隧道掘进机。自 2017 年起，隧道掘进机国家标准相继由国家标准组
织发布，其中《全断面隧道掘进机　术语和商业规格》GB/T 34354—2017、《全断面隧道
掘进机　敞开式岩石隧道掘进机》GB/T 34652—2017、《全断面隧道掘进机　单护盾岩石
隧道掘进机》GB/T 34653—2017 三项标准的发布，说明我国 TBM 研发制造已经成熟，
进入自主研发创新阶段，在 TBM 技术、质量、性能和规范化等方面都已追赶上进口
TBM 的水平。

4. TBM 的发展

据不完全统计，到目前为止世界上采用掘进机施工的隧道已超过 1000 座，总长度超
过 4000km。从一些数据中可以看出目前国内外掘进机的技术水平：最大开挖直径已达
14.4m；最高掘进速度可达 9m/h；可在抗压强度达 360MPa 的岩石中掘进 80～100m^2 的
大断面隧道，其掘进平均速度每月可达 350～400m；能开挖 45°的斜井；盘形滚刀的最大
直径为 483mm，其承载能力达 312kN；刀具的寿命达 300～500m，单台掘进机的最大总
进尺已超过 40km。目前，隧道掘进机正朝着大功率、大推力、高扭矩、高掘进速度的方
向发展，掘进机施工法已逐步成为长大隧道修建主要选择的施工方法。可以预言，随着科
学技术的进步，掘进机技术将日臻完善，今后会有更多数量的隧道采用掘进机法施工，目
前 TBM 技术的发展呈现以下特点：

1）TBM 适应性显著提高

近年来 TBM 施工发生机器卡机、被埋的情形越来越少了，一方面是由于地质勘测技
术的进步，地质信息反馈更加详细和全面；另一方面是由于 TBM 设备选型更具针对性，
TBM 的设计制造水平有了大幅提高。TBM 在设计预期的围岩中正常掘进时，能够正常
顺利掘进成洞，而在遇到困难地质中掘进时，能够依靠自身能力配置、地层处理辅助工法
等顺利通过。

对于复杂的地质条件，超前钻探和超前注浆能够有效处理 TBM 前方破碎围岩和潜在
的涌水风险；撑靴式 TBM 可利用锚杆钻机、网片及钢拱架等对隧道进行快速支护；而刀
盘刀具监测系统已经发展完备，刀具磨损状况、温度、转动状况、荷载状况等都可以得到
实时反馈，机器操作和维护团队可以及时对刀盘和刀具进行维护。

2）智能化水平逐渐提升

随着信息技术的发展，特别是物联网、云存储、人工智能、机器学习等技术的发展，
信息技术已经充分融入 TBM 智能化设备中，大力推动 TBM 向智能化方向发展。全行业

正致力于开发 TBM 智能掘进系统，针对导向、掘进、预警等功能，研究 TBM 掘进过程中多工序智能决策策略，构建 TBM 掘进过程信息化、智能化整体技术架构，开发并集成相应智能终端模块，为 TBM 掘进智能化提供方法和技术支撑。

　　3）工期优势持续凸显

　　TBM 作为机械化施工设备，具有施工快捷、安全等优势，尤其对于长度 6km 以上的隧道施工来说，TBM 具有无可比拟的快速掘进优势。在隧道开挖过程中，TBM 非正常停机的情况越来越少，TBM 的设备利用率越来越高，使用 TBM 修建隧道，工期能够得到保障。

　　4）人和设备更加安全

　　与传统隧道施工方法相比，TBM 施工的一个重大优势是安全，很少发生施工人员伤亡事故。TBM 护盾能够较好地保护设备和工作人员的安全，同时 TBM 边开挖边支护或者安装管片，更大限度地保证了施工环境的安全。随着 TBM 高度智能化的发展，将来在设备上工作的人员更少，设备的可靠性、安全性会更高。

　　5）施工环境更加友好

　　与传统钻爆法施工相比，TBM 施工产生的噪声和振动几乎不会对周围环境造成影响，而且施工过程中不需要凿岩台车、装渣车、运渣车等一系列设备的使用，尾气和油污排放量少，能够满足能源和环境标准，且正朝向零排放、低噪声的环保目标发展。

8.2　隧道掘进机的分类与构造

8.2.1　隧道掘进机的分类

　　全断面掘进机按掘进机是否带有护壳，分为支撑式（又称为开敞式）和护盾式；按刀具切削头的旋转方式，分为单轴旋转式和多轴旋转式；按掘进的方式，分为全断面一次掘进式（又称为一次成洞）和分次扩孔掘进式（又称为两次成洞）；按岩石的破碎方式，大致可分为挤压破碎式与切制破碎式，挤压破碎式是给刀具较大的推力，通过刀具的楔子作用将岩石挤压破碎，切制破碎式是利用旋转扭矩在刀具的切线及垂直方向上切削破碎岩石。但随着技术的进步，衍生出其他多种针对复杂地质条件的机型，例如双模式 TBM（土压/敞开、泥水/敞开）、DSUC 通用紧凑型 TBM、Crossover TBM 等。

　　掘进机的结构部件可分为机构和系统两大类，机构包括刀盘、护盾、支撑、推进、主轴、机架及附属设施设备等，系统包括驱动、出渣、润滑、液压、供水、除尘、电气、定位导向、信息处理、地质预测、支护、吊运等，它们各具功能、相互连接、相辅相成，构成一个有机整体，完成开挖、出渣和成洞功能，对于刀具、刀盘、主轴、刀盘驱动、刀盘支承、掘进机头部机构、司机室以及出渣、液压、电气等系统，不同类型的掘进机都大体相似。从掘进机头部向后的机构、结构和衬砌支护系统，支撑式掘进机和双护盾式掘进机则有较大区别。

　　1. 支撑式 TBM

　　支撑式全断面岩石隧道掘进机（Gripper type full face rock TBM）又称开敞式（Opentype）全断面岩石隧道掘进机，是利用支撑机构撑紧洞壁以承受向前推进力的反作用力及反扭矩的全断面岩石隧道掘进机，它适用于岩石整体性较好的中硬岩及硬岩隧道掘进。由于围岩比较好，在掘进机的顶护盾之后，洞壁岩石可以裸露在外，故称为支撑式。

根据 TBM 支撑洞壁结构的不同，支撑式 TBM 主要分为主梁式和凯式两种机型，其中主梁式 TBM 又可分为单对水平支撑主梁式和双对水平支撑主梁式 TBM。

支撑式掘进机的主要类型有 Robbins、Jarva MK27/8.8、Wirth 780-920H、Wirth TB880E 等。Robbins 型（ϕ8.0m）如图 8-2 所示，它主要由三大部分组成：切削盘、切削盘支承与主梁、支撑与推进系统。切削盘支承和主梁是掘进机的总骨架，两者联为一体，为所有其他部件提供安装位置；切削盘支承分顶部支承、侧支承、垂直前支承，每侧的支承用液压缸定位；主梁为箱形结构，内置出渣胶带机，两侧有液压、润滑、水气管路等。

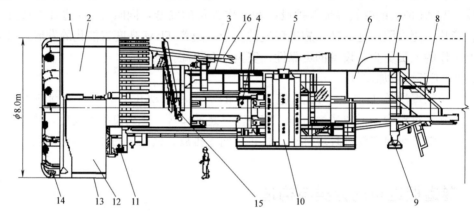

图 8-2　Robbins 型（ϕ8.0m）支撑式全断面掘进机

1—顶部支承；2—顶部侧支承；3—主机架；4—推进油缸；5—主支撑架；6—TBM 主机架；
7—通风管；8—带式输送机；9—后支承带靴；10—主支撑靴；11—刀盘主驱动；
12—左右侧支承；13—垂直前支承；14—刀盘；15—锚杆钻；16—探测孔凿岩机

支撑式 TBM 的支撑分主支撑和后支撑。主支撑由支撑架、液压缸、导向杆和靴板组成，靴板在洞壁上的支撑力由液压油缸产生，并直接与洞壁贴合。主支撑的作用一是支撑掘进机中后部的重量，保证机器工作时的稳定；二是承受刀盘旋转和推进所形成的扭矩与推力。后支撑位于掘进机的尾部，用于支撑掘进机尾部的机构。

主支撑的形式分单 T 形支撑和双 X 形支撑。单 T 形采用一组水平支撑，如图 8-3（a）所示，位于主机架的中后部，结构简单，调向时人机容易统一；双 X 形采用前、后两组 X 形结构的支撑，如图 8-3（b）所示，支撑位置在掘进机的中部，支撑油缸较多，支撑稳定，对洞壁比压小，其不足之处是整机重量大，不利于施工小拐弯半径的隧道。

掘进机的工作部分由切削盘、切削盘支承及其稳定部件、主轴承、传动系统、主梁、后支撑腿及石渣输送带组成。其工作原理是支撑机构撑紧洞壁，刀盘旋转，液压油缸推进，盘型滚刀破碎岩石，出渣系统出渣，从而实现连续开挖作业。其工作步骤是：

（1）支撑撑紧洞壁，刀盘开始旋转；

（2）推进油缸活塞杆伸出，推进刀盘掘够一个行程，停止转动，后支撑腿伸出抵到仰拱上；

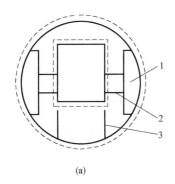 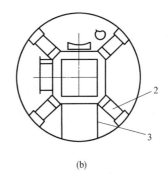

图 8-3 支撑式掘进机的支撑形式

1—靴板；2—液压油缸；3—支撑架

（3）主支撑缩回，推进油缸活塞杆缩回，拉动机器的后部收进；

（4）主支撑伸出，撑紧洞壁，提起后支撑腿，给掘进机定位，转入下一个循环。

掘进机掘进时由切削头切削下来的岩渣，经机器上部的输送带运送到掘进机后部，卸入其后配套运输设备中。掘进机上装备有打顶部锚杆孔和超前探测（注浆）孔的凿岩机，探测孔超前工作面 25～40m。

支撑式掘进机掘进时，支护在顶护盾后进行，所以在顶护盾后设有锚杆安装机、混凝土喷射机、灌浆机和钢环梁安装机以及支护作业平台。锚杆机安设在主梁两侧，每侧一台；钢环梁安装机带有机械手，用以夹持工字钢或槽钢环形支架；喷射机、灌浆机等安设在后配套拖车上。

支撑式 TBM 的优点是应对完整性较好的硬岩时，支撑式 TBM 通过水平撑靴提供掘进反力，掘进与支护同步进行，掘进效率高；应对断层破碎或软岩收敛地质时，支撑式 TBM 护盾较短且可收缩，卡盾风险较低。

其缺点是在岩爆地层中掘进时，由于人员及设备裸露在围岩下，人员及设备安全性较差；在断层破碎带、软弱地层中掘进时，由于支护清渣工作量大，掘进效率较低，在大直径隧道中尤为严重。

2. 护盾式 TBM

护盾式全断面岩石隧道掘进机（Shielded full face rock TBM）是在整机外围设置与机器直径相一致的圆筒形保护结构，以利于掘进破碎或复杂岩层的全断面岩石隧道掘进机，简称护盾式掘进机。护盾式 TBM 按其护壳的数量，分单护盾、双护盾和三护盾三种，我国以双护盾掘进机为多。

护盾式掘进机的主要类型有 Robbins、TB880H/TS、TB1172H/TS、TB539 H/MS 等，其中德国的 TB880H/TS 型（φ8.8m）如图 8-4 所示，护盾式掘进机只有水平支撑，没有 X 形支撑。它由装切削盘的前盾、装支撑装置的后盾（主盾）、连接前后盾的伸缩部分以及用于安装预制混凝土块的盾尾组成。该类掘进机在围岩状态良好时，掘进与预制块支护可同时进行，在松软岩层中，两者须分别进行。机器所配备的辅助设备有衬砌回填系统、探测（注浆）孔钻机、注浆设备、混凝土喷射机、粉尘控制与通风系统、数据记录系统、导向系统等。

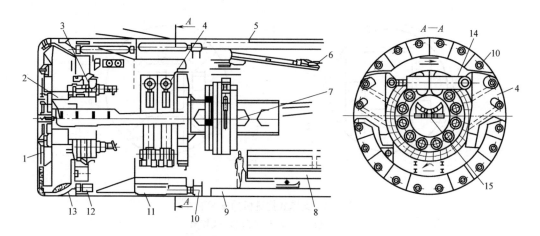

图 8-4　TB880H/TS 型（φ8.8m）护盾式全断面掘进机

1—刀盘；2—石渣漏斗；3—刀盘驱动装置；4—支撑装置；5—盾尾密封；6—凿岩机；

7—砌块安装器；8—砌块输送车；9—盾后尾；10—辅助推进液压缸；11—后盾；

12—主推进液压缸；13—前盾；14—支撑油缸；15—带式输送机

1）单护盾掘进机

图 8-5 所示为以管片衬砌作为初期或永久性支护，专门针对软岩而开发的，只能用于软岩或开挖面自稳时间相对较短、地质条件较差地层的单护盾掘进机。单护盾的主要作用是保护掘进机本身和操作人员的安全。由于没有撑靴支撑，掘进推力靠盾体尾部的推进油缸支撑在管片上获得，即掘进机的前进靠管片作为后座以获得前进的推力，当向前掘进时，需要推进油缸紧紧地顶住已安装的管片，此时，管片的安装必须停止。当掘进了一个推进油缸冲程距离后，缩回推进油缸，让出管片安装空间，进行下一轮的管片拼装。由此可见，单护盾掘进机的主要缺点是向前掘进和安装管片不能同时进行，因而掘进速度受到限制，掘进效率相对较慢。

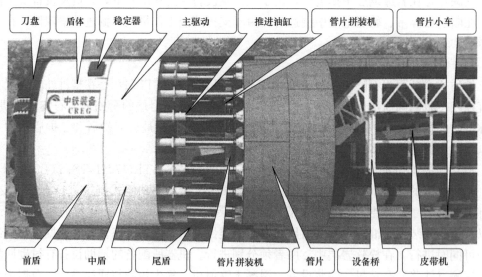

图 8-5　单护盾掘进机基本结构

2）双护盾掘进机

1970年，意大利的S. E. L. I公司与美国的罗宾斯公司合作，将常规的硬岩掘进机与用于软岩的护盾结合起来，开发出了双护盾掘进机。双护盾掘进机为伸缩式，以适应不同的地层，既可以用于软岩，又可以用于硬岩，尤其适用于软岩且破碎、自稳性差或地质条件复杂的隧道。与支撑式掘进机不同，双护盾式掘进机没有主梁和后支撑，除了机头内的主推进油缸外，还有辅助油缸。辅助推进油缸只在水平支撑油缸不能撑紧洞壁进行掘进作业时使用，辅助油缸推进时作用在管片上。双护盾掘进机与单护盾掘进机的区别在于增加了一个尾护盾。

双护盾掘进机（图8-6）具有两种工作模式，即双护盾模式和单护盾模式。当围岩条件较好时，采用双护盾模式，利用水平撑靴提供反推力，掘进与管片安装同步进行，使得开挖和安装衬砌管片的停机换步次数减少，时间缩短，大大提高了施工速度；围岩条件较差时，可采用单护盾模式，依靠管片提供反推力，仍然可以保持较高的掘进速度。

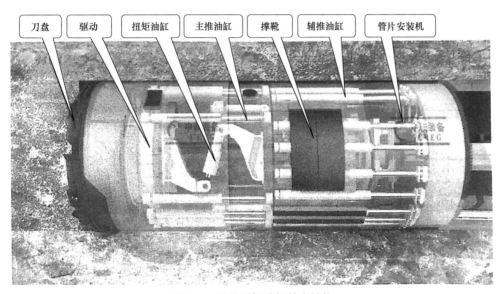

图8-6 双护盾掘进机基本结构

双护盾TBM的优点是，在应对完整性较好的硬岩时，通过水平撑靴提供掘进反力，掘进与管片安装同步进行，掘进效率高；在断层破碎软弱地层时，采用单护盾模式，利用管片提供推进反力，通过不良地质洞段；在岩爆地层中掘进时，由于人员及设备在衬砌管片的保护下，较安全。

其缺点是双护盾盾体较长且不可伸缩，在通过断层破碎带、软岩大变形地层时，卡机风险较高，且不易处理。

双护盾TBM与支撑式TBM不同点是：双护盾TBM采用管片支护，没有喷锚设备；双护盾TBM没有主梁和后支撑，采用封闭式盾体结构，TBM掘进和人员作业全部在盾体和管片保护下进行；双护盾TBM盾体较长，支撑式TBM盾体较短。

3. 扩孔式全断面掘进机

当隧道断面过大时，会带来电能不足、运输困难、造价过高等问题。在隧道断面较大、采用全断面掘进机一次掘进技术经济效果不佳时，可采用扩孔式全断面掘进机。

扩孔式全断面掘进机是先采用小直径 TBM 先行在隧道中心用导洞导道，再用扩孔机进行一次或两次扩孔。扩孔机的结构如图 8-7 所示。为保证掘进机支撑有足够的撑紧力，导洞的最小直径为 3.3m，扩孔的孔径一般不超过导洞孔径的 2.5 倍。对于直径 6m 以上的隧道，除在松软破碎的围岩中作业的护盾式掘进机外，设备制造商比较主张先打直径 4m 左右的导洞，再用扩孔机扩孔。国外在 1970 年施工的一条隧道，先用直径 3.5m 的掘进机开挖，然后用扩孔机扩大到 10.46m。

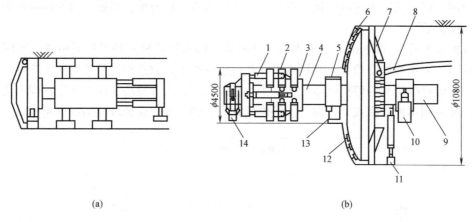

图 8-7　扩孔式全断面掘进机

（a）导洞掘进机；（b）扩孔机主机

1—推进液压缸；2—支撑液压缸；3—前凯式外机架；4—前凯式内机架；5—护盾；6—切削盘；7—石渣槽；
8—输送带；9—后凯式内机架；10—后凯式外机架；11—后支撑；12—滚刀；13—护盾液压；14—前支撑

掘进系统需要两套设备，即一台小直径全断面导洞掘进机和一台扩孔机。扩孔机的切削盘由两半式的主体与 6 个钻臂组成，用螺栓装成一体并用拉杆相连。6 个钻臂上装有刮刀，将石渣送入钻臂后面的铲斗中。切削盘转动，石渣经铲斗、圆柱形石渣箱与一斜槽送到输送机上运出。整个机架分前后两部分，前机架在导洞内，后机架在扩挖断面内。扩孔机的支撑系统在导洞内的外凯氏机架上，支撑形式为双 X 形。在扩孔机的前端和扩孔刀盘后均具有支承装置，用以将扩孔机定位在隧道的理论轴线位置。扩孔机的大部分结构在导洞内，故在切削盘后面空间较大，后配套设备可紧跟其后，支护砌块也可在切削盘后面安装。如同支撑式全断面掘进机一样，扩孔机主机后面仍配出渣、支护等辅助系统的设备，这些设备安置在一台拖车上，独立于扩孔机自行前移。

导洞内一般不考虑临时支护或只在表面喷一层混凝土；如果必须设置锚杆时，则应在扩孔机前而将其拆除，除非采用非金属锚杆。

采用扩孔机掘进的优点是中心导洞可探明地质情况，以作安全防范；扩孔时不存在排水问题，通风也大为简化；打中心导洞速度快，可早日贯通或与辅助通道接通；扩孔机后面的空间大，有利于随后进行支护作业；扩孔机容易改变成孔直径，以便于在不同的工程项目中重复使用。

8.2.2　隧道掘进机的构造

隧道掘进机由主机和后配套系统组成，主机主要由刀盘、刀具、主驱动（含主轴承）、护盾、主梁和后支腿、推进和撑靴系统、主机皮带机、支护系统等部分组成，是 TBM 系统的核心部分，主要完成掘进和部分支护工作。后配套系统与主机相连，由一系列彼此相连的钢结构台车组成，其上布置有液压动力系统、供电及电气系统、供水排水系统、通风除尘系统、出渣系统、润滑系统、自动导向系统、衬砌支护系统等。

1. 刀盘

TBM 的刀盘由刀盘钢结构主体和刀盘部件组成，其中刀盘部件由刀座、滚刀、铲斗和喷水装置等组成，如图 8-8 所示。随着 TBM 技术的进步，刀盘设计逐渐采用平面状刀盘，以更有利于稳定掌子面。刀盘本体是重型结构构件，大直径刀盘一般在隧道开挖现场组装。大直径刀盘采取分块设计结构，根据刀盘结构不同可分为中心对分式、偏心对分式、中心五分式等，以方便刀盘向现场的运输。在现场将各分块用螺栓连接后再焊接在一起，小直径刀盘可制造成整体直接运往现场。

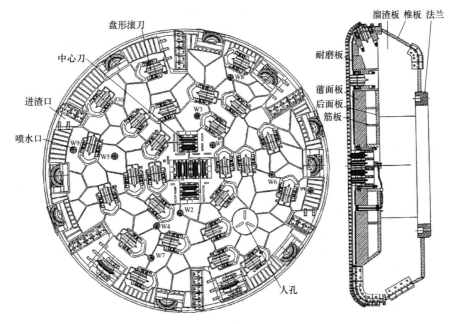

图 8-8　刀盘结构图

刀盘主体结构采用钢板焊接而成，刀盘钢板厚度大，刀盘前后面板纵向连接隔板很多，结构复杂，背面连接法兰需要经过加工，并用特制螺栓连接。刀座焊接需要精确定位，刀盘厚度和焊缝尺寸要考虑动载荷的影响，需要采用加热、保温、气体保护焊接，焊接工艺要求较高。刀盘工作的环境需要考虑整个刀盘的强度、刚度和振动特性，焊缝除了需要足够的强度，还要求在冲击载荷作用下不开裂。隧道的开挖直径由刀盘最外缘的边刀轨迹控制，而刀盘结构最大直径设计在铲斗唇口处，一般铲斗唇口最外缘离洞壁留有 25mm 左右间隙，间隙过大不利于岩渣流动清除，过小的间隙会造成铲斗直接刮磨洞壁过快磨损失效。因此，刀盘本体结构的最大直径一般比理论开挖直径小 50mm 左右。

刀盘用来安装刀具，是掘进机中几何尺寸最大、单件重量最大的部件，因此它是装拆掘进机时起重设备和运输设备选择的主要依据。刀盘与大轴承转动组件通过专用大直径高强度螺栓相连接。

1）刀盘的结构形式

刀盘的形式按外形可以分成中锥形、球面形、平面圆角形。其中，中锥形主要是借鉴早期的石油钻机，球面形适用于小直径掘进机，直接借用大型锅炉容器的端盖而制成。平面圆角形刀盘中部为平面，边缘圆角过渡，其制作工艺较简单，安装刀具较方便，也便于掘进时刀盘对中和稳定，是目前掘进机刀盘最佳又最普遍的结构形式。

2）刀盘直径

刀盘的最大直径必须小于刀盘开挖直径，否则刀盘将卡死而无法回转。刀盘的最大直径必须满足下式要求：

$$D_{\max} \leqslant D - 2\Delta \tag{8-1}$$

式中　$D_{\max}$——刀盘最大直径；

　　　D——隧道理论开挖直径；

　　　Δ——最外一把边刀的允许最大磨损量在刀盘正面的投影值；边刀磨损量为12.7~15mm，其投影值略小于此值。

3）刀盘的运动特性

刀盘在掘进过程中沿着掘进机轴线向前做直线运动，同时又环绕掘进机轴线做单向回转运动，这是典型的螺旋运动轨迹。全断面岩石掘进机的刀盘回转运动的特点是：在掘进硬岩时必须单向回转，即刀盘回转只能顺着铲斗铲着岩渣方向进行，任何逆向回转都有可能损坏刀盘。

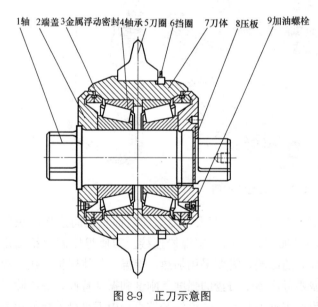

1轴　2端盖　3金属浮动密封　4轴承　5刀圈　6挡圈　7刀体　8压板　9加油螺栓

图8-9　正刀示意图

2. 刀具

刀具是全断面岩石隧道掘进机破碎岩石的工具，是掘进机主要研究的关键部件和易损件。经过几十年的工程实践，目前公认为 $\phi 432$mm 的窄形单刃滚刀是最佳刀具。

刀具由轴、端盖、金属浮动密封、轴承、刀圈、挡圈、刀体、压板、加油螺栓等部分组成，如图 8-9 所示，其中刀圈、轴承、浮动密封是刀具的关键件，有的结构中两轴承间采用隔圈形式。刀圈在均匀加热到 $150 \sim 200℃$ 后热套在刀体上。轴承均采用优质高承载能力的圆锥推力轴承，采用金属密封以确保刀体内油液保持一定的压力。

掘进机在掘进过程中，刀具做三维空间的复合运动：

（1）刀具随掘进机刀盘轴线推进做直线运动；

（2）刀具随掘进机刀盘回转沿着大轴承中心线做公转运动；

（3）刀具靠刀圈和岩石的摩擦力绕刀具轴做自转运动。

由于刀具在刀盘上安装位置不同，可以分为中心刀、正刀和边刀。

（1）中心刀：中心刀安装在刀盘中央范围内。因为刀盘中央位置较小，所以中心刀的刀体做得较薄，数把中心刀一起用楔块安装在刀盘中央部位。

（2）正刀：这是最常用的刀具，见图 8-9。正刀是统一规格，可以互换。

（3）边刀：边刀是布置在刀盘四周圆弧过渡处的刀具。刀具安装与刀盘有一个倾角，而边刀的刀间距也逐渐减小，从布置要求出发，边刀的特点是刀圈偏置在刀体的向外一侧，而中心刀、正刀都是正中安置在刀体上。

3. 主驱动系统

1）主驱动方式

主驱动也称为刀盘驱动，驱动方式主要有液压驱动、定速电机驱动和变频电机驱动。由于变频技术的发展，其可靠性大大提高，目前硬岩 TBM 普遍采用变频电机驱动，这样可以在较宽范围内实现无级调速以适应不同岩石掘进的要求。刀盘是大功率、大扭矩驱动，因此采取多组电机通过减速箱，最后通过小齿轮驱动大齿圈，实现减速器的作用，实现低速高扭转动，进而驱动刀盘转动，并且为了减小电机的外形尺寸，驱动电机的电压采用 690V。

由于铲斗单向铲渣设计的要求，主驱动掘进时为单向转动，但为了刀盘刀具的检修，刀盘驱动具有点动功能，可双向慢速点动，并设有制动器使点动后尽快停止转动，但掘进中的转动是不能使用制动器的。

2）主驱动的结构

图 8-10、图 8-11 为主驱动的外观结构，可见机头架和驱动电机，驱动减速器、小齿轮、大齿圈和主轴承都装在机头架内，并由内、外密封使整个结构为封闭结构。对于支撑式 TBM，机头架后部中间部位将与主梁螺栓连接，机头架上部将通过顶护盾油缸与护盾连接，左、右侧面将通过侧护盾油缸和模块油缸与侧护盾连接，底部将通过键和螺栓与下支承连接，主驱动前部将与刀盘螺栓连接。

图 8-10 刀盘主驱动（后部视图）

图 8-11 刀盘主驱动（前部视图）

主驱动内部结构如图 8-12 所示，机头架内部有减速箱、小齿轮、大齿圈、主轴承、内密封、外密封、轴承座套等。因此，TBM 主驱动装置由机头架、电机、离合器、制动器、减速器、点动马达、小齿轮、大齿圈、主轴承、轴承座套、内密封、外密封等构成。

驱动路线为：电机通过其尾部的限扭离合器和传动轴驱动二级行星齿轮减速器，从而带动减速器外的小齿轮，小齿轮驱动大齿圈。由于大齿圈与轴承座套用螺栓连接，而刀盘、主轴承内圈与轴承座套间也用另外一组螺栓连接，因此大齿圈、轴承座套、主轴承内圈和刀盘将一起转动。主轴承采取三轴滚子轴承，两排轴向滚子，一排径向滚子，安装在轴承座套上内圈是转动件，而外圈安装在机头架的座孔内，是不转动的。

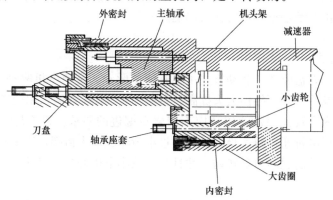

图 8-12　主驱动剖面图

　　主驱动的主轴承和小齿轮、大齿圈采用强制循环油润滑，润滑泵站一般安装在固定于下支承后面的支架上，经过过滤和冷却进行循环润滑。内、外密封则采取三道或四道唇形密封结构，外部两道唇形密封需要不断注入润滑脂，防止灰尘进入，里侧一道唇形密封防止润滑油溢出。行星齿轮减速器则在齿轮箱内装有一定油位的润滑油，采取飞溅润滑方式。此外，主驱动电机和行星齿轮减速箱都有循环冷却水进行冷却。润滑油的油温和流量、减速器和电机温度、润滑脂注入压力和注入量都采取传感器监控。

　　驱动系统的布置形式，有前置式和后置式两种。前置式驱动系统的减速箱、电动机直接连在刀盘支承上，结构紧凑，但掘进机头部比较拥挤，增加了头部重量；后置式驱动系统的减速箱、电动机布置在掘进机的中部或后部，通过长轴与安装在刀盘支承内的小齿轮相连，这样布置有利于掘进机头部设施的操作和维修，也对掘进机整机重量的均衡布置有益，但增加了整机重量。

　　3）主驱动主要零部件

　　（1）机头架

　　机头架的内部结构如图 8-13 所示，机头架就相当于一个大的箱体。机头架上部有安装顶护盾和顶护盾油缸的支座，下部是与下支承结合的平面，侧面则有护盾楔块油缸的楔块接合，前面将与内外密封压盖接合，后面与主梁接合，因此，机头架上下、前后及周边结合面都需要机械加工。机头架内部与轴承外圈配合表面、内外密封安装表面、小齿轮或减速器的座孔表面等都是重要的机加工表面。机头架中间空腔可使作业人员进入到刀盘位置，并在内壁上设有若干检查孔，检查孔需要有很好

图 8-13　主驱动机头架内部结构图

的封盖。机头架的周边还有大量的螺孔，连接润滑油和润滑脂管路。

（2）主轴承、轴承座套和大齿圈

主轴承及其密封是掘进机最关键的部件，是决定掘进机使用寿命的机构。

主轴承的作用，是承受刀盘推进时的巨大推力和倾覆力矩，传递给刀盘支承；承受刀盘回转时的巨大回转力矩，将其传递给刀盘驱动系统；连接回转的刀盘和固定的刀盘支撑，以实现转与不转的交接。

目前掘进机采用的主轴承有三种结构形式：三排三列滚柱大轴承、三排四列滚柱大轴承、双列圆锥滚柱大轴承。

三轴滚子轴承主要由内圈、外圈、两排轴向滚子、一排径向滚子和保持架等构成。内圈为转动件，装在轴承座套上，内圈与刀盘和轴承座套用螺栓连接在一起，而大齿圈装在轴承座套上，并用螺栓与轴承座套连接在一起，如图 8-14 所示。主轴承、主轴承座和大齿圈均为高精度机械加工件。目前国际上能够生产 TBM 主轴承的厂家很少，订货周期一般在半年以上，一般由 TBM 厂家提供主轴承的荷载谱、

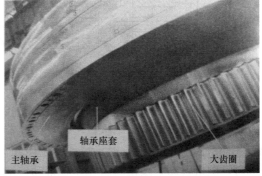

图 8-14 轴承座套、主轴承和大齿圈

直径尺寸和寿命的初步要求，由主轴承厂家进行设计计算，给出主轴承的尺寸和寿命。

主轴承的预定使用寿命由用户根据工程需要和投资成本提出。目前主轴承的使用寿命一般为 15000～20000h，这一使用寿命是确保掘进机掘进 20km 不更换轴承的依据。其他大型结构件一般使用 40～60km 也是完全可能的。

主轴承的密封分为内密封（主轴承内圈处）和外密封（主轴承外圈处），如图 8-15～图 8-17 所示。每处的密封通常由三道优质密封圈和二道隔圈组成。三道密封圈的唇口有一定的压力，压在套于刀盘支承上的耐磨钢套上；二道隔圈四周分布有小孔，润滑油和压缩空气从这些小孔喷出成雾状以润滑三道密封圈的唇口，以确保密封圈的使用寿命。正常情况下，密封圈的使用寿命与大轴承使用寿命相一致。

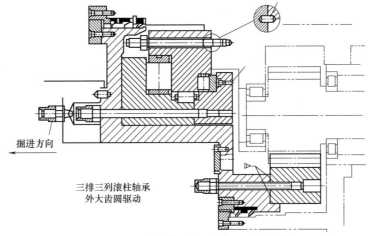

图 8-15 双护盾掘进机主轴承及其密封

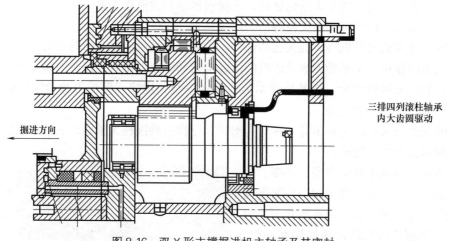

图 8-16　双 X 形支撑掘进机主轴承及其密封

（3）电机、限扭离合器、减速器和小齿轮

刀盘驱动通过电机、二级行星齿轮减速器和小齿轮驱动大齿圈，从而驱动刀盘转动，如图 8-18～图 8-20 所示，电机尾部有个限扭离合器，用于过载时保护驱动齿轮。当正常掘进时，电机转动，限扭离合器闭合带动传动轴转动，传动轴的两端有花键，前端花键与行星齿轮减速器接合，后端花键与离合器接合，从而将动力传到减速器上。限扭离合器有一个安全阀，安装时离合器内部注入达到一定油压的专用油，当过载超过设定的扭矩值时，安全阀被剪断，高压油从安全阀中泄出，从而切断电机转子与传动轴间的动力传递。

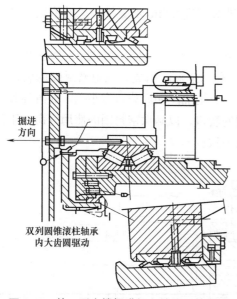

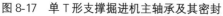

图 8-17　单 T 形支撑掘进机主轴承及其密封　　　图 8-18　电机、减速器和小齿轮图

（4）主驱动密封

考虑到 TBM 恶劣的作业环境，主驱动密封采用三道或四道唇式密封，保护主轴承和驱动总成。图 8-21 为主驱动密封示意图，其由 3 个唇形密封圈连同间隔圈组成，其中 1、

2 道唇形朝外需要注入润滑脂,以防止尘渣和水侵入;第 3 道密封唇形朝内防止主驱动腔油流出,并可作为检查通道,定期查看是否有油脂溢出,从而判断密封的状态。密封圈接触金属环表面进行了硬化和磨削,在正常条件下可使密封圈经久耐用,如果接触表面出现磨损或更换密封件,可调整移到新的表面上而不需要换耐磨环。全自动油脂系统记录和调节进入密封的油脂总量,它与主驱动连锁并同样被监控,只有它正常工作时,刀盘才能被启动。

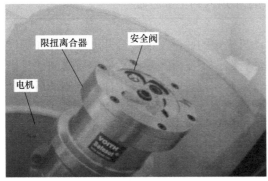

图 8-19   限扭离合器及其安全阀

图 8-20   限扭离合器及传动轴

由于密封圈的直径较大,在安装时应多人多点同步装入,避免扭曲和不同步使密封圈拉伸变形。每道密封及隔环安装时都需进行位置尺寸测量,以便确定是否安装到位。

4) 主驱动润滑

主驱动润滑采取强制压力循环润滑,由泵站通过过滤和冷却,将润滑油经流量阀和管路喷向主驱动腔内的主轴承和齿轮啮合部位,主轴承和齿轮都有多点润滑,回油也需专门的磁性过滤器进行过滤。有的 TBM 厂家设计有专门的外置油箱,油被抽回到油箱过滤冷却后再打到主轴承和小齿轮润滑点。有的 TBM 厂家不设单独油箱而将主驱动腔作为油箱,润滑油不断被抽出,经过滤和冷却后再不断地打到主驱动内各个润滑点,为了防止齿轮腔内的油进入主轴承,在内部主轴承和齿轮间还设有一道密封,此密封允许主轴承油流入齿轮腔,但防止齿轮腔油进入到主轴承。

图 8-22 为某 TBM 主驱动润滑泵站,将主驱动内腔作为油箱。润滑油泵由液压驱动,一个泵为齿轮供油,另一个泵为主轴承供油,回油从齿轮腔内被抽出并经磁性过滤器过滤,打入主驱动腔之前需经供油滤芯、冷却装置和流量阀,由传感器对流量进行监控,润滑回路还设有多个压力、温度表及压力、温度传感器。

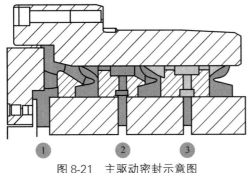

图 8-21   主驱动密封示意图

图 8-22   主驱动润滑泵站

4. 护盾

护盾的主体为钢结构焊接件。双护盾 TBM 和单护盾 TBM 的护盾较长，而且与机头架间用法兰连接。而支撑式 TBM 的护盾围绕在主驱动机头架周边，与机头架相连，用于 TBM 掘进时张紧在洞壁上稳定刀盘，并防止大块岩渣掉落在刀盘后部及主驱动电机处，整个护盾分成底护盾、侧护盾和顶护盾，底护盾又称为下支承。底护盾与机头架底面通过键和螺栓结合，侧护盾和顶护盾通过油缸与机头架相连，之间有较大空隙，因此支撑式 TBM 需要设计有护盾隔尘板，防止灰尘从此空隙中进入到主机后面。

1）下支承和侧护盾

下支承底部与洞底接触，上部平面与主驱动机头架的底部平面接合并通过螺栓和键连接，中间有前后通孔，并布置有通向主驱动的油管路。下支承与左、右侧护盾之间通过销轴连接，通过侧护盾油缸可使侧护盾张开或回收，并在掘进时通过模块油缸将侧护盾楔紧在洞壁上。楔块的两个斜面一侧与机头架上的斜面接触，另一侧与侧护盾上的斜面接触。楔块与侧护盾和机头架相接触的斜面，其中之一应该是围绕销轴可转动的摆块平面，有转动自由度，如图 8-23 所示。侧护盾是楔块油缸连接在机头架上，与楔块油缸连接在侧护盾上，这是两种不同的设计。

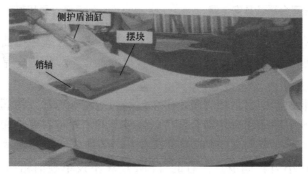

图 8-23　侧护盾

2）顶护盾

图 8-24 为顶护盾的支座，其与机头架上部机加工面通过键及螺栓连接。当顶护盾通过油缸张开或回收时，护盾可沿支座四个侧面的机加工滑道上下滑行。如图 8-25 所示，顶护盾分成三块，中间块与顶护盾油缸上部相连，可通过顶护盾油缸在支座上滑动，顶护盾油缸下部安装在机头架上。左右两块顶护盾与中间块用销轴连接，可围绕中间块摆动，另一边则搭在侧护盾上。

5. 刀盘支撑

刀盘支撑是一个主要受力的钢结构构件，其前部与大轴承固定圈相连接，通过大轴承传递刀盘的巨大破岩力，其四周有一组圆孔以安装驱动系统的小齿轮、减速机（或长轴），通过回转大齿圈传递刀盘的巨大破岩回转力矩，其中心部分有出渣胶带机通过。刀盘支撑受力复杂，对大轴承和驱动系统安装部位加工要求高，刀盘支撑的外形尺寸较大。

6. 出渣系统

全断面岩石掘进机的出渣系统一般由主机部分的溜渣槽、主机皮带机和主机后部的转载渣斗、转载皮带机、后配套上的转载渣斗和连续皮带机组成。

图 8-24 顶护盾支座

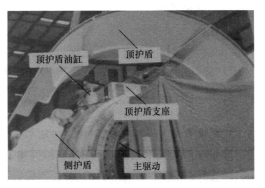
图 8-25 顶护盾（安装中）

TBM 施工中，刀盘旋转，破岩石渣被铲斗拾起，经刀盘溜渣槽，落入主机皮带机上，然后被转入后配套皮带机上，再将石渣卸入矿渣车或隧洞连续皮带机运渣出洞。TBM 主机与后配套之间有连接桥时，一般还在 TBM 主机皮带机和后配套皮带机之间加设连接桥皮带机。因此，从 TBM 主机至后配套范围内的运渣，都是通过皮带机完成的。

考虑到卸渣的方便，后配套皮带机一般都布置在后配套台车的上层。采用矿车运渣时，卸渣点一般靠近后配套的尾部，因而后配套皮带机纵向基本贯穿整个后配套。采用隧洞连续皮带机出渣时，连续皮带机的尾段需安装后配套的下层侧面，并在尾段前后还留有一段连续皮带机皮带架安装空间和材料储存空间，因此后配套皮带机卸渣点一般设在中后部。

后配套皮带机由胶带、驱动装置、驱动滚筒、从动滚筒、机架和托辊等组成。从动滚筒接渣处的托辊一般采取减振托辊，对于较长的后配套皮带机，还附加导向托辊，甚至皮带架采取可调的浮动设计，以防胶带跑偏。考虑到运行及维护的需要，后配套皮带机还需设计皮带张紧调整机构，后配套皮带机沿途还布设有紧急拉线开关。

由于隧洞施工，皮带机运行环境差，经常散落泥水，所以不仅驱动装置、胶带的性能要可靠，托辊的轴承及其密封也要高质量和高性能。相对 TBM 主机皮带机，后配套皮带机胶带损坏的概率较小，但为了应对意外划破造成 TBM 停机，一般现场都备用一条胶带。除了有可能整条更换以外，有时胶带需要局部粘补。

7. 润滑系统

掘进机的润滑系统是掘进机最关键的系统，其中大轴承的润滑如果出现故障，可能几分钟内就能致掘进机于死地，而修复时间却要长达一个多月。根据各相对运动部件的功能、受力大小及运动速度快慢采取不同的润滑方式，主要有油脂、油液、混合润滑三种方式。

8. 液压系统

掘进机的液压系统由于具有远距离传递能量和运动的功能，又具有占用空间小的优点，所以除掘进时刀盘回转外，液压系统控制了极大部分的运动，包括用油缸实现的直线运动和用油马达实现的转动。

掘进机的液压系统由泵站、阀站、执行元件（油缸、油马达、连接软硬管和连接管件）等组成。

9. 供排水系统

供排水系统是掘进机中比较简单的系统，由供水、排水两个独立的部分组成。

1）供水系统

利用水泵或高差，将一定压力、流量和温度的洞外工业用水，通过洞壁布置的管路供到后配套台车上与水管卷筒相接，构成隧洞供水系统。而 TBM 及其后配套上的水系统主要由与隧洞水管相接的水管卷筒、水泵、水箱过滤器、阀、管路等构成，用于工业消耗用水或设备内循环水的冷却。而为 TBM 上的一些关键设备配置的内循环水冷却系统一般使用纯净水。洞外供到后配套上的工业水，通过热交换器与内循环水进行热交换，从而达到冷却的目的。

由此可见，洞外供到后配套上的工业用水一方面需用作施工消耗用水，如刀盘喷水、皮带机卸渣点喷水、清洗设备用水等换；另一方面则需要与内循环水热交换冷却内循环水，进而冷却设备，如刀盘驱动电机及减速箱、刀盘驱动变频控制柜、液压动力站液压油和主驱动润滑油的冷却。

水管卷筒一般布置在后配套下层尾部一侧，随着 TBM 向前掘进不断释放，释放完毕，沿洞壁向前延伸钢制水管，软水管再缠绕到水管卷筒上。根据隧洞直径的大小，一般卷筒可以存储 60m 左右的水管。泵站和水箱一般布置在电气设备的后面、风管储存筒的前面，基本上处于后配套的中后部，对于大直径 TBM 可放置下层或上层，小直径 TBM 则放置下层一侧。水管布置从后配套尾部一直到 TBM 主机前部，沿途设有若干用水接口。

一般按照每开挖 $1m^3$ 岩石供给 $0.25\sim0.3m^3$ 水量即可，进水压力一般小于 2MPa，可以用泵站供水，也可采用洞外高位水池供水。

2）排水系统

排水系统主要根据隧道坡度和隧洞最大涌水量设置。在掘进上坡时，可采用隧道排水沟自流方式排水；在掘进下坡时，必须配置抽水量大于最大涌水量的排水泵。隧道中隔一定距离设置集水坑。排水泵应设置两台，一台工作另一台备用，避免排水泵发生故障而造成掘进机整机泡在涌水中的大事故。

一般在 TBM 设计采购中，需要在 TBM 及其后配套中集成设置排水系统，主要目的是将隧道涌水及施工废水从 TBM 的前部排到后配套的尾部。在 TBM 及其后配套范围内，一般设置 2～3 级排水。即在 TBM 主梁下和后配套铺轨区各设置一级污水泵，通过管路将污水排放到后配套中部或后部的污水箱中，再由污水箱旁边的排水泵将废水通过管路排到后配套尾部。

后配套上的污水箱一般设计有隔板以便沉淀，沉淀的泥渣要在维护班时清除。污水箱有液位传感器，根据水位排水泵可自动或手动启动排水。

从后配套尾部至洞外的排水，则需要用户根据具体情况另外设计隧洞施工排水方案。后配套尾部可以考虑设置污水排水管卷筒，直接与隧洞排水管相接，向洞外排放；也可以考虑从后配套尾部自流出洞外，这需要根据水量及隧洞设计是上坡还是下坡而定。根据具体情况，隧洞可能需要设置多级排水泵和集水井。

10. 通风系统

通风系统在掘进机中也是一个较为简单的系统，分为压缩空气和多级串联的轴流风机两个独立的系统，分别完成气泵、空气离合器、油雾气和新鲜空气的供气。

TBM 施工时，隧道通风系统利用洞口风机和软风管将新鲜风送到后配套尾部。后配套尾部则布置有风管储存筒，有 150～300m 长的软风管存储在风管储存筒内，并与隧洞风管连接。随着 TBM 向前掘进，风管不断释放，完毕后再更换另一个风管储存筒。

由于后配套尾部至 TBM 主机还有较长距离，一般在 $100\sim300m$，还需从风管储存筒处继续向前压风，为此通常出风管储存筒后，要通过助力风机和金属风管一直将新鲜风压送到 TBM 主机的尾部。因此，TBM 及其后配套上的通风设施主要由风管储存筒、二次助力风机、金属风管组成。风管储存筒布置在后配套上层尾部，前面紧接助力风机，金属风管则沿后配套上层一侧从助力风机一直通到 TBM 主机处。

11. 除尘系统

掘进机在掘进时，刀具在破碎岩石的同时产生了大量粉尘，这是掘进机粉尘污染的根源。为了将粉尘堵在掘进机刀盘前部，不向机头后溢出，在掘进机机头刀盘支撑外侧设有挡尘板。挡尘板可以弥补掘进机头部顶护盾、侧护盾、下支撑封闭不到的部位。挡尘板外侧设有 $80\sim100mm$ 橡胶圈与洞壁相接，既起密封作用又可避免被洞壁磨损。

除尘系统主要由除尘器、金属风管、除尘风机等设备组成。沿刀盘四周设置喷嘴，其喷水可以形成环状水雾，与较大颗粒粉尘结合沉降，可去除一部分粉尘。在掘进机机头上部两侧顶护盾下方开有排风口，与排风管相接，由高效抽风机将中小颗粒粉尘从风管中抽出，送入设在胶带桥或后配套拖车上的水膜除尘器中，足量的水膜能在水膜除尘器上除去中小颗粒的粉尘。经喷嘴喷水除尘和水膜除尘后的空气再经过多层滤网除尘器后，排向后配套尾部，再经隧道以定风速流出洞外。一般除尘器和除尘风机布置在后配套一侧的中部或后部，可安放在后配套的上层或下层，除尘器向后临近的位置布置除尘风机，通过金属风管连接除尘器和除尘风机。

除尘器分为湿式除尘器和干式除尘器，两种除尘器在 TBM 上应用都取得了比较满意的效果。湿式除尘器是利用湿式滤芯和高压水雾降尘，再将含粉尘的污水排放到污水箱内，定期进行污泥清除。干式除尘器则利用干式滤芯和压缩空气沉降粉尘，再通过螺旋输送器将粉尘输送到注水的搅拌器内，再由气动泵将泥浆排放到后配套皮带机上运出洞外。湿式除尘器要日常进行维护清洗，干式除尘器也要定期对滤芯进行清扫。值得注意的是，一般干式滤芯不要用水清洗，也不要用硬物及高压风清扫，还要特别防止隧洞水从破损的风管被吸入干式除尘器，以免水与粉尘会形成泥浆，堵住整个滤芯。

12. 电气系统

掘进机的破岩、运岩过程是一个消耗电能、由电能转化成机械能不断做功的过程。掘进机的用电特点是耗电量大、负荷波动大、电动机单机功率大，因此在使用掘进机的地方，首先必须保证有足够大的电源容量。另外，掘进机的工作环境是在阴暗潮湿的山洞中，潮湿、粉尘、振动等恶劣的工作环境对电气设备及其保护系统都提出了更高的要求。

电气系统主要设备包括高压电缆卷筒、高压开关柜、变压器、刀盘变频驱动控制柜、其他用电设备电气控制柜等。因掘进机开挖的山洞截面空间有限，掘进机施工一般采用电缆供电。后配套设置有高压电缆卷筒，随着 TBM 掘进，高压电缆卷筒不断释放电缆，释放完毕隧洞接入一卷新电缆后，将卷筒电缆再缠绕回去。一般高压电缆卷筒可存储 $250\sim500m$ 电缆。由于主控室、液压动力站混凝土喷射系统尽可能向前布置，而供风和供水系统一般靠后布置，所以上述电气设备一般布置在后配套的中部。大直径隧道可以上层或下层布置；小直径隧道一般布置在下层后配套的一侧，另一侧则布置矿渣车或材料车的行走轨道。

掘进机一般都采用高压供电方式。洞外变电所的 $10kV$ 或 $6kV$ 高压电源经高压电缆卷筒送到机上变压器的高压侧。机内电动机工作电压一般为 380V，控制、照明电源工作电压一般为 220V，手持式或移动式电气设备工作电压一般为 24V 或 12V。

13. 自动导向系统

掘进机自动导向系统是一种能够自动测量并实时显示掘进机姿态偏差的软硬件系统，为掘进机的掘进指引方向。该系统将常规测量通过三维空间建模及空间坐标转换结合图像处理、计算机与通信等技术实现其自动化。系统能够为盾构司机提供掘进所需要的各种姿态信息，包括掘进机与设计线路的偏离情况、掘进机的当前掘进里程（距离）、掘进机的坡度和滚动角度等。

目前掘进机自动导向系统主要分为激光标靶和电子棱镜两类。激光标靶自动导向系统由于高度集成化、安装简单、占用空间少、适合小半径掘进等特点而被广泛使用。电子棱镜自动导向系统具有长距离测量、对恶劣环境有很好的适用性而被广泛应用于 TBM 上。

14. 信息处理系统

掘进机是一个由许多子系统组合成的复杂的机械系统，数十个信息同时汇送到司机室，有些经计算机处理，再经操作人员综合判断识别后，及时做出相应的操作处理。信息处理系统包含信息的采集、传递、处理、显示及相关处理措施再传递的全过程，信息及时、正确的采集、传递和处理，是确保掘进机正常工作的必要条件。大部分信息的采集通常由检测元件执行，如显示位置的行程开关，显示速度的电流信号，显示温度、压力的传感元件，显示运转状态的摄像系统等。信息的传递通过通信设备、屏蔽电缆等进行。信息的处理由 PLC 或计算机完成，最终在模拟屏上显示，也有部分信息是由操作人员直接观察收集的。

15. 地质预测系统

随机掘进时，需要随时观察主机胶带机出渣口岩渣的粒度、品质、含水率，同时观察推进速度、压力、电动机功率，可以据此对现有开挖的掌子面做出判断。对地质资料中预测的破碎带、断层、软地质状况等，在必要时，可用超前钻进行掘进机头部 100m 范围内的取样探测。

16. 衬砌支护系统

根据预报的地质资料，对断层、破碎带、溶洞等不良地质段，掘进机都配备有支护、衬砌设备。这些设备主要通过采用锚、撑、衬、灌、喷、冻等方法，使掘进机通过不良地质段，并获得所需的隧道断面。

支撑式掘进机和护盾式掘进机由于洞壁裸露情况不一，而配置有不同的衬砌、支护系统。支撑式掘进机的顶护盾后，洞壁岩石就裸露在外，因此，在顶护盾后必须设置锚杆机和钢环梁安装机；由于双护盾掘进机的机后有拼装式的混凝土管片，所以必须配置混凝土管片安装机和相应的灌浆设备。

8.3　隧道掘进机选型及适应性设计

8.3.1　隧道掘进机选型依据

隧道施工前，应对 TBM 进行选型，做到配套合理、充分发挥施工机械的综合效率、提高机械化施工水平。TBM 选型的依据包括以下方面：

（1）隧道沿线的地质资料：①隧道沿线岩石的种类、物理特性、完整性、节理走向、节理发育程度、石英含量、耐磨性、初始应力状态和含水出水状态；②隧道沿线的断层数量、宽度、充填物种类和物理特性；③隧道沿线的岩体自稳性；④隧道沿线的含水层和水系分布情况，涌水点和涌水量；⑤隧道的地应力；⑥隧道沿线的有害、可燃性气体的分布情况。

（2）隧道设计参数：①隧道界面的形状与几何尺寸；②隧道的座数和相互位置；③隧道的长度；④隧道的转弯半径；⑤隧道的坡度；⑥隧道的埋深。

（3）地理位置环境因素：①隧道经过的地方或附近是否有城市、江河、湖泊、水库、文物保护区；②隧道沿线地下洞室的结构特性、基础形式、现状条件及可能承受的变形。③隧道进出口是否有足够的组装场地；④是否具有掘进机的大件运输、吊装条件；⑤隧道施工现场气候条件、水电供应状况、交通情况；⑥隧道施工现场或附近可提供的备品备件、专用工具及维修能力。

（4）TBM 一次连续掘进隧道的长度以及单个区间的最大长度。

（5）隧道施工进度：①隧道施工总工期；②隧道准备工期；③隧道开挖工期；④掘进机拆除工期；⑤隧道衬砌工期；⑥隧道全部成洞工期。

（6）同一区域类似钻爆法施工隧道的变形监控量测资料。

（7）处理不良地质的灵活性、经济性。

（8）TBM 制造商的业绩与技术服务能力。

（9）施工队伍的经济实力、技术水平和管理水平等。

（10）预期下一个工程的有关参数。

8.3.2 隧道掘进机选型原则

TBM 的性能及其对地质条件和工程施工特点的适应性是隧道施工成败的关键。选用技术先进、质量可靠的 TBM 和经验丰富、服务专业的 TBM 制造商是 TBM 工程成功的关键因素。

TBM 选型主要遵循下列原则：

1. 安全性、可靠性、实用性、先进性与经济性相统一

一般应按照安全性、可靠性、实用性优先，兼顾技术先进性和经济性的原则进行。所选 TBM 技术水平先进可靠，并适当超前，符合工程特性、满足隧道用途，做到安全性、先进性、经济性相统一。经济性从两方面考虑，一是完成隧道开挖、衬砌的成洞总费用，二是一次性采购掘进机设备的费用。

2. 满足隧道外径、长度、埋深和地质条件、沿线地形以及洞口条件等环境条件

TBM 设备选型应根据隧道施工环境综合分析，TBM 的地质针对性非常强，TBM 性能的发挥在很大程度上依赖于工程地质条件和水文地质条件，工程地质及水文地质条件是影响 TBM 隧洞施工质量的重要因素，也是 TBM 设备选型的重要依据。地质勘察资料要求全面、真实、准确，除有详细而尽可能准确的地质勘察资料外，还应包括隧址地形地貌条件和地质岩性，过沟地段、傍山浅埋段和进出口边坡的稳定条件等。TBM 对隧道通过的地层最为敏感，不同类型的 TBM 适用的地层不同，一般情况下，以Ⅱ、Ⅲ级围岩为主

的硬岩隧道较适合采用支撑式 TBM，以Ⅲ、Ⅳ级围岩为主的隧道较适合采用护盾式
TBM。当地层多变、存在软土地层、地表结构复杂且对沉降控制要求较高时，多采用盾
构法施工。

　　3. 满足安全、质量、工期及造价要求

　　TBM 设备的配置应尽量做到合理化、标准化，应依据工程项目的规模、难易程度、
安全、质量、工期、造价、环保以及文明施工等要求，在充分调研的基础上进行选型。工
程施工对 TBM 的工期要求包括 TBM 前期准备、掘进、衬砌、拆卸转场等全过程；TBM
的前期准备工作包含招标采购、设计、制造、运输、场地、安装、调试、步进等；开挖总
工期应满足预定的隧道开挖所需工期的要求；对边掘进、边衬砌的 TBM，TBM 成洞的总
工期应满足预定的成洞工期要求；TBM 的拆卸、转场应满足预定的后续工期要求。

　　4. 考虑后配套设备与主机配套、工程进度及环保要求

　　后配套设备与主机配套，满足生产能力与主机掘进速度相匹配，工作状态相适应，且
能耗小、效率高的原则，同时应具有施工安全、结构简单、布置合理和易于维护保养的特
点。进入隧道的机械，其动力宜优先选择电力机械。配套应合理，其生产能力首先应满足
施工组织设计所要求的工期，能确保进度目标的实现。后配套设备的选型应满足劳动保护
和环境保护等职业健康安全的要求，且满足文明施工的要求。后配套设备选型时，应满足
操作者劳动强度和劳动条件的改善，应配备污染少、能耗小、效率高的施工机械，以减少
作业场所环境污染，有利于环境保护。同时，施工管理者要有强烈的劳动保护和环境保护
意识，应自始至终把环境保护工作列入现场管理的最重要内容，应强化环境管理，制定环
境保护措施。

8.3.3　隧道掘进机选型步骤

　　一个工程是否选用掘进机及怎样选择掘进机，一般要涉及以下五个层次的问题进行
论证：

　　（1）隧道与非隧道的决策；

　　（2）洞挖与明挖；

　　（3）掘进机与钻爆法技术经济比较；

　　（4）掘进机的选型；

　　（5）掘进机主参数的确定。

　　严格地说，掘进机的选型是一个在工程第四层次探讨的问题，但它往往又与其他几个
层次的问题相关联。因此，选型决策人员应对掘进机施工及其他施工方法都有一定的了
解，才能做出正确的选择。

　　1. 是否选用掘进机

　　地层软弱、断面较小时，采用小直径掘进机毫无问题；坚硬地层中采用中小直径掘进
机，在技术上已经成熟且经济上与钻爆法持平；在中硬、软岩地层，大、中、小型掘进机
均取得成功经验；在地层坚硬、断面很大时，会带来电能不足、运输困难和造价过大等种
种困难，选用大直径掘进机在技术上风险较大，建议先用小直径掘进机开挖导洞，然后用
钻爆法扩大到设计断面的混合套打法。另外，也可先用小直径 TBM 开挖导洞，再用扩孔
机扩挖。如果隧道中具有严重不适应掘进机施工的地段，还可采用掘进机和钻眼爆破法混

合掘进施工方案。

2. 施工方案的选择

决定使用掘进机开挖后，要确定隧道的总体开挖方案，如隧道的施工顺序、方向与开挖方式等。

根据掘进工作面的设置和推进方向，掘进方式有单头单向掘进、双向对头掘进、多向多头掘进等方案。根据断面的大小，掘进方式有全断面掘进机一次掘进、分次扩孔掘进、机掘与钻爆混合掘进等方案。

只有一条隧道且长度不是很大时，可采用一台掘进机单头单向掘进；长度很大、工期较紧时宜用两台掘进机双向对头掘进，甚至通过设置竖井进行多向多头掘进。两条隧道并列且长度不大和工期许可时，可采用一台掘进机单向顺序施工两条隧道；长度大时，可采用两台掘进机单头单向掘进或者 4 台掘进机实行双向对头掘进，必要时甚至通过设置竖井进行多向多头掘进。

3. 掘进机类型的确定

施工方案确定后再对掘进机设备进行选型，TBM 主要分为支撑式、双护盾式、单护盾式三种类型，并分别适用于不同的地质。在选型时，应根据工程地质与水文地质条件、施工环境、工期要求、经济性等因素，按表 8-1 综合分析后确定 TBM 的类型。

支撑式 TBM 与护盾式 TBM 对比表 表 8-1

对比项目	支撑式 TBM	双护盾 TBM	单护盾 TBM
地质适应性	一般在良好地质中使用,硬岩掘进时适应性好,软弱围岩需对地层超前加固。较适合于Ⅱ、Ⅲ级围岩为主的隧道	硬岩掘进的适应性同支撑式,软弱围岩采用单护盾模式掘进,比支撑式有更好的适应性。较适合于Ⅲ级围岩为主的隧道	隧道地质情况相对较差的条件下(但开挖工作面能自稳)使用。较适合于Ⅲ、Ⅳ级围岩为主的隧道
掘进性能	在发挥掘进速度的前提下,主要适用于岩体较完整～完整、有较好自稳性的硬岩地层(50～150MPa)。当采取有效支护手段后,也可适用于软岩隧道但掘进速度受到限制	在发挥掘进速度的前提下,主要适用于岩体较完整、有一定自稳性的软岩～中硬岩地层(30～90MPa)	适用于中等长度隧道有一定自稳性的软岩(5～60MPa)
施工速度	地质好时只需进行锚网喷,支护工作量小,速度快;地质差时需要超前加固,支护工作量大,速度慢	在地质条件良好时,通过支撑靴支撑洞壁来提供推进反力,掘进和安装管片同时进行,有较快的进度;在软弱地层,采用单护盾模式掘进,掘进和安装管片不能同时进行,施工速度受到限制	掘进与安装管片不能同时进行,施工速度受限制
安全性	设备与人员暴露在围岩下,需加强防护	处于护盾保护下,人员安全性好。在地应力较大和破碎地层时,有被卡的危险	处于护盾保护下,人员安全性好。在地应力较大和破碎地层时,有被卡的危险
掘进速度	受地质条件影响大	受地质条件影响比支撑式小	受地质条件影响比支撑式小
衬砌方式	根据情况可进行二次混凝土衬砌	采用管片衬砌	采用管片衬砌
超前支护	较灵活	受限	受限

对比项目	支撑式 TBM	双护盾 TBM	单护盾 TBM
施工地质描述	掘进过程可直接观测到洞壁岩性变化，便于地质图描绘。当地质勘察资料不详细时，选用支撑式 TBM 施工风险较小	不能系统地进行施工地质描述，也难以进行收敛变形量测。地质勘察资料不详细时，施工风险较大	不能系统地进行施工地质描述，也难以进行收敛变形量测。地质勘察资料不详细时，施工风险较大

4. 确定主机的主要技术参数

在确定了掘进机类型后，要针对具体工程的隧道设计参数、地质条件、隧道的掘进长度进行同类 TBM 之间结构、参数的比较选型，选择对地层的适应性强、整机功能可靠、可操作性及安全性较强的主机，并确定主机的主要技术参数。掘进机的主要技术参数包括刀盘直径、刀盘转速、刀盘扭矩、刀盘回转功率、掘进推力、支撑力、掘进速度、掘进行程、贯入度等。

5. 确定配套设备的技术参数与功能配置

TBM 设备由主机和后配套设备组成，形成一条移动的隧道机械化施工作业线，主机主要实现破岩和装渣，在确定了主机的主要技术参数后，要根据与主机相匹配的原则确定后配套设备的技术参数、功能、形式等，应以主机能力、进度为标准进行核算，为了充分发挥出 TBM 的优势，保证工程顺利完成，还要适当扩大匹配设备的能力，按满足正常施工进度和可能扩大的施工进度需要，留有适当余地。后配套系统大致分为轨行型、连续带式输送机型、无轨轮胎型三种类型，连续带式输送机型由于结构单一和运渣快捷逐渐得到推广。

支撑式 TBM 还要特别重视钢拱架安装器、喷锚等辅助支护设备的选型和配套，以适应隧道地质的变化。

8.3.4　影响隧道掘进机选型的因素

1. 工程特点方面

TBM 选型一般考虑以下因素：

（1）隧道几何长度和平、纵断面尺寸等隧道设计参数。

（2）隧道的地质条件：隧道的围岩级别、岩性、围岩岩石的坚硬程度（单轴饱和抗压强度 R_c），隧道的断层数量、断层宽度、充填物种类和物理特性；岩体完整程度和岩体完整性系数；岩石的耐磨性及石英含量；岩体主要结构面的产状与隧道轴线间的组合关系；围岩的初始地应力状态；隧道的含水、出水状态等水文地质情况；隧道内的有害可燃性气体及放射性物质的分布情况。

（3）隧道施工环境：周边环境、进出口、施工场地交通情况，气候条件，水电供应情况。

（4）隧道施工总工期及节点工期要求。

（5）经济技术性比较。

（6）选型时应重点考虑制约 TBM 施工性能的因素，如岩石的可掘性、开挖面稳定性、开挖时洞壁稳定性、断层带宽度、挤压地层的存在。

TBM 选型按隧道的地质条件综合分析确定。一般的软岩、硬岩、断层破碎带，可采用不同类型的 TBM 辅以必要的预加固和支护措施进行掘进，但对于大型岩溶暗河发育的隧道、高地应力隧道、软岩大变形隧道、可能发生较大规模突水涌泥等特殊不良地质隧道，则不适合采用 TBM 施工。在这些情况下，采用钻爆法更能发挥其机动灵活的优越性。

2. 地质参数方面

岩石的单轴饱和抗压强度（R_c）是影响 TBM 选型的主要因素之一。一般 R_c 越低，TBM 的破岩效率越高，掘进越快；R_c 越高，破岩效率越低，掘进越慢。如果围岩的自稳时间短甚至不能自稳，R_c 高低就不再是影响掘进速度的第一因素。当 R_c 值在一定理想范围内时，TBM 的掘进既能保持一定的速度，又能使隧道围岩在一定时间内保持自稳。

岩石节理、裂隙的发育程度是决定围岩级别和 TBM 效率的又一主要因素。一般情况下节理较发育和发育时，TBM 掘进效率较高。节理不发育，岩体完整时，TBM 破岩困难。岩体结构面越发育，密度越大，节理间距越小，完整性系数越小，TBM 掘进速度有越高的趋势。但当岩体节理、裂隙特别发育，节理间距极小，岩体完整性系数很小时，岩体已呈碎裂状或松散状，岩体强度极低，自稳能力差，在此类围岩中进行 TBM 法施工，支护工作量增大，加之破碎岩体给撑靴提供的反力低造成掘进推力不足，其掘进速度不但不会提高，反会因需对不稳定围岩进行大量加固处理而大大降低。

岩石的耐磨性也是影响 TBM 效率的主要因素之一，它对刀具的磨损起着决定作用。岩石坚硬度和耐磨性越高，刀具、刀盘的磨损就越大。TBM 换刀量和换刀次数的增大，势必影响到 TBM 利用率。刀具、刀盘及轴承的失效，对 TBM 的使用成本有很大影响。岩石的硬度，岩石中矿物颗粒特别是高硬度矿物颗粒如石英等大小及其含量的高低，决定了岩石的耐磨性指标。一般来说，岩石的硬度越高，岩石的耐磨性越好，对刀具等磨损越大，掘进效率也越低。

岩体主要结构面的产状与隧道轴线间的组合关系对 TBM 工作效率的影响，主要表现为组合关系对围岩稳定性的影响，进而影响 TBM 的工作效率。当岩体主要结构面的走向与隧道轴线间夹角小于 45%，且结构面倾角较缓（不大于 30°），隧道边墙拱脚以上部分及拱部围岩因结构面与隧道开挖临空面的不利组合而出现不稳楔块，常发生掉块和坍塌，影响 TBM 的工作，降低 TBM 的工作效率，甚至危及 TBM 及施工人员的安全。

当围岩处于高地应力状态下，若围岩为坚硬、脆性、较完整或完整的岩体，极有可能发生岩爆，严重时将危及 TBM 及施工人员的安全；若围岩为软岩，则围岩将产生较大变形，两者均会给 TBM 的掘进施工带来困难。

隧道的含水、出水状态对 TBM 工作效率的影响，视岩体含水量和出水量的大小，含水、出水围岩的范围及围岩是硬质岩还是软质岩而异。一般地说，富含水和涌漏水的地段，围岩的强度会有不同程度的降低，特别是对软质岩的劣化，致使围岩的稳定性降低，影响 TBM 的工作效率。此外，大量的隧道涌漏水，将恶化 TBM 的工作环境，降低 TBM 的工作效率。

制约影响 TBM 施工性能的不良地质情况可能是导致隧道不稳定的质量很差的岩体，也可能是贯入度低的岩体（如强度很高的整块岩体）。然而，岩体质量对 TBM 性能的影响并没有一个绝对值，TBM 通常适用于在稳定性好、中～厚埋深、中等强度的围岩中掘进的长隧道。施工前掌握隧道的地质条件对隧道工程是极为重要的，设计阶段的前期地质勘察非常重要，用在前期勘察上的资金会因施工费用降低与工期缩短得到很大补偿。TBM 法施工在导洞或主洞实施的超前勘察并不能代替充分的前期地质勘察。制约 TBM 性能的相对较为重要或较为常见的不良地质情况包括可掘性极限、开挖面和开挖洞壁的不稳定性、断层和挤压/膨胀地层。除此之外，影响 TBM 施工的不良地质情况还有黏性土地层、地下水、瓦斯、岩爆、高温岩层、高温水和溶洞等。

TBM 开挖岩体能力的主要指标是 TBM 在最大推力作用下的掘进速度。它与岩石类别、岩石单轴抗压强度、围岩裂隙发育、岩石耐磨度、孔隙率等有关。如果 TBM 不能以较快的速度掘进或刀具的磨损超过可接受的极限，则这种岩层可掘性差。

如果开挖岩体破碎，会导致开挖面发生重大不稳定现象，由于塌落、积聚的石块作用于刀盘或卡住了刀盘，造成刀盘不能旋转；或因开挖面不稳定造成超挖严重，在 TBM 前方形成空洞；或因支护工作量过大，使 TBM 利用率过低。

洞壁不稳定将影响支撑式 TBM 正常掘进，断层带较宽时，给正常掘进、支护和处理带来困难。护盾式 TBM 对隧道围岩快速收敛十分敏感。

8.3.5 隧道掘进机适应性设计

1. TBM 掘进性能要求

TBM 选型适应性设计时，需要根据工期、工程地质、工程设计和施工工艺等多种因素，对掘进性能提出相应合理要求。衡量 TBM 掘进性能的主要指标有：贯入度、纯掘进速度、设备完好率、掘进作业利用率、刀具消耗量等。一定岩石条件下，TBM 掘进性能除了取决于 TBM 和刀具本身性能外，还主要与 TBM 操作使用、维护保养和施工组织管理有关。

1）贯入度和纯掘进速度

贯入度为刀盘每转切入深度，单位为 mm/r。纯掘进速度为贯入度乘以刀盘转速，单位为"mm/min"或"m/h"。这样，已知贯入度和刀盘转速，就可计算纯掘进速度，若进一步知道 TBM 掘进作业利用率，就可以预计日进尺、周进尺、月进尺等。贯入度和纯掘进速度主要受机器设计参数和地质参数的影响，因此，根据工程地质情况和工期要求，可以向 TBM 设计制造商提出合理的机器特性要求，并评判其设计参数是否满足掘进速度要求，或进行掘进速度的预测。

根据机器设计参数和地质参数的不同，贯入度可能在 $2\sim20\text{mm/r}$，刀盘转速一般在 $5\sim12\text{r/min}$。TBM 选型设计时，可要求制造商提供所设计 TBM 在不同岩石情况下的贯入度或纯掘进速度的参考值。近三十年来 TBM 掘进技术水平大致为：20 世纪 80 年代，TBM 最高日进尺为 $30\sim40\text{m}$，平均月进尺 $300\sim500\text{m}$；20 世纪 90 年代后，最高日进尺为 $45\sim60\text{m}$，平均月进尺 $500\sim700\text{m}$。2005 年我国辽宁大伙房输水工程采用 8m 直径 TBM，其最高日进尺达到 63.5m，最高月进尺达到 1208m。

2）设备完好率

TBM 的完好率包括 TBM 系统可靠度和维修度两方面因素。可靠度越高，故障所占维修时间越短，则 TBM 系统完好率越高，投入纯掘进作业时间比例越大，说明机器本身性能越好。因此，这是一个主要取决于 TBM 制造商的性能参数。当然，高的设备完好率，需要承包人按照制造商的正确使用和维护要求的前提之下才能取得。在 TBM 选型设计中，承包人可向制造商对 TBM 完好率提出合理的要求，合同中通常要求达到 90%。但由于 TBM 是大量分系统和设备集成的庞大复杂系统，因此要获得很高的设备系统完好率是很困难的。据统计，维尔特（Wirth）公司 TBM 在过去 25 个工程应用表明：TBM 设备系统完好率一般在 70%～90%，能够达到 90% 以上的项目极少。

TBM 完好率可按下面公式确定：

$$AV = \frac{ET + RT}{ET + RT + OUT} \tag{8-2}$$

式中 AV——完好率；

ET——掘进时间（min）；

RT——换步时间（min）；

OUT——故障造成停机时间（min）。

3）掘进作业利用率

掘进作业利用率是掘进时间占总施工时间的比例，其一方面取决于设备完好率，另一方面主要取决于工程地质条件和现场组织管理水平。掘进作业利用率越高，越可能获得高的进尺。常常因为设备故障，以及岩石支护作业、出渣作业、材料运输等其他原因延误造成停机，从而使掘进作业利用率降低。目前，TBM 平均掘进作业利用率在 40% 左右。设备故障率低、岩石条件好的月份可以较高，甚至达到 50% 以上；不良岩石条件时可能很低，甚至低于 20%，整个工程平均利用率超过 40% 是很困难的。

不同岩石条件下的 TBM 贯入度、纯掘进速度和掘进作业利用率，是计划工程工期的重要依据。对于承包人，一方面可以要求制造商提高机器的完好率，另一方面在选型设计中要考虑好掘进、出渣、支护等各分系统间的协调关系，并提高施工组织管理水平和 TBM 的维护保养水平，以提高 TBM 掘进作业利用率。

4）刀具消耗量

除了 TBM 投资消耗以外，最重要的花费之一就是刀具，刀具花费的预测比掘进速度的预测更为困难，而且刀具消耗的增加将带来停机时间的增加，从而影响工程工期，这些都或多或少取决于未知的要开挖的岩石情况。岩石的抗压强度、裂隙情况、石英含量是刀具消耗的主要影响因素，不同工程的岩石条件不同，刀具消耗量和消耗费用可能相差很大，有的工程在 1km 掘进中几乎不用换刀，而有的工程在 1km 掘进中可能需要几百万元的刀具消耗。

刀具的消耗除了正常刀圈磨损以外，还包括刀圈崩刃断裂、刀具轴承和密封损坏，甚至是由于刀圈偏磨未及时发现而造成刀体损坏。一定岩石情况下，刀具的消耗既取决于刀具的质量和刀具在刀盘上的总体布置，又与刀具的安装使用和维护技术水平有关。TBM 选型设计时可要求制造商提供开挖单位立方米岩石刀具消耗费用或数量的参考值，以便进行刀具质量评判和刀具投资消耗预测。

2. TBM 主要参数设计

近年来 TBM 设计的总趋势是：开发大直径刀具，提高刀具承载能力；增大刀盘推力和扭矩；提高刀盘转速；增大掘进行程。掘进机的主要技术参数包括刀盘直径、刀具直径、刀盘转速、刀盘扭矩、刀盘回转功率、掘进推力、支撑力、掘进速度、掘进行程、贯入度等。

1）刀盘直径

TBM 直径有向大直径和微型 TBM 两个方向发展的趋势，目前 TBM 直径一般在 3～15m 之间。TBM 直径越大，TBM 设计、制造、运输、组装和施工的技术难度越大；直径太小，作业空间狭小，设备布置困难。

为了降低不良地质的影响，TBM 尽量设计为平面状刀盘和凹状的刀具安装座，这种设计降低了掌子面和刀盘结构间的距离，能更好地保持掌子面的稳定，并降低阻塞刀盘引起机械元件过载的危险。一般设计成可背装式换刀的刀盘，以防人员出现在掌子面和刀盘前端之间未保护的空间。

刀盘设计的强度、刚度、耐磨性和焊接强度是需要重点考察的性能指标。刀盘设计制造是十分关键的，特别是坚硬岩石条件下，刀盘的振动、磨损、焊缝开裂将会成为突出问题，设计时必须给予充分考虑。

刀盘直径应按掘进机的类型、成洞洞径和衬砌厚度等确定，一般可按照下式计算：

$$D = D' + 2\delta_{max} \tag{8-3}$$

式中　D——刀盘直径（m）；

　　D'——成洞后的直径（m）；

　　δ_{max}——最大衬砌厚度（m）。

对于支撑式掘进机：

$$D = D' + 2(h_1 + h_2 + h_3) \tag{8-4}$$

对于护盾式掘进机：

$$D = D_0 + 2(\delta + h) \tag{8-5}$$

式中　D——刀盘直径（m）；

　　D'——成洞后的直径（m）；

　　h_1——预留变形量（考虑误差、围岩变形量、衬砌误差）（m）；

　　h_2——初期支护厚度（m）；

　　h_3——二次衬砌厚度（m）；

　　D_0——管片内径（m）；

　　δ——管片厚度（m）；

　　h——灌注的碎石和砾石平均厚度（m）。

2）刀具直径

硬岩 TBM 一般采用盘形滚刀，刀具的基本元件有刀圈、刀体、刀轴、轴承组合件、密封、端盖等。刀具设计制造水平及其在刀盘上的布置，对破岩效果、掘进速度和刀具消耗是至关重要的。

为了增加 TBM 刀具的贯入度和纯掘进速度，刀具轴承和刀圈材料技术不断向前发展，以取得较高的承载能力和耐磨性，从而具有更高的刀具额定推力。所有著名厂家还致力于开发更大直径的刀具，大直径的刀具一般具有的优点是允许较大的磨损量、承载力和较低的滚动阻力系数。大伙房水库输水工程在国内首次选用 19in（483mm）刀具，实践证明是成功的。

不同厂家刀具的最大差别在于其材料、热处理工艺以及刀圈剖面的几何形状，主要问题是须在耐磨性和韧性间找到平衡点。对于刀圈来说，外廓形状已由原来的楔形刀圈向准等厚刀圈发展，这样可保持刀圈与岩石接触面积在较长的磨损期内是个常值，因此不需增加推力或降低掘进速度。

3）刀盘转速

刀盘转速应根据围岩类别及刀盘直径等因素确定，一般盘形滚刀的刀具轴承和密封允许的线速度为150m/min左右，对应于19in滚刀允许线速度约为300m/min。因此，设计中刀盘转速与刀盘直径应成反比，刀盘直径越大，最大允许转速越低。掘进机掘进岩石时，刀盘转速可按下式计算：

$$n = \frac{60V_{\max}}{\pi D} \tag{8-6}$$

式中　n——刀盘转速（r/min）；

$V_{\max}$——边刀回转最大线速度（m），一般控制在2.5m/s以内；

D——刀盘直径（m）。

刀盘转速经验计算方法按下式：

$$n = \frac{X}{D} \tag{8-7}$$

式中　n——刀盘转速（r/min）；

X——速度系数通常为45～50；

D——刀盘直径（m）。

4）刀盘扭矩

刀盘扭矩必须根据围岩条件、掘进机类型、掘进机结构、掘进机直径确定，理论刀盘扭矩可按下式计算：

$$T = \sum(fF_iR_i) + \sum T_{\mathrm{m}} \tag{8-8}$$

式中　T——掘进机刀盘扭矩（kN·m）；

f——滚刀滚动阻力系数可取0.1～0.2；

F_i——每把滚刀最大承载力（kN）可取210～310kN，常用240kN；

R_i——每把滚刀在刀盘上的回转半径（m）；

T_{m}——摩擦扭矩（kN·m），可按常规方法计算，当T_{m}无法确定时，可按20%（fF_iR_i）选取。

刀盘上所有刀具总滚动阻力决定扭矩大小。计算滚动阻力系数，即滚动力与推力的关系主要由刀圈直径和切入深度决定。

滚动阻力系数可按下式计算：

$$f = \frac{4}{5}\left(\frac{p}{d}\right)^2 \tag{8-9}$$

式中　f——滚刀滚动阻力系数；

p——切入深度（mm）；

d——刀圈直径（mm）。

因此，切入深度一定，滚动阻力系数随刀圈直径增加而降低。粗略估计，滚动阻力作为推力的百分比平均是：硬岩达10%，易掘进岩石为5%。

TBM刀盘的功率要求由转速和扭矩来决定，扭矩则受地质的影响。在可比的刀盘推力下，易掘进岩石允许较高的切深，并由于滚动阻力增加，要求较大的刀盘扭矩。可钻性良好的岩石，理论上可能的切深是不能采用的，是不经济的。需要的刀盘扭矩可以按经验方法式（8-10）计算：

$$T = YD^2 \tag{8-10}$$

式中　T——掘进机刀盘扭矩（kN·m）；

　　　Y——扭矩系数，根据围岩条件而异，一般取 55～90；

　　　D——刀盘直径（m）。

5）刀盘回转功率

刀盘驱动系统的主要形式有液压驱动、双速电机驱动和变频电机驱动。由于变频控制技术的可靠性提高和成本降低，变频电机驱动对不同岩石有更好的适应性，变频电机驱动成为近年来 TBM 驱动的发展方向和首选。一般是电机驱动行星齿轮减速器，进而驱动小齿轮和大齿圈转动，从而带动刀盘旋转。

刀盘回转功率根据刀盘扭矩、转速及传动效率确定，可按下式计算：

$$W = \frac{Tn}{0.975\eta} \tag{8-11}$$

式中　W——刀盘回转功率（kW）；

　　　η——机械回转效率 0.9～0.95；

其他符号意义同前。

目前实际工程应用中直径 4.5～15m 的支撑式 TBM 刀盘回转功率设计值见表 8-2。

不同直径支撑式 TBM 刀盘回转功率　　　　　　　　表 8-2

刀盘直径(m)	4.5	6.36	8.03	10.2	12.4	14.4
刀盘回转功率(kW)	1400	2300	3000	3800	4500	4900

6）掘进推力

推进系统主要由布置在主梁两侧的液压推进油缸等构成，为刀盘提供推力同时需要克服护盾摩擦阻力及提供后配套所需拖拉力。应根据岩石情况、开挖直径、刀具直径和刀具数，提供足够的推力，以便在较硬岩石情况下获得一定的贯入度，一般根据总刀具额定推力、刀盘护盾摩擦阻力、后配套系统的牵引阻力等来综合考虑所需推力。

在计算掘进推力之前，先要估计刀盘上刀具的数量。

（1）盘形刀具数量

在给定地质条件和可比的刀间距下，刀具数与开挖直径成正比。

滚刀数量可按下式确定：

$$N = \frac{D}{2\lambda} \tag{8-12}$$

式中　N——滚刀数量；

　　　D——刀盘直径（mm）；

　　　λ——刀间距（mm）。

每把滚刀的推力和刀间距是提高切深（贯入度），进而提高掘进速度的最重要的参数。试验表明，在给定地质条件下，当减少刀间距时，获得一定掘进速度所需推力将下降。这意味着在非常硬的岩石情况下，维持每把刀推力不变，通过减少刀间距，可以增加掘进速度。但是，相应要求增加机器总推力，并产生更小的碎石屑，而碎石屑越小，切削岩石要求的比能越大，开挖过程的经济性就越小。

减小刀具数，不增加每把刀最大平均载荷，刀间距的增加将导致掘进速度的降低。对于一定岩石条件，刀间距太大，增加了刀具的磨损，相应降低了刀圈的寿命，并增加了TBM 停机时间。如果瞬间岩石强度太高，而用较大的刀间距的刀盘不能破掉岩石，在很短的时间内，如果 TBM 不仔细监控的话，单个刀就会损坏，也会损坏相邻的刀具。较多刀具与岩石接触，还可降低 TBM 的振动，并减小破碎岩层断面岩块洞穴的尺寸，从而可降低阻卡刀盘转动的危险。

相邻滚刀的间距从理论上分析，主要取决于岩石种类、岩石抗压强度、岩石节理分布等因素，但每条隧道的上述因素均是沿隧道洞线发生变化的，在硬岩情况下，它是 10～20 倍的切深，在 65～90mm 之间；软岩大约是 100mm。在设计时为了便于操作，一般采用以岩石种类为主要依据、参考岩石抗压强度的方法来确定滚刀间距，见表 8-3。在实际设计中，为了提高 TBM 的适应性，刀间距应尽可能取小，以便贯通整个隧道遇到最硬的岩石情况。

滚刀间距选用参考表　　　　　　　　　　表 8-3

岩石种类	片麻岩	花岗岩	石灰岩	砂岩	页岩
滚刀间距(mm)	60～70	65～75	70～85	70～85	85～100

（2）掘进推力

掘进推力按照下式计算：

$$F = NF_i + \sum F_m \tag{8-13}$$

式中　F——掘进推力（kN）；

　　　F_m——摩擦阻力（kN），可按常规方法计算，在不能确定时按 $0.3NF_i$ 选取；

其他符号意义同前。

掘进最大总推力由掘进机推进缸数量、供油压力、油缸与掘进机轴线交角、油缸大端直径等所决定。掘进实际推力是在最大设计推力范围内，由掌子面岩石的软硬、完整程度与所需破岩推力和掘进机移动部分的摩擦力的总和所决定。

下面以直径 4.5m 支撑式 TBM 为例进行设计计算。

① 护盾摩擦力

按下面公式计算护盾摩擦力：

$$F_\mu = \mu [2\pi r l (P_v + P_h) 0.5 + G] \tag{8-14}$$

式中　F_μ——护盾摩擦力（kN）；

　　　μ——摩擦系数，取 0.2；

　　　r——护盾半径，本工程取 2.25m；

　　　l——护盾长度，本工程取 3.5m；

　　　P_v——垂直载荷，取 134kPa；

　　　P_h——水平荷载，取 0；

　　　G——TBM 自重，本工程取 3183kN。

计算得：$F_\mu = 1299$kN。

② 刀盘额定推力

刀盘额定推力计算如下：

$$F_c = NP_{sc} \tag{8-15}$$

式中 F_c——刀盘额定推力（kN）；

N——刀具数，本工程 30 把；

P_{sc}——单把刀额定推力，17in 刀为 267kN。

计算得：$F_c = NP_{sc} = 30 \times 267 = 8010$kN。

③ 配套系统拖动力

后配套系统拖动力 F_d，根据后配套系统的不同设计和质量根据经验估算，按 500kN 计。

④ TBM 推力

TBM 所需推力 F 为上述三个力之和，则：

$$F = F_\mu + F_c + F_d \tag{8-16}$$

式中 F——TBM 所需最大推力（kN）。

则 TBM 所需最大推进力为：$F = 1299 + 8010 + 500 = 9809$kN。

⑤ 推进油缸尺寸

推进油缸与 TBM 轴线成一定角度 α，开始掘进时成最大角度，工程设计 TBM 为 22.6°，则所需推进油缸的最大推力：

$$F_{max} = \frac{F}{\cos\alpha} \tag{8-17}$$

计算得：$F_{max} = 10624.88$kN。

按两侧共 4 个推进油缸设计，油缸活塞直径 360mm，最大油压 350bar，则所设计推进油缸的最大推力 $F_{cy} = 14250$kN@350bar。

⑥ 支撑力

支撑系统由带有撑靴的水平支撑油缸和垂直方向的扭矩油缸组成，掘进时水平支撑油缸使撑靴撑紧在洞壁上。支撑油缸和扭矩油缸应能抵抗刀盘传递过来的推力和扭矩。支撑靴设计要考虑空间大小、岩石不易压溃、跨越钢拱架等要求，应有足够强度和面积，并需核算与洞壁的接地比压值大小。

根据工程实践经验，一般选取支撑力为推进力的 2.6 倍左右，则所需额定支撑力按式（8-18）计算为 20826kN。

$$F_g = 2.6F_c \tag{8-18}$$

所需最大支撑力按式（8-19）计算为 25503.4kN。

$$F_{gmax} = 2.6F \tag{8-19}$$

以 4.5m 直径 TBM 为例，主梁鞍架上安装有左右撑靴油缸，确定用活塞直径为 810mm 的油缸，则油缸的推力为：额定推力 25765kN@250bar，最大推力 36071kN@35bar。

7）掘进速度

对掘进机本身而言，掘进速度＝刀盘转速×贯入度，在相同的掘进速度情况下，刀盘转速高时的贯入度低，刀盘扭矩小，而此时推进力相对也较小。掘进机理论最大掘进速度为 6m/h，这个指标由推进油缸数量、大端直径、进油与掘进机轴线交角和油缸供油流量等所决定。

实际月进度可按照下式计算：

$$v = 24v_{max}d\mu \tag{8-20}$$

式中 v——月进度（m/月）；

    v_{max}——最大设计每小时掘进速度（m/h）；

      d——每月工作天数；

      μ——掘进机作业率，一般取 0.4～0.6。

常见种类的全断面岩石掘进机平均月进尺见表 8-4。

掘进机平均月进尺   表 8-4

全断面掘进机种类	硬岩(m/月)	中硬岩(m/月)	软岩(m/月)	破碎岩(m/月)
支撑式	0～300	500～600	0～200	100～200
双护盾式	—	500～600	800～1200	100～200
单护盾式	—	300	300～400	100～200

8）掘进行程

护盾式掘进机的掘进行程必须根据管片环宽确定，合理选择掘进机行程，对加快掘进速度、提高施工质量是十分有利的。目前可供选择的一次掘进行程，有 0.6m、0.8m、1m、1.2m、1.4m、1.5m、1.8m 和 2.1m 几种。

在设备制造能力许可的条件下，建议选用长的行程，这样可以减少换行程次数，从而提高总体施工速度；减少停开机次数也有利于延长掘进机寿命；在水利隧洞中可减少混凝土管片数量，减少管片间的拼缝数量，从而减少渗漏水的概率。选择掘进行程还涉及混凝土管片宽度、后配套接轨长度以及后配套接长处的水、风管长度，要求这些参数与掘进行程互成公倍数，这样有利于施工的配套作业。

9）贯入度

贯入度也称为切深，即刀盘每回转一圈，刀具切入掌子面岩石的深度，贯入度指标与岩石特性有关，如岩石类别、单轴抗压强度、裂隙发育、可钻性、耐磨度和孔隙率等。贯入度可按下式计算：

$$P = \frac{V}{n} \tag{8-21}$$

式中 P——贯入度（mm/r）；

    V——掘进速度（mm/min）；

    n——刀盘回转转速（r/min）。

3. 出渣运输与进料设备的适应性选择

TBM 施工中，掘进效率的高低，在很大程度上取决于出渣运输和运料是否及时到位。运出对象主要是 TBM 开挖所产生的大量石渣，运进对象为隧道支护、隧道延伸所需的材料和刀具等维修器材。

出渣运输与进料设备的选型，首先要考虑与 TBM 的掘进速度相匹配，其次须从技术和经济角度分析，选用技术可靠、经济合理的方案。设备的具体规格、数量由开挖洞径、掘进循环进尺、隧道长度和坡度等因素决定。

出渣运输与进料设备主要分为有轨出渣及进料、皮带输送机出渣及轻轨进料两种类型。

1）有轨出渣及进料

根据隧道掘进长度、开挖断面、隧道坡度、每个掘进循环进尺和岩石的松散系数，计算每列出渣车的矿车斗容和数量。

机车选型要满足不仅可以牵行 1 列重载矿车，还可带动所需辆数的材料车和载人车，同时考虑坡度，最终确定机车数量和规格。

根据掘进长度、列车平均运行速度确定所需出渣列车的数量。首先确定每列出渣列车所含矿车、机车的数量和规格，要求 1 个掘进循环出渣量由 1 列出渣列车 1 次运走。根据掘进长度、列车平均运行速度，按 TBM 连续出渣的要求，确定所需出渣列车的数量。

掘进初期，距离较短，需用渣车数量较少，随着掘进距离的加长，逐渐增加出渣列车数量。为尽量提高 TBM 掘进效率，施工中至少需 4 列编组列车；掘进循环中 1 列车在出渣皮带机料斗处装渣，1 列车在双轨一侧待机，1 列车在出洞轨道一侧待进，1 列车在洞外卸渣。每列列车应包含机车、矿车、材料车等。

2）皮带输送机出渣及轻轨进料

采用连续皮带输送机出渣时，隧道内的轨道仅承担隧道支护材料、TBM 维修人员和器材等运输，可采用轻型钢轨。

皮带机随 TBM 移动，从 TBM 一直连接到洞门口出渣。皮带输送机主要由储带仓、主驱动装置、辅助驱动装置、被动轮、胶带、托辊等部分构成。皮带输送机结构简单、运输效率高、便于维护管理，可减少洞内运输车辆，减少空气污染，有利于形成快速连续出渣系统。

使用皮带输送机连续出渣的关键是皮带输送可随 TBM 每次步进得到延长，且输送机能转向，皮带输送机尾部安装在后配套上。当后配套前进时，胶带逐段从储带仓中被拉出，使皮带输送机不间断地完成石渣输送。随着 TBM 每次掘进完成一个循环行程步进时，后配套系统被向前拉动一个行程。此时皮带输送机也随之延伸，为此需要在皮带输送机尾部的前方，将皮带机架、托辊、槽型托辊进行安装，为胶带运输提供条件。为了满足 TBM 在一定距离内不断向前延伸而不用随时延长胶带，设置了一个储带装置。由后配套皮带机运来的石渣卸到出渣皮带输送机上。当储存仓中的胶带用尽时，出渣皮带输送机需停止工作，进行接长胶带的硫化处理工作。连续出渣皮带机主驱动装置由电机、减速器、驱动轮组成，采用变频调速电机。驱动轮与胶带的传动为摩擦传动。当水平输送距离增加时，要增加另一套结构相同的辅助驱动装置，由两套驱动装置对胶带进行驱动，为协调主、辅驱动装置的运行和在启动时能够自动调整皮带的张拉，连续皮带输送机由 PLC 进行控制，此控制系统与 TBM 的控制相匹配，以保证由 TBM 控制启动和停止的次序。为了保持胶带的对中性，连续皮带输送机具有液压驱动的纠偏能力，在液压缸的作用下，连续出渣皮带输送机尾部可以在隧道断面的 x 轴和 y 轴两个方向移动，并可沿 z 轴旋转，这些运动跟随着皮带的摆动，它受安装在皮带机尾部的操作控制台控制。

4. TBM 系统间的匹配设计

TBM 是庞大的工厂化作业系统,由众多子系统和设备构成的有机整体,其各系统的优化配置和集成是 TBM 工程能否成功的关键。TBM 及其后配套系统设计要考虑掘进、支护、出渣三大作业并行作业的特点,进行系统优化配置和协调。在设计中,以掘进作业为核心,其他辅助作业系统的配置能力尽可能不延误掘进作业。后配套系统要满足掘进、支护、出渣等作业所需材料、供水、供电、通风、除尘等项要求,使整个系统是一个经过优化匹配、安全、快速和高效掘进的集成作业系统。

TBM 系统的匹配设计重点包括:

(1) 掘进能力(掘进速度)与出渣能力的匹配;

(2) 掘进能力(掘进速度)与支护能力的匹配;

(3) 材料运输、供水、供电、通风、除尘、轨道铺设等系统与主机设计的匹配。

8.3.6 隧道掘进机适应性分析

1. 地质适应性分析

1) 影响 TBM 掘进效能的工程地质及水文地质条件

详细、可靠的工程地质及水文地质资料是 TBM 工程项目成功的基本条件,直接决定了工程的成败。工程地质及水文地质资料决定了项目采用 TBM 是否可行、TBM 的选型、TBM 的主要技术参数、辅助施工设备的选择和应急预案的制订。

工程地质及水文地质资料必须详细、准确、可靠。隧道施工遇到的困难通常是由隧道掘进通过地层的岩土性质的不均匀性决定的。由于全断面、机械化开挖方式灵活性差,所以以适当的方式事先掌握工程的工程地质及水文地质条件对 TBM 施工是极为重要的。国内外大量的施工实例已经证明,用在前期勘察上的资金会因施工费用降低与工期缩短得到很大的补偿。只有掌握详细、准确、可靠的工程地质及水文地质资料,才能正确进行 TBM 选型,才能制订有针对性的施工专项措施。

以下几种地质条件下一般不适合采用 TBM 施工,如果在这些地质条件下使用 TBM 施工,在掘进时将造成很大的困难,必须采用其他的技术措施辅助施工:

(1) 塑性地压大的软弱围岩。这种围岩因其岩石强度低而围压高,容易产生大的塑性变化,TBM 极易被卡住。

(2) 高压涌水地段。严重的漏水、涌水、断层带、软弱围岩,将使围岩的工程地质条件大大恶化,给 TBM 施工带来困难。

(3) 岩溶发育带。当 TBM 通过强烈岩溶发育带时,很有可能遇到暗河通道、充水溶洞或者巨大的岩溶洞穴,TBM 掘进或者通过都将十分困难,严重时 TBM 会陷入其中或被埋,后果将是灾难性的。

(4) 极强岩爆。地应力高且埋深大的隧道,例如埋深超过 1500m 时,极有可能遇到极强岩爆的发生,严重危及施工人员及设备安全,甚至会造成 TBM 的致命损坏而使工程遭遇失败。

(5) 极硬岩。依照目前的 TBM 技术水平,如果岩石的单轴抗压强度超过 300MPa,且高磨蚀性、节理不发育时,TBM 很难向前推进,且极不经济。

2）影响 TBM 掘进效能的主要岩体力学性质

影响 TBM 掘进效能的主要地质因素岩体力学性质有：

（1）单轴抗压强度。单轴抗压强度是在单向受压条件下，岩石试件破坏时的极限压应力值，它是 TBM 破岩的一个重要指标，也是影响 TBM 掘进效率的关键因素之一。TBM 适合掘进的岩石抗压强度为 5～150MPa，且应具有一定的自稳能力，TBM 最适合掘进抗压强度为 30～150MPa 的岩石。若岩石的单轴抗压强度小于 30MPa，滚刀贯入度大，不易产生挤压带，达不到预定破岩效果；若岩石单轴抗压强度大于 150MPa，且节理不发育时，TBM 掘进速度将明显下降，同时滚刀消耗变大，刀盘磨损、振动、焊缝开裂等现象也会明显加剧，刀盘维修刀具检查换刀时间将大大增加，计算工期时必须考虑该因素的影响。

（2）岩石的硬度和耐磨性。岩石中长石、石英等耐磨性较强成分的含量和颗粒大小是影响岩石硬度和耐磨性的主要因素，其含量越高，岩石的硬度越大，耐磨性越强，则掘进过程中滚刀的磨损就越快，滚刀消耗与施工成本就越高；与此同时，停机检查刀具、换刀时间增加，将严重降低 TBM 的掘进速度。

（3）岩体结构面发育程度及方位。岩体的结构面包括片理、小断层、节理、层理等，其发育程度，即岩体的裂隙化程度或完整程度，亦是影响 TBM 掘进效率的关键因素之一。通常，用岩体体积节理系数 J_v、岩体完整性系数 K_v 或岩石质量指数 RQD 来表征结构面发育程度。TBM 掘进速度的高低主要取决于岩体的完整程度，并以较完整和较破碎状态（$K_v = 0.45 \sim 0.75$）为最佳适用范围。

2. 各类 TBM 施工风险、不利影响因素分析及处理措施

1）支撑式 TBM 主要施工风险及不利影响因素

（1）支撑式 TBM 开挖后只能进行围岩的初期支护，为不影响掘进速度，避免施工干扰，后续二次衬砌需待 TBM 转场或全部掘进完成后才能施工，这样使得开挖区间长时间处于只有初期支护的状态。

（2）TBM 在通过围岩破碎带时，需要提前采取围岩加固措施，这会增加较多的超前加固措施及辅助处理措施，将会较大影响掘进速度。

（3）遇洞周软弱破碎带接地比压不足时，TBM 撑靴打滑或下陷失效，无法正常掘进。

2）护盾式 TBM 主要施工风险及不利影响因素

（1）护盾式 TBM 为开胸模式，在通过土层等不稳定地层时施工风险很大，且出渣较困难。

（2）护盾式 TBM 适应小曲线半径的能力较差。

（3）管片预制需要设置管片场，投资大、占地大、模具较多、管片费用较高。

（4）单护盾 TBM 的前进动力通过油缸顶推后续管片来实现，要求管片必须紧跟，掘进与管片拼装不能同步进行，对掘进速度造成一定的影响。

（5）双护盾 TBM 由于机体长，且存在前、后护盾和中间伸缩盾，如遇岩层较破碎段、坍塌段、变形段，TBM 容易被卡，施工掉块可能损坏推进油缸，严重时甚至无法掘进，施工灵活性不强。

（6）若开挖洞室洞周收敛变形较大，双护盾 TBM 开挖通过后机器会因洞周收敛而卡住。

3）对风险及不利影响因素采取的工程措施

根据以上对各种类型 TBM 可能存在的风险及不利影响因素的分析，提出规避风险及减少不利影响所采取的工程措施，具体见表 8-5。

TBM 风险及不利因素处理措施   表 8-5

TBM 类型	风险及不利因素	处理措施
支撑式 TBM	二次衬砌滞后时间较长,初期支护长时间暴露	加强现场施工技术的及时跟班指导,强调 TBM 支护原则——宁强勿弱,一次到位;加强施工监控量测,发现异常时及时补强;具备条件时及时施工二次衬砌
	局部通过围岩破碎带地段	利用 TBM 自身的超前钻机施工管棚超前注浆支护,并在随后加强初期支护以保证围岩的稳定
	软弱破碎带接地比压不足造成 TBM 撑靴打滑或下陷失效,无法正常掘进	在撑靴位置打锚杆并注浆加固围岩,或加垫枕木及钢模板等辅助措施,增大撑靴受力面积,避免出现反力不足、撑靴深陷的情况
护盾式 TBM	难以适应半径小于 500m 的曲线段	缩短换步距离、减小管片宽度、增设扩挖刀,以"短掘进、大超挖"的方式并以折线代曲线逐渐通过。但会导致 TBM 设备费用增加,隧道施工难度增大,速度变缓,管片类型增多,工程投资增加较大
	掘进与管片拼装不能同步进行,影响掘进速度	在地质等条件具备时,尽量采用六边形管片,可实现同步作业
	机体较长,容易被卡住,处理复杂地质地段的措施相对较少,灵活性不大,影响掘进速度	通过超前地质预报,前方如遇断层破碎带等不良地质地段,提前从盾体内进行超前加固
	须设置管片预制场,占地大,模具多,投资大,费用高	管片场应因地制宜,结合周边具体情况设置;尽量采用通用楔形环管片设计,加大循环长度,模具国产化,降低管片生产成本

8.4 隧道掘进机施工

掘进机的基本施工工艺是刀盘旋转破碎岩石，岩石由刀盘上的铲斗运至掘进机的上方，靠自重下落至溜渣槽，进入机头内的运渣胶带机，然后由带式输送机转载到矿车内，利用电动机车运到洞外卸载。掘进机在推力的作用下向前推进，每掘进一个行程便根据情况对围岩进行支护，整个掘进工艺如图 8-26 所示。

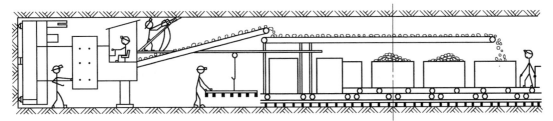

图 8-26 全断面岩石隧道掘进机掘进工艺示意图

隧道掘进机的施工过程，包括施工准备、TBM的运输组装与调试、掘进作业、支护作业、出渣与运输、通风与除尘等。

8.4.1 施工准备

掘进机施工具有速度快、效率高的特点，因此，施工前的准备工作非常重要。诸如施工的准确放线定位、机械设备的调试保养、各种施工材料的配备、施工记录表格的配备等都应有充分的准备，以免影响正常作业和施工进度。

TBM施工是目前世界上最先进的隧道机械化施工方法之一，它在施工进度、安全、环境、质量等方面达到较高水平，是一种工厂化作业模式。但施工场地范围、周边环境、邻近工程的衔接，也对施工影响较大，必须通过调查和改进以满足合适的作业条件。隧道施工前应针对TBM施工工程特点和内容进行现场调查，了解TBM施工条件、施工范围和当地交通、通信、材料供应情况。

工程地质条件对TBM掘进速度和质量影响较大，施工前要仔细核对相关图纸、文件和地质资料，全面掌握和领会技术要求、支护方式、质量验收要求和相关技术规程。在隧道施工前必须掌握以下资料：工程地质和水文地质勘察报告；当地的气象、水文、水质情况；工程施工合同文件、分包合同文件、监理合同文件；施工所需的设计图纸资料和工程技术要求文件；TBM从到达口（岸）到施工场地运输道路的地形、设施调查资料。

TBM施工前，应完成以下主要工作：核对洞口位置和进洞坐标；确定洞门放样精度和就位后高程、坐标；TBM的组装、调试与验收；预制管片/仰拱块的准备；TBM施工的各类报表；配套工程的衔接工作；TBM设备部件运输的施工组织方案。

TBM施工作业人员应专业齐全、满足施工要求，人员须经过专业培训、持证上岗。针对TBM施工中各种不良地质情况，技术人员要制订出详细的作业程序、质量控制要求，以作业文件下发到每个作业人员，使其明确施工的质量和安全标准。培训工作要以理论培训、现场操作培训、外单位学习等多种形式学习职业技能，要求每个员工要岗前培训，考核合格后，持证上岗，提高作业水平，严禁无证上岗。

1. 地质调查

地质条件对TBM施工影响较大，详细、可靠的地质水文资料是TBM工程成功的基本条件，直接决定了工程的成败。地质水文资料决定了采用TBM是否可行、TBM的选型、TBM的主要参数、辅助施工设备的选择和应急预案的制订。

要想充分了解并掌握隧道沿线的地质、岩体特征及地下水状况，就必须进行充分的地质调查，尤其是对不良地层的调查，它不仅影响TBM基本形式的选定，而且还是决定能否适应TBM工法的主要因素。

影响TBM适应的地质条件主要包括：隧道通过的主要断层及软弱破碎带的性质、规模、分布范围、主要破碎物质、破碎程度、富水程度、膨胀性围岩等。应掌握隧道的水文地质条件，判明地下水类型及补给来源，预测洞身分段涌水量和可能最大涌水量，以及可能出现的严重突、涌水点（段）。在岩溶地区，应查明隧道区岩溶发育的范围深度、规模及有无岩溶水或充填物突然涌出的危险，以确定TBM能否安全通过。

2. 技术准备

掘进机施工前应熟悉和复核设计文件和施工图，熟悉有关技术标准、技术条件、设计原则和设计规范，掌握 TBM 及附属设备的基本原理、组装顺序、操作规程、维保规程。

应根据工程概况、水文工程地质情况、质量和工期要求、资源配备情况，编制可实施性的施工组织设计，对施工方案进行论证和优化，并按相关程序进行审批。实施性施工组织设计是直接指导施工的技术性文件在充分调研工程现场情况、熟悉工程设计图纸和进一步了解地质资料的情况下编制，它不同于投标时期的编制内容，除了满足工期要求外，还要满足投资计划、符合环保安全要求，使隧道施工做到均衡有序。

1）施工调查

工程中标前和中标后，都应进行施工调查，调查内容大致相同，但深度有所区别，侧重点有所不同。中标后调查应考虑在具体工作安排上，如 TBM 运输方案、大件运输的道路条件、安全措施；水源是否满足施工需要，供电情况；TBM 到场后的存放、混凝土拌合、仰拱预制等；出渣场的位置、容量；当地材料供应、水文及气象资料、环保以及进场设计文件的核对。

2）设计文件的核对

对设计文件进行核对的过程也是掌握文件、消化文件的过程，核对文件的目的是防止文件出现差错或短缺。核对内容包括工程施工合同文件、分包合同文件、监理合同文件，相关技术标准，主要技术条件，隧道纵横断面资料，勘测资料，通过不良地段的设计方案、施工方法、技术措施和工期等。

3）编制实施性施工组织设计

实施性施工组织设计要体现先进性、经济性和可靠性，实施性施工组织设计的编制，应遵循下列原则：

（1）满足合同要求；

（2）应在详细调研的基础上，进行技术方案的比选，选择最优的方案进行编制；

（3）应完善施工工艺，积极采用新技术新工艺；

（4）因地制宜，就地取材，达到环境保护的要求。

3. 设备和设施准备

按工程特点和环境条件配备好试验、测量及监测仪器。长大隧道应配置合理的通风设施和出渣方式，选择合理的洞内供料方式和运输设备，并达到环境保护的要求。供电设备必须满足掘进机施工的要求，掘进机施工用电和生活、办公用电应分开，并保证两路电源正常供应。管片和仰拱块预制厂应建在洞口附近，保证管片和仰拱块的制作、养护空间，并预留好管片和仰拱块存放场地。

4. 材料准备

掘进机施工前必须备好施工所需要的各种材料，应当结合进度、地质条件制订合理的材料供应计划，做好钢材、木材、水泥、砂石料和混凝土等材料的试验工作。所有原材料必须有产品合格证，且经过检验合格后方可使用。隧道施工前应结合工程特点积极进行新材料、新技术、新工艺的推广应用，积极推进材料供应本地化。

5. 作业人员准备

隧道施工作业人员应专业齐全、满足施工要求，人员需经过专业培训，持证上岗。对参加 TBM 施工所有人员进行培训是主要基础工作，技术力量的配备与培训是施工准备阶段的任务之一。通过培训，使相关岗位人员熟悉设备结构原理，掌握设备性能，正确操作、维护设备。隧道施工前必须制定工艺实施细则，编制作业指导书，完成关键工艺技术交底，进行岗前技术培训。

6. 施工场地布置

隧道洞外场地应包括主机及后配套拼装场、混凝土搅拌站、预制车间、预制块（管片）堆放场、维修车间、料场、翻车机及临时渣场、洞外生产房屋、主机及后配套存放场、职工生活房屋等，其临时占地面积为 $60\sim80$ 亩（1 亩 $\approx666.67\mathrm{m}^2$），洞外场地开阔时可适当放大。

施工场地布置应进行详尽的总平面规划设计，要有利于生产、文明施工、节约用地和保护环境。实现统筹规划，分期安排，便于各项施工活动有序进行，避免相互干扰。应保证掘进、出渣、衬砌、转运、调车等的场地需要，满足设备的组装和初始条件。

施工场地临时工程布置包括：确定弃渣场的位置和范围；有轨运输时，做好洞外出渣线、备料线、编组线和其他作业线的布置；做好汽车运输道路和其他运输设施的布置；确定掘进机的组装和配件储存场地；确定风、水、电设施的位置；确定管片、仰拱块预制厂的位置；确定砂、石、水泥等材料，机械设备配件存放或堆放场地；确定各种生产、生活等房屋的位置；做好场内供、排水系统的布置。弃渣场地要符合环境保护的要求，不得堵塞沟槽和挤压河道，渣堆坡脚应采用重力式挡土墙挡护。组装场地应位于洞口，场地应用混凝土硬化，强度满足承载力要求。组装场地的长度应至少等于掘进机长度、牵引设备和转运设备总长、调转轨道长度和机动长度之和。

7. 预备洞与出发洞

由于一般隧道洞口处覆盖层薄（$30\sim40\mathrm{m}$），且可能有石质风化等原因，通常不适合支撑式 TBM 施工，为确保 TBM 早日投入正常掘进施工，一般采用人工开挖至围岩条件较好的洞段（此时 TBM 依靠自身步行装置进洞），称为预备洞。TB880E 掘进机在秦岭 I 线隧道的预备洞长 $300\mathrm{m}$，在西南线桃花铺 1 号隧道的预备洞长 $190\mathrm{m}$。

出发洞是指 TBM 步行至预备洞工作面开始掘进时，由于 TBM 本身要求有支撑靴撑紧洞室，以克服刀盘破岩反扭矩及推进油缸的反推力，而设计用作 TBM 最早掘进的辅助洞段，施工长度根据 TBM 的自身结构尺寸而定，预备洞和出发洞连接处应留有足够的空间，用以拆卸 TBM 的步行装置。

8.4.2　TBM 的运输、组装与始发

1. TBM 的运输

TBM 是一种大型施工机械，整机解体后的大件很多，如刀盘、驱动组件等，由于质量和体积较大，对运输方式及道路、桥梁和隧道的通过能力都有相应的要求，一般情况下利用 TBM 施工的工程往往处于山岭地区，因此其运输问题显得更为突出。

TBM 的进场运输分为两个部分，一部分是集装箱和部分裸件运输，集装箱和部分裸件运输采用专用集装箱平板车和其他各种拖车分批运送。因无超宽、超高、超重等现象，运输相对简单，无须进行封道、桥梁加固和道路排障等处理，只需安排一辆前导车，必要时疏导交通、传递信息即可。另一部分是 TBM 大件运输，但所过途中山高路险，坡陡弯急，是 TBM 进场运输的重点和难点。TBM 的运输应提前编制运输方案并制订保障运输的安全措施，以保障 TBM 运输的安全进行。

2. TBM 的组装

TBM 集机械、电子、液压、技术于一体，技术复杂、结构庞大，集开挖、支护、出渣、通风、排水于一身，是工厂化的隧道生产线。保证装配工艺的质量和精度对 TBM 以后的使用性能、使用寿命乃至维修周期影响重大，组装时应严格遵守其装配工艺规程要求。TBM 成套设备以裸件形式及集装箱形式运抵工地现场，其中主机部分以裸件形式抵达，主机附属设备大部分以集装箱形式到达，后配套系统大多以裸件形式运到工地，而其上关键液压、电气均以集装箱形式送达。需要将这些不同形式、不同类型的部件按照 TBM 设计文件精度要求用专用机具组装起来，分别完成主机、连接桥、后配套及附属设备的组装并用相关部件连接成一体。

根据施工现场组装场地的总体规划和施工进度等条件限定，确定 TBM 组装的总体相关流程。分系统、分部位、分时段地进行 TBM 组装的管理、技术组织和安排，做好安全保障措施，确保 TBM 组装安全顺利完工。

将组装任务分解，并确定专业人员分别负责各部件的 TBM 组装与调试；研究装配图及技术要求，了解装配结构、特点和调整方法；制定装配工艺规程、选择装配方法；保障装配现场秩序，确定装配现场布置及合理的装配备合适的装配工器具；对装配进行外观检验、修毛刺、倒角，做清理、润滑等工作。

TBM 现场组装是 TBM 施工组织中极为重要的工作，应在 TBM 运抵现场前编制施工现场组装方案，TBM 主要工作部分可分为主机部分、后配套部分及连续皮带机部分，因为这三个部分的工作位置不同，所以 TBM 主机和后配套组装在组装洞内完成，连续皮带机组装在其安装位置（即组装洞到出渣口之间）进行。

TBM 整体组装按照从前到后，从大件到小件，从结构到管线的顺序安装。先进行 TBM 护盾、主机和刀盘的安装，其中刀盘的分块组装，先装中心块，再依次组装 4 个边块，同时将后配套拖车整体组装和部件组装同步进行。避免出现顺序错乱导致返工，影响施工进度和组装质量。分析大型部件、关键部件的组装方式，分析对比刀盘的焊接方式（平铺拼装焊接及竖立拼装焊接），对后续工序及焊接精度的影响；进行后配套分段组装方式分析，制订一整套组装顺序。

3. TBM 的调试

TBN 整机组装完成后，需要对掘进机各个系统及整机进行调试，以确保整机在无负载情况下正常运行。调试过程可先分系统进行，掘进机的系统可分为液压系统、电气系统、机械结构件及皮带机系统等，再对整机运行进行调试，整机调试可分为调试前准备、TBM 空载调试、TBM 与连续皮带机联动调试和负载调试四个阶段。测试过程中应详细记录各系统运行参数，及时分析解决发现的问题。

4. TBM 的始发

TBM 不掘进时的移动过程施工，称为步进施工。在不同条件下，TBM 步进的方式大致有两种：一种是通过油缸支撑在支座、马凳、管片等，使 TBM 向前移动；另一种是通过 TBM 的步进机构在地面上直接向前移动。

TBM 步进机构的组成如图 8-27 所示。其中步进架与地面配合，承受并分散 TBM 主机重量，由于步进架表面相对比较光滑，减小 TBM 步进时的摩擦力，有利于刀盘和底护盾在步进架上向前滑动；步进油缸安装在步进架和 TBM 底护盾之间，在每个步进循环中，当步进油缸伸出时，由于步进架与混凝土基础之间的摩擦力大于步进架与 TBM 主机之间的摩擦力，就推动 TBM 向前移动，而当步进油缸收缩时，由于此时 TBM 主机在前部顶升油缸和后部后支撑的共同作用下脱离步进架，步进油缸就拖动步进架向前移动一个油缸行程，如此不断循环，实现 TBM 向前移动。

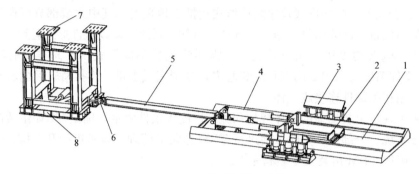

图 8-27　TBM 步进机构示意图

1—步进架；2—步进油缸；3—顶升油缸；4—拖拉油缸；5—拉杆；

6—铰接；7—后支撑；8—鞍架支撑

在主机组装和连接桥组装完成后，TBM 利用步进机构步进到始发洞。始发洞一般为圆拱形断面，且尺寸满足 TBM 正常步进时撑靴支撑洞壁的要求，所以当撑靴全部进入始发洞后，即可拆除步进结构，利用撑靴步进到掌子面。

8.4.3　掘进作业

1. 掘进模式

TBM 主控室有三种工作模式可供选择，即自动控制推进模式、自动控制扭矩模式和手动控制模式。选择何种工作模式，由操作人员根据岩石状况决定。

（1）在均质硬岩条件下，应选择自动控制推进模式，此时既不会过载，又能保证有最高的掘进速度。选择此种工作模式的判断依据是：如果在掘进时，推力先达到最大值，而扭矩未达到额定值，可判定其为硬岩状态，即可选择自动控制推进模式。

（2）在节理发育、软弱围岩条件下，一般推力都不会太大，刀盘扭矩变化是主要的，此时应选择自动控制扭矩模式。选择此种工作模式的判断依据是：如果在掘进时，扭矩先达到额定值，而推力未达到额定值或同时达到额定值，则可判定其为软岩状态，若地质较均匀，即可选择自动控制扭矩模式。

（3）如果不能判定岩石状态，或岩石硬度变化不均或岩石节理发育，存在破碎带、断层或裂隙较多时，必须选择手动控制模式，靠操作者来判断岩石的属性。在手动控制模式作业过程中，如岩石较硬，推进力先达到额定值，且岩石较完整，此时应根据推进模式操作，限制推进压力不超过额定值；如果岩石节理较发育，裂隙较多或存在破碎带、断层等，此时应依据扭矩模式操作，主要以扭矩变化并结合推进力参数来选择掘进参数。无论在何种岩石条件下，手动控制模式都能适用。

2. 掘进参数

在不同地质条件下，TBM 的推力、刀盘转速、刀盘扭矩、掘进速度和贯入度等掘进参数是不同的。虽然 TBM 配备自动推力和自动扭矩操作模式，但是由于岩石的均匀性相对较差，所以在 TBM 掘进作业中，通常是采用人工操作模式，根据不同的地质条件及时地调整 TBM 的掘进参数，以使 TBM 安全、高效地通过不同的地质地段。

　　TBM 从硬岩进入软弱破碎围岩时，相应的掘进主要参数和胶带输送机的渣量、渣粒会出现明显的变化，据此变化可大致判断 TBM 刀盘工作面的围岩状况，并应采用人工手动调节操作模式，及时调整掘进参数。

　　(1) 推进速度（贯入度）：在硬岩情况下，贯入度一般为 9～12mm。当进入软弱围岩过渡段时，贯入度有微小的上升趋势，出于 TBM 胶带输送机出渣能力的考虑，现场操作一般不允许有较长的贯入度上升时间，此时贯入度随给定推进速度的下降而降低；当完全进入软弱围岩时，贯入度相对稳定，一般在 3～6mm。

　　(2) 推力（推进压力）：在硬岩情况下，推进速度一般为额定推力的 75% 左右，推进压力也成相应比例。当进入软弱围岩过渡段时，推进压力呈反抛物线形态下降，下降时间与过渡段长度成正比，推进速度随推进压力的下降而适当调低；当完全进入软弱围岩时，压力趋于相对平稳，此时推进速度一般维持在 40% 左右。

　　(3) 刀盘扭矩：在硬岩情况下一般为额定值的 50%；当进入软弱围岩过渡段时，扭矩有缓慢上升趋势，上升时间与过渡段长度成正比，当完全进入软弱围岩时，由于推进速度的下降，扭矩相应降低，一般在 80% 左右为宜。

　　(4) 刀盘转速：在硬岩情况下一般为 6r/min 左右，当进入软弱围岩过渡段后期时，调整刀盘转速为 3～4r/min，当完全进入软弱围岩时，刀盘转速维持在 2r/min 左右。

　　(5) 撑靴支撑力：在硬岩情况下一般为额定值；当撑靴进入软弱围岩过渡段时，撑靴支撑力一般调整为额定值的 90% 左右；当撑靴进入软弱围岩地段时，撑靴支撑力一般调整为最低限定值，必要时需要改变 PLC 程序来设定限值，并根据刀盘前部围岩状况随时调整推进速度，以确保 TBM 有足够的稳定性。

　　3. 掘进施工

　　掘进机在进入预备洞和出发洞后，即可开始掘进作业。掘进作业分起始段施工、正常掘进和到达掘进三个阶段。

　　1) 掘进机始发及起始段施工

　　掘进机调试运转正常后即开始进入施工。开始推进时，通过控制推进油缸行程使掘进机沿始发台向前推进，因此始发台必须固定牢靠，位置正确。刀盘抵达工作面开始转动刀盘，直至将岩面切削平整后，即开始正常掘进。

　　在 TBM 正常掘进之前需进行 TBM 的试掘进。在试掘进期间，主要检查 TBM 各部件性能及相互协调情况，对各设备进行磨合，使其达到最佳状态，具备正式快速掘进的能力；通过试掘进的施工，施工作业人员可基本熟悉设备的性能，掌握设备操作、保养技术要点，并初步总结出本工程掘进参数的选取和过程控制措施；理顺整个施工组织，为以后的顺利掘进奠定基础。

　　在始发掘进时，应以低速度、低推力进行试掘进，了解设备对岩石的适应性，对刚组装调试好的设备进行试机作业。在始发磨合期，要加强掘进参数的控制，逐渐加大推力。

　　推进速度要保持相对平稳，控制好每次的纠偏量。灌浆量要根据围岩情况、推进速度、出渣量等及时调整。始发操作中，司机需逐步掌握操作的规律性，班组作业人员应逐步掌握掘进机作业工序，在掌握掘进机的作业规律性后，再加大掘进机的有关参数。

始发时要加强测量工作，把掘进机的姿态控制在一定的范围内，通过管片、仰拱块的铺设和掘进机本身的调整来达到状态的控制。

掘进机始发后进入起始段施工，一般根据掘进机的长度、现场及地层条件将起始段设定为 50~100m。起始段掘进是掌握、了解掘进机性能及施工规律的过程。

2）正常掘进

试掘进完成之后，根据试掘进情况对机器进行调整，之后开始正式掘进。TBM 掘进时，水平撑靴撑紧在洞壁上为 TBM 提供掘进反力，刀盘在主推进油缸的推力作用下向前推进，后配套台车停在隧洞中，刀盘破碎切削下来的岩渣，随着刀盘铲斗和刮板转动从底部到顶部，然后沿溜渣槽到达刀盘中部的皮带输送机上，并随着主机皮带机、连续皮带机运输出洞。在 TBM 掘进的同时，进行初期支护和相关配套作业。

掘进机正常掘进一般有自动控制推进模式、自动控制扭矩模式和手动控制模式三种工作模式，应根据地质情况合理选用。

掘进机推进时的掘进速度及推力应根据地质情况确定，在破碎地段严格控制出渣量，使之与掘进速度相匹配，避免出现掌子面前方大范围坍塌。

掘进过程中，随时观察各仪表显示是否正常，检查风、水、电、润滑系统、液压系统的供给是否正常，检查气体报警系统是否处于工作状态和气体浓度是否超限。

施工过程中要进行实际地质的描述记录、相应地段岩石物理特性的实验记录、掘进参数和掘进速度的记录并加以图表化，以便根据不同地质状况选择和及时调整掘进参数，减少刀具过大的冲击荷载。在硬岩情况下应选择刀盘高速旋转掘进。在节理发育的软岩情况下，应采用自动扭矩控制模式，同时要密切观察扭矩变化和整个设备振动的变化，当变化幅度较大时，应减少刀盘推力，保持一定的贯入度，并时刻观察石渣的变化，尽最大可能减少刀具漏油及轴承的损坏。在节理发育且硬度变化较大的围岩条件下，推进速度宜控制在额定值的 30% 以下。在节理较发育、裂隙较多或存在破碎带、断层等地质情况下作业，以自动扭矩控制模式为主选择和调整掘进参数，同时应密切观察扭矩变化、电流变化，及推进力值和围岩状况，控制扭矩变化范围，降低推进速度、控制贯入度指标。在掘进过程中发现贯入度和扭矩增加时，要适时降低推力和控制贯入度。

在软弱围岩条件下的掘进，应特别注意支撑靴的位置和压力变化。撑靴位置不好，会造成打滑、停机，直接影响掘进方向的准确，如果由于机型条件限制而无法调整撑靴位置时，应对该位置进行预加固处理。此外，撑靴刚撑到洞壁时极易陷塌，应观察仪表盘上撑靴压力值下降速度，注意及时补压，防止发生打滑。硬岩条件下，支撑力一般为额定值，软弱围岩中为最低限定值。

掘进机推进过程中必须严格控制推进轴线，使掘进机的运动轨迹在设计轴线允许偏差范围内。双护盾掘进机自转量应控制在设计允许值范围内，并随时调整。双护盾掘进机在竖曲线与平曲线段施工时，应考虑已成环隧道管片竖、横向位移对轴线控制量的影响。

掘进中要密切注意和严格控制掘进机的方向。掘进机方向控制包括两个方面：一是掘进机本身能够进行导向和纠偏；二是确保掘进方向的正确。导向功能包含方向的确定、方向的调整、偏转的调整。掘进机的位置采用激光导向系统确定，激光导向、调向油缸、纠偏油缸是导向、调向的基本装置。在每一循环作业前，操作司机应根据导向系统显示的主机位置数据进行调向作业。采用自动导向系统对掘进机姿态进行监测，并定期进行人工测量，对自动导向系统进行复核。

当掘进机轴线偏离设计位置时，必须进行纠偏。掘进机开挖姿态与隧道设计中线及高程的偏差应控制在±50mm内。实施掘进机纠偏不得损坏已安装的管片，并保证新一环管片的顺利拼装。

掘进机进入溶洞段施工时，利用掘进机的超前钻探孔，对机器前方的溶洞处理情况进行探测。每次钻探20m长，两次钻探间搭接2m，在探测到前方溶洞都已经被处理过后，再向前掘进。

3）到达掘进

到达掘进是指掘进机到达贯通面之前50m范围内的掘进。掘进机到达终点前，要制定掘进机到达施工方案，做好技术交底，施工人员应明确掘进机适时的桩号及刀盘距贯通面的距离，并按确定的施工方案实施。

到达前必须做好以下工作：检查洞内的测量导线；在洞内拆卸时应检查掘进机拆卸段的支护情况，加强变形监测，并及时反馈；备足到达所需材料、工具；对步进机或滑行轨进行检查、测量。

掘进机到达前必须做一次掘进机推进轴线的方向传递测量，并根据检查结果逐渐调整掘进机轴线，保证贯通误差在规定的范围内。

到达掘进的最后20m时，要根据围岩的地质情况确定合理的掘进参数并作书面交底，要求低速度、小推力和及时的支护或回填灌浆，并做好掘进姿态的预处理工作。

应做好出洞场地、洞口段的加固，应保证洞内、洞外联络畅通。

8.4.4　支护作业

隧道支护按支护时间，分为初期支护和二次衬砌支护；按支护形式，分为锚喷支护、钢拱架支护、管片支护和模筑混凝土支护等。

1. 初期支护

初期支护紧随着掘进机的推进进行。硬岩的初期支护主要有锚杆施工支护、喷混凝土支护、局部挂钢筋网支护；软岩支护主要由挂钢筋网喷锚支护、钢支撑支护，并视围岩情况根据设计要求采用超前小导管或超前锚杆等超前支护。因此，为适应不同的地质条件，应根据掘进机类型和围岩条件配备相应的支护设备。支撑式掘进机一般需配置超前钻机及注浆设备、钢拱架安装机、锚杆钻机、混凝土喷射泵、喷射机械手，以及起吊、运输和铺设预制混凝土仰拱块的设备。支撑式掘进机在软弱破碎围岩掘进时必须进行初期支护，以满足围岩支护抗力，确保施工安全。双护盾掘进机一般配置多功能钻机、喷射机、水泥浆注入设备、管片安装机、管片输送器等。施工支护所用材料均在洞外加工，喷射混凝土的材料由大型自动搅拌站生产供应。

1）喷混凝土支护

喷混凝土支护由TBM自带的喷射系统完成，混凝土采用有轨运输罐车进行运输。

喷射混凝土前用高压水或高压风冲刷岩面，喷射混凝土的配合比应通过试验确定，满足混凝土强度和喷射工艺的要求。喷射作业应分段、分片、分层，由下而上顺序进行。

TBM自带的喷混凝土系统喷射机械手可以在喷射区域纵向和横向移动，操作人员通过操作控制手柄完成设计所要求的喷混凝土作业。机械喷射手转动频率稳定，喷头距受喷面距离固定不变，作业人员只需要掌握操作规程，喷射混凝土的回弹量和平整度均能达到优良水平。若遇软弱破碎围岩，需要在护盾离开岩面之后快速喷射混凝土封闭围岩，此时将 TBM 后配套上喷混凝土区域的混凝土管路接长，延伸至护盾后，采用人工喷射混凝土方式进行初喷作业，待该段进入机械喷射混凝土区域后，采用机械喷射的方式复喷至设计厚度。喷射后应进行养护和保护。喷射混凝土的表面平整度应符合要求。

2）锚杆施工

锚杆施工是由 TBM 主机上配备的两台凿岩机实现设计范围内的锚杆钻孔施工。锚杆类型应根据地质条件、使用要求及锚固特性和设计文件来确定。钻孔采用凿岩机，钻孔要求：按设计要求定出孔位，孔位偏差允许值为 150mm，锚杆孔距允许偏差为 ±10cm，钻孔方向如无特殊要求时应垂直于岩面。锚杆孔深不得小于锚杆设计有效长度，且不大于杆体有效长度 30mm，钻孔直径应符合设计要求，一般为 42～45mm；之后填充药卷前应将孔内的积水和岩粉吹干净，药卷应充满锚杆孔；最后安装锚杆，安装前应检查杆体原材料规格、长度、直径是否符合设计要求，检查合格后用人工或机械顶入装满药卷的孔内，杆体插入时应保持位置居中，插入孔内长度不得小于设计值的 95%。锚杆安装后，不得随意敲击。

3）钢筋网施工

钢筋网施工根据设计支护参数的要求，在相应的围岩地段安装。钢筋在场外校直，并切割成 2m 和 3m 的段，人工现场编网后运至工作面。现场通过 TBM 自带的钢筋网安装器进行安装，人工配合固定钢筋网随岩面起伏铺设，与岩面距离 3～5cm，钢筋网与锚杆或其他固定装置连接牢固，喷射时钢筋网工不得摆动。钢筋网喷混凝土保护层的厚度不小于 2cm。

4）钢拱架施工

钢拱架的制作：钢拱架采用设计要求的工字钢，用型钢弯曲机进行弯制成环，为便于运输和安装，每圈钢拱架按设计要求进行分段制作，通常分为 6 段，每段端头焊接连接钢板，采用人工焊接加工成型，安装时采用螺栓连接。钢拱架采用配置的钢拱架安装器进行安装。加工好后的钢拱架单体根据设计要求进行试拼检查，合格后集中进行存放并标识清楚。

钢拱架的运输和安装：通常材料运输车将钢拱架运送到吊机附近，由吊机运送到拱架安装器的上方，拱架安装器夹住钢架后，导向轨旋转安装器，直至下一段拱架可以用螺栓固定在前一段的尾段，重复这个过程直至整环完成。当一环完成后由拱架安装器上的张紧机构将钢拱架向外扩张，并与岩面楔紧。

钢拱架的锚固：经扩张的钢拱架与岩面楔紧后利用锚杆钻机钻孔时做锁脚锚杆，按设计要求进行锁定，然后通过螺纹钢筋与上一圈钢拱架纵向焊接相连，环向间距符合设计要求。

5）超前支护

对支撑式 TBM 在软弱围岩掘进的实际情况，在进行超前地质预报的基础上需采用相应的辅助施工措施。辅助施工措施的方法是先进行超前加固，再掘进通过，目前采用的方法是尽量减少掘进过程中的坍塌剥落量和围岩出护盾后的收敛量，并通过加强初期支护等手段有效控制围岩收敛和变形。目前多使用超前锚杆技术，超前锚杆运用 TBM 自配置的超前钻机钻孔，人工配合安装，具有初期支护效果明显、施工性好、安全性高的优点。应用的部位是以预测发生坍塌的围岩为对象。超前锚杆的作用主要是限制围岩的变形，并在围岩内形成一个承载圈，锚杆与围岩共同作用，承受围岩压力，从而达到维护围岩稳定的目的。这实际上是新奥法的主要指导思想。从施工的实际效果可以看出超前锚杆确实具有阻止围岩发生较大变形的能力。根据量测结果分析，超前小导管的部位与未进行超前小导管施工的部位相比较，其围岩压力减小 70％左右。在施工中，既要考虑围岩随时间的变化，也要考虑随着掌子面的推进与地层的倾斜后产生的荷载现象。由于施工中采用了加强支护紧跟掌子面的措施，尽管围岩自稳能力差，且层理向洞内倾斜，有可能增加围岩荷载，但在隧洞量测开始日期，掌子面开挖及初期支护已完成 20m 左右，相当于隧洞上部直径的 8 倍。由于应力释放已基本结束，故作用在临时支护上的荷载也已稳定。超前小导管是在应力重分布前打入的，小导管的约束作用向围岩提供了一个反力，从而保持和加强了围岩的自稳能力。在开挖过程中，通过超前小导管的锚固力和小导管体所具良好的抗拉、抗剪性能，增大了岩层结构面的摩擦，加强了围岩的稳定，从而有效地控制了层理间的滑动破坏，保证了施工安全。

2. 管片支护

1）管片施工

管片拼装时，一般情况下应先拼装底部管片，然后自下而上左右交叉拼装，每环相邻管片应均匀拼装并控制环面平整度和封口尺寸，最后插入封顶块成环。管片拼装成环时，应逐片初步拧紧连接螺栓，脱出盾尾后再次拧紧。当后续掘进机掘进至每环管片拼装之前，应对相邻已成环的 3 环范围内的连接螺栓进行全面检查并再次紧固。

逐块拼装管片时，应注意确保相邻两管片接头的环面平整、内弧面平整、纵缝密贴。封顶块插入前，检查已拼装管片的开口尺寸，要求略大于封顶块尺寸，拼装机把封顶块送到位，伸出相应的千斤顶将封顶块管片插入成环，做圆环校正，并全面检查所有纵向螺栓。封顶成环后应进行测量，并按测得数据做圆环校正，再次测量并做好记录，最后拧紧所有纵、环向螺栓。

2）混凝土仰拱施工

混凝土仰拱是隧道整体道床的一部分，也是 TBM 后配套承重轨道的基础，同时又是机车运输线路的铺设基础。TBM 每掘进一个循环需要铺设一块仰拱块。仰拱块在洞外预制，用机车运入后配套系统，在铺设区转正方向，用仰拱吊机起吊，移到已铺好的仰拱块前就位，仰拱块铺设前要对地板进行清理，做到无虚渣、无积水、无杂物，铺设后进行底部灌注。

3. 模筑混凝土衬砌

模筑衬砌必须采用拱墙一次成型法施工，施工时中线、水平、断面和净空尺寸应符合设计要求。衬砌不得侵入隧道建筑限界。衬砌材料的标准、规格、要求等应符合设计规范。防水层应采用无钉铺设，并在二次衬砌灌注前完成。衬砌的施工缝和变形缝应做好防水处理。混凝土灌注前及灌注过程中，应对模板、支架、钢筋骨架、预埋件等进行检查，发现问题应及时处理，并做好记录。

顶部混凝土灌注时，按封顶工艺施工，确保拱顶混凝土密实。模筑衬砌背后需填充注浆时，应预留注浆孔。模筑衬砌应连续灌注，必须进行高频机械振捣。拱部必须预留注浆孔，并及时进行注浆回填。

隧道的衬砌模板有台车式和组合式，前者优于后者。全断面衬砌模板台车为轨行自动式，台车的伸缩和平移采用液压油缸操纵。模板台车应配备混凝土输送泵和混凝土罐车，并自动计量，形成衬砌作业线。衬砌作业线合理配套，才能确保衬砌不间断施工、混凝土灌注的连续性和衬砌质量。

混凝土灌注应分层进行，振捣密实，防止收缩开裂。振捣时不应破坏防水层，不得碰撞模板、钢筋和预埋件。模板台车的外轮廓在灌注混凝土后应保证隧道净空，门架结构的净空应保证洞内车辆和人员的安全通行，同时预留通风管位置。模板台车的门架结构、支撑系统及模板的强度和刚度应满足各种荷载的组合。模板台车长度宜为 9～12m，模板台车侧壁作业窗宜分层布置，层高不宜大于 1.5m，每层宜设置 4～5 个窗口，其净空不宜小于 45cm×45cm，并设有相应的混凝土输送管支架或吊架。模板台车应采用 43kg/m 及以上规格钢轨作为行走轨道。

二次衬砌在初期支护变形稳定前施工的，拆模时的混凝土强度应达到设计强度的 100%；在初期支护变形稳定后施工的，拆模时的混凝土强度应达到 8MPa 以上。

8.4.5　出渣与运输

在掘进机掘进的隧道内，施工进料应采用轨道运输。出渣运输应根据隧道长度、掘进速度等因素选择轨道运输系统、无轨车辆运输系统、带式输送机运输系统、压气输送系统和浆液输送系统。

1. 轨道运输系统

隧道内石渣和材料最普通的运输办法是轨道运输，这种系统是用多组列车在有站线的单轨道或有渡线的双轨道上运行。采用轨道运输时，应采用无砟道床。洞外应根据需要设调车、编组、卸渣、进料和设备维修等线路；运输线路应保持平稳、顺直、牢固，设专人按标准要求进行维修和养护；应根据现场卸渣条件确定采用侧翻式或翻转式卸渣形式。

目前多数创造掘进机开挖速度新纪录的隧道，所使用的都是轨道运输系统。石渣由装在掘进机刀盘上的铲斗或铲臂从工作面前提升起来，卸到掘进机的带式输送机上，转运到掘进机后的辅助输送机上再卸进斗车内运至洞外。这种运输系统有下列优点：安装设备简单、适应性强、故障比较少；在直径较大的隧道中，有利于使用较多的调车设备，能做到接近连续地接受从掘进机后卸出的石渣，掘进机的利用率高，施工进度快。

采用列车轨道运输系统应符合安全规定。机车牵引不得超载。车辆装载高度不得大于矿车顶面 50cm，宽度不得大于车宽。列车连接必须良好，编组和停留时，必须有刹车装置和防溜车装置。车辆在同一轨道行驶时，两组列车的间距不得小于 100cm。轨道旁临时堆放材料距钢轨外缘不得小于 80cm，高度不得大于 100cm。车辆运行时，必须鸣笛或按喇叭，并注意瞭望，严禁非专职人员开车、调车和搭车，以及在运行中进行摘挂作业。采用内燃机车牵引时，应配置排气净化装置，并符合环保要求。

牵引设备的牵引能力应满足隧道最大纵坡和运输重量的要求，车辆配置应满足出渣、进料及掘进速度的要求，并考虑一定的余量。列车编组与运行应满足掘进机连续掘进和最高掘进速度的要求，根据洞内掘进情况安排进料。材料装车时，必须固定牢靠，以防运输中途跌落。

2. 无轨车辆运输系统

无轨车辆运输由于适应性强和短巷道内使用方便，因而在矿山开挖中广泛使用，特别是用在坡度不大的倾斜巷道施工中。如果用于隧道，则隧道的长度将是选用列车轨道运输还是车辆无轨运输的主要依据，无轨运输系统都是用于短隧道的开挖，因为在这种隧道内铺设轨道系统是不经济的。

3. 带式输送机运输系统

带式输送机机架应坚固、平、正、直，带式输送机全部滚筒和托辊必须与运输皮带的传动方向呈直角。运输皮带必须保持清洁，严格按照设备使用与操作规程进行带式输送机操作，必须定期按照带式输送机的使用与保养规程对带式输送机电气、机械和液压系统进行检查、保养与维修。设专人检查皮带的跑偏情况并及时调整。严格按照技术要求设置出渣转载装置。

带式输送机运输在安装时应做到留有一条开阔的通道，以便运送人员和材料到工作面。如隧道直径够大，输送机可沿一侧起拱线，悬吊在拱部或以支架支承。输送机的支撑架随着隧道掘进而接到运输系统内。输送机的运输是连续的，可按掘进机最高生产能力来设计，输送机运用时，很少能超过其能力的60％，但是又必须具备这种能力，以便地质条件允许达到最大利用率时能高速出渣。带式输送机的优点是可靠、维修费低、能力大，但不具备轨道运输系统的适应性和机动性。在适合掘进机开挖的好地层中，它是做到连续出渣的较好方法。

4. 压气输送系统

压气输送系统已在矿山中采用，但在隧道工程中只是试验和有限使用。高效、连续和经济的压气输送系统，在加拿大、英国和美国已经过试验并投入使用。在隧道内有限使用的结果表明，这种系统能有效地运输直径达到15cm的石渣，水平距离达750m，在有一定水平运距且垂直升高300m的情况下，每小时最大运量为300t。在长隧道中，当隧道向前推进时，可采取一系列独立系统串联起来使用。

5. 水力运输系统

在开挖隧道的过程中，如果岩层能够浆液化，就可以采用水力石渣运输系统，其先决条件是石渣要碎成要求的尺寸，并具有悬浮在浆液中的适当性质。

8.4.6　通风与除尘

掘进机施工的隧道通风，其作用主要是排出人员呼出的气体、掘进机的热量、破碎岩石的粉尘和内燃机等产生的有害气体等。

TBM通风方式有压入式、抽出式、混合式、巷道式、主风机局扇并用式等，施工时要根据所施工隧道的规格、施工方式与周围环境等进行选择。一般多采用风管压入式通风，其最大的优点是新鲜空气经过管道直接送到开挖面，空气质量好，且通风机不必经常移动，只需接长通风管即可。压入式通风可采用由化纤增强塑胶布制成的软风管。

掘进机施工的通风分为一次通风和二次通风。一次通风是指从洞口到掘进机后面的通风，二次通风是指掘进机后从配套拖车后部到掘进机施工区域的通风。一次通风管采用软管，用洞口风机将新鲜空气压入到掘进机后部；二次通风管采用硬质风管，在拖车两侧布置，将一次通风经接力增压、降温后继续向前输送，送风口位置布置在掘进机的易发热部件处。

通风机的型号根据网络（阻力）特性曲线，按照产品说明书提供的风机性能曲线或参数确定。掘进机工作时产生的粉尘，是从切削部与岩石的结合处释放出来的，必须在切削部附近将粉尘收集，通过排风管将其送到除尘机处理。另外，粉尘还需用高压水进行喷洒。

8.4.7　TBM的到达与拆机

TBM掘进施工只能前进不能后退，所以对于长度较短的单向施工隧道，在TBM掘进施工完成后，TBM可以牵引或者步进出洞，在洞外进行拆卸；而对于较长的隧道来说，采用两台TBM相向施工时，就必须在贯通面附近选择围岩条件较好的地段设置拆卸洞，在洞内安装布置吊装和运输设备，将TBM在洞内拆卸解体后分批运出洞外。拆卸洞必须有足够的空间和结构强度，用以安装桥式起重机；起重机走行轨基础要有可靠的承载能力，以确保安全稳妥地吊装TBM大件；而拆卸洞的长度和断面尺寸可根据TBM的型号、拆卸的技术要求和所使用的起重机技术参数确定。

1. TBM的到达

TBM到达掘进前，应制定掘进机达到施工方案，做好技术交底，施工人员应明确掘进机实时的位置及刀盘距离贯通面的距离，并按照确定的施工方案实施。到达前应做好以下工作：检查洞内的测量导线，并根据检查结果调整掘进方向，保证隧道贯通误差在规定的范围内；检查掘进机拆卸洞的支护情况，加强变形监测，并及时反馈；备足到达施工所需要的材料、工具，对步进架或滑行轨进行检查和测量；做好出洞场地、洞口段的加固施工等。

2. TBM拆机准备工作

TBM拆机前应编制详细的拆机施工组织设计，内容一般包括编制依据（通常包括隧道总体施工安排和进度、掘进机配套资料、以往的拆机经验及总结资料、相关的技术规范和标准、隧道断面净空实测数据、施工现场的实际情况等）、拆机的总体方案、主要部件及系统的拆卸施工组织、运输和存放方案、安全及质量管理体系、应急预案等。

拆机前的具体准备工作一般包括风水电、土建工程、行车安装等硬件准备工作，液压、电气、机械结构等方面的部件标识工作，拆卸设备、工具和材料准备落实情况，拆机前的培训工作，拆卸人员的组织调配以及大件运输设备的准备等。

3. TBM的洞内拆卸

根据工程总体规划和现场条件，确定掘进机拆卸的总体流程，分系统、分部位、分时段地进行掘进机拆卸的管理、技术组织和安排。拆卸的总体流程为：主机进入拆卸洞、主机与连接桥脱离、拆卸主机外围设备、主机主要部件解体、后配套拆卸。

本章小结

通过本章学习，加深对全断面岩石隧道掘进机概念与特点的理解，熟悉掘进机的分类、构造和选型的相关知识，掌握掘进机的关键施工技术，初步具备编制掘进机隧道施工方案的能力。

思考与练习题

8-1 什么是掘进机施工？掘进机施工具有哪些优缺点？

8-2 简述全断面岩石隧道掘进机施工的基本原理。

8-3 掘进机通常情况下可以分为哪几种类型？各有什么特点？

8-4 掘进机选型的原则是什么？

8-5 简述岩石隧道掘进机施工方案的选择方法。

8-6 掘进机的主要技术参数如何确定？

8-7 掘进机的掘进模式如何选择？

8-8 掘进机的掘进参数如何确定？

8-9 掘进机的出渣运输系统有哪些类型？各有什么特点？

8-10 简述全断面岩石隧道掘进机施工准备、掘进作业、出渣与运输和支护作业的基本过程。

第 9 章　施工组织与管理

本章要点及学习目标

本章要点：

(1) 施工准备；

(2) 施工组织设计的分类与内容；

(3) 施工方案；

(4) 施工进度计划；

(5) 施工平面；

(6) 质量管理与现场管理；

(7) 合同管理与风险管理。

学习目标：

(1) 掌握施工准备的内容；

(2) 掌握施工组织设计的分类与内容；

(3) 掌握施工方案编制的依据与内容；

(4) 熟悉施工进度计划的编制；

(5) 掌握施工平面图设计的内容与方法；

(6) 熟悉质量体系标准与运行以及现场管理的内容；

(7) 了解合同管理与风险管理的内容。

9.1　概述

施工组织是施工工作的中心环节，也是指导现场施工必不可少的重要文件，其内容包括施工准备、施工组织设计、施工方案、施工进度计划和施工平面图设计等。施工管理包括质量管理与施工现场管理。随着科学技术的发展和市场竞争的需要，质量管理已越来越为人们所重视，并逐渐发展成为一门新兴的学科。国际标准化组织在 1987 年 3 月制定和颁布了 ISO 9000 系列质量管理及质量保证标准，此后又不断对它进行补充、完善。ISO 9000 系列质量管理标准已成为现代施工企业进行工程质量管理的指南。施工管理的基本任务是遵循建筑生产的特点和规律，把施工过程有机地组织起来，加强指挥，充分发挥人力、物力和财力的作用，用最快的速度、最好的质量、最低的消耗获得最大的经济效果。

9.2　施工准备

施工准备工作是生产经营管理的重要组成部分，是对拟建工程目标、资源供应和施工方案选择及其空间布置和时间排列等诸方面进行的施工决策。

地下工程项目施工准备工作，通常包括技术准备、物资准备、劳动组织准备、施工现场准备和施工场外准备。

9.2.1　施工准备的内容

1. 技术准备工作

技术准备是施工准备的核心。由于任何技术的差错或隐患都可能引起人身安全和质量事故，造成生命、财产和经济的巨大损失，因此必须认真做好技术准备工作。技术准备包括以下内容：

(1) 熟悉、审查施工图纸及有关设计文件；

(2) 掌握地形、地质、水文等勘察资料和技术经济资料；

(3) 编制施工图预算和施工预算；

(4) 编制施工组织计划。

2. 物资准备

材料、构配件、制品、机具和设备是保证施工顺利进行的物资基础，这些物资的准备工作必须在工程开工之前完成。根据各种物资的需要量计划，分别落实货源，安排运输和储备，使其满足连续施工的要求。

物资准备工作，主要包括建筑材料的准备、构配件和制品的加工准备、建筑安装机具的准备和生产工艺设备的准备。

物资准备工作通常按照以下程序进行：

(1) 根据施工预算、分部分项工程施工方法和施工进度的安排，拟订统配材料、地方材料、构配件及制品、施工机具等物资的需要量计划；

(2) 根据各种物资需要量计划，组织货源，确定加工、供应地点和供应方式，签订物资供应合同；

(3) 根据各种物资的需要量计划和合同，拟定运输计划和运输方案；

(4) 按照施工总平面图的要求，组织物资按计划时间进场，在指定地点、按规定方式进行储存或堆放。

3. 劳动组织准备

1) 建立拟建工程项目的组织机构

根据拟建工程项目的规模、结构特点和复杂程度，确定拟建工程项目施工的领导机构人选和名额，坚持合理分工和密切协作相结合，把有施工经验、有创新精神、有工作效率的人选入领导机构；认真执行因事设职、因职选人的原则。

2) 建立精干的施工队组

施工队组的建立要认真考虑专业、工种的合理配合，技工、普工的比例要满足合理的劳动组织，要符合流水施工组织方式的要求，确定建立施工队组，要坚持合理、精干的原则，同时制订出该工程的劳动力需要量计划。

3) 集结施工力量、组织劳动力进场

工地的领导机构确定以后，按照开工日期和劳动力需要量计划，组织劳动力进场。同时要进行安全、防火和文明施工等方面的教育，并安排好职工的生活。

向施工队组、工人进行施工组织设计、计划和技术交底。施工组织设计、计划和技术交底的内容有：工程的施工进度计划、月（旬）作业计划；施工组织设计，尤其是施工工艺、质量标准、安全技术措施；图纸会审中所确定的有关部位的设计变更和技术核定等事项。交底工作应该按照管理系统逐级进行，由上而下直到工人队组。交底的方式有书面形式、口头形式和现场示范形式等。

队组、工人接受施工组织设计、计划和技术交底后，要组织进行认真的分析研究，弄清关键部位、质量标准、安全措施和操作要领。必要时应该进行示范，并明确任务及做好分工协作，同时建立健全岗位责任制和保证措施。

4）建立健全各项管理制度

管理制度主要包括：工程质量检查与验收制度，工程技术档案管理制度，建筑材料（构件、配件、制品）的检查验收制度，技术责任制度，施工图纸学习与会审制度，技术交底制度，工地及班组经济核算制度，材料出入库制度，安全操作制度，机具使用保养制度等。

4. 施工现场准备

施工现场的准备工作，主要是为了给拟建工程的施工创造有利的施工条件和物资保证，具体内容如下：

（1）做好施工场地的控制网测量。按照设计单位提供的建筑总平面图及给定的永久性经纬坐标控制网和水准控制基桩，进行场区施工测量，设置场区的永久性经纬坐标桩、水准基桩，建立场区工程测量控制网。

（2）搞好"三通一平"。"三通一平"是指路通、水通、电通和平整场地。

施工现场的道路是组织物资运输的动脉。拟建工程开工前，必须按照施工总平面图的要求，修好施工现场的永久性道路以及必要的临时性道路，形成完整畅通的运输网络，为建筑材料进场、堆放创造有利条件。

水是施工现场的生产和生活不可缺少的。拟建工程开工之前，必须按照施工总平面图的要求，接通施工用水和生活用水的管线，使其尽可能与永久性的给水系统结合起来，并做好地面排水系统，为施工创造良好的环境。

电是施工现场的主要动力来源。拟建工程开工前，要按照施工组织设计的要求，接通电力和电信设施，做好其他能源（如蒸汽、压缩空气）的供应，确保施工现场动力设备和通信设备的正常运行。

按照建筑施工总平面图的要求，拆除场地上妨碍施工的建筑物或构筑物，然后根据建筑总平面图规定的标高，进行填挖土方的工程量计算，确定平整场地的施工方案，进行平整场地的工作。

（3）做好施工现场的补充勘探。为了进一步寻找古防空洞、古墓、地下管道、暗沟和枯树根等隐蔽物，以便及时拟定处理隐蔽物的方案并实施，必要时需要进行施工现场补充勘察，为基础工程施工创造有利条件。

（4）建造临时设施。按照施工总平面图的布置，建造临时设施，为正式开工准备好生产、办公、生活、居住和贮存等临时用房。

（5）安装、调试施工机具。按照施工机具需要量计划，组织施工机具进场，根据施工总平面图将施工机具安置在规定的地点或仓库。对于固定的机具，要进行就位、搭棚、接电源、保养和调试等工作。所有施工机具必须在开工之前进行检查和试运转。

（6）做好建筑材料、构配件和制品的存储和堆放。按照建筑材料、构配件和制品的需要量计划组织进场，根据施工总平面图规定的地点和指定的方式进行贮存和堆放。

及时提供试验材料的试验申请计划。按照建筑材料的需要量计划，及时提供建筑材料的试验申请计划，如钢材的机械性能和化学成分等试验，混凝土或砂浆的配合比和强度等试验。

做好冬雨期施工安排。按照施工组织设计的要求，根据施工总平面图的布置，建立消防、保安等组织机构和有关的规章制度，布置安排好消防、保安等措施。

5. 施工场外准备

（1）材料的加工和订货。建筑材料、构配件和建筑制品大部分均必须外购，工艺设备更是如此。与加工部门、生产单位联系，签订供货合同、搞好及时供应，对保障施工企业正常生产是非常重要的。

（2）做好分包工作和签订分包合同。根据工程量、完成日期、工程质量和工程造价等内容，选择合格分包单位并与其签订分包合同，保证按时实施。

（3）向主管部门提交开工申请报告。当材料的加工与订货、分包工作和签订分包合同等施工场外的准备工作完成后，应该及时地填写开工申请报告，并上报主管部门批准。

9.2.2　施工准备工作计划

为了落实各项施工准备工作，加强对其检查和监督，必须编制出施工准备工作计划。施工准备工作计划应包括施工准备项目、简要内容、负责单位、负责人、起始时间等内容，做到责任到人。

9.3　施工组织设计

施工组织设计是用来指导拟建工程施工全过程中各项活动的技术、经济和组织的综合性文件。施工组织设计是根据国家或业主对拟建工程的要求、设计图纸和编制施工组织设计的基本原则，从拟建工程施工全过程的人力、物力和空间三个因素着手，在人力与物力、主体与辅助、供应与消耗、生产与贮存、专业与协作、使用与维修、空间布置与时间排列等方面进行科学、合理地部署，为建筑产品生产的节奏性、均衡性和连续性提供最优方案，从而以最少的资源消耗取得最大的经济效果，使最终建筑产品的生产在时间上达到速度快、工期短，在质量上达到精度高、功能好，在经济上达到消耗少、成本低、利润高的目的。

9.3.1　施工组织设计的分类

施工组织设计按编制对象范围的不同，可分为施工组织总设计、单位工程施工组织设计、分部分项工程施工组织设计三种。

1. 施工组织总设计

施工组织总设计是以一个建筑群或一个建设项目为编制对象，用以指导整个建筑群或建设项目施工全过程的各项施工活动的技术、经济和组织的综合性文件。一般在初步设计或扩大初步设计被批准之后，在总承包企业的总工程师领导下进行编制。

2. 单位工程施工组织设计

单位工程施工组织设计是以一个单位工程（一个建筑物或构筑物）为编制对象，用以指导其施工全过程的各项施工活动的技术、经济和组织的综合性文件。单位工程施工组织设计一般在施工图设计完成后、在拟建工程开工之前，在技术负责人领导下进行编制。

3. 分部分项工程施工组织设计

分部分项工程施工组织设计是以分部分项工程为编制对象，用以具体实施施工全过程的各项施工活动的技术、经济和组织的综合性文件。分部分项工程施工组织设计一般与单位工程施工组织设计的编制同时进行，并由单位工程的技术人员负责编制。

施工组织总设计是对整个建设项目的全局性战略部署，其内容和范围比较概括；单位工程施工组织设计是在施工组织总设计的控制下，以施工组织总设计和企业施工计划为依据编制的，针对具体的单位工程，把施工组织总设计的内容具体化；分部分项工程施工组织设计是以施工组织总设计、单位工程施工组织设计和企业施工计划为依据编制的，针对具体的分部分项工程，把单位工程施工组织设计进一步具体化。

9.3.2 施工组织设计的内容

1. 施工总组织设计的内容

（1）建设项目的工程概况；

（2）施工部署及主要建筑物或构筑物的施工方案；

（3）全场性施工准备工作计划；

（4）施工总进度计划；

（5）各项资源需要量计划；

（6）全场性施工总平面图设计；

（7）主要施工技术措施；

（8）各项技术经济指标。

2. 单位工程施工组织设计的内容

（1）工程概况及其施工特点的分析；

（2）施工方案的选择；

（3）单位工程施工准备工作计划；

（4）单位工程施工进度计划；

（5）各项资源需要量计划；

（6）单位工程施工平面图设计；

（7）质量、安全、节约及冬雨期施工的技术组织保证措施；

（8）主要技术经济指标。

3. 分部分项工程施工组织设计的内容

（1）分部分项工程概况及其施工特点的分析；

（2）施工方法及施工机械的选择；

（3）分部分项工程施工准备工作计划；

（4）分部分项工程施工进度计划；

（5）劳动力、材料和机具等需要量计划；

（6）质量、安全和节约等技术组织保证措施；

（7）作业区施工平面布置图设计；

（8）原材料与强度试验计划表；

（9）文明施工技术措施；

（10）现场施工用电线路图；

（11）工程档案归档目录。

9.4　施工方案

施工方案是指完成单位工程或分部分项工程所需要的人工、材料、机械、资金、方法等因素的合理安排。施工方案的选择是施工组织设计的核心，施工方案合理与否将直接影响工程的施工效率、质量、工期和技术经济效果。

9.4.1　施工方案编制依据

施工方案的编制依据包括：

（1）施工图纸；

（2）施工现场勘察得到的资料和信息；

（3）施工验收规范、质量检查验收标准、安全操作规程、施工及机械性能手册；

（4）新技术、新设备、新工艺；

（5）技术人员施工经验、技术素质及创造能力等。

9.4.2　施工方案的主要内容

施工方案主要内容，包括施工顺序的确定、施工方法与施工机械的选择、工程施工流水组织的确定。

1. 施工顺序的确定

确定施工方案、编制施工进度计划时首先应该考虑选择合理的施工顺序，它对于施工组织能否顺利进行、能否保证工程的进度与质量都起着十分重要的作用。施工顺序应该符合单位工程与分部分项工程的施工特点与规律，下面以桩基础的施工顺序为例加以说明。

（1）预制桩基础施工顺序：场地平整→桩的预制（如不在现场预制，则有起吊、运输、堆放等操作）→选择打桩设备→铺设轨道→支桩架→定位放线→桩机就位→吊桩→插桩与打桩→挖土→桩头处理基础承台施工。

（2）灌注桩基础施工顺序：场地平整（硬地法施工）→选择桩机→测量桩位→安放护筒→钻机定位→钻进成孔→第一次清孔→钢筋笼吊放→下导管→第二次清孔→浇筑水下混凝土→拔除护筒→钻机移位→自然养护→挖土→桩基检测→基础承台施工。

2. 施工方法与施工机械的选择

正确地拟定施工方法和选择施工机械是合理组织施工的关键，它直接影响着施工速度、工程质量、施工安全和工程成本，所以必须予以重视。

1）施工方法拟定

拟定施工方法时，应该满足以下要求：

（1）主要考虑主导施工过程的施工方法。所谓主导施工过程，一般是指工程量大、在施工中占重要地位的施工过程，如桩基础中的打桩工程；又指施工技术复杂或采用新技术、新工艺、新结构以及对工程质量起关键作用的施工过程，如地下连续墙施工、土方开挖工程施工、地下管道的盾构施工、顶管工程的施工等过程。

（2）满足施工技术的要求。如吊装机械的型号、数量的选择应满足构件吊装技术的要求。

（3）符合机械化程度的要求。要提高机械化施工的程度，并充分发挥机械效率，减少繁重的人工操作。

（4）应符合先进、合理、可行、经济的要求。选择施工方法时，除要求先进、合理以外，还要考虑是否可行、经济上是否节约。

（5）应满足工期、质量、成本和安全的要求。所选的施工方法，应尽量满足缩短工期、提高质量、降低成本、保证安全的要求。

2）施工机械选择

在施工机械化程度越来越高的今天，施工机械的选择已成为施工方法选择的中心环节。在施工机械选择时应注意以下 4 点：

（1）首先选择主导施工过程的施工机械。根据工程的特点，决定其最适宜的机械类型，如基础工程的挖土机械，可根据工程量的大小和工作面的宽度做出不同选择。

（2）选择与主导施工过程施工机械配套的各种辅助机械和运输机具。为了充分发挥主导施工机械的效益，在选择配套机械时，应使它们的生产能力相互协调一致，并且能够保证有效地利用主导施工机械。如在土方工程中，汽车运土可保证挖土机械连续工作等。

（3）应充分利用施工企业现有的机械，并在同一工地贯彻一机多用的原则。

（4）提高机械化和自动化程度，尽量减少手工操作。

3．工程施工流水组织的确定

工程施工流水组织是施工组织设计的重要内容，是影响施工方案优劣程度的基本因素，在确定施工的流水组织时，主要解决流水段的划分和流水施工的组织方式两个方面的问题。

9.5　施工进度计划

施工进度计划是在确定了施工方案的基础上，对工程的施工顺序、各个项目的延续时间及项目之间的搭接关系、工程的开工时间、竣工时间及总工期等做出安排。在这个基础上，可以编制劳动力计划、材料供应计划、成品和半成品计划以及机械需用量计划等。

9.5.1　编制依据和编制程序

单位工程施工进度计划的编制依据包括：施工总进度计划、施工方案、施工预算、预算定额、施工定额、资源供应状况、工期要求等。

施工进度计划的编制程序为：收集编制依据→划分施工项目→计算工程量→套用施工定额→计算劳动量或机械台班需用量→确定延续时间→编制初步计划方案→编制正式进度计划。

9.5.2　施工项目划分

施工项目是包括一定工作内容的施工过程，是进度计划的基本组成单元。项目内容的多少、划分的粗细程度，应该根据计划的需要来决定。一般来说，单位工程进度计划的项目应明确到分项工程或更具体，以满足指导施工作业的要求。通常划分项目应按顺序列成表格，编排序号，查对是否遗漏或重复。凡是与工程对象施工直接有关的内容均应列入，非直接施工辅助性项目和服务性项目则不必列入。划分项目应与施工方案一致。

9.5.3　计算工程量和确定项目延续时间

计算工程量应针对划分的每一个项目并分段计算，可套用施工预算的工程量，也可以由编制者根据图纸并按施工方案安排自行计算，或根据施工预算加工整理。

项目的延续时间最好是按正常情况确定，它的费用一般是最低的。待编制出初始计划并经过计算，再结合实际情况做必要的调整，这是避免盲目抢工而造成浪费的有效办法。

按照实际施工条件来估算项目的持续时间是较为简便的办法，一般也多采用这种办法，具体计算方法有以下两种。

1. 经验估计法

经验估计法就是根据过去的施工经验进行估计。这种方法多适用于采用新工艺、新方法、新材料等而无定额可循的工程。在经验估计法中，有时为了提高其准确程度，往往采用"三时估计法"，即先估计出该项目的最长、最短和最可能的三种持续时间，然后据此求出期望的延续时间作为该项目的延续时间。

2. 定额计算法

定额计算法的计算公式如下：

$$t = \frac{Q}{RS} = \frac{P}{R} \qquad (9-1)$$

式中　t——项目持续时间，可以采用小时、日或周表示；

　　　Q——项目的工程量，可以采用实物量单位表示；

　　　R——拟配备的人力或机械的数量，以人数或台数表示；

　　　S——产量定额，即单位工日或台班完成的工作量，最好是施工单位的实际水平，也可以参照施工定额水平；

　　　P——劳动量（工日）或机械台班量（台班）。

9.5.4　流水作业组织

流水作业法是一种科学组织生产的方法，确立在分工、协作和大批量生产的基础上。施工进度计划的编制应当以流水作业原理为依据，以便使生产有鲜明的节奏性、均衡性和连续性。

1. 流水参数

流水参数包括工艺参数、空间参数与时间参数。

1）工艺参数

工艺参数是指一组流水中的施工过程的个数，以符号"N"表示。但应注意，只有那些对工程施工进程具有直接影响的施工过程才应组织到流水之中。当专业队（组）的数目与流水的施工过程数目一致时，工艺参数就是施工过程数；当流水的施工过程由两个或两个以上的专业队施工时，工艺参数以专业队（组）的数目计算（平行作业者除外）。

2）空间参数

空间参数就是组织流水施工的流水段数，用"M"表示。当施工对象是多层建筑时，流水段数是一层的段数与层数的乘积，为了保证工人作业的连续性，应使 $M \geqslant N$。

3）时间参数

时间参数包括"流水节拍"与"流水步距"。流水节拍是指各个专业队在施工段上的施工作业时间，用符号"t"表示；流水步距是指两个相邻的施工队开始流水作业的时间间隔，以符号"$K_{i,i+1}$"表示，即 i 工作队和 $i+1$ 工作队之间开始作业的时间间隔。流水步距数等于施工队数减 1。

2. 流水施工的分类

组织流水作业的基本方式有三类，即等节奏流水、异节奏流水和无节奏流水。

1）等节奏流水

等节奏流水的特征是在组织流水的范围里，各施工队在各段上的流水节拍相等。在可能的情况下，要尽量采用这种流水方式，因为这种方式能保证工人的工作连续、均衡和有节奏。

2）异节奏流水

异节奏流水即每一个工作队在各流水段上的工作延续时间（节拍）保持不变，而不同的工作队的流水节拍却不一定相等。

3）无节奏流水

有时由于各段工程量的差异或工作面限制，所能安排的人数不相同，使各施工过程在各段及各施工过程之间的流水节拍均无规律性，这时，组织等节奏流水作或异节奏流水作业均有困难，则可组织分别流水。分别流水的特点是允许施工面有空闲，但要保证各施工过程的工作队连续作业，要使各工作队在同一施工段上不交叉作业，更不能发生工序颠倒的现象。

9.5.5　网络计划技术

施工进度计划通常可采用网络计划技术进行编制，从发展的观点看，它的应用面将会逐渐超过横道图计划。

横道图是以图示的方式通过活动列表和时间刻度形象地表示出任何特定项目的活动顺序与持续时间，图 9-1 所示为某基坑工程施工进度计划横道图。横道图只能描述项目计划内各种活动安排的时序关系，无法描述项目中各种活动间错综复杂的相互制约的逻辑关系。横道图适用于小型的、简单的、由少数活动组成的项目进度计划，或用于大中型项目及复杂项目计划的初期编制阶段。

网络计划技术能把施工对象的各有关施工过程组成一个有机的整体，能全面而明确地反映出各工序之间的相互制约和相互依赖的关系；它可以进行各种时间参数计算，能在工序繁多、错综复杂的计划中找出影响工程进度的关键工序，以便于管理人员集中精力抓住施工中的主要矛盾，确保按期竣工；而且通过网络计划中反映出来的各工序的机动时间，可以更好地运用和调配人力与设备，达到降低成本的目的；另外，它还可以用计算机对复杂的计划进行计算、调整及优化，实现计划管理的科学化。

网络计划的表达形式是网络图。网络图是由若干个代表工程计划中各项工作的箭线和连接箭线的节点所构成的网状图形。网络图通常分为单代号网络图和双代号网络图两种。单代号网络图是以节点及其编号表示工作，以箭线表示工作之间的逻辑关系，并在节点中加注工作代号、名称和持续时间；在双代号网络图中，每一条箭线表示一项工作，箭线的箭尾节点表示该工作的开始，箭头节点表示该工作的结束，任意一条箭线都需要占用时间、消耗资源，工作名称写在箭线的上方，而消耗的时间则写在箭线的下方。在工程中应用较多的是双代号网络图，如图 9-2 所示为某基坑工程的双代号网络图施工进度计划。

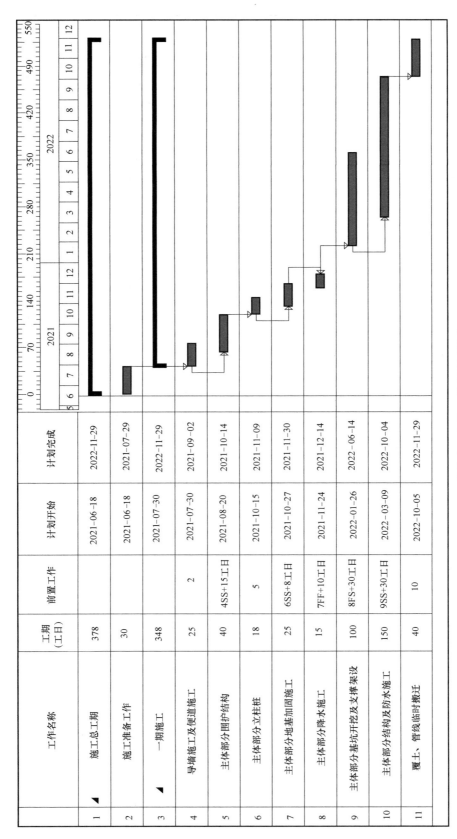

	工作名称	工期(工日)	前置工作	计划开始	计划完成
1	施工总工期	378		2021-06-18	2022-11-29
2	施工准备工作	30		2021-06-18	2021-07-29
3	一期施工	348		2021-07-30	2022-11-29
4	导墙施工及便道施工	25	4SS+15工日	2021-07-30	2021-09-02
5	主体部分围护结构	40	2	2021-08-20	2021-10-14
6	主体部分立柱桩	18	5	2021-10-15	2021-11-09
7	主体部分地基加固施工	25	6SS+8工日	2021-10-27	2021-11-30
8	主体部分降水施工	15	7FF+10工日	2021-11-24	2021-12-14
9	主体部分基坑开挖及支撑架设	100	8FS+30工日	2022-01-26	2022-06-14
10	主体部分结构及防水施工	150	9SS+30工日	2022-03-09	2022-10-04
11	覆土、管线临时搬迁	40	10	2022-10-05	2022-11-29

图 9-1　某基坑工程施工进度计划横道图

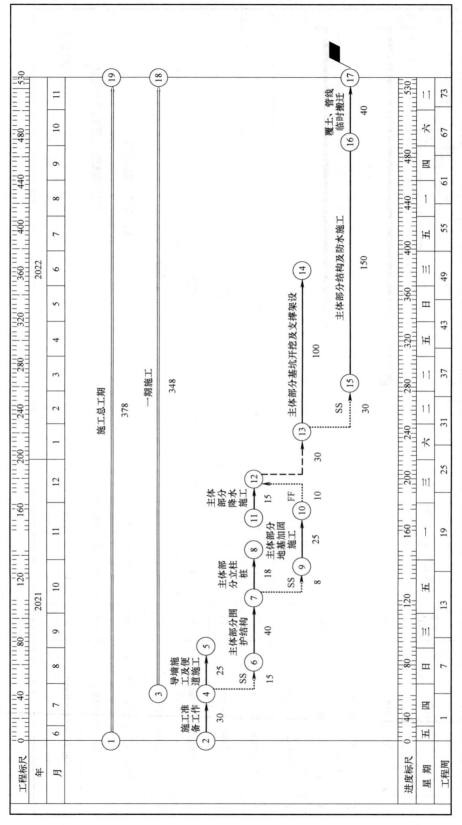

图 9-2 基坑工程的双代号网络图施工进度计划

　　单位工程网络计划的编制要点是弄清逻辑关系、讲究排列方法、计算必须准确、关键线路突出，认真进行调整。

9.5.6　施工进度计划的执行与调整

　　施工进度计划不是一成不变的，在执行过程中，往往由于人力、物资供应等情况的变化，使得原来的计划无法实现，因此在执行过程中应随时掌握施工动态，并不断地检查和调整施工进度计划。

　　施工进度计划检查与调整的内容包括：施工顺序、施工工期以及资源消耗均衡性。

9.6　施工平面图

　　单位工程施工平面图是对一个建筑物或构筑物的施工现场的平面规划和空间布置图，是根据工程规模、特点和施工现场的条件，按照一定的设计规则，正确地解决施工期间所需的各种临时工程和其他业务设施等同永久性建筑物和拟建工程之间的合理位置关系。

　　单位工程施工平面图是进行施工现场布置的依据，是实现施工现场有组织有计划进行文明施工的先决条件，为施工组织设计的重要组成部分。贯彻和执行合理施工平面布置图，会使施工现场井然有序，施工顺利进行，保证进度、效率和经济效果；反之则易造成不良后果。单位工程施工平面图的绘制比例，一般为 $1：500\sim1：200$。

9.6.1　施工平面图设计要求

　　(1) 在保证施工顺利进行的前提下，平面布置要力求紧凑，尽可能地减少施工用地，不占或少占农田。

　　(2) 合理布置施工现场的运输道路与各种材料堆场、加工场、仓库位置、各种机具的位置，要尽量使各种材料的运输距离最短，避免场内二次搬运。为此，各种材料必须按计划分期分批进场，按使用的先后顺序布置在使用地点的附近，或随运随吊。这样既节约了劳动力，又减少了材料在多次搬运中的损耗。

　　(3) 力争减少临时设施的工程量，降低临时设施费用。为此可采用以下措施：①尽可能利用原有建筑物，力争提前修建可供施工使用的永久性建筑物；②采用活动式拆卸房屋和就地取材的廉价材料；③临时道路尽可能沿自然标高修筑以减少土方量，并根据运输量采用不同标准的路面构造；④加工场的位置可选择在建设费用最少之处，等等。

　　(4) 方便工人的生产和生活，合理地规划行政管理和文化、生活及福利用房的相对位置，使工人至施工区所需的时间最短。

　　(5) 要符合劳动保护、环境保护、技术安全和防火的要求。工地内各种房屋和设施的间距，应符合防火规定；现场内道路应畅通，并按规定设置消火栓；易燃品及有污染的设施应布置在下风向，易爆物品应按规定距离单独存放；在山区进行建设时，应考虑防洪等特殊要求。

9.6.2　施工平面图的主要内容

　　(1) 建筑平面上已建和拟建的一切房屋、构筑物及其他设施的位置和尺寸；

（2）拟建工程施工所需的起重与运输机械、搅拌机等布置位置及其主要尺寸，起重机械的开行路线和方向等；

（3）地形等高线，测量放线标桩的位置和取舍土的地点；

（4）为施工服务的一切临时设施的布置和面积；

（5）各种材料（包括水暖电卫材料）、半成品、构件及工业设备等的仓库和堆场；

（6）施工运输道路的布置及宽度尺寸、现场出入口，铁路及港口位置等；

（7）临时给水排水管线、供电线路、热源气源等管道布置和通信线路等；

（8）一切安全及防火设施的位置。

9.6.3　施工平面图设计步骤

1. 施工平面图设计

施工平面图设计的一般步骤是：决定起重机械行走线路（施工道路的布置）→布置材料和构件的堆场→布置运输道路→布置各种临时设施→布置水电管网→布置安全消防设施。

2. 确定搅拌站、加工棚、仓库及材料堆场的布置

1）搅拌站的布置

搅拌站布置时应满足以下要求：

（1）搅拌站应有后台上料的场地，尤其是混凝土搅拌机，要与砂石堆场、水泥仓库一起考虑布置。

（2）搅拌站的位置应尽可能靠近垂直运输设备，以减少混凝土和砂浆的水平运距。当采用塔式起重机进行垂直运输时，搅拌站的出料口应位于塔式起重机的有效半径之内；当采用固定式垂直运输设备时，搅拌站应尽可能地靠近起重机；当采用自行式起重设备时，搅拌站可布置在开行路线旁，且其位置应在起重臂的最大外伸长度范围内。

（3）搅拌站的附近应有施工道路，以便砂石进场及拌合物的运输。

（4）搅拌站的位置应尽量靠近使用地点，有时浇筑大型混凝土基础时，可将混凝土搅拌站直接设在基础边缘，待基础混凝土浇完后再转移。

（5）搅拌站场地四周应设置排水沟，以利于清洗机械和排除污水，避免造成现场积水。

（6）混凝土搅拌台所需面积约 $25\mathrm{m}^2$，砂浆搅拌台约 $15\mathrm{m}^2$，冬期施工时应考虑保温和供热设施等，需要相应增加面积。

2）加工棚的布置

木材、钢筋、水电等加工场宜设置在建筑物四周稍远处，并有相应的材料及堆场。

3）材料及堆场的布置

（1）材料及堆场的面积计算。各种材料及堆场的堆放面积可由下式计算：

$$F=\frac{Q}{nqk} \qquad (9-2)$$

式中　F——材料堆场或仓库所需的面积；

　　　Q——某种材料现场总用量；

　　　n——某种材料分批进场次数；

q——某种材料每平方米的储存定额；

k——堆场、仓库的面积利用系数。

（2）仓库的位置。现场仓库按其储存材料的性质和重要程度，可采用露天堆场、半封闭式或封闭式三种形式。露天堆场用于堆放不受自然气候影响而损坏质量的材料，如石料、砖石和装配式混凝土构件等；半封闭式堆场用于储存需防止雨、雪、阳光直接侵蚀的材料，如堆放羊毛毡、细木零件和沥青等；封闭式堆场用于储存在大气侵蚀下易发生变质的建筑制品、贵重材料以及容易损坏或散失的材料，如水泥、石膏、五金零件及贵重设备、器具、工具等。

（3）布置原则。布置材料和构件堆场时，预制构件应尽量靠近垂直运输机械，以减少二次搬运的工程量；各种钢构件一般不宜在露天堆放；砂石应尽量靠近泵站，并注意运输卸料方便；钢模板、脚手架应布置在靠近拟建工程的地方，并要求装卸方便；基础所需的砖应布置在拟建工程四周，并距基坑、槽边不小于 0.5m，以防止塌方。

3. 运输道路的布置

施工运输道路应按材料和构件运输的需要，沿其仓库和堆场进行布置。运输道路的布置原则和要求如下：

（1）现场主要道路应尽可能利用已有道路或规划的永久性道路的路基，根据建筑总平面图上的永久性道路位置，先修筑路基，作为临时道路，工程结束后再修筑路面。

（2）现场道路最好是环形布置，并与场外道路相接，保证车辆行驶畅通；如不能设置环形道路，应在路端设置倒车场地。

（3）应满足材料、构件等运输要求，使道路通到各个堆场和仓库所在位置，且距离其装卸区越近越好。

（4）应满足消防的要求，使道路靠近建筑物、木料场等易燃地方，以便车辆直接开到消火栓处，消防车道宽度不小于 3.5m。

（5）施工道路应避开拟建工程和地下管道等地方。

（6）道路布置应满足施工机械的要求。搅拌站的出料口处、固定式垂直运输机械旁、塔式起重机的服务范围内均应考虑运输道路的布置，以便于施工运输。

道路路面应高于施工现场地面标高 0.1～0.2m，两旁应有排水沟，一般沟深与底宽均不小于 0.4m，以便排除路面积水，保证运输。

（7）道路的宽度和转弯半径应满足要求，架空线及架空管道下面的道路，其通行空间宽度应比道路宽度大 0.5m，空间高度应大于 4.5m。

4. 临时设施的布置

施工现场的临时设施分为生产性和生活性两大类。施工现场各种临时设施应满足生产和生活的需要，并力求节省施工设施的费用。临时设施布置时应遵循以下原则：

（1）生产性和生活性临时设施的布置应有所区分，以避免互相干扰；

（2）临时设施的布置力求使用方便、有利施工、保证安全；

（3）临时设施应尽可能采用活动式、装拆式结构或就地取材设置；

（4）工人休息室应设在施工地点附近；

（5）办公室应靠近施工现场。

5. 水电管网的布置

1）用水量计算

施工现场用水包括施工、生活和消防三方面的用水。

（1）施工用水量。施工用水量是指施工最高峰时期的某一天或高峰时期内平均每天需要的最大用水量，其计算公式如下：

$$q_1 = K_1 \sum Q_1 N_1 K_2 / (8 \times 3600) \tag{9-3}$$

式中　q_1——施工用水量；

　　　K_1——未预见的施工用水系数，取 1.05～1.15；

　　　K_2——施工用水不均衡系数，现场用水取 1.50，附属加工厂取 1.25，施工机械及运输机具取 2.0，动力设备取 1.0；

　　　N_1——用水定额；

　　　Q_1——最大用水日完成的工程量、附属加工厂产量及机械台数。

（2）生活用水量。生活用水量是指施工现场人数最多时期职工的生活用水，可按下式进行计算：

$$q_2 = Q_2 N_2 K_3 / (8 \times 3600) + Q_3 N_3 K_4 / (24 \times 3600) \tag{9-4}$$

式中　q_2——生活用水量；

　　　Q_2——现场最高峰施工人数；

　　　N_2——现场生活用水定额，每人每班用水量主要视当地气候而定，一般取 20～60L/（人·班）；

　　　K_3——现场生活用水不均衡系数，取 1.3～1.5；

　　　Q_3——居住区最高峰职工及家属居民人数；

　　　N_3——居住区昼夜生活用水定额，每人每昼夜平均用水量随地区和有无室内卫生设备而变化，一般取 100～120L/（人·昼夜）；

　　　K_4——居住区生活用水不均衡系数，取 2.0～2.5。

计算总用水量按照下式计算：

$$Q = q_1 + q_2 + q_3 \tag{9-5}$$

式中　q_3——消防用水量。

式（9-5）确定的总用水量还需增加 10% 的管网可能产生的漏水损失，即：

$$Q_总 = 1.1Q \tag{9-6}$$

2）临时供水管径的计算

当总用水量确定后，可按下式计算供水管径：

$$D_i = \sqrt{4000 Q_i / (\pi v)} \tag{9-7}$$

式中　D_i——某管段的供水管直径（mm）。

　　　Q_i——某管段用水量（L/s）；供水总管段按总用水量 $Q_总$ 计算，环状管网布置的各管段采用环管内同一用水量计算，支状管段按各支管内的最大用水量计算；

　　　v——管网中水流速度（m/s），一般取 1.5～2.0m/s。

3）供水管网的布置

（1）布置方式。临时给水管网布置方式，包括环状管网、枝状管网和混合管网布置。

环状管网能够保证供水的可靠性，但管线长、造价高，适用于要求供水可靠的建筑项目或建筑群；枝状管网由干管与支管组成，管线短、造价低，但供水可靠性差，故适用于一般中小型工程；混合管网是主要用水区及干管采用环状，其他用水区及支管采用枝状的混合形式，兼有两种管网的优点，一般适用于大型工程。

管网铺设方式有明铺与暗铺两种。为不影响交通，一般以暗铺为好，但要增加费用。在冬季或寒冷地区，水管宜埋置在冰冻线以下或采用防冻措施。

（2）布置要求。供水管网的布置应在保证供水的前提下，使管道铺设越短越好，同时还应考虑在水管使用期间支管具有移动的可能性；布置管网时应尽量利用原有的供水管网和提前铺设永久性管网；管网的位置应避开拟建工程的地方；管网铺设要与土方平整规划协调。

4）用电量计算

施工现场用电包括动力用电和照明用电，可按下式计算：

$$P=(1.05\sim1.1)(K_1\sum P_1/\cos\varphi+K_2\sum P_2+K_3\sum P_3+K_4\sum P_4) \tag{9-8}$$

式中　　　　P——供电设备总需要容量（kW）；

P_1——电动机额定功率（kW）；

P_2——电焊机额定功率（kW）；

P_3——室内照明容量（kW）；

P_4——室外照明容量（kW）；

$\cos\varphi$——电动机的平均功率因数，在施工现场最高为 0.75～0.78，一般为 0.65～0.75；

K_1、K_2、K_3、K_4——分别为电动机、电焊机、室内照明、室外照明等设备的同期使用系数，K_1、K_2 值见表 9-1，K_3 一般取 0.8，K_4 一般取 1。

同期使用系数　　　　表 9-1

用电设备	数量(台)	同期使用系数	
		差别	数值
电动机	3～10	K_1	0.7
	11～30		0.6
	>30		0.5
电焊机	3～10	K_2	0.6
	>10		0.5

5）选择电源与变压器

选择电源最经济的方案是利用施工现场附近已有的高压线、发电站及变电所，但事先必须将施工中需要的用电量向供电部门申请。如在新辟的地区施工，不可能利用已有的正式供电系统，需自行解决发电设施。

变压器的容量可按下式计算：

$$P=K(\sum P_{max}/\cos\varphi) \tag{9-9}$$

式中　P——变压器的容量（kW）；

K——功率损失系数，取 1.05；

$\sum P_{max}$——各施工区的最大计算荷载（kW）；

$\cos\varphi$——功率因数，取 0.75。

根据计算所得的容量值，可从常用变压器产品目录表中选用合适型号的变压器，且使选定的额定电容量稍大于（或等于）计算的变压器需要的容量值。

6）配电导线截面的选择

在确定配电导线截面大小时，应满足以下三方面的要求：第一，导线应有足够的力学强度，不发生断线现象；第二，导线在正常温度下，能持续通过最大的负荷电流而本身温度不超过规定值；第三，电压的损失应在规定的范围内，能保证机械设备的正常工作。

导线截面的大小一般按允许电流要求计算选择，以电压损失和力学强度要求加以复核，取三者中的大值作为导线截面面积。

（1）按允许电流选择时，可按下式计算：

$$I = 1000P_总/(\sqrt{3}U\cos\varphi) = 2P_总 \tag{9-10}$$

式中　I——某配电线路上负荷工作电流（A）；

　　　U——某配电线路上的工作电压（V），在三相四线制低压时取 $380V$；

　　　$P_总$——配电线路上总用电量（kW）。

根据以上公式计算出某配电线路上的电流以后，即可选择导线的截面积。

（2）按允许电压损失选择导线截面大小时，可按下式计算：

$$S = \sum(P_总 L)/(C[\varepsilon]) = \sum M/C[\varepsilon] \tag{9-11}$$

式中　S——配电导线截面积（mm^2）；

　　　L——用电负荷至电源的配电线路长度（m）；

　　　$\sum M$——配电线路上负荷矩总和（kW·m），其等于配电线路上每个用电负荷的计算用电量 $P_总$ 与该负荷至电源的线路长度 L 的乘积之和；

　　　C——系数，三相四线制中，铜线取 77，铝线取 46.3；

　　　$[\varepsilon]$——配电线路上允许的电压损失值，动力负荷线路取 10%，照明负荷线路取 6%，混合线路取 8%。

当已知导线截面大小时，可按下式复核其允许电压损失值：

$$\varepsilon = \sum M/(CS) \leqslant [\varepsilon] \tag{9-12}$$

式中　ε——配电线路上计算的电压损失（$\%$）。

（3）按力学强度复核截面时，所选导线截面积应大于或等于力学强度允许的最小导线截面积。当室外配电线架空敷设在电杆上，电杆间距为 $20\sim40m$ 时，导线要求的最小截面积见表 9-2。

导线按照力学强度要求前最小截面积　　　　　　　　表 9-2

电压	裸导线		绝缘导线	
	铜（mm^2）	铝（mm^2）	铜（mm^2）	铝（mm^2）
低压	6	16	4	10
高压	10	25	—	—

7）变压器及配电线路的布置

单位工程的临时供电线路，一般采用枝状布置，其要求如下：

（1）尽量利用已有的配电线路和已有的变压器。

（2）若只设一台变压器，线路枝状布置，变压器一般设置在引入电源的安全区域；若设多台变压器各变压器作环状连接布置，每台变压器与用电点作枝状布置。

（3）变压器设在用电集中的地方，或者布置在现场边缘高压线接入处，离地面应大于3m，四周应设有高度大于1.7m的护栏，并有明显的标志，不要把变压器布置在交通道口处。

（4）线路宜在路边布置，距建筑物应大于1.5m，电杆间距25～40m，高度4～6m，跨铁道时高度为7.5m。

（5）线路不应妨碍交通和机械施工、进场、装拆、吊装等。

（6）线路应避开堆场、临时设施、基槽及后期工程的地方。

（7）注意接线和使用上的安全性。

9.7 质量管理与现场管理

9.7.1 质量管理

工程质量的优劣，直接影响国家经济建设的速度。工程质量差本身就是最大的浪费，低劣的质量一方面需要大幅度增加返修、加固、补强等人工、器材、能源的消耗，另一方面还将给用户增加使用过程中的维修、改造费用，同时必然缩短工程的使用寿命，使用户遭受经济损失，此外还会带来其他的间接损失（如停工、降低使用功能、减产等），给国家和使用者造成更大的浪费、损失。因此，质量问题直接影响着我国经济建设的速度。

工程项目质量，包括建筑工程产品实体和服务这两类特殊产品的质量。

建筑工程实体作为一种综合加工的产品，它的质量是指建筑工程产品适合于某种规定的用途，满足人们要求其所具备的质量特性的程度。"服务"是一种无形的产品，服务质量是指企业在推销前、销售时、售后服务过程中满足用户要求的程度。

1987年3月国际标准化组织（ISO）正式发布ISO 9000《质量管理和质量保证》系列标准后，世界各国和地区纷纷表示欢迎，并等同或等效采用该标准。我国于1992年发布了等同采用国际标准的GB/T 19000系列标准，这一系列标准是为了帮助企业建立、完善质量体系，增强质量意识和质量保证能力，提高管理素质和在市场经济条件下的竞争能力。

2008年3月正式实施一项推荐性国家标准《工程建设施工企业质量管理规范》GB/T 50430—2007，2018年修订为GB/T 50430—2017。它是关于工程建设施工企业质量管理的第一个国家标准。相对于技术标准、技术规范而言，也是关于施工企业质量管理的第一个管理型规范。

1. 质量管理依据

我国等同采用ISO 9000系列标准制定的GB/T 19000系列标准有以下四个核心标准体系：

（1）GB/T 19000—对应于ISO 9000《质量管理体系　基础和术语》；

（2）GB/T 19001—对应于ISO 9001《质量管理体系　要求》；

（3）GB/T 19004—对应于ISO 9004《质量管理体系　业绩改进指南》；

（4）GB/T 19011—对应于 ISO 9011《质量和环境管理体系审核指南》。

《工程建设施工企业质量管理规范》GB/T 50430 也是我国施工企业质量管理的重要依据。

2．标准及规范的内容

1）GB/T 19000/ISO 9000 标准

GB/T 19000/ISO 9000 标准阐述了 GB/T 19000/ISO 9000 族标准中质量管理体系的基础知识、质量管理八项原则，并确定了相关的术语。该标准在系列标准中起着指导作用，国际标准化组织称它为系列标准中具有交通指南性质的标准。

2）GB/T 19001/ISO 9001 标准

GB/T 19001/ISO 9001 标准规定了一个企业若要推行 GB/T 19001/ISO 9001，取得该标准认证，所要满足的质量管理体系要求。企业通过有效实施来推行一个符合该标准的文件化的质量管理体系。该标准的所有要求是通用的，适用于各种类型、不同规模和提供不同产品的企业，规定了质量管理体系要求，可供企业内部使用，也可用于认证或合同目的，关注质量管理体系的有效性。标准所规定的要求对需要采用标准的组织而言，是最基本的要求。企业所建立的质量管理体系可以超过标准的要求，但不能低于标准的要求。

3）GB/T 19004/ISO 9004 标准

GB/T 19004/ISO 9004 标准为企业提供了通过运用质量管理方法实现持续成功的指南，以帮助企业应对复杂的、严峻的和不断变化的环境。该标准提倡将自我评价作为评价企业成熟度等级的重要工具，包括评价领导作用、战略、管理体系、资源和过程等，从而识别企业的优势、劣势以及改进或（和）创新的机会。标准关注的质量管理范围比 GB/T 19001/ISO 9001 更广，强调所有相关方的需求和期望，为系统地持续改进企业整体绩效提供指南。

4）GB/T 19011/ISO 9011 标准

GB/T 19011/ISO 9011 标准提供质量和（或）环境审核的基本原则、审核方案的管理、质量和（或）环境管理体系审核的实施、对质量和（或）环境管理体系审核员的资格等要求。

这四个标准构成了《质量管理和质量保证》系列的核心标准，它们是互为关联、互相支持的有机整体。

5）《工程建设施工企业质量管理规范》GB/T 50430

该规范从组织机构和职责、人力资源管理、投标及合同管理、施工机具与设备管理、工程材料、构配件和设备管理、分包管理、工程项目质量管理、工程质量验收以及质量管理检查、分析、评价与改进等方面进行了要求。

3．质量体系的建立和运行

1）质量体系的建立

建立一个新的质量体系或更新、完善现行的质量体系，一般都经历以下步骤：

（1）企业领导决策。企业主要领导要下决心走质量效益型的发展道路，要有建立质量体系的迫切需要。建立质量体系是一项企业内部很多部门参加的一项全面性的工作，如果没有企业主要领导亲自领导、亲自实践和统筹安排，是很难搞好这项工作的，因此领导真心实意地要求建立质量体系，是建立、健全质量体系的首要条件。

（2）编制工作计划。工作计划包括培训教育，体系分析，职能分配，文件编制，配备仪器、仪表、设备等内容。

（3）分层次教育培训。组织学习系列标准，结合本企业的特点，了解建立质量体系的目的和作用，详细研究与本职工作有直接联系的要素，提出控制要素的办法。

（4）分析企业特点。结合建筑施工企业的特点和具体情况，确定采用哪些要素和采用的程度。要素要对控制工程实体质量起主要作用，能保证工程的适用性、符合性。

（5）落实各项要素。企业在选好合适的质量体系要素后，要进行二级要素展开，制订实施二级要素所必需的质量活动计划，并把各项质量活动落实到具体部门或个人。在各级要素和活动分配落实后，为了便于实施、检查和考核，还要把工作程序文件化，即把企业的各项管理标准、工作标准、质量责任制、岗位责任制形成与各级要素和活动相对应的有效运行的文件。

（6）编制质量体系文件。质量体系文件按其作用，可分为法规性文件和见证性文件两类。质量体系法规性文件是用以规定质量管理工作的原则，阐述质量体系的构成，明确有关部门和人员的质量职能，规定各项活动的目的要求、内容和程序。质量体系的见证性文件是用以表明质量体系的运行情况和证实其有效性的文件（如质量记录、报告等），这些文件记载了各质量体系要素的实施情况和工程实体质量的状态，是质量体系运行的见证。

2）质量体系的运行

质量体系运行是执行质量体系文件、实现质量目标、保持质量体系持续有效和不断优化的过程。质量体系的有效运行是依靠体系的组织机构进行组织协调、实施质量监督、开展质量信息管理、进行质量体系审核与评审实现的。

（1）组织协调

就施工企业而言，计划部门、施工部门、技术部门、试验部门、测量部门、检查部门等都必须在目标、分工、时间和联系方面协调一致，责任范围不能出现空档，应保持体系的有序性。这些都需要通过组织和协调工作来实现。实现这种协调工作的应是企业的主要领导，只有主要领导主持、质量管理部门负责，通过组织协调才能保持体系的正常运行。

（2）质量监督

质量监督有企业内部监督和外部监督两种，需方或第三方对企业进行的监督是外部质量监督。需方的监督权是在合同环境下进行的，就建筑施工企业来说，称为甲方的质量监督，按合同规定，从地基验槽开始，甲方对隐蔽工程进行检查签证；第三方的监督，是对单位工程和重要分部工程进行质量等级核定，并在工程开工前检查企业的质量体系，在施工过程中监督企业质量体系的运行是否正常。

质量监督是符合性监督。质量监督的任务是对工程实体进行连续性的监视和验证，发现偏离管理标准和技术标准的情况时及时反馈，要求企业采取纠正措施，严重者责令停工整顿，从而促使企业的质量活动和工程实体质量均符合标准所规定的要求。

（3）质量信息管理

质量信息管理和质量监督、组织协调工作是密切联系在一起的。异常信息一般来自质量监督，异常信息的处理要依靠组织协调工作，三者的有机结合是使质量体系有效运行的保证。

（4）质量体系审核与评审

企业进行定期的质量体系审核与评审，一是对体系要素进行审核、评价，确定其有效性；二是对运行中出现的问题采取纠正措施，对体系的运行进行管理，保持体系的有效性；三是评价质量体系对环境的适应性，对体系结构中不适用的采取改进措施。开展质量体系审核和评审是保持质量体系持续有效运行的主要手段。

9.7.2　现场管理

施工现场管理的基本任务是遵循建筑生产的特点和规律，把施工过程有机地组织起来，其具体要求是实现"三高一低"和文明施工，即做到高速度、高质量、高工效、低成本和文明施工。这是施工管理的目标，也是衡量建筑企业施工管理水平的主要标志。

施工现场管理的内容，主要包括现场技术管理、现场材料管理、现场机械设备管理与现场安全管理等方面。

1. 现场技术管理的主要内容

（1）贯彻施工组织设计（或施工方案）。首先要熟悉施工组织设计（或施工方案）的内容，做好施工组织设计的交底工作，并认真按照施工组织设计的要求指挥生产。

（2）熟悉图纸。通过图纸会审、设计交底以后，应将设计变更的内容及时修改在图纸上，对施工过程中发生的技术性洽商也应及时在施工图纸上注明。

（3）技术交底。应根据工程的不同情况，由公司总工程师、分公司主任工程师、项目经理部项目工程师领导组织全面的技术交底，内容包括图纸交底、施工组织设计交底与分项工程技术交底。

（4）督促班组按规范及工艺标准施工。首先要学习和熟悉各种规范及分项工程工艺标准的主要内容，组织全体工人学习各种规范及分项工程工艺标准，并经常深入施工现场，检查和督促班组人员严格按规范和工艺标准的要求进行施工。

（5）组织隐蔽工程的检查与验收。

（6）严格控制进场材料的质量、型号、规格。

（7）整理上报各种技术资料。在施工过程中积累的原始资料包括：重要分项工程或复杂部位技术交底记录；施工记录；隐蔽工程验收记录；施工日志；工程质量检查评定和质量事故处理资料；设备和管线调试、试压、试运转记录等。

2. 现场材料管理的主要内容

（1）施工准备阶段的材料管理工作，包括：了解工程概况，调查现场条件；正确地编制施工材料需用量计划；设计平面规划，布置材料堆放。

（2）施工阶段的现场材料管理工作，包括：进场材料的验收；现场材料的保管与发放。

3. 现场机械设备管理的主要内容

（1）正确选用机械设备。选用机械设备应遵循符合实际需要的原则、配套供应的原则、实际可能的原则与经济合理的原则。

（2）正确使用机械设备。为做到正确使用机械设备，首先要建立健全机械设备的使用制度，严格执行机械设备使用中的技术规定，并建立机械设备技术档案。

4. 现场安全管理的主要内容

（1）落实安全责任，实施责任管理；

（2）安全教育；

（3）安全检查。

9.8　合同管理与风险管理

9.8.1　合同管理

合同管理是指企业对以自身为当事人的合同，依法进行订立、履行、变更、解除、转让、终止以及审查、监督、控制等一系列行为的总称，其中订立、履行、变更、解除、转让、终止是合同管理的内容；审查、监督、控制是合同管理的手段。项目合同管理，包括对业主的施工承包合同和对分包方、分供方的合同管理以及合同索赔管理两个方面。

1. 施工合同管理

施工合同管理是有效控制工程造价、提高企业利润的重要手段，它是全过程的、系统性的、动态性的。

加强合同管理首先应树立合同意识，合同管理人员应认真学习国家的法律和法规，掌握业务知识，在签订施工企业合同时应认真把关，认真做好合同签订前的合同评审工作，从源头上堵塞合同漏洞，防范合同风险；其次，合同签订后，应认真进行交底，施工人员特别是现场施工管理人员应认真学习合同，明确合同规定的施工范围及双方的责任、权利和义务等；最后，要加强企业内部的管理，并结合企业的实际情况制定合同的管理办法，明确相关人员的责、权、利，调动合同管理机构的积极性。

2. 分包分供合同管理

由于企业规模的扩张和社会分工的细化，利用社会资源进行分包分供，是做强做大企业的有效途径。分包分供合同也是施工企业合同管理的难点和重点，是维护企业利益的关键工作，是容易造成企业利润流失的关键环节。一般管理中应遵循以下原则：

（1）合法性原则。分包一定要遵守同业主签订的合同规定，不得违法分包；要求分包商必须具有项目工程要求的相应资质。

（2）合理性原则。项目要对中标后拟分包的工程进行认真分析，对不平衡报价进行调整后再分包。在确保项目的责任成本目标和利润目标的前提下，制定分包工程的承包价。

（3）采用招标确定分包、分供单位。

（4）集体参与、相互监督原则。项目都要成立以项目经理为组长，项目总工、副经理、书记及技术、材料、合同管理部门负责人参加的合同管理领导小组，实行集体参与、互相监督。要规范合同签订、施工监督、验工、拨款、竣工结算中的每一个环节，防止利润流失。

3. 合同索赔管理

索赔是合同当事人在合同实施过程中，根据法律、合同规定及惯例，对非自身过错而是由对方过错造成的实际损失，向对方提出经济和（或）时间补偿的要求。索赔是合同双方经常发生的合同管理业务，是双方的合作方式而不是对立。索赔工作的健康开展，对培育和发展建筑市场、促进建筑业发展、提高建设效益起着非常重要的作用，有利于促进双方加强内部管理、严格履行合同。做好项目的索赔管理，应主要遵循以下几点：

（1）签好合同是索赔成功的前提。施工企业在签订合同时，应考虑各种不利因素，为合同履行时创造索赔机会。

（2）研究合同寻找索赔机会。要对施工合同进行完整、全面、详细的分析，通过研究切实了解合同约定的自己和对方的权利和义务，预测合同风险，分析进行合同索赔的可能性，以便采取最有效的合同管理策略和索赔策略。

（3）加强合同管理，捕捉索赔机会。合同是索赔的依据，索赔是合同管理的延续。建设工程施工，从合同签订到合同终止是一个较长的过程，在这个过程中很多原因都会影响承包人的利益而应提出索赔，如工程地质条件变化、国家经济政策的变化、合同不完善、变更设计发包人、监理或设计等单位过错、自然灾害以及不可抗力等原因。

（4）学会科学索赔方法。索赔一定要坚持科学方法，承包人必须熟悉索赔业务，注意索赔策略和方法，严格按合同规定的时间和要求提出索赔。严谨的索赔报告是索赔成功的关键，索赔报告要客观真实、资料完整、文字简洁、用词婉转、计算精确。

9.8.2 风险管理

风险是指威胁到项目计划实施和目标实现的潜在事件或环境。风险管理是系统地将处理风险的途径程序化。风险管理的程序，一般分为预测、分析、评价和处理。风险管理应注意以下方面：

（1）在投标之前，对招标文件深入研究和全面分析；详细勘察现场，审查图纸，复核工程量；分析合同条款，制定投标策略；深入了解发包人的资信、经营作风和合同应当具备的相应条件。

（2）施工合同谈判前，承包人应设立专门的合同管理机构负责施工合同的评审，对合同条款认真研究；在人员配备上，要求承包人的合同谈判人员既要懂工程技术，又要懂法律、经营、管理、造价与财务。在谈判策略上，承包人应善于在合同中限制风险和转移风险，达到风险在双方中合理分配。

（3）加强合同履行动态管理，建立企业风险预警机制。企业管理部门应加强对项目合同履约的动态监控，密切关注项目资金、效益、技术、法律等方面的风险，最大限度地减少企业承担的风险。

（4）合理转移风险。对不可预测风险的发生，在合同履行过程中，推行索赔制度是转移风险的有效方法，以尽可能把风险降到最低限度。

本章小结

（1）地下工程项目施工准备工作，通常包括技术准备、物资准备、劳动组织准备、施工现场准备和施工场外准备。

（2）施工组织设计是根据国家或业主对拟建工程的要求、设计图纸和编制施工组织设计的基本原则，从拟建工程施工全过程的人力、物力和空间三个因素着手，在人力与物力、主体与辅助、供应与消耗、生产与贮存、专业与协作、使用与维修、空间布置与时间排列等方面进行科学、合理地部署，为建筑产品生产的节奏性、均衡性和连续性提供最优方案。

（3）施工管理应注重质量管理与现场管理、合同管理与风险管理。

思考与练习题

9-1 地下工程施工准备包括哪些内容?

9-2 地下工程施工组织设计分为哪些类别? 单位工程施工组织设计包括哪些内容?

9-3 地下工程施工方案包括哪些内容?

9-4 地下工程施工进度计划的编制程序如何?

9-5 地下工程施工平面图应该包括哪些内容? 施工平面图设计的步骤如何?

9-6 如何进行施工平面图中运输道路的布置?

9-7 施工企业建立一个新的质量体系要经历哪些步骤?

9-8 施工企业如何确保质量体系的有效运行?

9-9 什么是合同管理? 什么是合同索赔?

参 考 文 献

[1] 刘建航，侯学渊. 基坑工程手册 [M]. 北京：中国建筑工业出版社，1999.

[2] 龚晓南. 深基坑工程设计施工手册 [M]. 北京：中国建筑工业出版社，1998.

[3] 夏明耀，曾进伦. 地下工程设计施工手册 [M]. 北京：中国建筑工业出版社，1999.

[4] 天津大学，同济大学，等. 土层地下建筑施工 [M]. 北京：中国建筑工业出版社，1982.

[5] 姜玉松. 地下工程施工 [M]. 重庆：重庆大学出版社，2014.

[6] 江学良，杨慧. 地下工程施工 [M]. 北京：北京大学出版社，2017.

[7] 任建喜. 地下工程施工技术 [M]. 西安：西北工业大学出版社，2012.

[8] 余彬泉，陈传灿. 顶管施工技术 [M]. 北京：人民交通出版社，1998.

[9] 程骁，潘国庆. 盾构法隧道施工技术 [M]. 上海：上海科技文献出版社，1990.

[10] 赵乃志，朱桂春. 地基与基础工程施工 [M]. 南京：南京大学出版社，2017.

[11] 徐伟，吴水根. 土木工程施工基本原理 [M]. 上海：同济大学出版社，2014.

[12] 曾进伦. 地下工程施工技术 [M]. 北京：高等教育出版社，2001.